普通高等学校机械工程基础创新系列教材

丛书主编：吴鹿鸣　　王大康

传感与测试技术

焦敬品　何存富　主　编

胥永刚　刘秀成　高　翔　副主编

U0310634

中国铁道出版社有限公司

CHINA RAILWAY PUBLISHING HOUSE CO., LTD.

内 容 提 要

"普通高等学校机械工程基础创新系列教材"由清华大学、重庆大学、北京科技大学、西南交通大学等多所高校国家教学名师、名教授主编,以国家教学成果奖、国家精品课程、国家精品资源共享课程、国家"十二五"规划教材遴选精神、卓越工程师培养理念为编写思想和内容支撑,是强调工程背景和工程应用的高校机类、近机类平台课教材,力求反映当今最新专业技术成果和教研成果,适应当前教学实际,本系列教材特色鲜明,可作为现有经典教材的补充。本书是其中的一分册。

本书在满足相关专业对测试技术课程要求的前提下,注意精选教学内容,加强素质教育,突出创新能力的培养。拓宽知识面,力求重点突出、语言通达。书中采用了新的国家标准。主要内容包括:信号与信号分析、测试系统特性分析、常用传感器、信号调理、数字信号处理、数据处理与误差分析、显示与记录仪器、典型传感与测试系统设计的工程应用。

本书适合作为普通高等学校测试技术课程的教材,也可供有关工程技术人员参考使用。

图书在版编目(CIP)数据

传感与测试技术/焦敬品,何存富主编 . —北京:
中国铁道出版社有限公司,2021.1(2021.12 重印)
普通高等学校机械工程基础创新系列教材
ISBN 978-7-113-25001-0

Ⅰ.①传… Ⅱ.①焦… ②何… Ⅲ.①传感器-测试
技术-高等学校-教材 Ⅳ.①TP212.06

中国版本图书馆 CIP 数据核字(2018)第 228871 号

书　　　名:**传感与测试技术**
作　　　者:焦敬品　何存富

策　　划:曾露平　　　　　　　　　编辑部电话:(010) 63551926
责任编辑:曾露平
封面设计:一克米工作室
责任校对:张玉华
责任印制:樊启鹏

出版发行:中国铁道出版社有限公司(100054,北京市西城区右安门西街 8 号)
网　　址:http://www.tdpress.com/51eds/
印　　刷:国铁印务有限公司
版　　次:2021 年 1 月第 1 版　2021 年 12 月第 2 次印刷
开　　本:787 mm×1 092 mm　1/16　印张:19.5　字数:487 千
书　　号:ISBN 978-7-113-25001-0
定　　价:49.80 元

普通高等学校机械工程基础创新系列教材

序

　　随着机械学科的不断发展和教育教学改革的不断深入，以及当今大学生基础程度和培养目标的差异，在既有的经典教材基础上，出版各具特色、不同风格的教材是十分必要的。基于此，中国铁道出版社组织编写了一套力求反映当今最新专业技术成果和教研成果、适应当前教学实际、特色鲜明的机类、近机类专业平台课教材，作为现有经典教材的补充。编写的"普通高等学校机械工程基础创新系列教材"（以下简称"创新系列教材"）充分考虑了当今工程类大学生培养目标和现有学生基础，与传统教材相比，更强调工程背景和工程应用，具有以下特色：

1. 理念先进，特色鲜明

　　"创新系列教材"以国家教学成果奖、国家精品课程、国家精品资源共享课程、国家"十二五"规划教材等成果为该系列教材的编写思想和内容支撑，从而保证了该系列教材内容的先进性。为贯彻落实教育部组织的"卓越工程师教育培养计划"，在制订该系列教材编写原则时，编委会特别强调要将卓越工程师培养理念、国家"十二五"规划教材遴选精神融入该系列教材。为此，与传统教材相比，该系列教材强化了工程能力和创新能力，重视理论与实践结合，突出机械专业的实操性，并结合"绿色环保"思想，从根本上培养学生的设计理念，为改革人才培养模式提供了基本的知识保障。

2. 将理论力学、材料力学、工程力学纳入该系列教材

　　力学，作为"机械设计制造及其自动化"等专业的主干学科，在架构完整的知识体系和培养具有机械工程学科的应用能力方面起着尤为重要的作用。然而，机械专业对力学课程的要求不同于力学专业，也不同于土木建筑等专业，也就对其教材提出了新的要求，所以本系列教材将其纳入，形成一套完整的、科学的机械专业基础课教材体系，克服了传统教材各自为政的弊端。

3. 采用最新国家标准

　　国家标准是一个动态的信息，近年来随着机械行业与国际接轨步伐加快，我国不断推出了一系列新的国家标准，为加快新标准的推行，该系列教材作为载体吸收了机械行业最新的国家标准。

　　"创新系列教材"融入了很多名师的心血和教育教学改革成果，希望能引起各校的关注与帮助，在实际使用中提出宝贵的意见和建议，以便今后进行修订完善，为我国机械设计制造及其自动化专业建设和高等学校教材建设作出积极的贡献。

中国工程院院士、浙江大学教授

2019 年 6 月

前　言

　　本书是根据教育部组织实施的"高等教育面向 21 世纪教学内容和课程体系改革计划"中"工程测试技术课程教学基本要求"的精神，结合北京工业大学《传感与测试技术课程教学大纲》的内容，由北京工业大学材料与制造学部具有教学和实践经验的新老教师编写的。

　　"工程测试技术"是高等理工科院校各专业一门重要的技术基础课程，通过对本课程的学习，可培养学生正确地选用测试系统，掌握对常见物理量进行动态测试的基本知识和技能。本课程具有很强的实践性，在学习过程中可提高解决实际问题的能力，对学生学习后续专业课程以及将来的实际工作具有深远影响。本书在满足相关专业对本课程要求的基础上，注意精选教学内容，加强素质教育，突出创新能力的培养；拓宽知识面，力求重点突出、语言通达。本书内容密切联系工业生产及日常生活实际，注重工程实践，并提供了大量工程案例。

　　本书由焦敬品、何存富担任主编，胥永刚、刘秀成、高翔担任副主编。其中参加本书编写的有焦敬品（第 1、4、8、9 章）、崔玲丽（第 2、4 章）、刘秀成（第 3 章）、马建峰（第 4、5 章）、胥永刚（第 4、6 章）、刘增华（第 7 章）。本书由高翔、李跃娟、何宝凤负责校稿。

　　同时王大康教授对本书提出了许多宝贵意见，大大提高了本书的质量，在此表示衷心感谢！

　　由于编者能力所限，书中难免存在误漏欠妥之处，真诚希望广大读者不吝指正。

编　者

2020 年 5 月

目　　录

第1章　绪论 …………………………… 1

1.1　认识测试与测试技术 …………… 1

  1.1.1　测试 …………………… 1

  1.1.2　测试技术 ……………… 1

  1.1.3　测试技术的发展 ……… 3

1.2　测试系统 ………………………… 6

1.3　本课程的主要内容 ……………… 7

1.4　课程的性质、学习方法及要求 … 7

  1.4.1　课程性质 ……………… 7

  1.4.2　学习方法 ……………… 7

  1.4.3　学习要求 ……………… 7

思考题与习题 ………………………… 8

第2章　信号与信号分析 …………… 9

2.1　认识信号 ………………………… 9

  2.1.1　信号的定义 …………… 9

  2.1.2　信号的分类 …………… 10

2.2　信号分析 ………………………… 13

  2.2.1　信号的时域分析 ……… 13

  2.2.2　信号的频域分析 ……… 13

  2.2.3　时域分析与频域分析之间的

    关系 ……………………… 15

2.3　周期信号及其离散频谱 ………… 16

  2.3.1　周期信号的定义 ……… 16

  2.3.2　周期信号傅里叶级数的

    三角函数展开式 ………… 17

  2.3.3　周期信号傅里叶级数的

    复指数表达式 …………… 19

2.4　非周期信号与连续频谱 ………… 25

  2.4.1　傅里叶变换 …………… 26

  2.4.2　傅里叶变换的性质 …… 28

  2.4.3　常见信号的傅里叶变换 … 37

2.5　随机信号 ………………………… 42

  2.5.1　概述 …………………… 42

  2.5.2　各态历经随机信号的

    特征参数 ………………… 43

2.6　相关分析 ………………………… 45

  2.6.1　互相关函数与自相关函数 … 46

  2.6.2　相关函数的应用 ……… 48

2.7　功率谱分析及其应用 …………… 51

  2.7.1　自功率谱密度函数 …… 51

  2.7.2　互功率谱密度函数 …… 52

  2.7.3　工程应用 ……………… 54

思考题与习题 ………………………… 55

第3章　测试系统特性分析 ………… 57

3.1　认识测试系统特性 ……………… 57

3.2　测试系统的静态特性 …………… 58

3.3　测试系统的动态特性 …………… 60

  3.3.1　线性系统的数学描述 … 60

  3.3.2　传递函数 ……………… 62

  3.3.3　频率响应函数 ………… 63

  3.3.4　一阶系统和二阶系统的

    动态特性 ………………… 66

  3.3.5　测试系统对典型激励的

    响应 ……………………… 71

3.4　测试系统对任意输入的响应 …… 74

3.5　测试系统不失真测试条件 ……… 75

3.6　测试系统动态特性的试验测定 … 77

3.7　负载效应及其减轻方法 ………… 79

  3.7.1　负载效应 ……………… 79

  3.7.2　减轻负载效应的方法 … 80

思考题与习题 ………………………… 81

第4章　常用传感器 ………………… 82

4.1　认识传感器 ……………………… 82

  4.1.1　传感器的作用 ………… 83

  4.1.2　传感器的组成和分类 … 84

  4.1.3　传感器的发展趋势 …… 87

4.2 电阻式传感器 ……………… 92
　4.2.1 滑动变阻器 …………… 92
　4.2.2 应变式传感器 ………… 94
　4.2.3 电桥 …………………… 99
　4.2.4 压阻式传感器 ………… 108
4.3 电容式传感器 ……………… 109
　4.3.1 工作原理 ……………… 109
　4.3.2 类型 …………………… 110
　4.3.3 电容式传感器的等效
　　　　电路 …………………… 114
　4.3.4 电容式传感器转换电路 … 114
4.4 电感式传感器 ……………… 116
　4.4.1 自感式 ………………… 116
　4.4.2 互感式 ………………… 123
4.5 压电传感器 ………………… 127
　4.5.1 压电效应 ……………… 127
　4.5.2 压电传感器工作原理
　　　　及测量电路 …………… 131
　4.5.3 压电传感器的应用 …… 135
4.6 磁电式传感器 ……………… 141
　4.6.1 动圈式和动铁式传感器 141
　4.6.2 磁阻式传感器 ………… 144
　4.6.3 霍尔传感器 …………… 144
　4.6.4 应用 …………………… 148
4.7 光电式传感器 ……………… 149
　4.7.1 光电传感器测量原理 … 149
　4.7.2 光电元件 ……………… 151
4.8 热电式传感器 ……………… 155
　4.8.1 热电偶 ………………… 155
　4.8.2 热电阻 ………………… 160
4.9 传感器的标定及选用原则 … 163
　4.9.1 传感器的标定 ………… 163
　4.9.2 传感器的选用原则 …… 173
思考题与习题 …………………… 174
第5章　信号调理 ………………… 176
5.1 认识信号调理 ……………… 176
5.2 信号的放大 ………………… 177
　5.2.1 理想运算放大器 ……… 177

5.2.2 测试系统中几种常见的
　　　　运算放大器 …………… 178
　5.2.3 放大器及其负载的阻抗
　　　　匹配 …………………… 181
5.3 调制与解调 ………………… 181
　5.3.1 测试信号的调制 ……… 181
　5.3.2 调幅与解调 …………… 182
　5.3.3 调频与解调 …………… 187
5.4 滤波器 ……………………… 190
　5.4.1 滤波器的分类 ………… 191
　5.4.2 理想滤波器 …………… 192
　5.4.3 实际滤波器及基本参数 … 193
　5.4.4 RC 滤波器 …………… 195
　5.4.5 有源滤波器 …………… 198
　5.4.6 恒带宽比滤波器与
　　　　恒带宽滤波器 ………… 200
思考题与习题 …………………… 203
第6章　数字信号处理 …………… 205
6.1 认识数字信号处理 ………… 205
6.2 模/数转换与数/模转换 …… 207
　6.2.1 数/模转换原理 ……… 207
　6.2.2 数/模转换器的技术指标 … 208
　6.2.3 模/数转换原理 ……… 209
　6.2.4 模/数转换器的技术指标 … 210
6.3 信号的数字化过程 ………… 211
　6.3.1 信号的数字化过程 …… 211
　6.3.2 时域采样、混叠和采样
　　　　定理 …………………… 213
　6.3.3 量化和量化误差 ……… 215
　6.3.4 频域采样和栅栏效应 … 216
6.4 傅里叶变换 ………………… 216
　6.4.1 离散傅里叶变换（DFT） … 216
　6.4.2 快速傅里叶变换（FFT） … 217
　6.4.3 泄漏及窗函数 ………… 220
6.5 数字滤波器 ………………… 225
　6.5.1 数字滤波器的基本原理 … 225
　6.5.2 IIR 数字滤波器的设计 … 226
　6.5.3 FIR 数字滤波器的设计 … 228

思考题与习题 ·············· 233
第 7 章　数据处理及误差分析 ·········· 235
7.1　认识数据处理 ············ 235
7.1.1　测试数据的表示方法 ····· 235
7.1.2　回归分析及其应用 ······· 237
7.2　误差分析 ··············· 244
7.2.1　误差的概念 ··········· 244
7.2.2　误差的分类 ··········· 246
7.2.3　误差的来源 ··········· 246
7.2.4　随机误差的处理 ········· 247
7.2.5　系统误差的分析与处理 ····· 251
7.2.6　粗大误差 ············ 253
7.3　测量精度 ··············· 254
7.4　线性参数的最小二乘法 ········ 255
7.4.1　最小二乘法原理 ········· 255
7.4.2　最小二乘法的代数算法 ····· 257
思考题与习题 ·············· 259
第 8 章　显示与记录仪器 ·········· 261
8.1　认识信号的显示与记录 ········ 261
8.1.1　显示与记录仪的功能 ····· 261
8.1.2　显示与记录仪的分类 ····· 261
8.2　笔式记录仪 ············· 263
8.2.1　检流计式笔录仪 ········· 263
8.2.2　函数记录仪 ··········· 264
8.3　光线示波器 ············· 265
8.3.1　光线示波器的组成和原理 ··· 266

8.3.2　振动子特性 ··········· 266
8.3.3　光线示波器的种类和选用 ··· 268
8.4　磁带记录仪 ············· 269
8.4.1　磁带记录仪的特点 ······· 269
8.4.2　磁带记录仪的构成 ······· 269
8.4.3　磁带记录仪的工作原理 ····· 270
8.4.4　磁带记录仪的记录方式 ····· 272
8.5　新型记录仪 ············· 272
8.5.1　数字存储示波器 ········· 272
8.5.2　无纸记录仪 ··········· 273
8.5.3　光盘刻录机 ··········· 273
8.6　虚拟仪器 ··············· 274
8.6.1　虚拟仪器的含义及特点 ····· 274
8.6.2　虚拟仪器的组成 ········· 276
8.6.3　虚拟仪器开发平台
（LabVIEW） ·········· 280
8.6.4　虚拟仪器的应用 ········· 281
思考题与习题 ·············· 282
第 9 章　典型传感及测试系统设计的
工程应用 ·········· 283
9.1　边缘电容检测技术 ·········· 283
9.2　低频漏磁检测技术 ·········· 287
9.3　超声导波检测技术 ·········· 292
9.4　视觉检测技术 ············ 295
思考题与习题 ·············· 299
参考文献 ················· 300

第1章 绪 论

【本章基本要求】

学习本课程时，要求从机械工程师的角度出发，运用本课程的内容和方法去分析问题和解决问题。

1. 掌握测试的含义及基本内容。
2. 掌握测试系统的组成及各部分的功能。
3. 了解测试技术的应用领域及发展动态。

【本章难点】 测试系统的组成及各部分的功能。

1.1 认识测试与测试技术

1.1.1 测试

测试是具有试验性质的测量。例如，人们分析青少年的身高问题，可以通过测量的方法确定其身高的具体数值，如图1-1所示。若需要了解睡眠对青少年身高的影响，则需要通过试验的方法分析睡眠与身高的关系。因此，测试可以理解为试验和测量的综合。其中，测量是为了确定被测对象量值进行的操作过程，而试验是对未知事物探索性认识的实验过程。

图1-1 身高测量

1.1.2 测试技术

测试技术是用于实现测试目的所采用的方式和方法，是研究各种物理量的测量原理和信号分析与处理方法，是进行实验研究和生产过程参数测量的必要手段。因此，测试技术是测量技术和试验技术的总称。

测试技术广泛应用于机械、自动化、电子、通信、雷达、石油、化工、生物、海洋、气象、地质和国防等工程领域。例如，在数控机床中，为精确控制主轴的转速，需要对机床主轴转速进行实时检测，如图1-2所示；在机加工自动化生产线上，为了获得机器人手臂在作业空间的位置、姿态和手腕的作用力等信息，需要对各关节的位移、速度和手腕受力进行实时测试，如图1-3所示；智能手机为了检测手机本身的方位（如正竖、倒竖、左横、右横、仰、俯等）、距离、亮度等，需要对其方向、距离、光线进行测试，如图1-4所示；楼宇自动化中为获得环境的温度、湿度、空气质量等信息，需要对环境温度、湿度和PM2.5等信息进行测试；为评价产品的质量，需要对其尺寸、精度、浓度、硬度、杂质含量等多种性能参数进行测试，如图1-5所示；在汽车工业中，测试技术为汽车控制系统提供信息源，如为了实现发动机运行状态的精确控制，需要对其温度、压力、位置、转速、流量、气体浓度等信息进行测试，如图 1-6 所示；在航空航天工业中，测试技术为航天器的测控通信系统提供各种信息，如位置、姿态、速度等，如图 1-7 所示；此外，在各类家用电器中也应用到多种测试技术，如图 1-8 所示，如空调、冰箱中的温度、湿度测试，洗衣机中的衣服质量、水位、含水量测试，空气净化器中的 PM2.5 测试等。

图 1-2　数控机床

图 1-3　机器人手臂

图 1-4　手机中的传感器

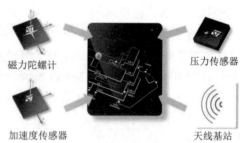

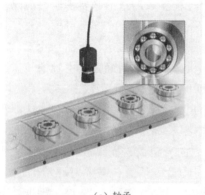

（a）轴承

（b）电子封装

图 1-5　产品质量检测

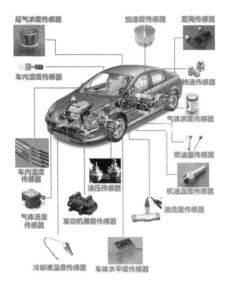

图 1-6 汽车中的传感器

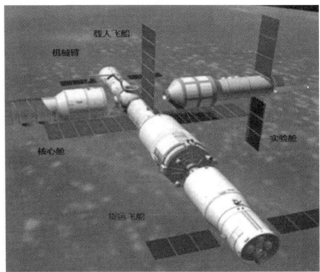

图 1-7 航天器

图 1-8 家用电器

先进测试技术可为工业发展的各环节提供重要的技术支撑，如产品设计与开发、性能试验、自动化生产、智能制造、质量控制、加工过程控制、机电设备状态监测、故障诊断和智能维修等。测试技术已成为一个国家、一个企业参与国际、国内市场竞争的重要基础技术。测试技术的先进性是国家科技发达程度的重要标志之一。可以预测，测试技术的应用领域在今后将更加宽广。

1.1.3 测试技术的发展

测试技术包括传感器技术、信号处理技术和仪器仪表技术三个方面。测试技术是综合运用多学科的原理和技术，直接为各学科服务的一门应用学科。现代科学技术的发展及各学科的最新成就，为测试技术水平的提高创造了物质条件，推动了测试技术的发展；反过来，拥有高水平的测试系统又会促进各学科创新成果的不断涌现，两者之间是相辅相成的。目前，测试技术的发展方向集中在以下几个方面。

1. 传感器向新型、微型、智能型发展

传感器是信号拾取的器件或装置。将物理、化学和生物效应用于传感器是传感技术的重要发展方向之一。材料科学的迅速发展使越来越多的物理和化学现象被应用，并可按人们的需求来设计和制作新型敏感元件。新材料与新元件的应用，特别是新型敏感功能材料如半导体、电介质（晶体或陶瓷）、高分子合成材料、磁性材料、超导材料、光导纤维、液晶、生物功能材料、凝胶、稀土金属等方面的成就，已经促使很多对力、热、光、磁等物理量敏感的器件得以快速发展。如用不同配方的半导体氧化物制造各种气体传感器，用光导纤维、液晶和生物功能材料制造光纤传感器、液晶传感器和生物传感器，用稀土超磁致伸缩材料制造微位移传感器等。各类新型传感器的开发，不仅使传感器性能进一步加强，也使可测参数的范围得到极大扩展。

微电子学、微细加工技术及集成化工艺的发展，可以把某些电路乃至微处理器和传感测量部分做成一体，或将不同功能的多个敏感元件集成在一起，组成可同时测量多种参数的传感器，如图 1-9 所示。此外，传感器与计算机相结合，产生了智能传感器。智能传感器能自动选择量程和增益，自动校准与实时校准，进行误差补偿和复杂的计算处理，并能自动完成故障监控和过载保护等。

图 1-9　集成传感器

传感器正在向高精度、小型化、集成化、智能化和多功能化的方向发展。

2. 测量仪器向高精度、快速和多功能方向发展

精度是测试技术的永恒主题。随着科技的发展，各个领域对测试的精度要求越来越高，因此，要求测量仪器及整个测试系统的测量精度不断提高。测试仪器及整个测量系统精度的提高，使得测量数据的可信度也相应提高。仪器精度的提高，可减少试验次数，从而减少试验经费，降低产品成本。

数字信号处理技术、计算机技术和信息处理技术的飞速发展，使测试仪器发生了根本性的变革，以微处理器为核心的数字式仪器，大大提高了测试系统的精度、速度、测试能力、工作效率及可靠性。数字式仪器已成为当前测试仪器的主流。目前，数字式仪器正在向标准接口总线的模块化插件式发展，向具有逻辑决断、自校准、自适应控制和自动补偿能力的智能化仪器发展，向用户自己构造所需功能的虚拟测试仪器发展。

用 PC 机 + 仪器板卡 + 应用软件构成的虚拟测试仪器，如图 1-10 所示，采用计算机开放体系结构取代传统的单机测量仪器，即将传统测量仪器中的公共部分（如电源、操作面板、显示屏幕、通信总线和 CPU）集中起来用计算机控制，通过计算机仪器扩展板卡和应用软件，在计算机上发挥多种物理仪器的功能、效益。虚拟测试仪器的突出优点是与计算机技术结合，仪器就是计算机，主机供货渠道多、价格低、维修费用少，并能进行升级换代；虚拟测试仪器功能由软件确定，故不必担心仪器永远保持出厂时既定的功能模式，用户可以根据实际生产环境变化的需求，通过升级应用软件来拓展虚拟测试仪器的功能，适应科研、生产的需要；另外，虚拟测试仪器能与计算机的文件存储、数据库、网络通信等功能相结合，具有很大的灵活性和拓展空间。在网络化、信息化的环境中，虚拟测试仪器更能适应现代制造业复杂、多变的应用需求，能快速、经济、灵活地解决工业生产、新产品试验中的测试问题。

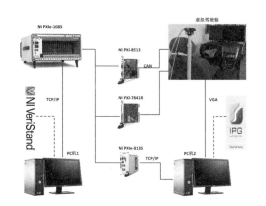
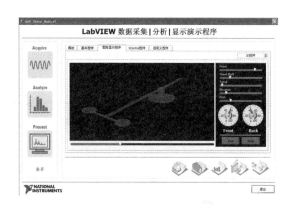

图 1-10　虚拟测试仪器

3. 参数测量与数据处理向自动化方向发展

现代测试技术的发展趋势是采用以计算机为核心的自动测试系统，这种系统能实现自动校准、自动修正、故障诊断、多路采集和自动分析处理，并能打印输出测试结果。自动测试系统可以大大提高测量精度，缩短测试周期和加速产品的更新或开发。

4. 测试范围向两个方向扩展

近年来，由于国民经济发展的需要，使得生产和工程中的测试要求超过了现在的测试范围，使得测试范围向更大尺度和更小尺度两个方向扩展，如飞机外形的测量、大型机械关键部件的测量、高层建筑电梯导轨的准直测量、油罐车的现场校准等都要求能进行大尺寸测量；而微电子技术、生物技术的快速发展以及探索物质微观世界的需求，不仅要求测量精度的不断提高，而且要求进行微米级、纳米级测试。纳米测量涉及光干涉测量仪、量子干涉仪、电容测微仪、x 射线干涉仪、频率跟踪式法珀标准量具、扫描电子显微镜（SEM）、扫描隧道显微镜（STM）、原子力显微镜（AFM）和分子测量机（M3，molecular measuring machine）等（如图 1-11 和图 1-12 所示）。

图 1-11　扫描电子显微镜

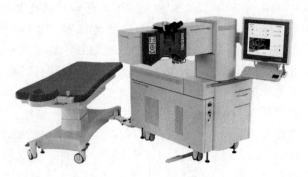

图 1-12　分子测量机

1.2　测　试　系　统

测试系统是为确定被测对象属性和量值为目的的全部操作。测试系统主要由传感器、信号调理电路、信号分析及处理电路、显示与记录等四个环节组成。图 1-13 为典型测试系统方框图。

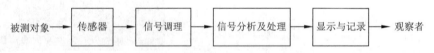

图 1-13　典型测试系统方框图

在测试系统中，传感器是直接感受被测量，并按一定规律将其转换成同种或别种量值输出的器件或装置。传感器输出的通常是电信号。例如，电阻应变片是将机械应变的变化转换成电阻值的变化，电容式位移传感器是将位移量的变化转换成电容量的变化等。

传感器输出的电信号种类很多，且输出功率很小，一般不能直接将这种电信号输入到后续的信号处理电路或输出装置中。因此，往往需要对传感器的输出信号进行调理。信号调理环节的主要作用就是对传感器输出的电信号进行转换、放大和滤波，即把来自传感器的信号转换成更适合于进一步传输和处理的信号。例如，幅值放大、将阻抗的变化转换成电压的变化等。在多数情况下，该环节的信号转换是电信号之间的转换，一般将各种电信号转换为电压、电流、频率等几种便于测量的电信号，其输出功率可达到毫瓦级。

信号分析及处理环节接受来自信号调理环节的信号，并对其进行各种运算、处理及分析，其输出信号可以直接输出至显示、记录或控制系统。例如，为了对机械故障进行诊断，常常需要对测量的振动信号进行频谱分析，需要对时域信号进行傅里叶变换，使时域信号变成频率域信号，通过对其频谱特性分析判断其故障原因。

信号显示与记录环节以观察者易于识别的形式来显示测量结果，或者将测量结果存储，供需要时使用。

大多数工程测试系统包含传感器、信号调理电路、信号分析及处理电路、数据显示与记录等四个环节。在某些测试系统中，可能不包含信号调理和信号分析及处理环节，而当测量系统作为自动控制系统的一个组成单元时，往往不包含显示与记录环节。在各类工程测试系统中，传感器是必不可少的。

1.3 本课程的主要内容

本课程主要研究机械工程测试系统中常用的传感器、信号调理、信号分析及处理、记录及显示的工作原理，测量系统基本特性的评价方法，常见物理量的动态测试方法。主要内容包括：

（1）测试技术基础知识 使学生掌握信号的时域和频域分析方法以及测试系统的基本特性。认识到在测试中，必须使待测信号与测量系统的频率特性相匹配，以满足规定的动态测量要求。

（2）测试信号的获取与调理技术 使学生掌握现代测试系统中常用传感器的基本原理及相应的调理电路。通过对各类传感器典型应用的介绍，加深学生对这些传感器性能及特点的了解。

（3）测试系统设计 主要从系统设计角度讲述测试技术，使学生掌握一般测试系统的设计原则及设计步骤，并了解系统设计中应注意的问题。

（4）计算机测试系统 主要讲述计算机测试系统的组成、智能仪器以及虚拟仪器，使学生掌握计算机测试技术的概念及组成原理，认识和掌握先进的虚拟仪器测试技术理论与应用技术。

（5）典型工程测试系统 通过典型工程测试系统的介绍，使学生初步掌握测试系统的设计思路和常用参量的测试方法，为今后实际应用奠定基础。

1.4 课程的性质、学习方法及要求

1.4.1 课程性质

本课程是高等学校机械工程及相关专业的一门重要的技术基础课。课程涉及知识面广，综合运用到数学、物理学、电工学、电子学、力学、控制工程及计算机技术等课程的知识。学习本课程之前，应已研修过《大学物理》《电路基础》《工程数学》《理论力学》《材料力学》《机械控制工程基础》等课程。

1.4.2 学习方法

本课程具有很强的实践性，在学习过程中应密切联系工业生产及日常生活实际，加强工程实践意识，并通过课程实验及课程设计等实践环节，加深对工程测试技术的整体认识。同时，在学习过程中，特别要注意对测试中信号处理基本概念及物理意义的理解。

1.4.3 学习要求

通过对本课程的学习，培养学生正确地选用测试系统，并初步掌握对常见物理量进行动

态测试的基本知识和技能。学生在完成本课程学习后，应具备以下几个方面的知识和能力：

（1）掌握信号时域和频域描述方法，建立信号频谱的概念；掌握信号频谱分析和相关分析的基本原理和方法；掌握数字信号分析中的一些基本知识。

（2）了解常用传感器、信号调理、显示及记录等测试环节的工作原理及性能，并能依据具体测试问题的要求，合理地组建测试系统。

（3）掌握测试系统的静态、动态评价方法以及"不失真测试"的条件。掌握一阶、二阶线性系统动态特性及测试方法，能根据工程动态测试需求，合理的确定测试系统。

（4）针对机械工程中常见物理量的测量，具有组建测试系统、完成测试工作的能力。

思考题与习题

1-1　什么是测试？测试技术包含哪些主要内容？

1-2　测试系统主要由哪几个环节组成？各环节的作用是什么？

1-3　通过文献查阅和调研，撰写一篇关于脉搏测试技术的综述（包括脉搏测试的方法、特点及应用）。

1-4　智能手机中使用了哪些测试技术？

1-5　分析测试技术的发展受哪些因素的制约？

第2章 信号与信号分析

【本章基本要求】

    1. 了解信号的分类及特点。

    2. 掌握信号的时域及频域描述方法。

    3. 熟练掌握周期信号及非周期信号频谱分析方法。

    4. 了解随机信号的统计特征参数。

    5. 掌握平稳随机过程及各态历经随机过程的概念。

【本章重点】信号时域及频域描述方法。

【本章难点】信号频谱分析方法及物理意义。

2.1 认 识 信 号

测试的目的是为了获得被测对象的信息，而信息本身不具备传输、交换的功能，只有通过信号才能实现这种功能，所以测试技术与信号密切相关。信息、信号与测试的关系为：测试的目的是为获取信息，信号是信息的载体，测试是得到被测参数信息的技术手段。

2.1.1 信号的定义

信号是带有某些信息的物理量，如光信号、声信号和电信号。人们通过对光、声、电信号进行接收，可以获取所需要的信息。例如，海面上的航标灯在夜间发出规定的灯光颜色和闪光频率，可为在一定角度和能见距离范围内的夜行船舶指引航向，如图2-1所示；当我们说话时，发出的声音可以被其他人接听，使别人了解我们的意图；太空中的无线电波、四通八达的电话网络，可以向远方传达各种信息，如图2-2所示。

图2-1　航标灯

图2-2　电话网络

在工程上，信号常表现为一组数据、波形或图形，它载有被测对象状态或特征的有关信息。例如，利用超声波对结构进行损伤检测时。通过对检测信号的分析，可以了解结构是否有损伤以及损伤的位置、严重程度等信息，如图 2-3 所示。

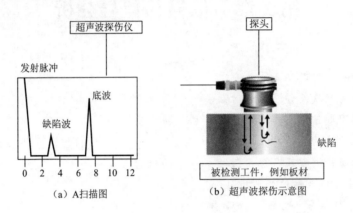

（a）A扫描图　　　　　　（b）超声波探伤示意图

图 2-3　超声波检测

信号与信息的关系密切，可概括为：①信号是变化的物理量或函数；②信号中包含着信息，是信息的载体；③信号不是信息，必须对信号进行分析和处理后，才能从信号中提取出信息，这也是学习和应用信号分析与处理的目的。

信号可以用图形来表示，如图 2-3 所示的超声波 A 扫描图，也可以用数学解析式表达。信号以实数形式存在，但为便于数学上的分析与处理，经常使用复数或矢量形式表示。

如余弦信号的实数形式为

$$x(t) = A\cos(\omega t + \varphi) \tag{2-1}$$

对应的复数形式为

$$s(t) = A\mathrm{e}^{\mathrm{j}(\omega t + \varphi)} = \dot{A}\mathrm{e}^{\mathrm{j}\omega t} \tag{2-2}$$

式中，$\dot{A} = A\mathrm{e}^{\mathrm{j}\varphi}$ 为复振幅，则实部就是原来信号的实信号，即

$$x(t) = \mathrm{Re}\, s(t) \tag{2-3}$$

2.1.2　信号的分类

为深入了解信号的物理本质，首先需要了解信号的类型及特点，以便采用适当的方法对信号进行分析与处理。信号可以有以下几种分类方法。

1. 按信号的取值是否连续分类

按信号的自变量（可以是时间，也可以是其他空间参数）的取值是否连续，可以将信号分为连续信号和离散信号。连续信号自变量的取值是连续的；而离散信号自变量的取值是离散的。连续信号的幅值可以是连续的，也可以是离散的；离散信号的幅值可以是连续的，也可以是离散的。因此，按信号自变量和函数值是否连续，信号又可分为模拟信号、数字信号、量化信号和抽样信号。模拟信号的自变量和幅值均取连续值；数字信号的自变量和幅值均取离散值；量化信号的自变量是连续的，而幅值是离散的；抽样信号的自变量是离散的，而幅值是连续的。信号分类见表 2-1。

表 2-1　信 号 分 类

自变量（多为时间）	函数值	
	连续	离散
连续	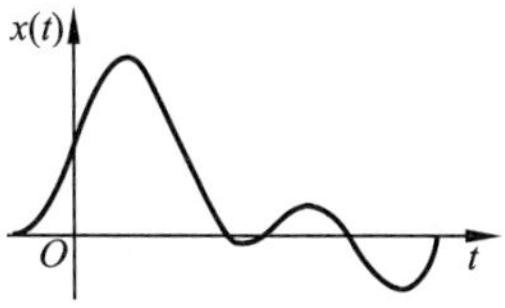 模拟信号	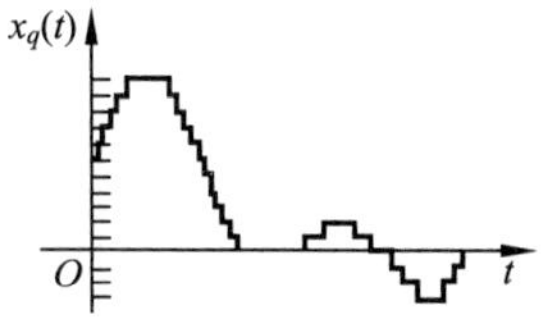 量化信号
离散	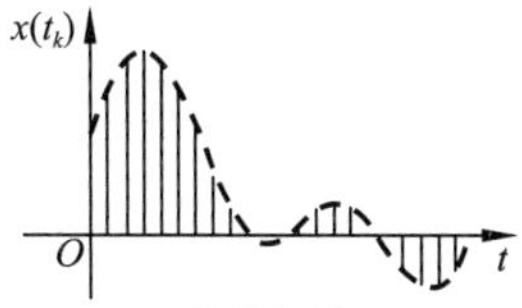 抽样信号	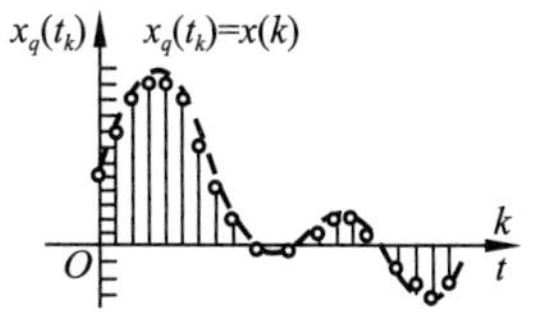 数字信号

2. 按信号的性质分类

按信号的性质，信号可分为确定性信号和非确定性信号。确定性信号是指可以用数学模型或数学关系式来分析或预测其随时间变化规律的信号。

根据信号是否具有周期性，又可以分为周期信号和非周期信号。按一定时间间隔周而复始重复出现的信号，称为周期信号。周期信号可表示为

$$x(t) = x(t + kT_0) \quad (k = \pm 1, \pm 2, \pm 3, \cdots) \tag{2-4}$$

式中，T_0 为周期。

例如，集中参量的单自由度振动系统（如图 2-4 所示）做无阻尼自由振动时，其位移 $x(t)$ 是确定性信号，可用式（2-5）确定质点的瞬时位置。

$$x(t) = x_0 \sin\left(\sqrt{\frac{k}{m}} t + \varphi_0\right) \tag{2-5}$$

式中，x_0、φ_0 为初始常数；m 为质量；k 为弹簧刚度；t 为时间。

确定性信号中那些不具有周期重复性的信号称为非周期信号。非周期信号又分为瞬变非周期信号和准周期信号两类。瞬变非周期信号是指在一定时间区间内存在，或随着时间的增长而衰减至零的信号。例如，对无阻尼自由振动系统加上阻尼装置后，其质点位移可表示为

$$x(t) = x_0 e^{-at} \sin(\omega_0 t + \varphi_0) \tag{2-6}$$

式中，圆频率 $\omega_0 = \dfrac{2\pi}{T_0} = \sqrt{\dfrac{k}{m}}$。

有阻尼振动系统的波形如图 2-5 所示，它是一种随时间无限增加而衰减至零的瞬变非周期信号。

图 2-6 所示为一些典型的瞬变非周期信号。

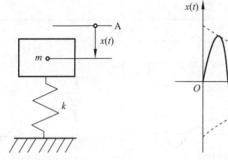

图 2-4　单自由度振动系统

A—质点 m 的静态平衡位置

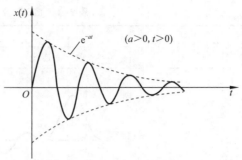

图 2-5　衰减振动信号

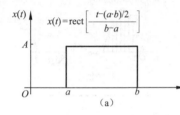 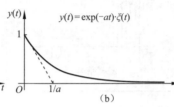 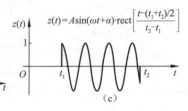

图 2-6　典型的瞬变非周期信号

　　准周期信号由有限个周期信号组合而成，各个周期信号的频率之间不具有公倍关系，无公共周期，其合成信号不满足周期信号的条件，无法按一定时间间隔周而复始的重复出现。这种信号往往出现在振动、通信等系统中，如

$$x(t) = \sin \omega_0 t + \sin \sqrt{2}\,\omega_0 t \tag{2-7}$$

　　在工程中，由不同独立振动激励的系统响应，属于准周期信号。

　　非确定性信号又称随机信号，是一种不能准确预测其瞬时值，也无法用数学关系式来分析的信号，它描述的物理现象是随机过程。随机信号任意一次观测值只代表在其变化范围中可能产生的结果之一，其值的变化服从统计规律，具有某些统计特征，可以用概率统计的方法由过去估计其未来。

　　随机信号可分为平稳随机信号和非平稳随机信号。平稳随机信号（典型波形如图 2-7 所示）是指其统计特征参数不随时间而变化的信号，其概率密度函数服从正态分布，否则视为非平稳随机信号。自然界中有许多随机过程，例如汽车行驶时产生的振动、树叶随风飘动、环境噪声等。

 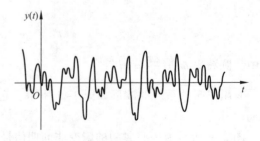

（a）宽带信号（白噪声）　　　　　　　　　　（b）低通滤波后的信号

图 2-7　平稳随机信号

3. 按能量和功率分类

在工程测试中，常把被测信号转换为电压和电流信号来处理。参照电信号的能量及功率的概念，不考虑信号的实际量纲，把信号 $x(t)$ 的二次方 $x^2(t)$ 及其对时间的积分分别称为信号的功率和能量。当 $x(t)$ 满足式（2-8）时，认为信号的能量是有限的，并称其为能量有限信号，简称能量信号，如矩形脉冲信号、指数衰减信号等。

$$\int_{-\infty}^{\infty} x^2(t)\,\mathrm{d}t < \infty \tag{2-8}$$

若信号在区间 $(-\infty,\ \infty)$ 的能量是无限的，即

$$\int_{-\infty}^{\infty} x^2(t)\,\mathrm{d}t \to \infty \tag{2-9}$$

但它在有限区间 $(t_1,\ t_2)$ 的平均功率是有限的，即

$$\frac{1}{t_2 - t_1}\int_{t_1}^{t_2} x^2(t)\,\mathrm{d}t < \infty \tag{2-10}$$

这种信号称为功率有限信号或功率信号。

图 2-4 所示的单自由度振动系统，其位移信号就是能量无限的正弦信号，但在一定时间内其功率是有限的，因此，该位移信号为功率信号。如果该系统加上阻尼装置，其振动能量随时间而衰减，如图 2-5 所示，此时的位移信号就变成能量有限信号了。需要注意的是，信号的功率和能量未必具有真实功率和真实能量的量纲。一个能量信号具有零平均功率，而一个功率信号具有无限大能量。

2.2　信 号 分 析

根据信号分析中的自变量不同，信号可分为时域信号和频域信号。在动态测量中，通常在时域和频域对信号进行分析，即把信号看作时间或频率的函数。

2.2.1　信号的时域分析

直接观测或记录的信号一般为随时间变化的物理量，这种以时间为独立变量，用信号幅值随时间变化的函数或图形来分析信号的方法称为时域分析。

信号时域分析又称为波形分析或时域统计分析，从时域波形中可以知道信号的周期、峰值和平均值、方差等统计参数，可以反映信号变化的快慢和波动情况。信号的时域分析简单、直观、形象，用示波器、万用表等普通仪器就可以进行观察、记录和分析。

信号时域分析能反映信号幅值随时间变化的关系，但不能揭示信号的频率组成。为了研究信号的频率结构和各频率成分的幅值与相位，应对信号进行频谱分析，即把时域信号通过适当方法变换成频域信号，即以频率作为独立变量来表示信号。

2.2.2　信号的频域分析

信号的频谱是构成信号的各频率分量的集合，它完整地表示了信号的频率结构，即信号由哪些频率成分组成、各频率成分的幅值大小及初始相位如何，从而能够提供比时域分析更丰富的信息，便于研究组成信号的各频率分量的幅值及相位的信息。在许多场合，通过信号

的频域分析来表征事物的特征更简洁和明确。

频谱分析是以频率 f 作为自变量，建立信号的幅值、相位与频率之间的关系。频谱分析主要用于信号中的周期分量的识别，是信号分析中常用的一种手段。例如，在机械故障诊断中，可以通过对测得的振动信号进行频谱分析，确定频谱中的主要频率成分，并结合机械的运动学和动力学特性，找出其故障源。

图 2-8 所示为一个周期方波的时域和频域描述，式（2-11）为该信号的时域表达式

$$\begin{cases} x(t) = x(t + nT_0) \\ x(t) = \begin{cases} A & \left(0 < t < \dfrac{T_0}{2}\right) \\ -A & \left(-\dfrac{T_0}{2} < t < 0\right) \end{cases} \end{cases} \tag{2-11}$$

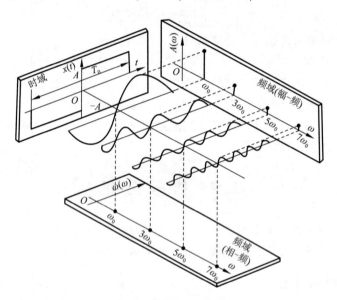

图 2-8　周期方波的描述

将该周期方波应用傅里叶级数展开，得到

$$x(t) = \frac{4A}{\pi}\left(\sin\omega_0 t + \frac{1}{3}\sin 3\omega_0 t + \frac{1}{5}\sin 5\omega_0 t + \cdots\right) \tag{2-12}$$

式中，$\omega_0 = \dfrac{2\pi}{T_0}$。

式（2-12）表明，该周期方波是由一系列幅值和频率不等、相位为零的正弦信号叠加而成的。实际上，此式可改写为

$$x(t) = \frac{4A}{\pi}\left(\sum_{n=1}^{\infty} \frac{1}{n}\sin\omega t\right) \tag{2-13}$$

式中，$\omega = n\omega_0$，$n = 1, 3, 5, \cdots$。

由式（2-13）可见，该式中除 t 之外还有另一种变量 ω（各正弦成分的频率）。若视 t 为参变量，以 ω 为独立变量，则此式即为该周期方波的频率分析。

在信号分析中，将组成信号的各频率成分找出来，按序排列，可得出信号的"频谱"。若以频率为横坐标，分别以幅值或相位为纵坐标，便可分别得到信号的幅值谱或相位谱，或称为幅频谱和相频谱。图 2-8 表示出了该周期方波的时域图形、幅频谱和相频谱三者之间的关系。

表 2-2 列出了两周期方波及其幅频谱、相频谱。不难看出，在时域中，两方波除彼此相对平移 $T_0/4$ 之外，其余完全一样。在频域中，两者的幅频谱相同，但相频谱不同。平移使各频率分量产生了 $n\pi/2$ 的相角，n 是谐波次数。总之，每个信号有其特有的幅频谱和相频谱。因此，在频域中需要对信号的幅频谱和相频谱进行分析。

信号的时域分析可直观地反映出信号瞬时幅值随时间的变化情况；频域分析则反映出信号的频率组成及其幅值与相角的大小。在解决工程实际问题时，往往需要掌握信号不同方面的特征，因而可以采用不同的分析方式。例如，评定机器振动强度，需要用振动速度的均方根值来作为判据。对速度信号进行时域分析，很容易求得其均方根值；而在寻找振源时，需要掌握振动信号的频率分量，就需要采用频率分析。实际上，两种分析方法能够相互转换，而且包含同样的信息量。

表 2-2　周期方波的频谱

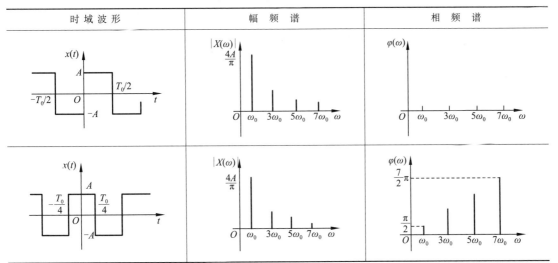

2.2.3　时域分析与频域分析之间的关系

信号的"分析域"不同，是指信号的独立变量不同，或对信号进行分析时的横坐标对应的物理量不同。不同域中的信号分析，突出信号的特征不同，以便满足不同问题分析的需要。时域分析是从波形的角度来分析信号的特征，频谱分析则是从频率的角度来分析信号的构成。它们对信号的观察角度不同，两者之间有着密切的关系且互为补充。

信号的时域分析以时间为独立变量，强调信号的幅值随时间变化的特征；信号的频域分析以频率或角频率为独立变量，强调信号的幅值和初相位随频率变化的特征。时域分析与频域分析为从不同的角度观察、分析信号提供了方便。

在分析旋转机械工作时产生的周而复始、频率成分固定的周期信号时，这两种分析方法都是可行的；但对旋转机械起停过程中信号频率成分不断变化的过程，单独的时域分析或频域分析都不充分，必须将两者结合起来进行分析。信号的时域分析、频域分析是信号表示的不同形式，同一信号无论采用哪种分析方法，其含有的信息内容是相同的，即信号的时域分析转换为频域分析时，不增加新的信息。例如，心电频谱图（FCG）和心电图（ECG）均采用心电信号，但心电图属于时域分析，心电频谱图是对心电信号的频域分析，可显示心电信号的频域特征。FCG 是运用生物控制论及人体工程学原理，应用微机通过快速傅里叶变换，将心电图的时域信号转换成频域信号，从而可在频率域、时间域与幅值域中进行多参量、多指标的整体综合分析，突破了心电图时域分析的局限性，具有信息量丰富、分析精度高、速度快的特点。

2.3 周期信号及其离散频谱

为了对信号的构成、性质及内涵进行深入分析，需要以傅里叶级数作为数学工具，将一般周期信号分解成多个频率不同的谐波信号的线性叠加，即周期信号的频谱分析。

2.3.1 周期信号的定义

若信号按照一定的时间间隔周而复始出现，则称此信号为周期信号。周期信号的数学表达式为

$$x(t) = x(t + nT) \qquad (n = \pm 1, \pm 2, \pm 3, \cdots)$$

例如，正弦信号或余弦信号就是最简单的周期信号，其函数式为 $x(t) = x_0 \sin(\omega_0 t + \varphi_0)$。根据幅值 x_0、角频率 ω_0 和初相角 φ_0 可以完全确定一个正弦信号。

除此之外，常见的周期信号还有：周期方波、周期三角波、周期锯齿波、正弦波整流信号，如图 2-9 所示。

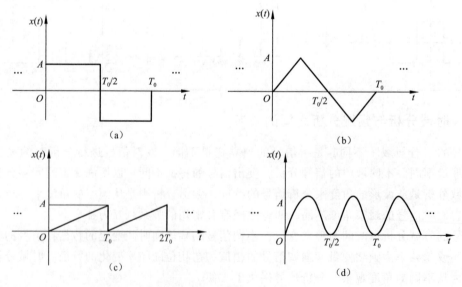

图 2-9　常见的四种周期信号

对于图 2-9（a）所示的周期方波，其数学表达式为

$$x(t) = \begin{cases} A & \left(0 \leqslant t \leqslant \dfrac{T_0}{2}\right) \\ -A & \left(-\dfrac{T_0}{2} \leqslant t \leqslant 0\right) \end{cases}$$

周期方波为多频率结构的复杂周期信号，要弄清多频率结构信号的组成，必须对其进行频域分析。

2.3.2 周期信号傅里叶级数的三角函数展开式

在有限区间上，凡满足狄里克雷条件的周期信号都可以展开成傅里叶级数。傅里叶级数的三角函数展开式为

$$x(t) = a_0 + \sum_{n=1}^{\infty} (a_n \cos n\omega_0 t + b_n \sin n\omega_0 t) \tag{2-14}$$

式中，

$$\left.\begin{aligned} \text{常值分量} \qquad a_0 &= \frac{1}{T_0} \int_{-T_0/2}^{T_0/2} x(t)\,\mathrm{d}t \\ \text{余弦分量的幅值} \quad a_n &= \frac{2}{T_0} \int_{-T_0/2}^{T_0/2} x(t) \cos n\omega_0 t\mathrm{d}t \\ \text{正弦分量的幅值} \quad b_n &= \frac{2}{T_0} \int_{-T_0/2}^{T_0/2} x(t) \sin n\omega_0 t\mathrm{d}t \end{aligned}\right\} \tag{2-15}$$

T_0 为周期；ω_0 为圆频率或角频率，$\omega_0 = 2\pi/T_0$。

由式（2-15）可知，傅里叶系数 a_n 和 b_n 均为 $n\omega_0$ 的函数，其中 a_n 是 n 或 $n\omega_0$ 的偶函数，$a_{-n} = a_n$；而 b_n 是 n 或 $n\omega_0$ 的奇函数，$b_{-n} = -b_n$。

将式（2-14）中正弦函数和余弦函数的同频率项合并，即得到信号的另一种形式的傅里叶级数表达式

$$x(t) = a_0 + \sum_{n=1}^{\infty} A_n \sin(n\omega_0 t + \varphi_n) \tag{2-16}$$

式中，

$$\left.\begin{aligned} A_n &= \sqrt{a_n^2 + b_n^2} \\ \varphi_n &= \arctan \frac{a_n}{b_n} \end{aligned}\right\} \quad (n = 1, 2, \cdots) \tag{2-17}$$

A_n 为第 n 次谐波的幅值，φ_n 为第 n 次谐波的初相角。从式（2-16）可看出，周期信号是由一个或几个，乃至无穷多个不同频率的谐波叠加而成。为了更直观地表示出一个信号的频率构成，以构成信号的各次谐波的角频率 $n\omega_0$ 为横坐标，以各次谐波的幅值 A_n 或初相角 φ_n 为纵坐标分别作图，得到信号的幅频谱和相频谱。由于 n 为整数序列，各频率成分都是 ω_0 的整数倍，相邻频率的间隔为 $\Delta\omega = \omega_0 = 2\pi/T_0$，因而谱线是离散的。通常把 ω_0 称为基频，并把成分 $A_n \sin(n\omega_0 t + \varphi_n)$ 称为 n 次谐波。

例 2-1 求图 2-10 所示的周期方波信号的傅里叶级数。

解：信号 $x(t)$ 在它的一个周期中的表达式为

$$x(t) = \begin{cases} -1 & \left(-\dfrac{T}{2} < t < 0\right) \\ 1 & \left(0 < t < \dfrac{T}{2}\right) \end{cases}$$

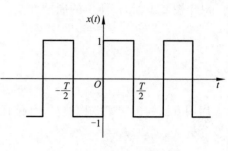

图 2-10　周期方波信号

根据式（2-15），有

$$a_0 = \frac{1}{T} \int_{-T/2}^{T/2} x(t)\,\mathrm{d}t = 0$$

$$a_n = \frac{2}{T} \int_{-T/2}^{T/2} x(t) \cos n\omega_0 t\,\mathrm{d}t = 0$$

这是因为本例中 $x(t)$ 为一奇函数，而 $\cos n\omega_0 t$ 为关于时间 t 的偶函数，两者的积 $x(t) \cos n\omega_0 t$ 也为奇函数，而一个奇函数在上、下限对称区间上的积分值等于零。

$$\begin{aligned}
b_n &= \frac{2}{T} \int_{-T/2}^{T/2} x(t) \sin n\omega_0 t\,\mathrm{d}t \\
&= \frac{2}{T} \left[\int_{-T/2}^{0} (-1) \sin n\omega_0 t\,\mathrm{d}t + \int_{0}^{T/2} \sin n\omega_0 t\,\mathrm{d}t \right] \\
&= \frac{2}{T} \left[\frac{1}{n\omega_0} \cos n\omega_0 t \Big|_{-T/2}^{0} + \frac{1}{n\omega_0} (-\cos n\omega_0 t) \Big|_{0}^{T/2} \right] \\
&= \frac{2}{n\pi} (1 - \cos n\pi) \\
&= \begin{cases} \dfrac{4}{n\pi} & (n = 1,3,5,\cdots) \\ 0 & (n = 2,4,6,\cdots) \end{cases}
\end{aligned}$$

根据式（2-14），可得到图 2-9 所示周期方波的傅里叶级数三角函数展开式为

$$x(t) = \frac{4}{\pi} \left(\sin \omega_0 t + \frac{1}{3} \sin 3\omega_0 t + \frac{1}{5} \sin 5\omega_0 t + \cdots \right)$$

图 2-11 给出其频谱图，幅频谱中仅包含信号的基波及奇次谐波，各次谐波的幅值以 $\dfrac{1}{n}$ 的倍数收敛。信号的相频谱中，基波和各次谐波的相角均为零。

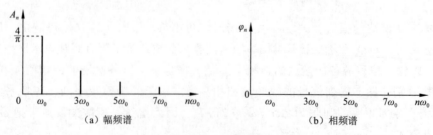

（a）幅频谱　　　　　　　　　　　（b）相频谱

图 2-11　周期方波信号的频谱图

　　从以上的计算结果可知，周期信号可以用傅里叶级数的某几项之和来逼近。所取的项数越多，亦即 n 越大，近似的精度就越高。图 2-12 给出用方波信号的傅里叶级数的一次、三次及五次谐波之和来逼近方波信号的过程。可以看出，随着累加谐波次数的增加，其与周期方波越来越接近。

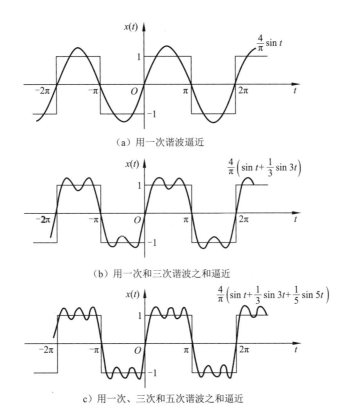

（a）用一次谐波逼近

（b）用一次和三次谐波之和逼近

c）用一次、三次和五次谐波之和逼近

图 2-12　用傅里叶级数的部分项之和逼近信号

2.3.3　周期信号傅里叶级数的复指数表达式

　　以上介绍的是傅里叶级数的三角函数表达式。傅里叶级数还可以写成复指数形式。根据欧拉公式

$$\mathrm{e}^{\pm \mathrm{j}\omega t} = \cos \omega t \pm \mathrm{j}\sin \omega t \qquad (\mathrm{j} = \sqrt{-1})$$

式中

$$\left. \begin{array}{l} \cos \omega t = \dfrac{1}{2}\left(\mathrm{e}^{-\mathrm{j}\omega t} + \mathrm{e}^{\mathrm{j}\omega t}\right) \\[2mm] \sin \omega t = \dfrac{\mathrm{j}}{2}\left(\mathrm{e}^{-\mathrm{j}\omega t} - \mathrm{e}^{\mathrm{j}\omega t}\right) \end{array} \right\} \qquad (2-18)$$

　　将式（2-18）代入式（2-14）中，有

$$x(t) = a_0 + \sum_{n=1}^{\infty} \left[\frac{1}{2}(a_n + \mathrm{j}b_n)\,\mathrm{e}^{-\mathrm{j}n\omega_0 t} + \frac{1}{2}(a_n - \mathrm{j}b_n)\,\mathrm{e}^{\mathrm{j}n\omega_0 t} \right] \tag{2-19}$$

令

$$\left. \begin{aligned} &C_n = \frac{1}{2}(a_n - \mathrm{j}b_n) \\[2mm] &C_{-n} = \frac{1}{2}(a_n + \mathrm{j}b_n) \qquad (n = 1,2,3,\cdots) \\[2mm] &C_0 = a_0 \end{aligned} \right\} \tag{2-20}$$

则

$$x(t) = C_0 + \sum_{n=1}^{\infty} C_{-n}\,\mathrm{e}^{-\mathrm{j}n\omega_0 t} + \sum_{n=1}^{\infty} C_n\,\mathrm{e}^{\mathrm{j}n\omega_0 t} \qquad (n = 1,2,3,\cdots) \tag{2-21}$$

或

$$x(t) = \sum_{n=-\infty}^{\infty} C_n\,\mathrm{e}^{\mathrm{j}n\omega_0 t} \qquad (n = 0,\,\pm 1,\,\pm 2,\cdots) \tag{2-22}$$

式（2-22）即为傅里叶级数的复指数表达式。将式（2-15）中的 a_n 和 b_n 代入式（2-20）中的 C_n，并令 $n = 0,\ \pm 1,\ \pm 2,\ \cdots$，可得

$$C_n = \frac{1}{T_0} \int_{-T_0/2}^{T_0/2} x(t)\,\mathrm{e}^{-\mathrm{j}n\omega_0 t}\,\mathrm{d}t \tag{2-23}$$

式（2-23）为计算傅里叶级数的复指数展开式系数 C_n 的公式。C_n 一般为复数，可写为

$$C_n = |C_n|\,\mathrm{e}^{\mathrm{j}\varphi_n} = \mathrm{Re}\,C_n + \mathrm{jIm}\,C_n \tag{2-24}$$

式中，$|C_n|$ 和 φ_n 分别为复系数 C_n 的幅值与相位，$\mathrm{Re}\,C_n$ 和 $\mathrm{Im}\,C_n$ 分别表示 C_n 的实部与虚部，且有

$$|C_n| = \sqrt{(\mathrm{Re}\,C_n)^2 + (\mathrm{Im}\,C_n)^2} \tag{2-25}$$

$$\varphi_n = \arctan \frac{\mathrm{Im}\,C_n}{\mathrm{Re}\,C_n} \tag{2-26}$$

把周期函数 $x(t)$ 展开成傅里叶级数的复指数形式后，可以利用 $|C_n| - \omega$ 作幅频谱，利用以 $\varphi_n - \omega$ 作相频谱；也可分别利用 C_n 的实部和虚部与频率的关系作频谱图，分别称为实频谱图和虚频谱图。比较傅里叶级数两种展开式的频谱图（如图 2-13 所示）可知，三角函数形式的频谱为单边谱，角频率 ω 的变化范围为 $0 \sim +\infty$；而复指数函数形式的频谱为双边谱，角频率 ω 的变化范围扩大到负半轴方向，即为 $-\infty \sim +\infty$。两种形式的频谱在幅值上的关系是 $|C_n| = \frac{1}{2}A_n$，即双边谱中各谐波的幅值为单边谱中各对应谐波幅值的一半。

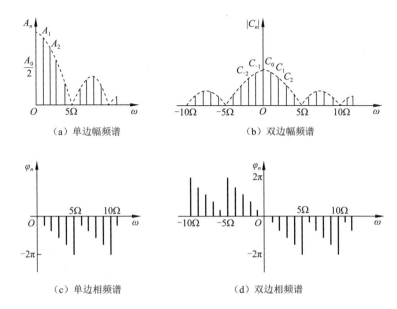

（a）单边幅频谱　　　　　　　　（b）双边幅频谱

（c）单边相频谱　　　　　　　　（d）双边相频谱

图 2-13　周期信号频谱图的两种形式

双边谱中将频率的范围扩大到负半轴方向，出现了"负频率"的概念。这是由于在推导中，利用复指数函数表示傅里叶级数时将 n 从正值扩展到了正、负值，如式（2-22）。实际上，角速度按其旋转方向可以有正有负，一个矢量的实部可以看成是两个旋转方向相反的矢量在其实轴上投影之和，而虚部则为其在虚轴上投影之差，如图 2-14 所示。

例 2-2　画出余弦、正弦函数的实、虚频谱图。

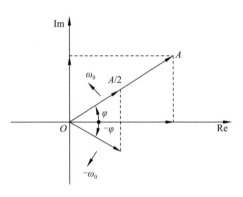

图 2-14　负频谱的说明

解：根据欧拉公式，即式（2-18）可得

$$\cos \omega_0 t = \frac{1}{2}\left(e^{-j\omega_0 t} + e^{j\omega_0 t} \right)$$

$$\sin \omega_0 t = \frac{j}{2}\left(e^{-j\omega_0 t} - e^{j\omega_0 t} \right)$$

故余弦函数只有实频谱，关于纵轴偶对称；正弦函数只有虚频谱，关于纵轴奇对称。两个函数的频谱如图 2-15 所示。

通常周期函数按傅里叶级数的复指数形式展开后，实频谱呈偶对称，虚频谱呈奇对称。

归纳起来，周期信号的频谱具有以下三个特点：

（1）周期信号的频谱是离散的。

（2）周期信号的谱线仅出现在基波频率的整数倍。

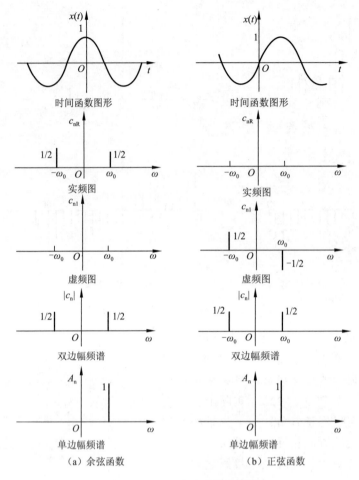

图 2-15　正、余弦函数的频谱

（3）各频率分量的谱线高度表示该谐波的幅值或相位角。在工程中常见的周期信号，其谐波幅值总的趋势是随着谐波阶次的增高而减小的。因此，在频谱分析中没有必要取次数过高的谐波分量。

例 2-3　求图 2-16 所示的周期矩形脉冲的频谱，其中周期矩形脉冲的周期为 T，脉冲宽度为 τ。

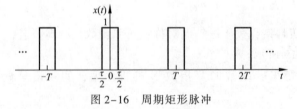

图 2-16　周期矩形脉冲

解：根据式（2-23），

$$C_n = \frac{1}{T}\int_{-T/2}^{T/2} x(t)\,\mathrm{e}^{-\mathrm{j}n\omega_0 t}\,\mathrm{d}t = \frac{1}{T}\int_{-\tau/2}^{\tau/2} \mathrm{e}^{-\mathrm{j}n\omega_0 t}\,\mathrm{d}t = \frac{1}{T}\cdot\frac{\mathrm{e}^{-\mathrm{j}n\omega_0 t}}{-\mathrm{j}n\omega_0}\bigg|_{-\tau/2}^{\tau/2}$$

$$= \frac{2}{T} \frac{\sin\left(\dfrac{n\omega_0\tau}{2}\right)}{n\omega_0} = \frac{\tau}{T} \frac{\sin\left(\dfrac{n\omega_0\tau}{2}\right)}{\dfrac{n\omega_0\tau}{2}} \qquad (n = 0, \pm 1, \pm 2, \cdots)$$

由于 $\omega_0 = \dfrac{2\pi}{T}$，代入上式得

$$C_n = \frac{\tau}{T} \frac{\sin\left(\dfrac{n\pi\tau}{T}\right)}{\dfrac{n\pi\tau}{T}} \qquad (n = 0, \pm 1, \pm 2, \cdots) \tag{2-27}$$

定义 $$\sin c(x) \overset{\text{def}}{=\!=} \frac{\sin x}{x} \tag{2-28}$$

则式（2-27）解为

$$C_n = \frac{\tau}{T} \sin c\left(\frac{n\pi\tau}{T}\right) = \frac{\tau}{T} \sin c\left(\frac{n\omega_0\tau}{2}\right) \qquad (n = 0, \pm 1, \pm 2, \cdots) \tag{2-29}$$

根据式（2-22）得到周期矩形脉冲信号的傅里叶级数展开式为

$$x(t) = \sum_{n=-\infty}^{\infty} C_n \mathrm{e}^{\mathrm{j}n\omega_0 t} = \frac{\tau}{T} \sum_{n=-\infty}^{\infty} \sin c\left(\frac{n\pi\tau}{T}\right) \mathrm{e}^{\mathrm{j}n\omega_0 t} \tag{2-30}$$

图 2-17 给出了周期矩形脉冲信号的频谱，设 $T = 4\tau$，则 $\dfrac{\tau}{T} = \dfrac{1}{4}$。由于 C_n 在本例中为实数，因此其相位为 0 或 π。

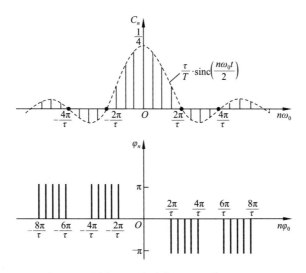

图 2-17 周期矩形脉冲信号的频谱（$T = 4\tau$）

与一般周期信号频谱特点相同，周期矩形脉冲信号的频谱也是离散的，它仅含有 $\omega = n\omega_0$ 的频率分量，相邻谱线的间隔为 $\omega_0 = \dfrac{2\pi}{T}$。图 2-17 仅表示出 $T = 4\tau$ 时的谱线，显然当周期 T 变大时，谱线间隔 ω_0 变小，频谱变密集；反之，则变稀疏。但不管谱线变密或变稀，

频谱的形状及其包络不随 T 的变化而变化，在 $\frac{\omega\tau}{2} = m\pi$（$m = \pm 1$，$\pm 2$，$\cdots$）处，各频率分量为零。由于各分量的幅值随频率的增加而减小，因此，信号的能量主要集中在第一个零点（即 $\omega = \frac{2\pi}{\tau}$）以内。在允许一定误差的条件下，通常将 $0 \leqslant \omega \leqslant \frac{2\pi}{\tau}$ 的频率范围称为周期矩形脉冲信号的带宽，用符号 ΔC 表示

$$\Delta C = \frac{1}{\tau} \tag{2-31}$$

周期和脉宽是周期矩形脉冲信号的两个基本参数，其取值会对频谱产生影响。图 2-18 和图 2-19 给出当周期矩形脉冲的脉宽和周期分别改变时，其频谱变化情况。图 2-18 为周期不变，脉冲宽度逐渐变窄的情况。从图中可以看出，由于信号的周期不变，频谱的谱线间隔相同。由式（2-29）可知，脉冲宽度越窄，信号的带宽越大，从而使得频带中包含的频率分量越多，而频谱幅值将减小。

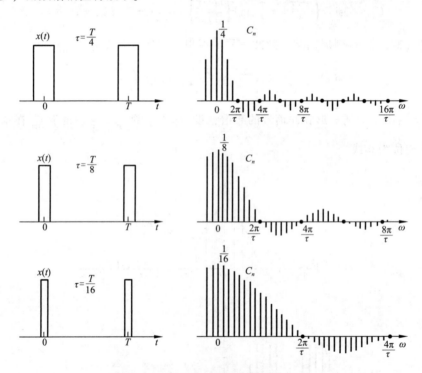

图 2-18 信号脉冲宽度与频谱的关系

图 2-19 为脉宽不变，周期矩形脉冲的周期逐渐变大的情况。可以看出，由于信号的脉宽不变，信号的带宽相同。由式（2-29）可知，当周期变大时，信号谱线的间隔减小，谱线变密，幅值也变小。若周期无限增大，即当 $T \to \infty$ 时，原来的周期信号变成非周期信号。此时，谱线变得越来越密集，最终谱线间隔趋近于零，整个谱线成为一条连续的频谱。

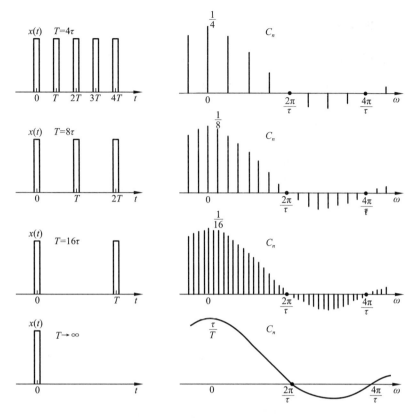

图 2-19 信号周期与频谱的关系

2.4 非周期信号与连续频谱

非周期信号包括准周期信号和瞬变非周期信号两类，其频谱各有其特点。如上节所述，周期信号可展开成多项乃至无穷多项简谐信号之和，其频谱具有离散性及谐波性特点。但几个简谐信号的叠加，不一定是周期信号。也就是说，具有离散频谱的信号不一定是周期信号。只有各简谐分量的频率比为有理数时，它们在某一时间间隔后周而复始，合成后的信号才是周期信号。若各简谐分量的频率比不是有理数，例如 $x(t) = \sin \omega_0 t + \sin \sqrt{2} \omega_0 t$，则各简谐分量合成后不能经过某一时间间隔后重现，合成后的信号不是周期信号。但这种信号具有离散的频谱，故称为准周期信号。多个相互独立的振源引起的振动往往属于这类信号。

通常所说的非周期信号是指瞬变非周期信号，常见的这类信号如图 2-20 所示。下面讨论这类非周期信号的频谱。

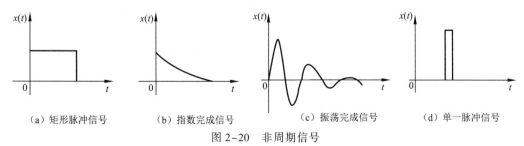

（a）矩形脉冲信号　　　（b）指数完成信号　　　（c）振荡完成信号　　　（d）单一脉冲信号

图 2-20 非周期信号

2.4.1 傅里叶变换

周期为 T_0 的信号 $x(t)$ 的频谱是离散的。当信号 $x(t)$ 的周期 T_0 趋于无穷大时，该信号就变成非周期信号。周期信号的离散频谱的谱线间隔为 $\Delta\omega = \omega_0 = \dfrac{2\pi}{T_0}$。当周期 T_0 趋于无穷大时，其频率间隔 $\Delta\omega$ 趋于无穷小，谱线无限靠近，变量 ω 连续取值直至离散谱线的顶点无限接近，最后演变成一条连续曲线。因此，瞬变非周期信号的频谱是连续的，可以将瞬变非周期信号理解为由无限多个、频率无限接近的频率成分组成。

设有一个周期信号 $x(t)$，在 $\left(-\dfrac{T_0}{2}, \dfrac{T_0}{2}\right)$ 区间以傅里叶级数表示为

$$x(t) = \sum_{n=-\infty}^{\infty} C_n e^{jn\omega_0 t} \tag{2-32}$$

式中，

$$C_n = \frac{1}{T_0} \int_{-T_0/2}^{T_0/2} x(t) e^{-jn\omega_0 t} dt \tag{2-33}$$

将 C_n 带入式（2-32）得

$$x(t) = \sum_{n=-\infty}^{\infty} \left(\frac{1}{T_0} \int_{-T_0/2}^{T_0/2} x(t) e^{-jn\omega_0 t} dt \right) e^{jn\omega_0 t} \tag{2-34}$$

当 T_0 趋于无穷大时，频率间隔 $\Delta\omega$ 变为无穷小量 $d\omega$，离散频谱中相邻的谱线紧靠在一起，$n\omega_0$ 就变成连续变量 ω，求和符号 $\sum$ 就变为积分符号 $\int$，得到

$$\begin{aligned} x(t) &= \int_{-\infty}^{\infty} \frac{d\omega}{2\pi} \left(\int_{-\infty}^{\infty} x(t) e^{-j\omega t} dt \right) e^{j\omega t} \\ &= \int_{-\infty}^{\infty} \left(\frac{1}{2\pi} \int_{-\infty}^{\infty} x(t) e^{-j\omega t} dt \right) e^{j\omega t} d\omega \end{aligned} \tag{2-35}$$

以上为傅里叶变换。式（2-35）圆括号中的积分变量是时间 t，因此，积分后为 ω 的函数，记作 $X(\omega)$，得到

$$X(\omega) = \frac{1}{2\pi} \int_{-\infty}^{\infty} x(t) e^{-j\omega t} dt \tag{2-36}$$

$$x(t) = \int_{-\infty}^{\infty} X(\omega) e^{j\omega t} d\omega \tag{2-37}$$

式（2-36）、式（2-37）也可写为

$$X(\omega) = \int_{-\infty}^{\infty} x(t) e^{-j\omega t} dt \tag{2-38}$$

$$x(t) = \frac{1}{2\pi} \int_{-\infty}^{\infty} X(\omega) e^{j\omega t} d\omega \tag{2-39}$$

本书中采用的是式（2-38）和式（2-39）。

在数学上，将 $X(\omega)$ 称为 $x(t)$ 的傅里叶变换，而将 $x(t)$ 称为 $X(\omega)$ 的傅里叶逆变换，两者互称为傅里叶变换对，记为

$$x(t) \Leftrightarrow X(\omega) \tag{2-40}$$

非周期函数 $x(t)$ 存在傅里叶变换的充分条件是 $x(t)$ 在区间 $(-\infty, \infty)$ 上绝对可积，即

$$\int_{-\infty}^{\infty} |x(t)| \mathrm{d}t < \infty \tag{2-41}$$

注意：上述条件并非必要条件。当引入广义函数概念之后，许多原本不满足绝对可积条件的函数也可以进行傅里叶变换。

若将上述变换中的角频率 ω 用频率 f 替代（$\omega = 2\pi f$），式（2-38）和式（2-39）变为

$$X(f) = \int_{-\infty}^{\infty} x(t)\mathrm{e}^{-\mathrm{j}2\pi ft}\mathrm{d}t \tag{2-42}$$

$$x(t) = \int_{-\infty}^{\infty} X(f)\mathrm{e}^{\mathrm{j}2\pi ft}\mathrm{d}f \tag{2-43}$$

这样就避免了在傅里叶变换对中出现的常数因子，使公式简化，二者之间的关系为

$$X(f) = 2\pi X(\omega) \tag{2-44}$$

由式（2-43）可知，一个非周期函数可分解成频率 f 连续变化的不同谐波的叠加，式（2-43）中的 $X(f)\mathrm{d}f$ 是谐波 $\mathrm{e}^{\mathrm{j}2\pi ft}$ 的系数，它决定信号的振幅和相位。对于不同频率 f，$X(f)\mathrm{d}f$ 项中的 $\mathrm{d}f$ 相同，$X(f)$ 反映不同谐波分量的振幅与相位的变化情况，故称 $X(f)$ 或 $X(\omega)$ 为 $x(t)$ 的连续频谱。通常 $X(f)$ 为实变量 f 的复函数，故

$$X(f) = |X(f)|\mathrm{e}^{\mathrm{j}\varphi(f)} \tag{2-45}$$

式中，$|X(f)|$（或 $|X(\omega)|$）为非周期信号 $x(t)$ 的连续幅值谱；$\varphi(f)$（或 $\varphi(\omega)$）为 $x(t)$ 的连续相位谱。

注意：尽管非周期信号的幅值谱 $|X(f)|$ 与周期信号的幅值谱 $|C_n|$ 相似，但两者是有差别的。$|C_n|$ 的量纲与信号幅值的量纲一致，而 $|X(f)|$ 的量纲与信号幅值的量纲不一致，它是单位频宽上的幅值。因此，$X(f)$ 是频谱密度函数。为方便起见，本书仍称 $X(f)$ 为频谱。

例 2-4　求矩形脉冲（又称窗函数或门函数）$g_T(t)$ 的频谱，其时域表达式为

$$g_T(t) = \begin{cases} 1 & \left(|t| < \dfrac{T}{2}\right) \\ 0 & \left(|t| > \dfrac{T}{2}\right) \end{cases}$$

该函数的频谱为

$$\begin{aligned} G_T(f) &= \int_{-\infty}^{\infty} g_T(t)\mathrm{e}^{-\mathrm{j}2\pi ft}\mathrm{d}t \\ &= \int_{-T/2}^{T/2} 1 \cdot \mathrm{e}^{-\mathrm{j}2\pi ft}\mathrm{d}t \\ &= \frac{1}{-\mathrm{j}2\pi f}(\mathrm{e}^{-\mathrm{j}\pi fT} - \mathrm{e}^{+\mathrm{j}\pi fT}) \\ &= T \cdot \frac{\sin(\pi fT)}{\pi fT} \\ &= T\sin c(\pi fT) \end{aligned}$$

其幅频谱和相频谱分别为

$$|G_T(f)| = T|\sin c(\pi fT)|$$

$$\left.\varphi(f) = \begin{cases} 0 & [\sin c(\pi fT) > 0] \\ \pm\pi & [\sin c(\pi fT) < 0] \end{cases}\right\} \qquad (2\text{-}46)$$

可以看到，窗函数 $g_T(t)$ 的频谱 $G_T(f)$ 是一个正或负的实数，正、负符号的变化相当于在相位上改变一个 π 弧度。矩形窗函数的频谱如图 2-21 所示。

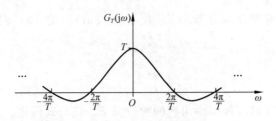

图 2-21　矩形窗函数的频谱

2.4.2　傅里叶变换的性质

通过傅里叶变换，可以确定信号的时域分析与频域分析的关系。熟悉傅里叶变换的性质，有助于了解信号在某个域的变化和运算将在另一个域中产生何种相应的变化和运算关系，从而有助于对复杂工程检测信号的分析和计算。

1. 对称性（对偶性）

若 $x(t) \Leftrightarrow X(f)$，则有

$$X(t) \Leftrightarrow x(-f) \qquad (2\text{-}47)$$

证明：

$$x(t) = \int_{-\infty}^{\infty} X(f)\mathrm{e}^{\mathrm{j}2\pi ft}\mathrm{d}f$$

以 $-t$ 替换 t 得

$$x(-t) = \int_{-\infty}^{\infty} X(f)\mathrm{e}^{-\mathrm{j}2\pi ft}\mathrm{d}f$$

由于积分与变量无关，将上式中的 f 与 t 互换，即得傅里叶变换为

$$x(-f) = \int_{-\infty}^{\infty} X(t)\mathrm{e}^{-\mathrm{j}2\pi ft}\mathrm{d}t$$

因此，$X(t) \Leftrightarrow x(-f)$。

应用傅里叶变换的对称性，可以很容易得到频域矩形脉冲信号的时域波形，如图 2-22 所示。

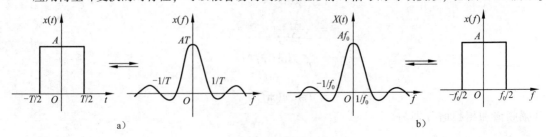

图 2-22　对称性

2. 线性叠加性

如果有 $x_1(t) \Leftrightarrow X_1(f)$ 和 $x_2(t) \Leftrightarrow X_2(f)$，则

$$ax_1(t) + bx_2(t) \Leftrightarrow aX_1(f) + bX_2(f) \tag{2-48}$$

式中，a，b 为常数。

这一性质可直接由傅里叶变换的计算式（2-38）和公式（2-39）得到证明。由傅里叶变换的线性性质可以推广到有多个信号的情况。

3. 尺度变换性

如果有 $x(t) \Leftrightarrow X(f)$，则对于常实数 a，有

$$x(at) \Leftrightarrow \frac{1}{|a|} X\left(\frac{f}{a}\right) \tag{2-49}$$

证明： 设 $a > 0$，则 $x(at)$ 的傅里叶变换为

$$F[x(at)] = \int_{-\infty}^{\infty} x(at) e^{-j2\pi ft} dt$$

式中 $F[\ ]$ 表示傅里叶变换，用 $F^{-1}[\ ]$ 表示傅里叶逆变换。进行变量代换，设 $u = at$，$dt = \frac{1}{a} du$ 代入上式得

$$F[x(at)] = \frac{1}{a} \int_{-\infty}^{\infty} x(u) e^{-(j2\pi uf/a)} du$$

$$= \frac{1}{a} X\left(\frac{f}{a}\right)$$

若 $a < 0$，设 $u = -at$，则 $dt = -\frac{1}{a} du$，有

$$F[x(at)] = \int_{-\infty}^{+\infty} x(at) e^{-j2\pi ft} dt$$

$$= -\frac{1}{a} \int_{-\infty}^{+\infty} x(-u) e^{-j2\pi f(-u/a)} du$$

再令 $u = -v$，得到

$$F[x(at)] = -\frac{1}{a} \int_{+\infty}^{-\infty} x(v) e^{-j2\pi fv/a} d(-v)$$

$$= -\frac{1}{a} \int_{-\infty}^{+\infty} x(v) e^{-j2\pi fv/a} dv$$

$$= \frac{1}{|a|} X\left(\frac{f}{a}\right)$$

综合以上两种结果，有

$$x(at) \Leftrightarrow \frac{1}{|a|} X\left(\frac{f}{a}\right)$$

图 2-23 给出时间尺度变化对信号时域波形和频谱的影响。当时间尺度压缩（$a > 1$）时，频谱的频带加宽、幅值降低；当时间尺度扩展（$a < 1$）时，其频谱变窄、幅值增加。例如，磁带的慢录快放，即进行时间尺度压缩。这样可以提高信号处理的效率，但所得的信号频带会加宽。若后续处理设备（如放大器、滤波器）的频带不够宽，会导致信号失真；

反之，若快录慢放，则信号的带宽变窄，对后续设备的通带宽度要求降低，但信号处理效率将会降低。

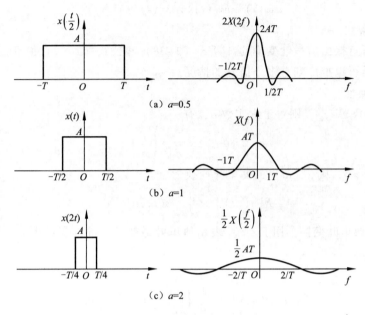

图 2-23　时间尺度改变特性

4. 时移性

如果有 $x(t) \Leftrightarrow X(f)$，则

$$x(t - t_0) \Leftrightarrow X(f) e^{-j2\pi f t_0} \tag{2-50}$$

证明： 根据傅里叶变换的定义可得

$$F[x(t - t_0)] = \int_{-\infty}^{\infty} x(t - t_0) e^{-j2\pi ft} dt$$

令 $u = t - t_0$，代入上式得

$$F[x(t - t_0)] = \int_{-\infty}^{\infty} x(u) e^{-j2\pi f(u + t_0)} du$$

$$= e^{-j2\pi f t_0} X(f)$$

时移特性表明，信号在时域中平移，其幅频谱不变，但其相频谱会发生改变，相角的改变量与频率成正比，即 $\Delta\varphi = -2\pi f t_0$。

例 2-5　求图 2-24 所示矩形脉冲函数的频谱，该矩形脉冲宽度为 T，幅值为 A，中心位于 $t_0 \neq 0$ 的位置。

该函数的表达式可写为

$$g_T(t) = \begin{cases} A & (|t| < T/2) \\ 0 & (|t| > T/2) \end{cases}$$

$$x(t) = g_T(t - t_0)$$

它可看作由中心位于原点的矩形脉冲经时移 t_0 而形成的。因此，由矩形脉冲频谱和信号的时移性，得到时移矩

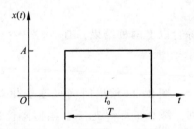

图 2-24　具有时移 t_0 的矩形脉冲

形脉冲信号的傅里叶变换为

$$|X(f)| = AT|\sin c(\pi fT)|$$

$$\phi(f) = \begin{cases} -2\pi t_0 f & [\sin c(\pi fT) > 0] \\ -2\pi t_0 f \pm \pi & [\sin c(\pi fT) < 0] \end{cases}$$

可以看出，信号时移后，其幅频谱没有发生改变，但相频谱增加了一个随频率呈线性变化的项。图 2-25 给出 3 种不同时移 t_0 情况下的相频谱。

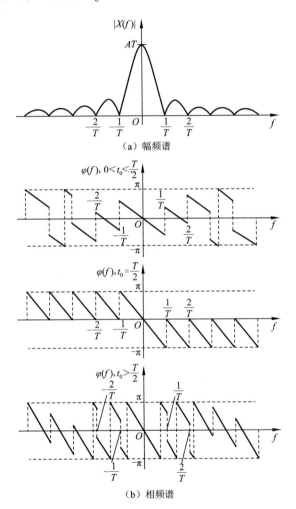

（a）幅频谱

（b）相频谱

图 2-25　具有时移 t_0 的矩形脉冲函数的幅频谱和相频谱

5. 频移性（调制性）

如果有 $x(t) \Leftrightarrow X(f)$，则

$$x(t)e^{j2\pi f_0 t} \Leftrightarrow X(f - f_0) \tag{2-51}$$

式中，f_0 为常数。

证明： 根据定义，$x(t)e^{j2\pi f_0 t}$ 的傅里叶变换为

$$F[x(t)e^{j2\pi f_0 t}] = \int_{-\infty}^{\infty} x(t)e^{j2\pi f_0 t}e^{-j2\pi ft}dt$$

$$= \int_{-\infty}^{\infty} x(t)e^{-j2\pi(f-f_0)t}dt$$

$$= X(f - f_0)$$

信号的频移特性是信号调制的数学基础。

例 2-6 设 $x(t)$ 为调制信号，$\cos\omega_0 t$ 为载波信号，求两者乘积亦即调制后信号 $x(t)\cos\omega_0 t$ 的频谱。

解： 根据信号的线性叠加性和频移性，可求得 $x(t)\cos\omega_0 t$ 的频谱为

$$F[x(t)\cos\omega_0 t] = F[x(t)\frac{e^{j\omega_0 t} + e^{-j\omega_0 t}}{2}]$$

$$= \frac{1}{2}F[x(t)e^{j\omega_0 t}] + \frac{1}{2}F[x(t)e^{-j\omega_0 t}] \qquad (2-52)$$

$$= \frac{1}{2}[X(\omega - \omega_0) + X(\omega + \omega_0)]$$

从以上的计算结果可看出，时间信号经调制后的频谱等于将调制前原信号的频谱进行频移，使得原信号频谱的一半的中心位于 ω_0 处，另一半位于 $-\omega_0$ 处（见图 2-26）。

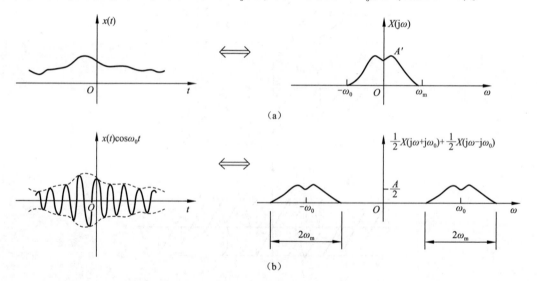

图 2-26 $x(t)\cos\omega_0 t$ 的频谱

类似可以得到已调制信号 $x(t)\sin\omega_0 t$ 的频谱为

$$F[x(t)\sin\omega_0 t] = -\frac{1}{2}j[X(\omega - \omega_0) - X(\omega + \omega_0)] \qquad (2-53)$$

信号的频移性被广泛应用在各类电子系统中，如调幅、同步解调等都是以频移性为基础实现的。例 2-6 中的运算可用图 2-27 所示的一个乘法器来实现。调制信号 $x(t)$ 与载波信号 $\cos\omega_0 t$ 或 $\sin\omega_0 t$ 相乘来得到高频已调制信号 $y(t)$，其中 $y(t) = x(t)\cos\omega_0 t$。

6. 卷积

卷积可用于描述线性系统中系统输出与输入之间的关系。两个函数 $x(t)$ 与 $h(t)$ 的卷

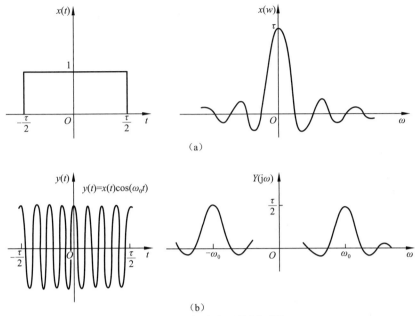

图 2-27　频移实现的原理图

积定义为 $\int_{-\infty}^{\infty} x(\tau)h(t-\tau)\mathrm{d}\tau$，记作 $x(t) * h(t)$。由于难以利用直接积分对卷积积分进行求解。因此，将卷积积分变换为其它域的乘积运算，可以大大简化信号分析的难度。卷积特性在信号分析中有重要的作用。卷积定理可分为时域卷积定理和频域卷积定理。

（1）时域卷积定理

如果有

$$x(t) \Leftrightarrow X(f)$$
$$h(t) \Leftrightarrow H(f)$$

则有

$$x(t) * h(t) \Leftrightarrow X(f)H(f) \tag{2-54}$$

证明： 根据卷积积分的定义有

$$x(t) * h(t) = \int_{-\infty}^{\infty} x(\tau)h(t-\tau)\mathrm{d}\tau$$

其傅里叶变换为

$$F[x(t) * h(t)] = \int_{-\infty}^{\infty} \mathrm{e}^{-\mathrm{j}2\pi ft}\left[\int_{-\infty}^{\infty} x(\tau)h(t-\tau)\mathrm{d}\tau\right]\mathrm{d}t$$
$$= \int_{-\infty}^{\infty} x(\tau)\left[\int_{-\infty}^{\infty} h(t-\tau)\mathrm{e}^{-\mathrm{j}2\pi ft}\mathrm{d}t\right]\mathrm{d}\tau$$

由时移性可知

$$\int_{-\infty}^{\infty} h(t-\tau)\mathrm{e}^{-\mathrm{j}2\pi ft}\mathrm{d}t = H(f)\mathrm{e}^{-\mathrm{j}2\pi f\tau}$$

代入上式得

$$F[x(t) * h(t)] = \int_{-\infty}^{\infty} x(\tau)H(f)\mathrm{e}^{-\mathrm{j}2\pi f\tau}\mathrm{d}\tau$$

$$= H(f) \int_{-\infty}^{\infty} x(\tau) \mathrm{e}^{-\mathrm{j}2\pi f\tau} \mathrm{d}\tau$$

$$= H(f) X(f)$$

（2）频域卷积定理

如果有

$$x(t) \Leftrightarrow X(f)$$

$$h(t) \Leftrightarrow H(f)$$

则有

$$x(t) h(t) \Leftrightarrow X(f) * H(f) \tag{2-55}$$

证明：考虑 $X(f) * H(f)$ 的傅里叶逆变换，有

$$F^{-1}[X(f) * H(f)] = \int_{-\infty}^{\infty} \mathrm{e}^{\mathrm{j}2\pi ft} \int_{-\infty}^{\infty} X(u) H(f-u) \mathrm{d}u \mathrm{d}f$$

$$= \int_{-\infty}^{\infty} X(u) \int_{-\infty}^{\infty} H(f-u) \mathrm{e}^{\mathrm{j}2\pi ft} \mathrm{d}f \mathrm{d}u$$

令 $v = f - u$，则 $\mathrm{d}v = \mathrm{d}f$，$f = v + u$，有

$$F^{-1}[X(f) * H(f)] = \int_{-\infty}^{\infty} X(u) \int_{-\infty}^{\infty} H(v) \mathrm{e}^{\mathrm{j}2\pi(v+u)t} \mathrm{d}v \mathrm{d}u$$

$$= \int_{-\infty}^{\infty} X(u) \mathrm{e}^{\mathrm{j}2\pi ut} \mathrm{d}u \int_{-\infty}^{\infty} H(v) \mathrm{e}^{\mathrm{j}2\pi vt} \mathrm{d}v$$

$$= x(t) h(t)$$

利用卷积图解可以加深对卷积过程的理解。图 2-28 给出两个信号 $x(t)$ 和 $y(t)$ 的卷积过程，主要包括：反转、平移、相乘积分几个主要步骤。

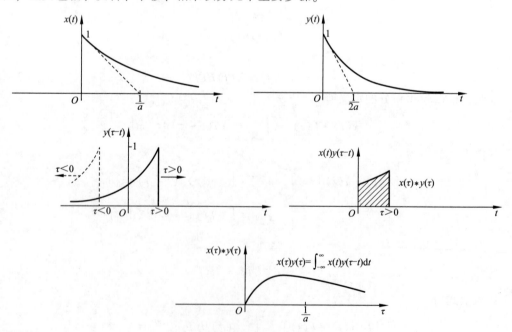

图 2-28　卷积图解

7. 奇偶性

实际信号常为时间的实函数，而其傅里叶变换 $X(f)$ 则是变量 f 的复函数。

设 $x(t)$ 为时间 t 的实函数，根据傅里叶变换表达式及欧拉公式 $e^{-j2\pi ft} = \cos 2\pi ft - j\sin 2\pi ft$，可得

$$
\begin{aligned}
X(f) &= \int_{-\infty}^{\infty} x(t) e^{-j2\pi ft} dt \\
&= \int_{-\infty}^{\infty} x(t) \cos 2\pi ft dt - j\int_{-\infty}^{\infty} x(t) \sin 2\pi ft dt \\
&= \operatorname{Re} X(f) + j\operatorname{Im} X(f) \\
&= |X(f)| e^{j\varphi(f)}
\end{aligned} \tag{2-56}
$$

频谱的实部和虚部分别为

$$
\left.
\begin{aligned}
\operatorname{Re} X(f) &= \int_{-\infty}^{\infty} x(t) \cos 2\pi ft dt \\
\operatorname{Im} X(f) &= -\int_{-\infty}^{\infty} x(t) \sin 2\pi ft dt
\end{aligned}
\right\} \tag{2-57}
$$

频谱的模和相角分别为

$$
\left.
\begin{aligned}
|X(f)| &= \sqrt{\operatorname{Re} X(f)^2 + \operatorname{Im} X(f)^2} \\
\varphi(f) &= \arctan \frac{\operatorname{Im} X(f)}{\operatorname{Re} X(f)}
\end{aligned}
\right\} \tag{2-58}
$$

由于 $\cos 2\pi ft$ 为偶函数，而 $\sin 2\pi ft$ 为奇函数，由式（2-57）可知，当 $x(t)$ 为实函数时，其频谱 $X(f)$ 具有如下特点：$\operatorname{Re} X(f) = \operatorname{Re} X(-f)$，$\operatorname{Im} X(f) = -\operatorname{Im} X(-f)$，且 $|X(f)| = |X(-f)|$，$\varphi(f) = -\varphi(-f)$。

此外，若 $x(t)$ 为关于 t 的实偶函数，即 $x(t) = x(-t)$，$x(t)\sin 2\pi ft$ 便为关于 t 的奇函数，则有 $\operatorname{Im} X(f) = 0$；相反，$x(t)\cos 2\pi ft$ 为关于 t 的偶函数，则有

$$
X(f) = \operatorname{Re} X(f) = \int_{-\infty}^{\infty} x(t) \cos 2\pi ft dt = 2\int_{0}^{\infty} x(t) \cos 2\pi ft dt
$$

由此可见，$X(f)$ 为 f 的实偶函数。

若 $x(t)$ 为时间 t 的实奇函数，即 $x(t) = -x(-t)$ 时，$x(t)\cos 2\pi ft$ 为 t 的奇函数，则有 $\operatorname{Re} X(f) = 0$；相反，$x(t)\sin 2\pi ft$ 为 t 的偶函数，则有

$$
X(f) = j\operatorname{Im} X(f) = -j\int_{-\infty}^{\infty} x(t) \sin 2\pi ft dt = -j2\int_{0}^{\infty} x(t) \sin 2\pi ft dt
$$

由此可见，$X(f)$ 为 f 的虚奇函数。

根据定义，$x(-t)$ 的傅里叶变换可写为

$$
F[x(-t)] = \int_{-\infty}^{\infty} x(-t) e^{-j2\pi ft} dt
$$

令 $\tau = -t$，得

$$F[x(-t)] = \int_{\infty}^{-\infty} x(\tau) e^{j2\pi f\tau} d(-\tau)$$

$$= \int_{-\infty}^{\infty} x(\tau) e^{-j2\pi(-f)\tau} d(\tau)$$

$$= X(-f)$$

由于 $\mathrm{Re}\,X(f)$ 为 f 的偶函数，而 $\mathrm{Im}\,X(f)$ 为 f 的奇函数，则有

$$X(-f) = \mathrm{Re}\,X(-f) + \mathrm{jIm}\,X(-f)$$

$$= \mathrm{Re}\,X(f) - \mathrm{jIm}\,X(f)$$

$$= X^*(f)$$

式中，$X^*(f)$ 为 $X(f)$ 的共轭复函数。于是有

$$x(-t) \Leftrightarrow X(-f) = X^*(f) \tag{2-59}$$

式（2-59）亦称傅里叶变换的反转性。

以上结论适用于 $x(t)$ 为时间 t 的实函数的情况。若 $x(t)$ 为 t 的虚函数，则有

$$\left.\begin{array}{l} \mathrm{Re}\,X(f) = -\mathrm{Re}\,X(-f), \mathrm{Im}\,X(f) = \mathrm{Im}\,X(-f) \\ |X(f)| = |X(-f)|, \varphi(f) = -\varphi(-f) \end{array}\right\} \tag{2-60}$$

$$x(-t) \Leftrightarrow X(-f) = -X^*(f) \tag{2-61}$$

8. 时域微分和积分

如果有 $x(t) \Leftrightarrow X(f)$，则

$$\frac{\mathrm{d}x(t)}{\mathrm{d}t} \Leftrightarrow j2\pi f X(f) \tag{2-62}$$

及

$$\int_{-\infty}^{t} x(t)\,\mathrm{d}t \Leftrightarrow \frac{1}{j2\pi f} X(f) \tag{2-63}$$

条件是 $X(0) = 0$。

证明： 由于

$$x(t) = \int_{-\infty}^{\infty} X(f) e^{j2\pi ft} \mathrm{d}f$$

因此

$$\frac{\mathrm{d}x(t)}{\mathrm{d}t} = \int_{-\infty}^{\infty} X(f) j2\pi f e^{j2\pi ft} \mathrm{d}f$$

得到

$$\frac{\mathrm{d}x(t)}{\mathrm{d}t} \Leftrightarrow j2\pi f X(f)$$

重复上述求导过程，则可得到 n 阶微分的傅里叶变换公式为

$$\frac{\mathrm{d}^n x(t)}{\mathrm{d}t^n} \Leftrightarrow (j2\pi f)^n X(f) \tag{2-64}$$

设函数 $g(t)$ 为

$$g(t) = \int_{-\infty}^{t} x(t')\,\mathrm{d}t'$$

其傅里叶变换为 $G(f)$。由于

$$\frac{\mathrm{d}g(t)}{\mathrm{d}t} = x(t)$$

利用式（2-62），可得

$$\mathrm{j}2\pi f G(f) = X(f)$$

或

$$G(f) = \frac{1}{\mathrm{j}2\pi f}X(f)$$

亦即

$$\int_{-\infty}^{\infty} x(t)\,\mathrm{d}t \Leftrightarrow \frac{1}{\mathrm{j}2\pi f}X(f)$$

需要注意的是，对于 $g(t)$ 而言，要想具有傅里叶变换 $G(f)$，则 $G(f)$ 必须存在。因此，其条件是

$$\lim_{t \to \infty} g(t) = 0$$

故

$$\int_{-\infty}^{\infty} x(t)\,\mathrm{d}t = 0$$

上式等价于 $X(0) = 0$，因此

$$X(f)\Big|_{f=0} = \int_{-\infty}^{\infty} x(t)\,\mathrm{d}t$$

若 $X(0) \neq 0$，那么 $g(t)$ 不再为能量函数，而 $g(t)$ 的傅里叶变换便包含一个冲激函数，即

$$\int_{-\infty}^{t} x(t)\,\mathrm{d}t \Leftrightarrow \frac{1}{\mathrm{j}2\pi f}X(f) + \pi X(0)\delta(f) \tag{2-65}$$

表 2-3 列出了傅里叶变换的主要性质及其表达式。

表 2-3　傅里叶变换的主要性质及其表达式

序　号	主　要　性　质	公　式　表　达
1	对称性（对偶性）	$X(t) \Leftrightarrow x(-f)$
2	线性叠加性	$ax_1(t) + bx_2(t) \Leftrightarrow aX_1(f) + bX_2(f)$
3	尺度变换性	$X(at) \Leftrightarrow \dfrac{1}{\vert a \vert}X\left(\dfrac{f}{a}\right)$
4	时移性	$x(t - t_0) \Leftrightarrow X(f)\,\mathrm{e}^{-\mathrm{j}2\pi f_0}$
5	频移性（调制性）	$x(t)\,\mathrm{e}^{\mathrm{j}2\pi f_0 t} \Leftrightarrow X(f - f_0)$
6	时域卷积	$x(t) * h(t) \Leftrightarrow X(f)H(f)$
7	频域卷积	$x(t) \cdot h(t) \Leftrightarrow X(f) * H(f)$
8	奇偶性	$x(-t) \Leftrightarrow X(-f)$
9	时域微分	$\dfrac{\mathrm{d}^n x(t)}{\mathrm{d}t^n} \Leftrightarrow (\mathrm{j}2\pi f)^n X(f)$
10	时域积分	$\displaystyle\int_{-\infty}^{t} x(t)\,\mathrm{d}t \Leftrightarrow \dfrac{1}{\mathrm{j}2\pi f}X(f) + \pi X(0)\delta(f)$

2.4.3　常见信号的傅里叶变换

如上所述，并非所有的函数都具有傅里叶变换，因此，只有满足狄里克雷条件的信号才

具有傅里叶变换。常见的能量信号均能满足狄里克雷条件，它们在区间（−∞，∞）内是可积的，因此具有傅里叶变换。有些常用的信号，如正弦函数、单位阶跃函数等不是绝对可积的。它们可以利用单位脉冲函数（δ 函数）和某些高阶奇异函数的傅里叶变换来实现其傅里叶变换。下面介绍几种典型信号的傅里叶变换。

1. 单位脉冲函数

设在 Δ 时间内激发一个矩形脉冲 $p_\Delta(t)$（或三角形脉冲、双边指数脉冲、钟形脉冲等），如图 2-29 所示，其面积为 1。当 Δ→0 时，该矩形脉冲 $p_\Delta(t)$ 的极限称为单位脉冲函数或 δ 函数。

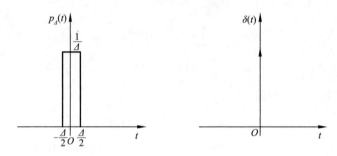

图 2-29　矩形脉冲函数与 δ 函数

单位脉冲函数或 δ 函数是一个幅值无限、持续时间为零的脉冲。在实际情况中，可将其抽象为一个点电荷或点质量。由于单位脉冲函数不能像对其他连续函数那样来逐点确定其数值，因而其应被当作一个广义函数来处理。δ(t) 函数具有如下性质：

$$\delta(t) = \begin{cases} \infty & t = 0 \\ 0 & t \neq 0 \end{cases} \tag{2-66}$$

$$\int_{-\infty}^{\infty} \delta(t)\,\mathrm{d}t = 1 \tag{2-67}$$

当函数 δ(t) 与某一连续函数 f(t) 相乘时，其乘积在 t = 0 处的值为 f(0)δ(t)，在其余各点（t≠0）处的乘积均为零。将 δ 函数与某一连续函数 f(t) 相乘，并在区间（−∞，∞）中积分，得到

$$\int_{-\infty}^{\infty} \delta(t)f(t)\,\mathrm{d}t = \int_{-\infty}^{\infty} \delta(t)f(0)\,\mathrm{d}t = f(0)\int_{-\infty}^{\infty}\delta(t)\,\mathrm{d}t = f(0) \tag{2-68}$$

同理，对于有延时 t_0 的 δ 函数 $\delta(t-t_0)$，它与连续函数 f(t) 的乘积只有在 $t = t_0$ 时，不等于零，等于强度为 $f(t_0)$ 的 δ 函数；在（−∞，∞）区间内，该乘积的积分为

$$\int_{-\infty}^{\infty} \delta(t-t_0)f(t)\,\mathrm{d}t = \int_{-\infty}^{\infty} \delta(t-t_0)f(t_0)\,\mathrm{d}t = f(t_0) \tag{2-69}$$

式（2-68）和式（2-69）为函数的采样性质。该性质表明，任何函数 f(t) 和 $\delta(t-t_0)$ 的乘积均是强度为 $f(t_0)$ 的 δ 函数 $\delta(t-t_0)$，而该乘积在无限区间中的积分为 f(t) 在 $t = t_0$ 时的函数值 $f(t_0)$。这个性质对于连续函数的离散采样十分重要。

任何函数和 δ 函数 $\delta(t)$ 的卷积是一种特殊的卷积积分。图 2-30（a）给出一个矩形函数与 δ 函数的卷积，即

$$
\begin{aligned}
x(t) * \delta(t) &= \int_{-\infty}^{\infty} x(\tau)\delta(t-\tau)\mathrm{d}\tau \\
&= \int_{-\infty}^{\infty} x(\tau)\delta(\tau-t)\mathrm{d}\tau = x(t)
\end{aligned}
\tag{2-70}
$$

同理，当 δ 函数为 $\delta(t \pm t_0)$ 时，得到

$$
\begin{aligned}
x(t) * \delta(t \pm t_0) &= \int_{-\infty}^{\infty} x(\tau)\delta(t \pm t_0 - \tau)\mathrm{d}\tau \\
&= x(t \pm t_0)
\end{aligned}
\tag{2-71}
$$

图 2-30（b）给出函数 $x(t)$ 与 $\delta(t \pm t_0)$ 的卷积，可以看出，该卷积是在 δ 函数的位置上将函数 $x(t)$ 重构。

对函数进行傅里叶变换

$$
\Delta(f) = \int_{-\infty}^{\infty} \delta(t)\mathrm{e}^{-\mathrm{j}2\pi ft}\mathrm{d}t = \mathrm{e}^0 = 1
\tag{2-72}
$$

其逆变换为

$$
\delta(t) = \int_{-\infty}^{\infty} 1 \mathrm{e}^{\mathrm{j}2\pi ft}\mathrm{d}f
\tag{2-73}
$$

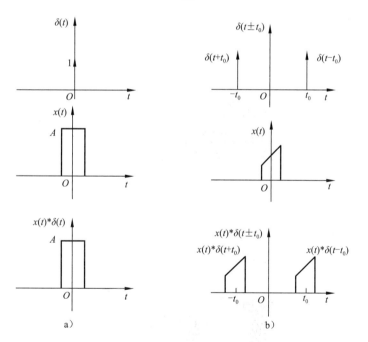

图 2-30　δ 函数与其他函数的卷积

因此，时域的 δ 函数具有无限宽广的频谱，而且在所有的频段上都是等强度的，如图 2-31 所示，这种频谱称为"均匀谱"。

根据傅里叶变换的对称性、时移性和频移性，可以得到下列傅里叶变换对

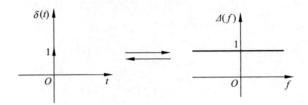

图 2-31　δ 函数及其频谱

$$\begin{cases} \delta(t)\Leftrightarrow 1 \\ 1\Leftrightarrow\delta(f) \\ \delta(t\pm t_0)\Leftrightarrow e^{\pm j2\pi ft_0} \\ e^{\pm j2\pi f_0 t}\Leftrightarrow\delta(f\mp f_0) \end{cases} \qquad (2-74)$$

2. 正、余弦函数

由于正、余弦函数不满足绝对可积条件，因此，不能直接应用式（2-72）进行傅里叶变换，必须在傅里叶变换时引入 δ 函数。

根据欧拉公式，正、余弦函数可以写成

$$\sin 2\pi f_0 t = j\frac{1}{2}(e^{-j2\pi f_0 t} - e^{j2\pi f_0 t})$$
$$\cos 2\pi f_0 t = \frac{1}{2}(e^{-j2\pi f_0 t} + e^{j2\pi f_0 t}) \qquad (2-75)$$

根据 δ 函数傅里叶变换的频移特性，得到正、余弦函数的频谱密度函数为

$$\sin 2\pi f_0 t\Leftrightarrow j\frac{1}{2}[\delta(f+f_0) - \delta(f-f_0)]$$
$$\cos 2\pi f_0 t\Leftrightarrow\frac{1}{2}[\delta(f+f_0) + \delta(f-f_0)] \qquad (2-76)$$

图 2-32 给出正、余弦函数的时域波形及其频谱图。

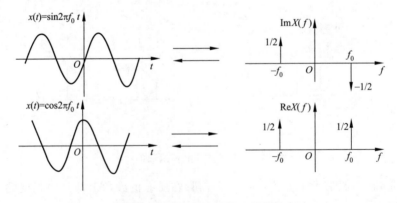

图 2-32　正、余弦函数及其频谱

3. 周期函数

根据周期信号傅里叶级数的复指数展开式可知，一个周期函数 $x(t)$ 可以表示为无穷多项复指数函数之和。根据复指数函数的傅里叶变换，可以求得一般周期函数的傅里叶变换。

周期函数 $x(t)$ 可表示为傅里叶级数的复指数表达式

$$x(t) = \sum_{n=-\infty}^{\infty} C_n e^{j2\pi nf_0 t} \tag{2-77}$$

式中，傅里叶系数 $C_n = \dfrac{1}{T_0} \displaystyle\int_{-T_0/2}^{T_0/2} x(t) e^{-j2\pi nf_0 t} dt$，故 $x(t)$ 的傅里叶变换为

$$\begin{aligned} X(f) &= F[x(t)] \\ &= F\Big[\sum_{n=-\infty}^{\infty} C_n e^{j2\pi nf_0 t}\Big] = \sum_{n=-\infty}^{\infty} C_n F[e^{j2\pi nf_0 t}] \\ &= \sum_{n=-\infty}^{\infty} C_n \delta(f - nf_0) \end{aligned} \tag{2-78}$$

式（2-78）表明，周期函数的傅里叶变换由无穷多个位于 $x(t)$ 的各谐波频率上的单位脉冲函数组成，各脉冲函数的面积等于对应谐波频率的傅里叶系数。

等间隔的周期单位脉冲序列常称为梳状函数，用 $\mathrm{comb}(t, T_s)$ 形式表示为

$$\mathrm{comb}(t, T_s) = \sum_{n=-\infty}^{\infty} \delta(t - nT_s) \tag{2-79}$$

式中，T_s 为周期，$n = 0$，± 1，± 2，± 3，$\cdots$。

梳状函数为周期函数，用傅里叶级数的复指数形式表示为

$$\mathrm{comb}(t, T_s) = \sum_{k=-\infty}^{\infty} c_k e^{j2\pi kf_s t} \tag{2-80}$$

式中，$f_s = 1/T_s$；系数 $c_k = \dfrac{1}{T_s} \displaystyle\int_{-T_s/2}^{T_s/2} \mathrm{comb}(t, T_s) e^{-j2\pi kf_s t} dt = \dfrac{1}{T_s} \displaystyle\int_{-T_s/2}^{T_s/2} \delta(t) e^{-j2\pi kf_s t} dt = \dfrac{1}{T_s}$。因此，式（2-80）可写成

$$\mathrm{comb}(t, T_s) = \frac{1}{T_s} \sum_{k=-\infty}^{\infty} e^{j2\pi kf_s t} \tag{2-81}$$

根据 δ 函数频移特性，可知

$$e^{j2\pi kf_s t} \Longleftrightarrow \delta(f - kf_s)$$

得到梳状函数 $\mathrm{comb}(t, T_s)$ 的频谱也是梳状函数，如图 2-33 所示。可表示为

$$\mathrm{comb}(f, f_s) = F[\mathrm{comb}(t, T_s)] = \frac{1}{T_s} \sum_{k=-\infty}^{\infty} \delta(f - kf_s) = \frac{1}{T_s} \sum_{k=-\infty}^{\infty} \delta\Big(f - k\frac{1}{T_s}\Big) \tag{2-82}$$

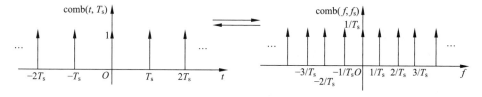

图 2-33　周期单位脉冲序列及其频谱

由图可知，时域周期单位脉冲序列的频谱也是周期脉冲序列。若时域周期为 T_s，则频域脉冲序列的周期为 $1/T_s$；时域脉冲强度为 1，则频域强度为 $1/T_s$。

2.5 随机信号

2.5.1 概述

随机信号不能用确定的数学关系式分析，也不能预测其未来瞬时值，任何一次观测值只能代表在其变化范围内可能产生的结果，其值的变化服从统计规律。对随机信号的分析必须采用概率和统计方法。对随机信号按时间历程所作的各次长时间观测记录称为样本函数，记作 $x_i(t)$（见图 2-34）。有限时间区间上的样本函数称为样本记录。在同样的试验条件下，全部样本函数的集合（总体）即随机过程，记作 $\{x(t)\}$。

$$\{x(t)\} = \{x_1(t), x_2(t), \cdots, x_i(t), \cdots\} \tag{2-83}$$

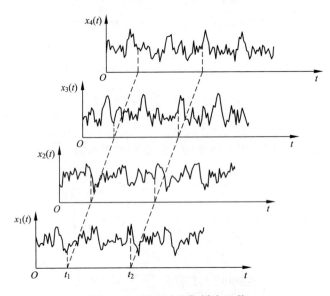

图 2-34 随机过程与样本函数

随机过程的各类统计特征参数（如均值、方差、均方值和均方根值等）是按集合平均来计算的。集合平均的计算不是沿单个样本的时间进行，而是将集合中所有样本函数对同一时刻 t_i 的观测值取平均。为了与集合平均区别开，将单个样本的时间历程平均称为时间平均。

随机过程可以分为平稳随机过程和非平稳随机过程。所谓平稳随机过程是指其统计特性参数不随时间变化而变化的随机过程，否则为非平稳随机过程。在平稳随机过程中，若任意一个样本函数的时间平均统计特征参数等于该过程的集合平均统计特征参数，这样的平稳随机过程称为各态历经（遍历性）随机过程。工程上所遇到的很多随机信号具有各态历经性，有的虽不是严格的各态历经随机过程，但也可以简化为各态历经随机过程来处理。通常随机过程分析需要的样本函数要足够多（理论上应为无限多个），但由于难以通过观测获得足够多的样本函数。因此，实际测试中常把随机信号按各态历经过程来处理，进而可以通过观察有限长度的样本记录的观察来推断、估计被测对象的整个随机过程。即在测试工作中常以一个或几个有限长度的样本记录来推断整个随机过程，以其时间平均来估计集合平均。在本书中仅限于对各态历经随机过程的讨论。

随机信号在工程领域中广泛存在。确定性信号一般是在一定条件下出现的特殊情况，或者是忽略了次要的随机因素后抽象出来的模型。测试信号总会受到环境噪声的干扰，因此，研究随机信号具有普遍的现实意义。

2.5.2 各态历经随机信号的特征参数

各态历经随机信号的特征参数主要有：均值、方差、均方差、概率密度函数、自相关函数和功率谱密度函数。本节主要介绍前四个参数。随机信号的自相关函数和功率谱密度函数将在下两节中讲述。

各态历经随机信号的均值 μ_x 为

$$\mu_x = \lim_{T \to \infty} \frac{1}{T} \int_0^T x(t) \mathrm{d}t \tag{2-84}$$

式中，$x(t)$ 为样本函数；T 为观测时间。

均值表示信号的常值分量。

方差 σ_x^2 主要用于随机信号波动特性的描述，它是 $x(t)$ 偏离均值 μ_x 偏差平方的均值，即

$$\sigma_x^2 = \lim_{T \to \infty} \frac{1}{T} \int_0^T \left[x(t) - \mu_x \right]^2 \mathrm{d}t \tag{2-85}$$

方差的正平方根称为标准偏差 σ_x，它是随机数据分析的重要参数。

均方值为随机信号 $x(t)$ 的强度平方的均值，即

$$\psi_x^2 = \lim_{T \to \infty} \frac{1}{T} \int_0^T x^2(t) \mathrm{d}t \tag{2-86}$$

均方值的正平方根称为均方根值 x_{rms}。均值、方差和均方值的关系为

$$\sigma_x^2 = \psi_x^2 - \mu_x^2 \tag{2-87}$$

当均值 $\mu_x = 0$ 时，$\sigma_x^2 = \psi_x^2$。

对于集合平均，则 t_1 时刻的均值和均方值为

$$\mu_{x,t_1} = \lim_{M \to \infty} \frac{1}{M} \sum_{i=1}^M x_i(t_1) \tag{2-88}$$

$$\psi_{x,t_1} = \lim_{M \to \infty} \frac{1}{M} \sum_{i=1}^M x_i^2(t_1) \tag{2-89}$$

式中，M 为样本记录总数；i 为样本记录序号；t_1 为观察时间。

随机信号的概率密度函数是表示信号幅值落在指定区间内的概率。对于图 2-35 所示的信号，$x(t)$ 值落在 $(x, x + \Delta x)$ 区间内的时间为 T_x

$$T_x = \Delta t_1 + \Delta t_2 + \cdots + \Delta t_n = \sum_{i=1}^n \Delta t_i \tag{2-90}$$

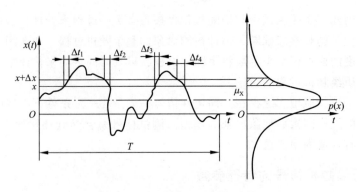

图 2-35　概率密度函数的计算

当样本函数的记录时间 T 趋于无穷大时，$\dfrac{T_x}{T}$ 的比值为该函数幅值落在 $(x,\ x+\Delta x)$ 区间的概率，即

$$P_r\big[\,x<x(t)\leqslant x+\Delta x\,\big]=\lim_{T\to\infty}\frac{T_x}{T} \tag{2-91}$$

定义幅值概率密度函数 $p(x)$ 为

$$p(x)=\lim_{\Delta x\to 0}\frac{P_r\big[\,x<x(t)\leqslant x+\Delta x\,\big]}{\Delta x} \tag{2-92}$$

概率密度函数提供了随机信号幅值分布的信息，是随机信号的重要特征参数之一。不同的随机信号其概率密度函数有很大的不同，可以借此对信号的性质进行识别。图 2-36 给出四种常见的随机信号（假设这些信号的均值为零）的概率密度函数图。

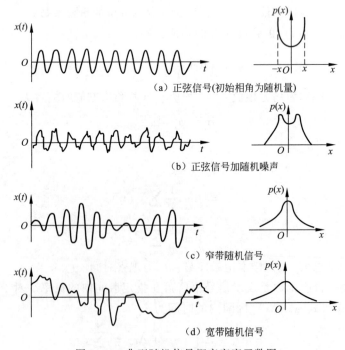

（a）正弦信号(初始相角为随机量)

（b）正弦信号加随机噪声

（c）窄带随机信号

（d）宽带随机信号

图 2-36　典型随机信号概率密度函数图

概率密度函数可用于机械设备的故障诊断分析。图 2-37 为滚动轴承工作时测得的振动信号的概率密度分布，其中实线表示正常轴承，虚线表示故障轴承。由于磨损、疲劳点蚀等故障的出现，轴承振幅增大，谐波增多，反映到概率密度分布上则变得陡峭，同时向两侧展开。因此，比较不同工况下的振动信号的概率密度分布，可以对机械结构的运行状态进行评价。

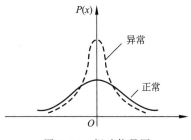

图 2-37　振动信号图

2.6　相 关 分 析

相关分析是信号分析中的重要概念，它用来分析一个随机过程（信号）自身在不同时刻的状态，或者两个随机过程（信号）在某个时刻状态的线性依从关系。

确定性信号的关系可用确定的函数来分析，而两个随机变量间不具有确定的关系，但是，它们之间可能存在某种内涵的、统计上可确定的物理关系。图 2-38 给出两个随机变量 x 和 y 的几种分布情况，其中图 2-38a) 为 x 和 y 的精确线性相关；图 2-38b) 为中等程度相关，其偏差通常因测量误差引起；图 2-38c) 为不相关，数据分布零散，说明 x 和 y 之间不存在确定性关系。评价变量 x 和 y 之间相关程度的方法是计算两个变量的协方差 σ_{xy} 和相关系数 ρ_{xy}，其中协方差定义为

$$\begin{aligned}\sigma_{xy} &= E[(x-\mu_x)(y-\mu_y)] \\ &= \lim_{N\to\infty}\frac{1}{N}\sum_{i=1}^{N}(x_i-\mu_x)(y_i-\mu_y)\end{aligned} \tag{2-93}$$

式中，E 为数学期望值；$\mu_x = E[x]$ 为随机变量 x 的均值；$\mu_y = E[y]$ 为随机变量 y 的均值。

随机变量 x 和 y 的相关系数 ρ_{xy} 定义为

$$\rho_{xy} = \frac{\sigma_{xy}}{\sigma_x\sigma_y} \qquad (-1\leqslant\rho_{xy}\leqslant 1) \tag{2-94}$$

式中，σ_x、σ_y 分别为 x、y 的标准偏差，而 x 和 y 的方差 σ_x^2 和 σ_y^2 分别为

$$\sigma_x^2 = E[(x-\mu_x)^2] \tag{2-95}$$

$$\sigma_y^2 = E[(x-\mu_y)^2] \tag{2-96}$$

利用柯西-许瓦兹不等式

$$E[(x-\mu_x)(y-\mu_y)]^2 \leqslant E[(x-\mu_x)^2]E[(y-\mu_y)^2] \tag{2-97}$$

可知 $|\rho_{xy}|\leqslant 1$。当 $\rho_{xy}=1$ 时，所有数据点均落在 $y-\mu_y = m(x-\mu_x)$ 的直线上，因此，变量 x 和 y 是理想的线性相关，如图 2-37 （a）所示；$\rho_{xy}=-1$ 也是理想的线性相关，但直线斜率为负。当 $0<|\rho_{xy}|<1$ 时，x 和 y 部分相关（不完全相关），图 2-37 （b）给出了典型部分相关时的数据分布。而当 $\rho_{xy}=0$ 时，$(x_i-\mu_x)$ 与 $(y_i-\mu_y)$ 的正积之和等于其负积之和，其平均积 σ_{xy} 为 0，表示 x 和 y 之间完全不相关，如图 2-37 （c）所示。

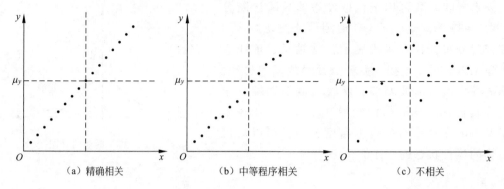

图 2-38 变量 x 和 y 的相关性

2.6.1 互相关函数与自相关函数

对于各态历经随机过程，可定义时间变量 $x(t)$ 和 $y(t)$ 的互协方差函数为

$$
\begin{aligned}
C_{xy}(\tau) &= E\big[\,\{x(t)-\mu_x\}\{y(t+\tau)-\mu_y\}\,\big] \\
&= \lim_{T\to\infty}\frac{1}{T}\int_0^T\{x(t)-\mu_x\}\{y(t+\tau)-\mu_y\}\,\mathrm{d}t \qquad (2\text{-}98) \\
&= R_{xy}(\tau)-\mu_x\mu_y
\end{aligned}
$$

式中

$$
R_{xy}(\tau)=\lim_{T\to\infty}\frac{1}{T}\int_0^T x(t)y(t+\tau)\,\mathrm{d}t \qquad (2\text{-}99)
$$

称为 $x(t)$ 和 $y(t)$ 的互相关函数，自变量 τ 称为时移。

当 $y(t)\equiv x(t)$ 时，得自协方差函数为

$$
\begin{aligned}
C_x(\tau) &= \lim_{T\to\infty}\frac{1}{T}\int_0^T\{x(t)-\mu_x\}\{x(t+\tau)-\mu_x\}\,\mathrm{d}t \\
&= R_x(\tau)-\mu_x^2
\end{aligned} \qquad (2\text{-}100)
$$

式中

$$
R_x(\tau)=\lim_{T\to\infty}\frac{1}{T}\int_0^T x(t)x(t+\tau)\,\mathrm{d}t \qquad (2\text{-}101)
$$

称为 $x(t)$ 的自相关函数。

自相关函数 $R_x(\tau)$ 和互相关函数 $R_{xy}(\tau)$ 具有以下性质

（1）自相关函数为偶函数

即
$$
R_x(-\tau)=R_x(\tau) \qquad (2\text{-}102)
$$

互相关函数通常不是自变量 τ 的偶函数，也不是 τ 的奇函数，当 $R_{xy}(\tau)\neq R_{yx}(\tau)$ 时
$$
R_{xy}(-\tau)=R_{yx}(\tau) \qquad (2\text{-}103)
$$

（2）自相关函数在 $\tau=0$ 处有极大值，且等于信号的均方值

即
$$
R_x(0)=R_x(\tau)\big|_{\max}=\psi_x^2=\sigma_x^2+\mu_x^2 \qquad (2\text{-}104)
$$
而互相关函数的极大值一般不在 $\tau=0$ 处。

（3）在整个时域 $-\infty < \tau < \infty$ 内，$R_x(\tau)$ 的取值范围为

$$\mu_x^2 - \sigma_x^2 \leqslant R_x(\tau) \leqslant \mu_x^2 + \sigma_x^2 \tag{2-105}$$

$R_{xy}(\tau)$ 的取值范围为

$$\mu_x\mu_y - \sigma_x\sigma_y \leqslant R_x(\tau) \leqslant \mu_x\mu_y + \sigma_x\sigma_y \tag{2-106}$$

（4）当 τ 足够大或 $\tau \to \infty$ 时，随机变量 $x(t)$ 和 $y(t)$ 之间不存在内在联系，彼此无关，且

$$R_x(\tau \to \infty) \to \mu_x^2$$
$$R_{xy}(\tau \to \infty) \to \mu_x\mu_y \tag{2-107}$$

（5）周期函数的自相关函数仍为周期函数，且两者的频率相同，但失去了初始相位信息。如果两信号 $x(t)$ 与 $y(t)$ 具有同频的周期成分，则它们的互相关函数中会出现该频率的周期成分，即使当 $\tau \to \infty$ 时也不收敛。这种规律可以表述为：同频相关，不同频不相关。

相关函数分析了两个信号之间或信号自身不同时刻的相似程度，通过相关分析可以发现信号的许多规律。图 2-39 给出典型信号的自相关函数和互相关函数曲线，从中可以看出以上相关函数的特性。

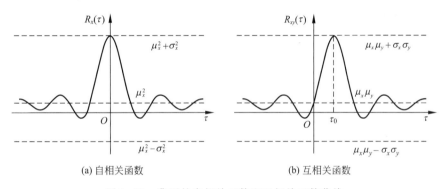

(a) 自相关函数　　　　　　　　　　(b) 互相关函数

图 2-39　典型的自相关函数和互相关函数曲线

例 2-7　求正弦函数 $x(t) = A\sin(2\pi ft + \varphi)$ 的自相关函数。

解： 正弦函数 $x(t)$ 是一个均值为零的各态历经随机过程，其各态平均值可用一个周期内的平均值来表示。该正弦函数的自相关函数为

$$R_x(\tau) = \lim_{T \to \infty} \frac{1}{T} \int_0^T x(t)x(t+\tau)\,\mathrm{d}t$$

$$= \frac{1}{T_0} \int_0^{T_0} A\sin(2\pi ft + \varphi)\sin[2\pi f(t+\tau) + \varphi]\,\mathrm{d}t$$

式中，T_0 为 $x(t)$ 的周期，$T_0 = \dfrac{1}{f}$。

令 $2\pi ft + \varphi = \theta$，则 $\mathrm{d}t = \dfrac{\mathrm{d}\theta}{2\pi f}$，得

$$R_x(\tau) = \frac{A^2}{2\pi} \int_0^{2\pi} \sin\theta\sin(\theta + 2\pi f\tau)\,\mathrm{d}\theta = \frac{A^2}{2}\cos 2\pi f\tau$$

由以上计算结果可知，正弦函数的自相关函数是一个与原函数具有相同频率的余弦函数，它保留了原信号的幅值和频率信息，但丢失了原信号的相位信息。

自相关函数可以用来检测淹没在随机信号中的周期分量。这是因为，当 $\tau \to \infty$ 时，随机信号的自相关函数趋于零或某一常值（μ_x^2），而周期成分的自相关函数可以保持原有的幅值与频率等特性。所谓的相关滤波就是利用该性质对混有噪声的周期信号进行相关分析，达到滤波的目的，如图 2-40 所示。

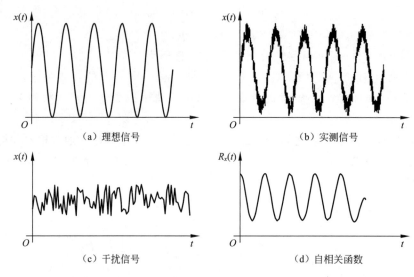

（a）理想信号　（b）实测信号　（c）干扰信号　（d）自相关函数

图 2-40　自相关测转速

2.6.2　相关函数的应用

相关函数在工程中得到广泛的应用。除了上面介绍的相关滤波外，下面介绍相关函数的其它典型应用。

1. 信号类型的识别

工程中常会遇到多种不同类型的信号，仅从时域波形上往往难于表达出这些信号的特征。利用自相关分析可以表达出信号的某些特征，可用于信号类型的识别。图 2-41 给出几种不同类型信号的时域波形和自相关函数。其中，图 2-41（a）为窄带随机信号，其自相关函数的主脉冲较宽，衰减较慢；图 2-41（b）为宽带随机信号，其自相关函数的主脉冲较窄，且衰减较快；图 2-41（c）为单位脉冲函数，其自相关函数也是单位脉冲函数；图 2-41（d）为正弦信号，其自相关函数也是同频的周期函数；图 2-41（e）为周期信号叠加随机噪声，其自相关函数的稳态也是同频的周期信号。

基于自相关函数的信号类型识别在实际工程中有着广泛的应用。例如，通过对零件表面的粗糙度波形的自相关分析，可以确定导致这种粗糙度的原因中是否存在周期性因素，并根据相关函数的周期进一步查出引起这种误差的根源，从而达到改善加工质量的目的。再如，通过对汽车座椅处振动信号的相关分析，可以判断座椅振动信号中是否存在周期成分，并根据自相关函数的周期确定振动源（比如由发动机工作所产生的周期振动信

号），从而可通过对座椅结构设计的改进来消除这种周期性振动源的影响，达到改善舒适
度的目的。

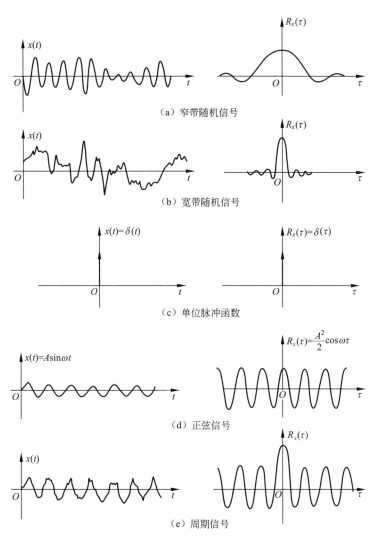

图 2-41　典型信号的时域波形与自相关函数波形

2. 相关测速

相关分析也可用于速度测量。图 2-42 为一种测量轧钢过程中带钢运行速度的系统。带钢表面的反射光被两个光电检测元件 E_1 和 E_2 所接收，所接收到的光强随着带钢表面存在的不规则的微小不平度呈现随机变化。由于检测到的两个随机信号来自于带钢上的同一轨迹，因此，检测信号 $x(t)$ 和 $y(t)$ 为存在某一时差 τ_0 的相同光电信号。将 $x(t)$ 经写入磁头录入磁带记录仪的磁带上，然后经读出磁头重放。由于写入磁头与读出磁头间存在一定距离，因此，重放信号与录入信号间存在一个时延 τ，信号变为 $x(t+\tau)$。对信号 $x(t+\tau)$ 和 $y(t)$ 进行相关运算，得到图 2-42（b）的曲线。控制装置 C 根据相关器输出 $R_{xy}(\tau)$ 图中曲线峰值的左右位置来控制电机 M 的转向，从而改变两磁

头间的距离 L_1，亦即改变信号的延时 τ，直至 τ_0 值稳定为止。τ_0 便代表了带钢各点从传感器 E_1 运动至 E_2 所经过的时间，若已知两光电点间直线距离为 L，则带钢的运动速度变为 $c = \dfrac{L}{\tau_0}$。

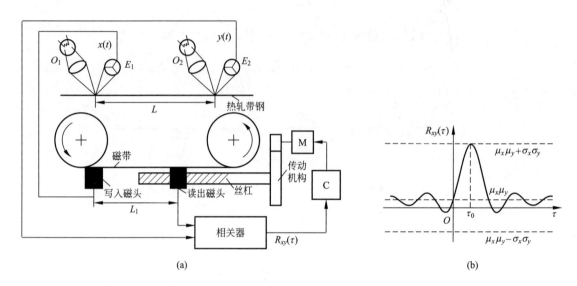

(a)   (b)

图 2-42　带钢测速系统

3. 相关定位

相关分析还可用于空间定位。图 2-43 为相关分析在埋地输油管泄漏定位中的应用。泄漏源 K 可看作向两侧传播声波的声源，在管道两侧分别布置传感器 1 和传感器 2，用于泄漏声波的检测。通常情况下，两传感器距离泄漏点的距离不等，则传至两传感器的泄漏声波存在一定的时差，在互相关图 $\tau = \tau_m$ 处 $R_{x_1 x_2}(\tau)$ 有最大值，这个 τ_m 就是时差。由 τ_m 就可以确定泄漏的位置为

$$s = \frac{1}{2} v \tau_m$$

式中，s 为两传感器中心至泄漏处的距离；v 为声波通过管道的传播速度。

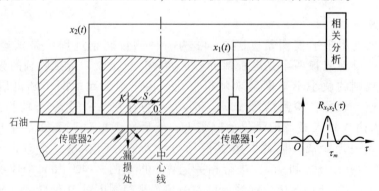

图 2-43　测定输油管道裂损位置

2.7　功率谱分析及其应用

时域相关分析为噪声背景下有用信息的提取提供了一种有效的途径。而功率谱分析则在频域提供相关分析的信息，它是研究平稳随机过程的一种重要方法。

2.7.1　自功率谱密度函数

若 $x(t)$ 是零均值的随机过程，即 $\mu_x = 0$（如果原随机过程是非零均值的，可以进行适当处理使其均值为零），同时假设 $x(t)$ 中没有周期分量，则其自相关函数 $R_x(\tau)$ 在 $\tau \to \infty$ 时有 $R_x(\tau) \to 0$。该自相关函数 $R_x(\tau)$ 可满足傅里叶变换的绝对可积条件，即 $\int_{-\infty}^{\infty} |R_x(\tau)| \mathrm{d}\tau < \infty$。对该自相关函数进行傅里叶变换

$$S_x(f) = \int_{-\infty}^{\infty} R_x(\tau) \mathrm{e}^{-\mathrm{j}2\pi f\tau} \mathrm{d}\tau \tag{2-108}$$

其逆变换为

$$R_x(\tau) = \int_{-\infty}^{\infty} S_x(f) \mathrm{e}^{\mathrm{j}2\pi f\tau} \mathrm{d}f \tag{2-109}$$

定义 $S_x(f)$ 为 $x(t)$ 的自功率谱密度函数，简称自谱或自功率谱。$S_x(f)$ 和 $R_x(\tau)$ 互为傅里叶变换对，$R_x(\tau) \underset{\mathrm{IFT}}{\overset{\mathrm{FT}}{\Longleftrightarrow}} S_x(f)$。两者是唯一对应的，$S_x(f)$ 中包含着 $R_x(\tau)$ 的全部信息。由于 $R_x(\tau)$ 为实偶函数，则 $S_x(f)$ 亦为实偶函数。该函数常用在 $f = (0 \sim \infty)$ 范围内，用 $G_x(f) = 2S_x(f)$ 来表示信号的全部功率谱，并把 $G_x(f)$ 称为 $x(t)$ 信号的单边功率谱，如图 2-44 所示。

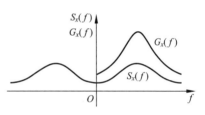

图 2-44　单边谱和双边谱

若 $\tau = 0$，根据自相关函数 $R_x(\tau)$ 和自功率谱密度函数 $S_x(f)$ 的定义，可得到

$$R_x(0) = \lim_{T \to \infty} \frac{1}{T} \int_0^T x^2(t) \mathrm{d}t = \int_{-\infty}^{\infty} S_x(f) \mathrm{d}f$$

由此可见，$S_x(f)$ 曲线和频率轴所包围的面积为信号的平均功率，$S_x(f)$ 为信号的功率谱密度沿频率轴的分布，故称 $S_x(f)$ 为自功率谱密度函数。

在时域中计算得到的信号总能量等于在频率中计算得到的信号总能量，这就是巴塞伐尔定理，即

$$\int_{-\infty}^{\infty} x^2(t) \mathrm{d}t = \int_{-\infty}^{\infty} |X(f)|^2 \mathrm{d}f \tag{2-110}$$

式（2-110）又称为能量等式。这个定理可以由傅里叶变换的卷积公式导出。设

$$x(t) \Leftrightarrow X(f)$$
$$h(t) \Leftrightarrow H(f)$$

按照频域卷积定理有

$$x(t)h(t) \Leftrightarrow X(f) * H(f)$$

即

$$\int_{-\infty}^{\infty} x(t)h(t)e^{-j2\pi qt}dt = \int_{-\infty}^{\infty} X(f)H(q-f)df$$

令 $q = 0$，得

$$\int_{-\infty}^{\infty} x(t)h(t)dt = \int_{-\infty}^{\infty} X(f)H(-f)df$$

又令 $h(t) = x(t)$ 得

$$\int_{-\infty}^{\infty} x^2(t)dt = \int_{-\infty}^{\infty} X(f)X(-f)df$$

$x(t)$ 为实函数，故 $X(-f) = X^*(f)$，即为 $X(f)$ 的共轭函数，于是有

$$\int_{-\infty}^{\infty} x^2(t)dt = \int_{-\infty}^{\infty} X(f)X^*(f)df = \int_{-\infty}^{\infty} |X(f)|^2 df$$

$|X(f)|^2$ 称为能量谱，它是沿频率轴的能量分布密度。在时间轴上信号的平均功率为

$$P = \lim_{T \to \infty} \frac{1}{T} \int_{-T/2}^{T/2} x^2(t)dt = \int_{-\infty}^{\infty} \lim_{T \to \infty} \frac{1}{T} |X(f)|^2 df \qquad (2\text{-}111)$$

式（2-111）是巴塞伐尔定理的另一种表达形式，由此可得自功率谱密度函数和幅值谱间的关系为

$$S_x(f) = \lim_{T \to \infty} \frac{1}{T} |X(f)|^2 \qquad (2\text{-}112)$$

利用这一关系，就可以通过对时域信号进行傅里叶变换来计算功率谱。

与信号的幅值谱 $|X(f)|$ 相同，自功率谱密度 $S_x(f)$ 也能反映信号的频域特征，但它等价于信号幅值的平方，故其频域结构特征更加明显，如图 2-45 所示。

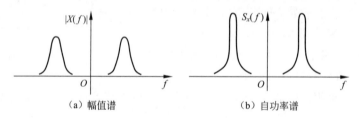

（a）幅值谱　　　　　　　　　　　（b）自功率谱

图 2-45　幅值谱和自功率谱

对于一个线性系统，若其输入为 $x(t)$，输出为 $y(t)$，那么系统的频率响应函数为 $H(f)$，$x(t) \Leftrightarrow X(f)$，$y(t) \Leftrightarrow Y(f)$，则

$$Y(f) = H(f)X(f) \qquad (2\text{-}113)$$

进一步得到，输入、输出的自功率谱密度与系统频率响应函数的关系可表示为

$$S_y(f) = |H(f)|^2 S_x(f) \qquad (2\text{-}114)$$

通过对输入、输出自功率谱的分析，可以获得系统的频率特性。但是在计算中会丢失相位信息，因此，无法获得系统的相频特性。

2.7.2　互功率谱密度函数

如果互相关函数 $R_{xy}(\tau)$ 满足傅里叶变换的条件 $\int_{-\infty}^{\infty} |R_{xy}(\tau)|d\tau < \infty$，则定义 $R_{xy}(\tau)$

的傅里叶变换为

$$S_{xy}(f) = \int_{-\infty}^{\infty} R_{xy}(\tau) \mathrm{e}^{-\mathrm{j}2\pi f\tau} \mathrm{d}\tau \qquad (2-115)$$

$S_{xy}(f)$ 称为信号 $x(t)$ 和 $y(t)$ 的互功率谱密度函数，简称互谱。

根据维纳-辛钦关系，互谱与互相关函数也是一个傅里叶变换对，即

$$R_{xy}(\tau) \underset{\mathrm{IFT}}{\overset{\mathrm{FT}}{\Longleftrightarrow}} S_{xy}(f) \qquad (2-116)$$

故 $S_{xy}(f)$ 的傅里叶逆变换为

$$R_{xy}(\tau) = \int_{-\infty}^{\infty} S_{xy}(f) \mathrm{e}^{\mathrm{j}2\pi f\tau} \mathrm{d}f \qquad (2-117)$$

互相关函数并非偶函数，因此 $S_{xy}(f)$ 具有实部和虚部两部分。同样，$S_{xy}(f)$ 保留了 $R_{xy}(\tau)$ 中的全部信息。

定义 $x(t)$ 和 $y(t)$ 的互功率为

$$
\begin{aligned}
P &= \lim_{T\to\infty} \frac{1}{T} \int_{-T/2}^{T/2} x(t) y(t) \mathrm{d}t \\
&= \int_{-\infty}^{\infty} \left[\lim_{T\to\infty} \frac{1}{T} Y(f) X^*(f) \right] \mathrm{d}f
\end{aligned}
\qquad (2-118)
$$

故互谱和幅值谱的关系为

$$S_{xy}(f) = \lim_{T\to\infty} \frac{1}{T} Y(f) X^*(f) \qquad (2-119)$$

与 $R_{xy}(\tau) \neq R_{yx}(\tau)$ 相同，当 x 和 y 的顺序调换后，$S_{xy}(f) \neq S_{yx}(f)$。但是根据 $R_{xy}(-\tau) = R_{yx}(\tau)$ 及维纳-辛钦关系式，可以证明

$$S_{xy}(-f) = S_{xy}^*(f) = S_{yx}(f)$$

其中

$$S_{yx}(f) = \lim_{T\to\infty} \frac{1}{T} X(f) Y^*(f)$$

$S_{xy}^*(f)$ 和 $Y^*(f)$ 分别为 $S_{xy}(f)$ 和 $Y(f)$ 的复共轭。

$S_{xy}(f)$ 也是含正、负频率的双边互谱，实际应用中常取只含非负频率的单边互谱 $G_{xy}(f)$，其定义为

$$G_{xy}(f) = 2S_{xy}(f) \qquad (f \geqslant 0) \qquad (2-120)$$

自谱是 f 的实函数，而互谱则为 f 的复函数，其实部 $C_{xy}(f)$ 称为共谱，虚部 $Q_{xy}(f)$ 称为重谱，即

$$G_{xy}(f) = C_{xy}(f) + \mathrm{j}Q_{xy}(f) \qquad (2-121)$$

或写成幅频和相频的形式，即

$$\begin{cases} G_{xy}(f) = \left| G_{xy}(f) \right| e^{-j\varphi_{xy}(f)} \\ \left| G_{xy}(f) \right| = \sqrt{C_{xy}^2(f) + Q_{xy}^2(f)} \\ \varphi_{xy}(f) = \arctan \dfrac{Q_{xy}(f)}{C_{xy}(f)} \end{cases} \tag{2-122}$$

2.7.3　工程应用

功率谱分析在工程中的应用十分广泛。下面以电力系统绝缘子裂纹检测为例，说明自功率谱在损伤识别中的应用。图 2-46、图 2-47、图 2-48 给出在随机振动激励（宽带白噪声）作用下，从三种不同状态的绝缘子（无裂纹绝缘子、上法兰开裂及下法兰开裂）得到的振动信号的时域波形及功率谱。显然，从其时域波形上很难对绝缘子的损伤进行判别。由于三种情形下的功率谱差别很大，可以根据其功率谱对绝缘子的损伤状态进行判别。从图中可以看出，上、下端面有裂纹模型的功率谱与无裂纹模型的功率谱相比有明显变化，在 10 kHz 以内的低频范围内，无裂纹绝缘子功率谱中存在 5 种频率分量，其中以 4 940 Hz 频率分量为主，而上端面有裂纹绝缘子的功率谱在 8 750 Hz 高频处出现明显频率分量，下端面有裂纹绝缘子的功率谱在 4 940 Hz 处的频率分量较小，主要频率分量位于 1 459 Hz 低频处。即上部法兰区的裂纹会导致谐振频率向高频偏移，而底部法兰区的裂纹会导致谐振频率向低频段偏移。上述结果表明，通过对绝缘子振动信号的功率谱分析，可以利用绝缘子随机振动响应的谐振频率偏移进行绝缘子无损检测。

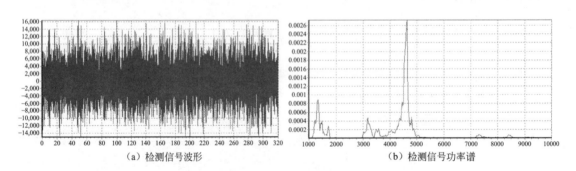

（a）检测信号波形　　　　　　　　　（b）检测信号功率谱

图 2-46　无裂纹状态下绝缘子检测波形及功率谱

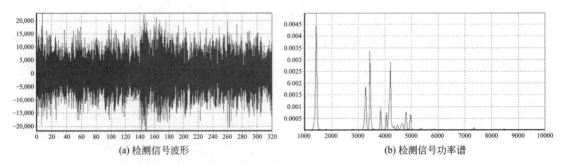

（a）检测信号波形　　　　　　　　　（b）检测信号功率谱

图 2-47　下法兰附近有裂纹状态下绝缘子检测波形及功率谱

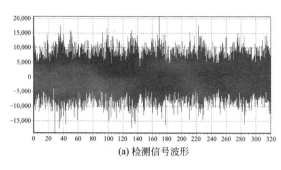
(a) 检测信号波形

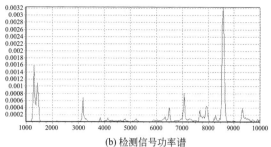
(b) 检测信号功率谱

图 2-48　上法兰附近有裂纹状态下绝缘子检测波形及功率谱

思考题与习题

2-1　举例说明日常生活中可以遇到的周期信号、非周期信号、连续信号、离散信号和瞬态信号。

2-2　心电图上有一些不规则的曲线。请问如何观察心电图？心电图曲线对应的信号属于哪种类型的信号？

2-3　周期信号的频谱有何特点？如何在频域中描述周期信号？

2-4　非周期信号的频谱有何特点？如何在频域中描述非周期信号？

2-5　试分析瞬态信号的频谱为何为连续频谱？

2-6　从傅里叶级数和傅里叶变换的角度，分析一般周期信号的频谱。

2-7　从信号卷积的角度，分析一般周期信号（如方波信号）被矩形窗函数截断后的频谱。

2-8　周期三角波信号如图 2-49 所示，其数学表达式为

$$x(t) = \begin{cases} A + \dfrac{4A}{T}t & \left(-\dfrac{T}{2} < t < 0 \right) \\ A - \dfrac{4A}{T}t & \left(0 < t < \dfrac{T}{2} \right) \end{cases}$$

试求其傅里叶级数三角函数展开式，并绘制出其单边频谱图。

2-9　周期锯齿波信号如图 2-50 所示，求傅里叶级数三角函数展开式，并绘制出其单边频谱图。

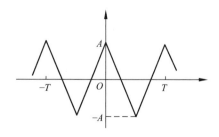

图 2-49　周期三角波

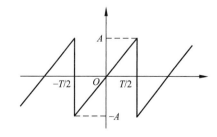

图 2-50　周期锯齿波

2-10 已知方波的傅里叶级数展开式为

$$f(t) = \frac{4A_0}{\pi}\left(\cos\omega_0 t - \frac{1}{3}\cos 3\omega_0 t + \frac{1}{5}\cos 5\omega_0 t - \cdots\right)$$

求该方波的均值、频率成分、各频率的幅值，并绘制出其频谱图。

2-11 求指数函数 $x(t) = Ae^{-at}(a>0,\ t\geq 0)$ 的频谱。

2-12 求指数衰减振荡信号 $x(t) = e^{-at}\sin\omega_0 t(a>0,\ t\geq 0)$ 的频谱。

2-13 求被截断的余弦函数 $x(t) = \begin{cases} \cos\omega_0 t & (|t|<T) \\ 0 & (|t|\geq T) \end{cases}$ 的傅里叶变换。

2-14 求符号函数［见图 2-51（a）］和单位阶跃函数［见图 2-51（b）］的频谱。

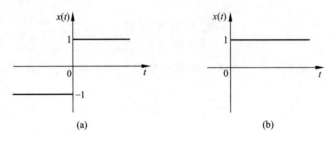

图　2-51

2-15 求正弦信号 $x(t) = x_0\sin\omega t$ 的绝对均值 $\mu_{|x|}$ 和均方根值 x_{rms}。

2-16 求正弦信号 $x(t) = x_0\sin(\omega t + \varphi)$ 的均值 μ_x、均方根值 ψ_x^2 和概率密度函数 $p(x)$。

2-17 求周期余弦信号 $x(t) = A\cos\omega_0 t$ 的自相关函数和功率谱，并绘出其图形。

第 3 章　测试系统特性分析

【本章基本要求】

    1. 掌握线性系统静态特性的表征方法。

    2. 熟悉测试系统动态特性的表征方法。

    3. 掌握一阶、二阶系统动态特性表征方法。

    4. 熟悉测试系统不失真测试条件。

【本章重点】　测试系统静态特性及动态特性表征方法。

【本章难点】　测试系统动态特性表征方法。

3.1　认识测试系统特性

在对物理量进行测试时，需要将传感器、仪器、仪表和测量设备组成测试系统（见图 3-1），用来对被测物理量进行传感、转换与处理、传送、显示、记录以及存储。在为物理量测量选择或设计测试系统时，必须考虑测试系统能否准确获取被测量的量值及其变化。实现测试系统的准确测量取决于测试系统的特性，这些特性包括静态特性、动态特性、负载特性和抗干扰性等。

在测试系统中，被处理的信号为系统的激励或输入，得到的信号为系统的响应或输出。测试系统的响应取决于系统本身特性及其输入。由于测量对象千变万化，测试的内容、目的和要求各不相同，因此，测试系统的组成差别很大。测试系统与其输入、输出之间的关系如图 3-2 所示。其中 $x(t)$ 和 $y(t)$ 分别为输入量与输出量，$h(t)$ 为系统的传递特性。

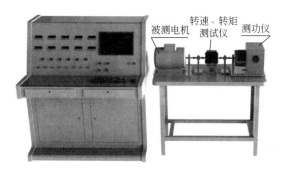

图 3-1　典型测试系统

图 3-2　测试系统框图

测试系统分析一般有以下三种情形。

（1）**预测问题**　已知输入量和系统的传递特性，推断和估计系统的输出。例如，已知滤波器的特性参数，计算不同输入量下滤波器的输出量，就属于预测问题。

（2）**系统辨识**　已知系统的输入量和输出量，推断系统的传递特性。其中，阶跃响应法和频率响应法是两种常用的系统特性测试方法。通过给测试系统施加阶跃输入，对其进行阶跃响应分析，可以确定系统的传输特性。

（3）反求问题　已知系统的传递特性和输出量，反推系统的输入量。例如，在故障诊断中，通过对测试系统测得振动信号的分析，确定故障源的过程就属于反求问题。

理想的测试系统应该具有单值、确定的输入输出关系。对于每一输入量都应该只有单一的输出量与之对应。知道一个量就可以确定另一个量。其中以输出和输入成线性关系最佳。根据被测量随时间的变化特性，测量可以分为静态测量和动态测量。若测量过程中，被测量不随时间而变化（或变化比较缓慢），则该测量属于静态测量（见图 3-3）；若在测量过程中，需要观察被测量随时间的变化规律时，该测量属于动态测量（见图 3-4）。

图 3-3　静态测量

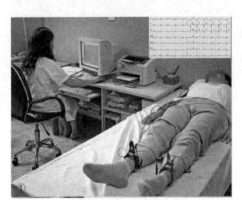

图 3-4　动态测量

实际上，测试系统的特性是统一的，且各种特性是相互关联的。例如，系统的动态特性往往与某些静态特性有关，若考虑静态特性中的非线性、迟滞等时，则动态特性方程就成为非线性方程。由于非线性方程一般难于求解，从中获得清晰的系统动态特性就更为困难。因此，在研究测试系统动态特性时，往往忽略上述非线性或参数的时变特性，仅从线性系统的角度研究测试系统的动态特性。

3.2　测试系统的静态特性

测试系统的静态特性是在静态测量情况下描述实际测试系统与理想的线性时不变系统的接近程度。测量系统的静态特性可以通过静态标定确定。静态标定是一个实验过程，在这一过程中，只改变测量系统的被测量，将其它所有的可能输入严格保持不变，所得到的输入与输出间的关系为静态特性。为了研究测量系统的原理和结构，需要确定各种可能的输入与输出间的关系，从而得到所有感兴趣的输入与输出的关系。除被测量外，其他的输入与输出关系可以用来估计环境条件变化及干扰对测量过程的影响，或估计由此产生的测量误差。测试系统的静态特性主要包括线性度、灵敏度、回程误差、分辨力、零点漂移和灵敏度漂移等。

1. 线性度

线性度是指测试系统输入、输出之间的关系与理想比例关系（即理想直线关系）的偏离程度。事实上，静态标定获得的输入、输出数据点并不在一条直线上，如图 3-5（a）、

（图 3-5b）所示。这些测量点与理想直线偏差的最大值称为线性误差，通常用百分数表示。

$$线性误差 = \frac{\Delta_{max}}{Y_{max} - Y_{min}} \times 100\% \qquad (3-1)$$

式中，Y_{min}、Y_{max} 分别为输出的最小值和最大值；X_{min}、X_{max} 分别为输入的最小值和最大值；Δ_{max} 为最大的线性误差。

通过对测量数据进行拟合的方法可以获得理想直线。常用的方法有端点连线法和最小二乘法两种，如图 3-5（a）、图 3-5（b）所示。端点连线法直接将测量数据的两个端点相连，这种方法简单、方便，但偏差大；最小二乘法通过使测量数据点到理想直线的距离平方和最小，获得理想直线，是一种常用的拟合直线求解方法。

2. 灵敏度

灵敏度为单位输入变化所引起的输出变化。通常使用理想直线的斜率作为测量装置的灵敏度值，如图 3-5（b）所示，即

$$灵敏度 = \frac{\Delta Y}{\Delta X} \qquad (3-2)$$

灵敏度是有量纲的，其量纲为输出量的量纲与输入量的量纲之比。

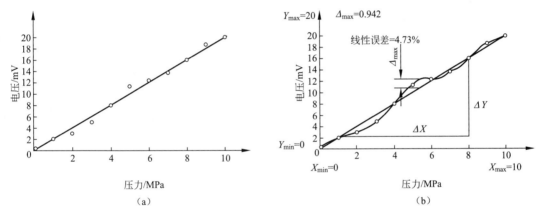

图 3-5　测试装置的线性误差

3. 回程误差

回程误差也称为迟滞，是描述测试系统与输入方向变化相关的输出特性。对于理想的测试系统，其输入、输出存在单调的直线关系（见图 3-6），即不管输入量由小到大，还是由大到小，对于一个给定的输入量，其输出量是相同的；在同样的测试条件下，当输入量由小增大或由大减小时，实际的测试系统对于同一个输入量得到的两个输出量往往存在一定的差异。在整个测量范围内，最大的输出差值称为回程误差或迟滞误差。

4. 分辨力

引起测试系统的输出产生一个可察觉变化的最小输入变化量（被测量）称为分辨力。分辨力通常表示为它与可能输入范围的百分比。

5. 零点漂移和灵敏度漂移

零点漂移是测试系统的输出零点偏离理想直线零点的距离，它反映了测试系统的测量特

性随时间的变化。灵敏度漂移指测试系统的实际灵敏度与理想灵敏度的差异，它是由材料性质变化所引起。因此，测试系统总误差为零点漂移与灵敏度漂移之和，如图 3-7 所示。通常，灵敏度漂移的数值很小，可以略去不计，只考虑零点漂移。如需长时间测量，则需做出 24 h 或更长时间的零点漂移曲线。

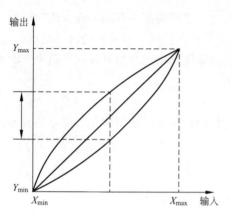

图 3-6　回程误差

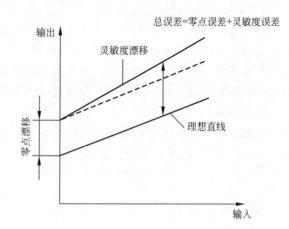

图 3-7　零点漂移和灵敏度漂移

3.3　测试系统的动态特性

由于在动态测量中，只能对线性系统作比较完善的数学处理，使得动态测试中难以进行非线性校正。因此，需要将测试系统简化为线性系统。通常，在一定误差范围内实际测试系统均可以简化为线性系统，因此研究线性系统的动态特性具有普遍性。

3.3.1　线性系统的数学描述

线性系统的输入-输出关系可用微分方程表示为

$$a_n \frac{\mathrm{d}^n y(t)}{\mathrm{d}t^n} + a_{n-1} \frac{\mathrm{d}^{n-1} y(t)}{\mathrm{d}t^{n-1}} + \cdots + a_1 \frac{\mathrm{d}y(t)}{\mathrm{d}t} + a_0 y(t)$$

$$= b_m \frac{\mathrm{d}^m x(t)}{\mathrm{d}t^m} + b_{m-1} \frac{\mathrm{d}^{m-1} x(t)}{\mathrm{d}t^{m-1}} + \cdots + b_1 \frac{\mathrm{d}x(t)}{\mathrm{d}t} + b_0 x(t)$$

$$(3-3)$$

式中，$x(t)$ 为系统的输入；$y(t)$ 为系统的输出；a_n，a_{n-1}，$\cdots$，a_1，a_0 和 b_m，b_{m-1}，$\cdots$，b_1，b_0 为系统的物理参数。

若系统的上述物理参数均为常数，则该方程为常系数微分方程，所分析的系统为线性定常系统或线性时不变系统。线性时不变系统具有如下性质：

1. 叠加性

若 $\begin{cases} x_1(t) \rightarrow y_1(t) \\ x_2(t) \rightarrow y_2(t) \end{cases}$，则有

$$x_1(t) + x_2(t) \rightarrow y_1(t) + y_2(t)$$

$$(3-4)$$

2. 比例性

若 $x(t) \rightarrow y(t)$，对任意常数 a，均有

$$ax(t) \rightarrow ay(t) \tag{3-5}$$

3. 微分特性

若 $x(t) \rightarrow y(t)$，则有

$$\frac{\mathrm{d}x(t)}{\mathrm{d}t} \rightarrow \frac{\mathrm{d}y(t)}{\mathrm{d}t} \tag{3-6}$$

4. 积分特性

若 $x(t) \rightarrow y(t)$，当系统初始状态为零时，有

$$\int_0^t x(t)\,\mathrm{d}t \rightarrow \int_0^t y(t)\,\mathrm{d}t \tag{3-7}$$

5. 频率保持特性

若 $x(t) \rightarrow y(t)$，且 $x(t) = x_0 \mathrm{e}^{\mathrm{j}\omega t}$，即输入为某频率的正弦激励，则系统的稳态输出 $y(t)$ 为与输入同频率 ω 的正弦信号，即 $y(t) = Y_0 \mathrm{e}^{(\mathrm{j}\omega t + \phi)}$。该性质可证明如下：

根据比例性有

$$\omega^2 x(t) \rightarrow \omega^2 y(t) \tag{3-8}$$

式中，ω 为频率。

根据微分特性有

$$\frac{\mathrm{d}^2 x(t)}{\mathrm{d}t^2} \rightarrow \frac{\mathrm{d}^2 y(t)}{\mathrm{d}t^2} \tag{3-9}$$

将式（3-8）与式（3-9）相加可得

$$\left[\omega^2 x(t) + \frac{\mathrm{d}^2 x(t)}{\mathrm{d}t^2} \right] \rightarrow \left[\omega^2 y(t) + \frac{\mathrm{d}^2 y(t)}{\mathrm{d}t^2} \right] \tag{3-10}$$

由于 $x(t) = x_0 \mathrm{e}^{\mathrm{j}\omega t}$，则

$$\begin{aligned} \frac{\mathrm{d}^2 x(t)}{\mathrm{d}t^2} &= (\mathrm{j}\omega)^2 x_0 \mathrm{e}^{\mathrm{j}\omega t} \\ &= -\omega^2 x_0 \mathrm{e}^{\mathrm{j}\omega t} \\ &= -\omega^2 x(t) \end{aligned}$$

因此式（3-10）左边为零，即

$$\omega^2 x(t) + \frac{\mathrm{d}^2 x(t)}{\mathrm{d}t^2} = 0$$

由此可知，式（3-10）右边亦应为零，即

$$\omega^2 y(t) + \frac{\mathrm{d}^2 y(t)}{\mathrm{d}t^2} = 0$$

解此方程可得唯一的解为

$$\omega^2 y(t) = y_0 \mathrm{e}^{\mathrm{j}(\omega t + \varphi)}$$

式中，φ 为初相角。

根据上述性质，可以得到以下关系：

（1）若 $y(t) = x(t - a)$，则系统为线性时不变系统。

（2）若 $y(t) = t^2 x(t)$，则系统为线性时变系统。这是因为，当输入 $x(t)$ 发生时移 t_0 时，$x(t-t_0)$ 相应的响应是 $t^2 x(t-t_0)$，而不是 $(t-t_0)^2 x(t-t_0)$。

（3）若 $y(t) = |x(t)|$，则系统为非线性时不变系统。这是因为，对于任意两信号 $x_1(t)$ 和 $x_2(t)$ 以及常数 a_1、a_2，通常有

$$|a_1 x_1(t) + a_2 x_2(t)| \neq a_1 |x_1(t)| + a_2 |x_2(t)|$$

本书中涉及的系统，如无特殊说明，均属于线性时不变系统。

线性时不变系统的基本性质，特别是频率保持性在动态测量中非常有用。对于一个线性系统，若已知其输入信号的频率，则输出信号中必然包含有相同频率的分量。反之，若已知输入、输出信号的频率，则可由两者频率的异同来推断系统的线性特性。

3.3.2 传递函数

对于常系数微分方程，利用拉普拉斯变换的方法求解十分简便。下面通过对其进行拉普拉斯变换来建立测试系统的传递函数。

若系统的初始条件为零，即认为输入 $x(t)$ 和输出 $y(t)$ 及其各阶导数的初始值（即 $t = 0$ 时的对应值）均为零，对式（3-3）进行拉普拉斯变换，得到

$$Y(s) = H(s)X(s) + G_h(s)$$

$$H(s) = \frac{Y(s)}{X(s)} = \frac{b_m s^m + b_{m-1} s^{m-1} + \cdots + b_1 s + b_0}{a_n s^n + a_{n-1} s^{n-1} + \cdots + a_1 s + a_0} \tag{3-11}$$

式中，s 为复变量，$s = a + \mathrm{j}\omega$；$G_h(s)$ 是与输入和系统初始条件有关的关系式；$H(s)$ 与系统初始条件及输入无关，只反映系统本身的特性，被称为系统的传递函数。

在初始条件为零的条件下 $G_h(s) = 0$，系统传递函数可以表示为输入和输出的拉普拉斯变换之比，即

$$H(s) = \frac{Y(s)}{X(s)} = \frac{b_m s^m + b_{m-1} s^{m-1} + \cdots + b_1 s + b_0}{a_n s^n + a_{n-1} s^{n-1} + \cdots + a_1 s + a_0} \tag{3-12}$$

传递函数 $H(s)$ 表征了系统的传递特性，上式分母中 s 的幂次 n 代表了系统微分方程的阶次，也称为传递函数的阶次。从式（3-12）可以得到传递函数的如下特性：

（1）传递函数 $H(s)$ 与输入 $x(t)$ 及系统的初始状态无关，它只表达了系统的传输特性。对具体系统而言，系统的传递函数 $H(s)$ 不会因输入 $x(t)$ 的改变而改变，但对任意给定的输入都能确定地给出相对应的输出。

（2）传递函数 $H(s)$ 是对物理系统的微分方程，它只反映了系统传输特性而不拘泥于系统的物理结构。同一形式的传递函数可以表征具有相同传输特性的不同物理系统。例如，液柱式温度传感器与 RC 低通滤波器都是一阶系统，具有形式相似的传递函数，而其中一个是热力学系统，另一个是电学系统，两者的物理性质完全不同。

（3）对于实际的物理系统，输入 $x(t)$ 和输出 $y(t)$ 都具有各自的量纲。用传递函数描述系统传输、转换特性能真实地反映量纲的变换关系。这种关系可以通过系数 a_n，a_{n-1}，$\cdots$，a_1，a_0 和 b_m，b_{m-1}，$\cdots$，b_1，b_0 来反映。这些系数的量纲将因具体物理系统和输入、输出的量纲而异。

（4）传递函数 $H(s)$ 中的分母取决于系统的结构。分母中 s 的最高幂次代表系统微分方

程的阶次。分子则是系统同外界之间的关系，如输入点位置、输入方式、被测物理量及测点布置等。

（5）一般测试系统是稳定系统，其分母中 s 的幂次高于分子中 s 的幂次，即 $n > m$。根据传递函数的定义式（3-12），可以得到串联、并联、闭环回路组成系统的传递函数。

对于图 3-8（a）中两环节串联组成的测试系统，若两环节的传递函数分别为 $H_1(s)$ 和 $H_2(s)$，则系统的传递函数 $H(s)$ 为

$$
\begin{aligned}
H(s) &= \frac{Y(s)}{X(s)} = \frac{Y_1(s)}{X(s)} \cdot \frac{Y(s)}{Y_1(s)} \\
&= H_1(s) \cdot H_2(s) \qquad (3-13)
\end{aligned}
$$

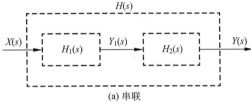
(a) 串联

对于图 3-8（b）中 $H_1(s)$ 与 $H_2(s)$ 两环节并联后形成的测试系统，其传递函数为

$$
\begin{aligned}
H(s) &= \frac{Y(s)}{X(s)} = \frac{Y_1(s) + Y_2(s)}{X(s)} \\
&= \frac{Y_1(s)}{X(s)} + \frac{Y_2(s)}{X(s)} \qquad (3-14) \\
&= H_1(s) + H_2(s)
\end{aligned}
$$

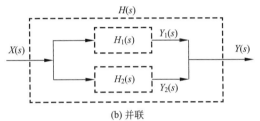
(b) 并联

对于图 3-8（c）中两环节 $H_1(s)$ 与 $H_2(s)$ 组成闭环测控系统的情形，此时有

$$
Y(s) = X_1(s) \cdot H_1(s)
$$
$$
X_2(s) = X_1(s) \cdot H_1(s) \cdot H_2(s)
$$
$$
X_1(s) = X(s) + X_2(s)
$$

得到系统的传递函数为

$$
H(s) = \frac{Y(s)}{X(s)} = \frac{H_1(s)}{1 - H_1(s)H_2(s)} \qquad (3-15)
$$

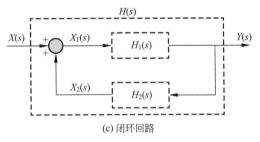
(c) 闭环回路

图 3-8　组合系统

3.3.3　频率响应函数

频率响应函数是在频率域中描述系统特性，而传递函数是在复数域中描述系统特性，它比在时域中用微分方程来描述系统特性的优点多。由于在工程系统中，微分方程及其传递函数难以建立，而且传递函数的概念也难以理解。与传递函数相比，频率响应函数的物理概念明确，且可以通过实验获得。因此，频率响应函数成为实验研究系统的重要工具。

根据线性定常系统的频率保持性，系统在简谐信号 $x(t) = X_0 \sin \omega t$ 的激励下，其稳态输出 $y(t) = Y_0 \sin(\omega t + \varphi)$ 为同频率的简谐信号。虽然输入和输出为同频的简谐信号，但二者的幅值和相位不同。其幅值比和相位差都随输入信号的频率 ω 而变，是 ω 的函数。

线性定常系统在简谐信号的激励下，其稳态输出信号和输入信号的幅值比定义为该系统的幅频特性，记为 $A(\omega)$；稳态输出与输入的相位差定义为该系统的相频特性，记为 $\varphi(\omega)$。因此，系统的频率特性是指系统在简谐信号激励下，其稳态输出与输入的幅值比、相位差随激励频率 ω 的变化特性。

利用 $A(\omega)$ 为模、$\varphi(\omega)$ 为幅角构造复数 $H(\mathrm{j}\omega)$

$$H(j\omega) = A(\omega)e^{j\varphi(\omega)} \tag{3-16}$$

$H(\omega)$ 表示系统的频率特性，$H(\omega)$ 也称为系统的频率响应函数，它是激励频率的函数。

在系统传递函数 $H(s)$ 已知的情况下，可令 $H(s)$ 中 $s = j\omega$，便可求得频率响应函数 $H(\omega)$ 为

$$H(j\omega) = \frac{b_m(j\omega)^m + b_{m-1}(j\omega)^{m-1} + \cdots + b_1(j\omega) + b_0}{a_n(j\omega)^n + a_{n-1}(j\omega)^{n-1} + \cdots + a_1(j\omega) + a_0} = \frac{Y(j\omega)}{X(j\omega)} \tag{3-17}$$

频率响应函数有时记为 $H(j\omega)$，以此来强调它来源于 $H(s)|_{s=j\omega}$。若在 $t = 0$ 时刻将激励接入线性时不变系统，并将 $s = j\omega$ 代入拉普拉斯变换中，则拉普拉斯变换成为傅里叶变换。同时考虑到初始条件为零时，有 $H(s)$ 等于 $Y(s)$ 和 $X(s)$ 之比的关系。因而，系统的频率响应函数 $H(\omega)$ 就成为输出 $y(t)$ 的傅里叶变换 $Y(\omega)$ 和输入 $x(t)$ 的傅里叶变换 $X(\omega)$ 之比，即

$$H(\omega) = \frac{Y(\omega)}{X(\omega)} \tag{3-18}$$

显然，频率响应函数是传递函数的特例。频率响应函数也可由式（3-3）通过傅里叶变换推导得到，推导中应用了傅里叶变换的微分特性。

用传递函数和频率响应函数均可表示系统的传递特性，但两者的含义不同。在推导传递函数时，系统的初始条件设为零。而对于一个从 $t = 0$ 开始所施加的简谐信号，采用拉普拉斯变换得到的系统输出由两部分组成：即由激励所引起的、反映系统固有特性的瞬态输出以及该激励所对应的系统稳态输出，如图 3-9（a）所示。在初始激励作用下，系统输出有一定的过渡过程，经过一段时间后，系统的输出才趋于稳定，亦即进入稳态输出。图 3-9（b）为频率响应函数描述下系统的输入与输出关系。当输入信号为简谐信号时，系统的瞬态响应趋于零，频率响应函数 $H(j\omega)$ 描述的是系统的简谐输入与其稳态输出的关系。因此，在测量系统的频率响应函数时，应当在系统响应到达稳态后再进行测量。频率响应函数不能反映系统的过渡过程特性，而传递函数能反映系统测量的全过程特性。

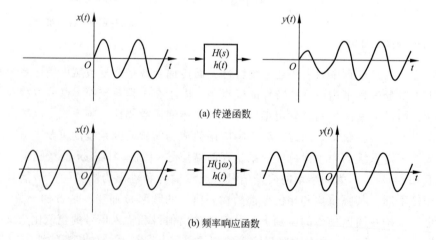

图 3-9　用传递函数和频率函数分别描述不同输入状态的系统输出

在工程测试中，为获得较好的测量效果，常常在系统处于稳态输出的阶段进行测试。因此，在测试中常常用频率响应函数来描述系统的动态特性。由于控制技术常常要关注典型扰

动所引起的系统响应，研究一个过程从起始瞬态变化到最终稳态过程的全部特性，因此，需要用传递函数来描述。

传递函数与频率响应函数间有密切的联系，将传递函数中的 s 算子用 $j\omega$ 替代就可以得到系统的频率响应函数。因此，用传递函数推演出的系统串联、并联特性也都适用于频率响应函数的分析。

用频率响应函数来描述系统的最大优点是可以通过实验来求得频率响应函数，即依次用不同频率 ω_i 的简谐信号去激励被测系统，同时测得激励和系统稳态输出的幅值 X_0、Y_0 和相位差 φ_i。对于某个 ω_i，便有一组 $\dfrac{Y_{0i}}{X_{0i}} = A_i$ 和 φ_i，利用全部的 $A_i - \omega_i$ 和 $\varphi_i - \omega_i$，$i = 1$，2，…便可表达系统的频率响应函数。需要特别指出，频率响应函数描述的是系统的简谐输入与其稳态输出之间的关系。因此，在测量系统频率响应函数时，应当在系统响应达到稳态阶段时进行测量。

由于任意信号都可分解为简谐信号的叠加，因此，虽然频率响应是针对简谐激励而言的，但是在任何复杂信号输入下，系统频率特性也是适用的。这时，幅频、相频特性分别表征系统对输入信号中各个频率分量幅值的缩放能力和相位前后移动的能力。

将 $A(\omega) - \omega$ 和 $\varphi(\omega) - \omega$ 分别做图，即可得到幅频特性曲线和相频特性曲线。在实际作图时，常对自变量 ω 或 $f = \omega/2\pi$ 取对数标尺，幅值比 $A(\omega)$ 的坐标用分贝数（dB）标尺，相角取实数标尺，由此所得到的曲线分别称为对数幅频特性曲线和对数相频特性曲线，总称为伯德（Bode）图，如图 3-10 所示。

若将 $H(\omega)$ 用实部和虚部的形式来表达可表示为

$$H(\omega) = P(\omega) + jQ(\omega) \tag{3-19}$$

则 $P(\omega)$ 和 $Q(\omega)$ 均为 ω 的实函数，则幅频特性 $A(\omega)$ 可表示为

$$A(\omega) = \sqrt{P^2(\omega) + Q^2(\omega)} \tag{3-20}$$

据此可做出的虚部 $Q(\omega)$、实部 $P(\omega)$ 和频率 ω 的关系曲线，即虚频和实频特性曲线；同时，可以得到 $A(\omega)$ 和 $\varphi(\omega)$ 的极坐标图，即奈奎斯特（Nyquist）图，如图 3-11 所示，图中的矢量径长和矢量径与横坐标的夹角分别为 $A(\omega)$ 和 $\varphi(\omega)$。

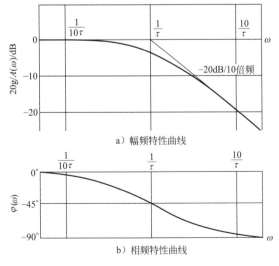

图 3-10　一阶系统的伯德图

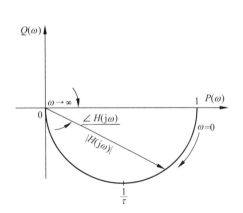

图 3-11　一阶系统的乃奎斯特图

3.3.4 一阶系统和二阶系统的动态特性

常见的测试系统通常是稳定系统，其系统传递函数表达式（3-12）中分母 s 的幂次为高于分子中 s 的幂次，即 $n > m$，且 s 的极点为复数。将式（3-12）中分母分解为 s 的一次和二次实系数因式（二次实系数式对应其复数极点），即

$$a_n s^n + a_{n-1} s^{n-1} + \cdots + a_1 s + a_0 = a_n \prod_{i=1}^{r} (s + p_i) \prod_{i=1}^{(n-r)/2} (s^2 + 2\zeta_i \omega_{ni} s + \omega_{ni}^2)$$

式中，P_i、ζ_i 和 ω_{ni} 为常量。因此，式（3-12）可改写为

$$H(s) = \sum_{i=1}^{r} \frac{q_i}{s + p_i} + \sum_{i=1}^{(n-r)/2} \frac{\alpha_i s + \beta_i}{s^2 + 2\zeta_i \omega_{ni} s + \omega_{ni}^2} \tag{3-21}$$

式中，α_i、β_i 和 q_i 为常量。

式（3-21）表明，任何一个系统都可看作为多个一阶环节和二阶环节的并联，也可将其转换为若干一阶环节和二阶环节的串联。同理，根据式（3-17），一个 n 阶系统的频率响应函数 $H(j\omega)$ 也可视为多个一阶环节和二阶环节的并联（或串联）。因此，一阶系统和二阶系统的传递函数和频率响应函数是研究高阶系统传递函数和频率响应函数的基础。

$$
\begin{aligned}
H(j\omega) &= \sum_{i=1}^{r} \frac{q_i}{j\omega + p_i} + \sum_{i=1}^{(n-r)/2} \frac{j\alpha_i \omega + \beta_i}{j\omega^2 + 2\zeta_i \omega_{ni}(j\omega) + \omega_{ni}^2} \\
&= \sum_{i=1}^{r} \frac{q_i}{j\omega + p_i} + \sum_{i=1}^{(n-r)/2} \frac{j\alpha_i \omega + \beta_i}{(\omega_{ni}^2 - \omega)^2 + j2\zeta_i \omega_{ni} \omega}
\end{aligned}
\tag{3-22}
$$

1. 一阶系统

在式（3-3）中，除了 a_1、a_0 和 b_0 外，其余系数 a 和 b 均为零，则可得到

$$a_1 \frac{dy(t)}{dt} + a_0 y(t) = b_0 x(t) \tag{3-23}$$

若测试系统的微分方程符合以上特征，则该系统为一阶测试系统或一阶惯性系统。

将式（3-23）两边除以 a_0 得

$$\frac{a_1}{a_0} \frac{dy(t)}{dt} + y(t) = \frac{b_0}{a_0} x(t) \tag{3-24}$$

令 $K = \dfrac{b_0}{a_0}$ 为系统静态灵敏度；$\tau = \dfrac{a_1}{a_0}$ 为系统的时间常数；对式（3-24）进行拉普拉斯变换，有

$$(\tau s + 1) Y(s) = KX(s) \tag{3-25}$$

得到系统传递函数为

$$H(s) = \frac{Y(s)}{X(s)} = \frac{K}{(\tau s + 1)} \tag{3-26}$$

式（3-26）为一阶系统的传递函数。

下面以图 3-12 所示的液柱式温度计测温过程为例，说明一阶测试系统动态特性的分析过程。其中，$T_i(t)$ 为温度计的输入信号，即被测温度；$T_0(t)$ 为温度计的输出信号，即示值温度。根据热力学定律，温度计的输入与输出的关系可表示为

$$\frac{T_0(t) - T_i(t)}{R} = C\frac{\mathrm{d}T_0(t)}{\mathrm{d}t} \qquad (3-27)$$

式中，R 为介质的热阻；C 为温度计的热容量。对式（3-27）两边进行拉普拉斯变换，并令 $\tau = RC$（τ 为温度计时间常数），则有

$$\tau sT_0(t) + T_0(t) = T_i(t)$$

得到系统的传递函数为

$$H(s) = \frac{T_0(s)}{T_i(s)} = \frac{1}{\tau s + 1} \qquad (3-28)$$

对应的频率响应函数为

$$H(\mathrm{j}\omega) = \frac{1}{\mathrm{j}\tau\omega + 1} \qquad (3-29)$$

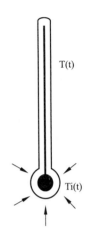

图 3-12 液柱式温度计

从液柱式温度计的动态特性可以看出，它是一个典型的一阶惯性系统。根据式（3-29），可以得到系统的幅频特性与相频特性为

$$A(\omega) = \left| H(\mathrm{j}\omega) \right| = \frac{1}{\sqrt{1 + (\tau\omega)^2}} \qquad (3-30)$$

$$\varphi(\omega) = \angle H(\mathrm{j}\omega) = -\arctan\omega\tau \qquad (3-31)$$

图 3-10、图 3-11 和图 3-13（a）、图 3-13（b）分别为一阶测试系统的伯德图、奈奎斯特图和幅频特性与相频特性曲线。

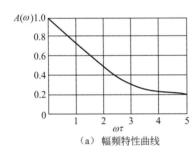
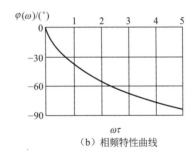

（a）幅频特性曲线   （b）相频特性曲线

图 3-13 一阶系统的幅频和相频特性

图 3-14 给出另外两个典型一阶系统的实例。图 3-14（a）为忽略质量的单自由度振动系统，图 3-14（b）为 RC 低通滤波电路。它们具有与液柱式温度计相类似的传递特性。

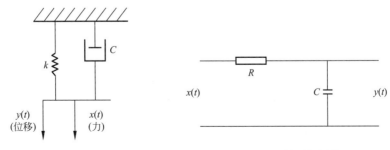

（a）忽略质量的单自由度振动系统   （b）RC低通滤波电路

图 3-14 一阶系统

在一阶系统特性中，需要特别注意：当激励频率 ω 远小于 $1/\tau$ 时（约 $\omega < \tau/5$），其 $A(\omega)$ 接近于 1（误差不超过 2%），输入输出幅值几乎相等。当 $\omega > (2 \sim 3)/\tau$ 时，即 $\tau\omega \gg 1$ 时，$H(\mathrm{j}\omega) \approx 1/\mathrm{j}\tau\omega$，与之相应的微分方程为

$$y(t) = \frac{1}{\tau}\int_0^t x(t)\,\mathrm{d}t \tag{3-32}$$

即输出和输入的积分成正比，系统相当于一个积分器。其中 $A(\omega)$ 几乎与激励频率成反比，相位滞后近 $90°$。故一阶系统适合用于测量缓变或低频的被测量。

时间常数 τ 是反映一阶系统特性的重要参数，它决定了该测试系统适用的频率范围，在 $\omega = 1/\tau$ 处，$A(\omega)$ 为 0.707（$-3\mathrm{dB}$），相角滞后 $45°$。

一阶系统的伯德图可以用一条折线近似描述。这条折线在 $\omega < 1/\tau$ 段为 $A(\omega) = 1$ 的水平线，在 $\omega > 1/\tau$ 段为斜率为 $-20\mathrm{dB}/10$ 倍频（或 $-6\mathrm{dB}/$倍频）的直线。$1/\tau$ 点称转折频率，在该点处，折线偏离实际曲线的误差最大（$-3\mathrm{dB}$）。其中，所谓的 "$-20\mathrm{dB}/10$ 倍频" 是指频率每增加 10 倍，$A(\omega)$ 下降 $20\mathrm{dB}$。

2. 二阶系统

若式（3-3）中除了 a_2、a_1、a_0 和 b_0 以外的其余所有 a 和 b 均为零，则得到

$$a_2\frac{\mathrm{d}^2 y(t)}{\mathrm{d}t^2} + a_1\frac{\mathrm{d}y(t)}{\mathrm{d}t} + a_0 y(t) = b_0 x(t) \tag{3-33}$$

这便是二阶系统的微分方程式。

同样，令 $K = \dfrac{b_0}{a_0}$ 为系统静态灵敏度，$\omega_n = \sqrt{\dfrac{a_0}{a_2}}$ 为系统的无阻尼固有频率（$\mathrm{rad/s}$），$\zeta = \dfrac{a_1}{2\sqrt{a_0 a_2}}$ 为系统的阻尼比。对式（3-33）两边进行拉普拉斯变换得

$$\left(\frac{s^2}{\omega_n^2} + \frac{2\zeta s}{\omega_n} + 1\right)Y(s) = KX(s) \tag{3-34}$$

系统的传递函数为

$$H(s) = \frac{Y(s)}{X(s)} = \frac{K}{\dfrac{s^2}{\omega_n^2} + \dfrac{2\zeta s}{\omega_n} + 1} \tag{3-35}$$

系统的频率响应函数为

$$H(\mathrm{j}\omega) = \frac{Y(\omega)}{X(\omega)} = \frac{K}{\left(\left(\dfrac{\mathrm{j}\omega}{\omega_n}\right)^2 + \dfrac{2\zeta\mathrm{j}\omega}{\omega_n} + 1\right)}$$

$$= \frac{K}{\left(1 - \dfrac{\omega^2}{\omega_n^2}\right) + 2\mathrm{j}\zeta\,\dfrac{\omega}{\omega_n}} \tag{3-36}$$

图 3-15 所示的测力弹簧秤是一个典型的二阶系统。在初始状态为零的条件下，亦即 $x_0 = 0$，$f_i = 0$，由牛顿第二定律，得到其微分方程为

$$f_i - B\frac{\mathrm{d}x_0}{\mathrm{d}t} - kx_0 = M\frac{\mathrm{d}^2 x_0}{\mathrm{d}t^2} \tag{3-37}$$

式中，f_i 为所施加外力，N；x_0 为指针移动距离，m；B 为系统的阻尼常数，N/m·s^{-1}；k 为弹簧系数，N/m。

对上式进行拉普拉斯变换得

$$(Ms^2 + Bs + k)X(s) = KF(s) \qquad (3-38)$$

令 $\omega_n = \sqrt{\dfrac{k}{M}}$（rad/s），$\zeta = \dfrac{B}{2\sqrt{kM}}$，$K = \dfrac{1}{k}$（m/N），则式（3-38）变为

$$\left(\frac{s^2}{\omega_n^2} + \frac{2\zeta s}{\omega_n} + 1\right)X(s) = KF(s) \qquad (3-39)$$

得到弹簧秤系统的传递函数为

$$H(s) = \frac{X(s)}{F(s)} = \frac{K}{\dfrac{s^2}{\omega_n^2} + \dfrac{2\zeta s}{\omega_n} + 1} \qquad (3-40)$$

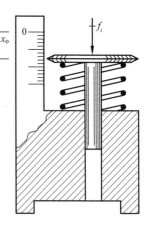

图 3-15　测力弹簧秤

式（3-40）与式（3-35）相同。由此可得系统的幅频特性与相频特性分别为

$$\left.\begin{aligned}
A(\omega) &= |H(\mathrm{j}\omega)| = K \frac{1}{\sqrt{\left[1 - \left(\dfrac{\omega}{\omega_n}\right)^2\right]^2 + 4\zeta^2 \left(\dfrac{\omega}{\omega_n}\right)^2}} \\
\varphi(\omega) &= -\arctan \frac{2\zeta \dfrac{\omega}{\omega_n}}{1 - \left(\dfrac{\omega}{\omega_n}\right)^2}
\end{aligned}\right\} \qquad (3-41)$$

图 3-16 为系统的幅频特性及相频特性图。

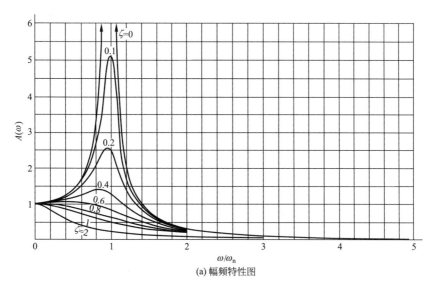

(a) 幅频特性图

图 3-16　二阶系统幅频特性和相频特性图

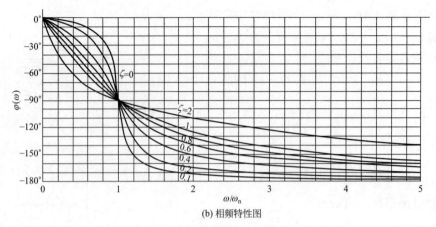

(b) 相频特性图

图 3-16　二阶系统幅频特性和相频特性图（续）

图 3-17 和图 3-18 分别为二阶系统的伯德图和奈奎斯特图。不难理解，系统的固有频率 ω_n、阻尼比 ζ 和静态灵敏度 K 均取决于系统的结构参数。在系统确定的条件下，上述三个参数也就随之确定。图 3-19 给出另外两种常见的二阶系统，图（a）为弹簧质量阻尼系统，图（b）为 RLC 电路系统。它们具有与弹簧秤系统相类似的传递函数和频率响应函数，其推导过程略去。

在二阶系统中，当 $\omega \ll \omega_n$ 时，$H(\omega) \approx 1$；当 $\omega \gg \omega_n$ 时，$H(\omega) \to 0$。

影响二阶系统动态特性的参数有固有频率和阻尼比。在通常使用的频率范围内，固有频率的影响更为重要。二阶系统固有频率 ω_n 的选择应以工作频率范围为依据。在 $\omega = \omega_n$ 附近，系统幅频特性受阻尼比影响大。当 $\omega \approx \omega_n$ 时，系统将发生共振，因此，设计测试系统时，应该避开这种情况。然而，在测定系统的参数时，需要重视这种情况。这时，$A(\omega) = 1/2\zeta$，$\varphi(\omega) = 90°$，且不因阻尼比的不同而改变。

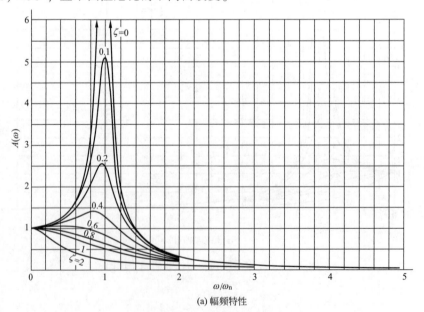

(a) 幅频特性

图 3-17　二阶系统的伯德图

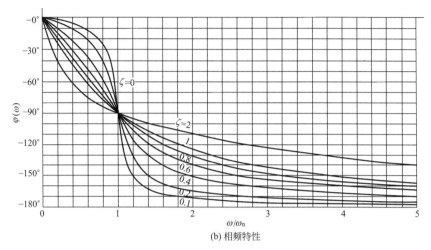

(b) 相频特性

图 3-17　二阶系统的伯德图（续）

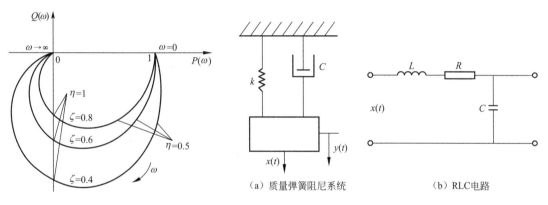

图 3-18　二阶系统的奈奎斯特图　　　　图 3-19　二阶系统实例

二阶系统的伯德图可用折线近似表示。在 $\omega < 0.5\omega_n$ 段，$A(\omega)$ 可用 0 dB 水平线近似；在 $\omega > 2\omega_n$ 段，可用斜率为 -40 dB/10 倍频或 -12 dB/倍频的直线来近似。在 $\omega \approx (0.2 \sim 2)$ ω_n 区间，因共振现象，近似折线偏离实际曲线较大。

在 $\omega \ll \omega_n$ 段，$\varphi(\omega)$ 很小，且和频率近似成正比增加。在 $\omega \gg \omega_n$ 区间，$\varphi(\omega)$ 趋近于 $180°$，即输出信号几乎和输入反相。在 ω 靠近 ω_n 区间，$\varphi(\omega)$ 随频率的改变剧烈变化，而且 ζ 越小，变化越剧烈。

从测试的角度考虑，总是希望测试系统在所选择的频带内，因频率特性不理想所引起的误差尽可能小。为此，选择的固有频率和阻尼比组合，应获得较小的测量误差。

3.3.5　测试系统对典型激励的响应

传递函数和频率响应函数可用来描述测试系统对正弦激励的响应，频率响应函数用来描述测试系统在稳态输入-输出情况下的传递特性。如前所述，在施加正弦激励的一段时间内，系统的输出包含它的瞬态输出。研究系统瞬态过程的目的包括：在某些问题中，需要关注其瞬态过程；另外，在瞬态响应研究过程中获得的系统特征参数可用于系统动力学分析。随着时间的增加，瞬态输出逐渐衰减至零，系统进入稳态输出阶段。传递函数可以描述这两个过程，而频率响应函数只能描述系统的稳态传输特性，为传递函数的一种特殊情况。

测试系统的动态响应可以通过对其施加激励的方式来获取，其中重要的激励信号有：单位脉冲函数和单位阶跃函数。这两种信号因函数形式简单、在工程上易于实现而被广泛使用。下面研究分别以它们作为激励信号时，一阶系统和二阶系统的响应函数。

1. 单位脉冲输入下系统的脉冲响应函数

在第二章中，已经介绍过单位脉冲函数 $\delta(t)$ 的傅里叶变换 $\Delta(j\omega)=1$。同样，对于 $\delta(t)$ 的拉氏变换 $\Delta(s)=L[\delta(t)]=1$。因此，在激励信号为 $\delta(t)$ 时，测试系统的输出为 $Y(s) = H(s)X(s)=H(s)\Delta(s)=H(s)$，其中 $H(s)$ 是系统的传递函数。对 $Y(s)$ 作反拉普拉斯变换，可得到测试系统输出的时域表达式

$$y(t) = L^{-1}[Y(s)] = h(t) \tag{3-42}$$

$h(t)$ 称为测试系统的脉冲响应函数。

对于一阶系统，可求得其脉冲响应函数为

$$h(t) = \frac{1}{\tau}e^{\frac{-t}{\tau}} \tag{3-43}$$

其波形如图 3-20 所示。

同样，对于二阶系统，可求得其脉冲响应函数（在静态灵敏度 $K=1$ 时）为

$$h(t) = \frac{\omega_n}{\sqrt{1-\zeta^2}}e^{-\zeta\omega_n t}\sin(\sqrt{1-\zeta^2}\,\omega_n t) \qquad (\text{欠阻尼情况}, \zeta<1)$$

$$h(t) = \omega_n^2 t e^{-\omega_n t} \qquad (\text{临界阻尼情况}, \zeta=1) \tag{3-44}$$

$$h(t) = \frac{\omega_n}{\sqrt{1-\zeta^2}}[e^{-(\zeta-\sqrt{\zeta^2-1})\omega_n t} - e^{-(\zeta+\sqrt{\zeta^2-1})\omega_n t}] \qquad (\text{过阻尼情况}, \zeta>1)$$

$h(t)$ 的波形如图 3-21 所示。可以看出，二阶系统是一个振荡环节。

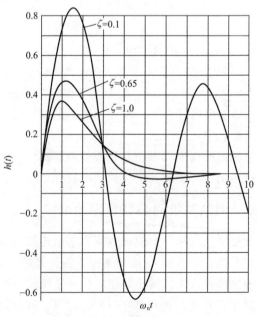

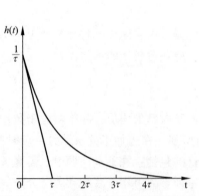

图 3-20　一阶惯性系统的脉冲响应函数　　　　图 3-21　二阶系统的脉冲响应函数

2. 单位阶跃输入下的系统响应函数

如上所述，阶跃函数和单位脉冲函数间的关系是

$$\delta(t) = \frac{\mathrm{d}\xi(t)}{\mathrm{d}t} \tag{3-45}$$

亦即

$$\xi(t) = \int_{-\infty}^{t'} \delta(t)\,\mathrm{d}t \tag{3-46}$$

因此，在单位阶跃激励下，系统的响应等于系统单位脉冲响应的积分。

对于一阶系统，其单位阶跃响应为

$$y(t) = 1 - \mathrm{e}^{-\frac{t}{\tau}} \tag{3-47}$$

一阶系统对阶跃输入的响应曲线图如 3-22 所示．当 $t=4\tau$ 时，$y(t)=0.982$，此时系统输出值与系统稳态响应间差值小于 2%，可近似认为系统已达到稳态。通常一阶系统的时间常数 τ 应越小越好。

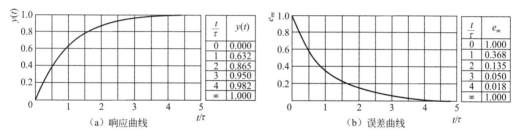

图 3-22　一阶系统对阶跃输入的响应

阶跃输入的加载方式比较简单，对系统突然加载或移去载荷均属于阶跃输入。例如，将一根温度计突然插入一定温度的液体中，液体的温度即是一个阶跃输入。由于阶跃输入方式简单易行，因此，常用于测试系统动态特性的测量。

对于二阶系统，其阶跃响应为（灵敏度为 1）

$$\left.
\begin{aligned}
&y(t) = 1 - \frac{\mathrm{e}^{-\zeta\omega_n t}}{\sqrt{1-\zeta^2}}\sin\left(\sqrt{1-\zeta^2}\,\omega_n t + \varphi\right) \qquad （欠阻尼情况）\\[2mm]
&y(t) = 1 - (1 + \omega_n t)\mathrm{e}^{-\omega_n t} \qquad （临界阻尼情况）\\[2mm]
&y(t) = 1 - \frac{\zeta + \sqrt{\zeta^2-1}}{2\sqrt{\zeta^2-1}}\mathrm{e}^{-(\zeta-\sqrt{\zeta^2-1})\omega_n t} + \frac{\zeta - \sqrt{\zeta^2-1}}{2\sqrt{\zeta^2-1}}\mathrm{e}^{-(\zeta+\sqrt{\zeta^2-1})\omega_n t} \qquad （过阻尼情况）
\end{aligned}
\right\} \tag{3-48}$$

式中，$\varphi = \arctan\dfrac{\sqrt{1-\zeta^2}}{\zeta}$。

可以看出，二阶系统的阶跃响应表达式中均含有 e^{-At} 项。当 $t\to\infty$ 时，其值趋近于 1，即它不会对稳态输出产生影响。图 3-23 给出不同条件下二阶系统的阶跃响应曲线。可以看出，二阶系统的阶跃响应在很大程度上取决于阻尼比 ζ 和固有频率 ω_n。ω_n 越高，系统的响应越快。阻尼比 ζ 直接影响系统超调量和振荡次数。当 $\zeta=0$ 时，系统超调量为 100%，系统呈持续振荡状态，无法达到稳态。当 $\zeta>1$ 时，系统退化为两个一阶环节的串联，此时系统

虽无超调（无振荡），但仍需要较长时间才能达到稳态。对于欠阻尼情况，即 $\zeta < 1$ 时，若选择 ζ 在区间 $0.6 \sim 0.8$，最大超调量约为 $2.5\% \sim 10\%$。对于 $5\% \sim 2\%$ 的允许误差，达到稳态的所需的振荡时间较短，约为 $\dfrac{3 \sim 4}{\zeta \omega_n}$。因此，在进行测试系统设计时，通常将阻尼比选择在 $0.6 \sim 0.8$ 之间。

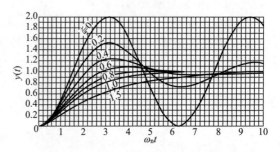

图 3-23 二阶系统的单位阶跃响应

3.4 测试系统对任意输入的响应

上一节分析了测试系统对典型激励信号的响应，下面将分析测试系统对任意输入的响应。如图 3-24 所示，任意输入信号 $x(t)$，利用一系列间距相等的矩形来逼近。矩形条的宽度为 $\Delta\tau$，$k\Delta\tau$ 时刻的矩形条的面积为 $x(k\Delta\tau)\Delta\tau$。若 $\Delta\tau$ 足够小，则该矩形条可以看作是强度为 $x(k\Delta\tau)\Delta\tau$ 的脉冲。在该脉冲作用下，系统的响应为 $[x(k\Delta\tau)\Delta\tau]h(t-k\Delta\tau)$。因此，在一系列矩形脉冲的作用下，系统的零状态响应为

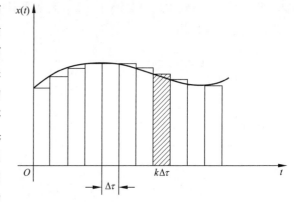

图 3-24 任意输入 $x(t)$ 的脉冲分解

$$y(t) \approx \sum_{k=0}^{\infty} x(k\Delta\tau)h(t-k\Delta\tau)\Delta\tau \tag{3-49}$$

当 $\Delta\tau \to 0$（即 $k \to \infty$），对上式取极限得

$$y(t) = \lim_{\Delta\tau \to 0} \sum_{k=0}^{\infty} x(k\Delta\tau)h(t-k\Delta\tau)\Delta\tau$$

$$= \int_{0}^{\infty} x(\tau)h(t-\tau)\mathrm{d}\tau \tag{3-50}$$

将式（3-50）表示为两函数 $x(t)$ 与 $h(t)$ 的卷积形式，得

$$y(t) = x(t) \cdot h(t) \tag{3-51}$$

式（3-51）表明，系统对任意激励的响应为激励信号与系统脉冲响应函数的卷积。根据卷积定理，式（3-51）的频域表达式为

$$Y(s) = X(s)H(s) \tag{3-52}$$

对于一个稳定的系统，在传递函数中用 $j\omega$ 代替式（3-52）中的 s，可得到系统的频域响应函数 $H(\omega)$。若输入 $x(t)$ 也符合傅里叶变换条件，即存在 $X(\omega)$，则有

$$Y(\omega) = X(\omega)H(\omega) \tag{3-53}$$

上式中也蕴含着线性时不变系统的频率保持性，即系统输出的频率成分与输入的频率成

分一致。事实上，式（3-51）也可直接由傅里叶变换的公式得到。由式（3-53）经反傅里叶变换可求得输出

$$y(t) = \frac{1}{2\pi}\int_{-\infty}^{\infty} X(\omega)H(\omega)e^{j\omega t}d\omega \tag{3-54}$$

再将 $x(t)$ 的傅里叶变换 $X(\omega)$ 的计算公式代入式（3-54）得

$$
\begin{aligned}
y(t) &= \frac{1}{2\pi}\int_{-\infty}^{\infty}\int_{-\infty}^{\infty} x(\tau)H(\omega)e^{j\omega t}e^{-j\omega\tau}d\tau d\omega \\
&= \frac{1}{2\pi}\int_{-\infty}^{\infty}\int_{-\infty}^{\infty} x(\tau)H(\omega)e^{j\omega(t-\tau)}d\tau d\omega \\
&= \int_{-\infty}^{\infty} x(\tau)\left(\frac{1}{2\pi}\int_{-\infty}^{\infty} H(\omega)e^{j\omega(t-\tau)}d\omega\right)d\tau \\
&= \int_{-\infty}^{\infty} x(\tau)h(t-\tau)d\tau \\
&= x(t)*h(t)
\end{aligned}
\tag{3-55}
$$

通常，在时域中求系统对任意输入的响应要进行卷积积分运算，由于计算量较大，通常采用计算机进行离散数字卷积计算。如利用卷积定理，将它转化为频域的乘积处理会更简单。

3.5　测试系统不失真测试条件

由于测试的任务是利用测试系统准确地实现被测量或参数的测量，因此，对于理想的测试系统，必须能够准确地复制被测信号的波形，且在时间上没有延时。从频域上分析，系统的频率响应函数 $H(j\omega)$ 应该满足 $H(j\omega)=K\angle 0°$ 的条件，即系统的放大倍数为常数，相位为零。上述条件是理想化的条件。事实上，许多测试系统通过选择合适的参数能够满足幅值比（放大倍数）为常数的要求，但除了少数系统（如具有小 ζ 和大 ω_n 的二阶压电系统）外，大多数系统难以实现接近于零的相位滞后。由于实际测量过程都伴随有时间上的滞后，因此，对于实际的测试系统，上述条件可修改为

$$y(t) = Kx(t-t_0) \tag{3-56}$$

式中，K 和 t_0 为常数。

式（3-56）的傅里叶变换表达式为

$$Y(j\omega) = KX(j\omega)e^{-j\omega t_0} \tag{3-57}$$

相应的频率响应函数为

$$H(j\omega) = \frac{Y(j\omega)}{X(j\omega)} = Ke^{-j\omega t_0} = K\angle -\omega t_0 \tag{3-58}$$

其幅频特性和相频特性分别为

$$\begin{cases} A(j\omega) = K \\ \varphi(\omega) = -\omega t_0 \end{cases} \tag{3-59}$$

如果测试系统满足上述传递特性，即幅频特性为常数，相频特性与频率成线性关系，则称系统为不失真的测试系统，用该系统实现的测试将是不失真的。图 3-25 表示准确测试所

要满足的时、频域条件。根据式（3-59），精确测试系统的幅频特性应该是一条平行于频率轴的直线，相频特性为始于坐标原点的一条具有一定斜率的直线，由于实际测量系统均有一定的频率范围，因此，只要在输入信号所包含的频率范围之内满足上述两个条件即可，如图 3-25（a）所示。

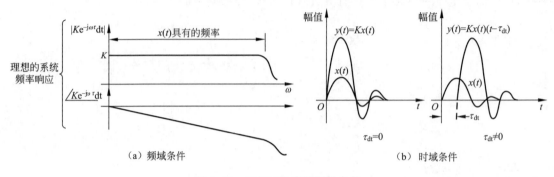

（a）频域条件　　　　　（b）时域条件

图 3-25　系统不失真测试的条件

需要指出的是，满足上述准确测试或不失真测试条件的系统，其输出存在时间滞后 t_0（式（3-56））。对许多工程应用而言，测试的目的仅要求被测结果能精确地复现被输入的波形，时间上的迟延并不会产生很大的影响。因此可以认为上述条件已经满足了精确测试的要求。但在某些应用场合，相角的滞后会带来问题。如将测量系统置入一个反馈系统中，系统的输出对输入的滞后可能会破坏整个控制系统的稳定性。因此，要求测量结果无滞后，即 $\varphi(\omega)=0$。

如上所述，测试系统只有在一定的工作频率范围内才能保持它的频率响应符合精确测试的条件。事实上理想的精确测试系统是不可能实现的，即使在某一范围的工作频段上，也难于实现理想的精确测试。由于系统内、外干扰的影响以及输入信号本身的质量问题，往往只能使测量结果足够精确，使波形的失真控制在一定的误差范围之内。为此，在进行测试工作前，首先要选择合适的测试系统，使它的工作频率范围能满足测试任务的要求，在该工作频段内它的频率响应特性满足精确测试的条件。另外，对输入信号也要做必要的预处理，通常采用滤波方法来去除输入信号中的高频噪声，避免被带入到测试系统的谐振区域而使系统的信噪比变差。

测试系统的频率特性选择对测试任务的顺利实施至关重要。事实上，任何测试系统都难以在整个工作频段上同时满足幅频特性为常数和相频特性保持线性关系的不失真条件。以二阶系统为例，对于不同的阻尼比，测试系统的相频曲线变化很大，如图 3-17 所示。此外，幅频特性与相频特性之间也存在内在联系。在幅频特性发生较大变化的频率范围内（如接近固有频率的区域），相频特性也会剧烈变化。由于在某些实际测试中，只要求幅频特性或相频特性单独满足线性关系，因此，没有必要一定选择幅频特性和相频特性均满足精确测试条件的测试系统。如在振动测量中，若仅要求知道振动信号的频率成分和振幅大小，并不要求确切了解其波形的变化，亦即对信号的相位没有要求。因此可关注于测试系统幅频特性的选择，而忽略相频特性的影响。但在某些测量中，则要求精确的知道输出响应对输入信号的延迟时间，这时就要求了解系统的相频特性，并严格地选择装置的相频特性，以减少相位失真引起的误差。

对于一个二阶系统，在 $\dfrac{\omega}{\omega_n} < 0.3$ 的范围内，系统的幅频特性接近一条直线，其幅值变化不超过 10%。但其相频特性曲线随阻尼比 ζ 的不同而剧烈变化。其中，当 ζ 接近于零时相位为零，此时可以认为不失真。而当 ζ 在 $0.6 \sim 0.8$ 范围内时，相频特性曲线可近似为一条始于原点的斜线。由于在 ζ 取值小时，系统易产生超调和振荡现象，不利于测量，因此，测量装置的阻尼一般选择在 $\zeta = 0.6 \sim 0.8$ 的范围内。此时，能够得到较好的线性相位特性。

对于高阶系统的分析，原则上与一阶系统和二阶系统相同。由于高阶系统可看作是一系列一阶系统环节和二阶系统环节的并联或串联，任何一个环节产生的测试结果不精确均会导致高阶系统测试结果的失真。因此，应使系统各个环节的传递特性均满足精确测量的条件。

从二阶系统的幅频特性和相频特性还可以看出，当 $\dfrac{\omega}{\omega_n} > 3$ 时，相频特性曲线在所有阻尼比 ζ 下都接近于 $-180°$，也可以认为此时的相频特性能满足精确测试的条件。这是因为，可以在实际测量电路上简单地加上反相器对其进行反相，或者在数据处理时减去固定的 $180°$ 相位差，均可以获得无相位差的测试结果。此时，尽管幅频特性曲线也趋近于常值，但该高频幅值量很小，不利于信号的输出与后续处理，上述二阶系统实际上是一个低通环节。在第四章中将要介绍的惯性式加速度传感器是一个质量–弹簧阻尼系统，也是一个二阶系统。但它具有高通的频率特性，亦即其幅值在高频段 $\dfrac{\omega}{\omega_n} > 3$ 趋近于常值，而其相频特性与二阶低通环节相同。因此，可方便地通过反相处理来获取对高频振动的精确测量。

3.6　测试系统动态特性的试验测定

测试系统的特性参数表征了该系统的整体工作性能。为了获取准确的测量结果，应该首先对测试系统的各类特性参数有精确认识。此外，系统的各类特性参数也需要标定和定期校准。测试系统的静态特性参数测定相对简单，一般以标准量作为输入信号，测出其输入–输出曲线，从该曲线可以求出标定直线、线性度、灵敏度及迟滞等各类静态参数。测试系统的动态特性参数的测定比较复杂。下面以一阶、二阶系统为例，介绍频率响应和阶跃响应两种常用的测试系统动态特性的测量方法。

1. 频率响应法

通过稳态正弦激励试验可以求得测试系统的动态特性。对测试系统施加正弦激励，即输入信号 $x(t) = X_0 \sin 2\pi f t$，在输出达到稳态后，测量输出和输入的幅值比和相位差，即可得到在该激励频率 f 下测试系统的动态特性。测试时，对测试系统施加峰–峰值为其量程 20% 正弦信号，其频率以接近零的足够低频率开始，以增量方式逐点增加到较高频率，直到输出量减少到初始输出幅值的一半为止，即可测得幅频特性和相频特性曲线。

对于一阶系统，其动态参数主要指时间常数 τ。可以通过幅频特性和相频特性公式（式（4–30）和式（4–31））直接确定 τ 值。

对于二阶系统，可以从相频特性直接估计其动态特性参数：固有频率 ω_n 和阻尼比 ζ。

在 $\omega = \omega_n$ 处，输出对输入的相角滞后为 $90°$，该点斜率反映了阻尼比的大小。由于相角测量比较困难，因此，通常通过幅频特性曲线估计其动态特性参数。对于欠阻尼系统（$\zeta < 1$），幅频特性曲线的峰值在稍偏离 ω_n 的 ω_r 处，且

$$\omega_r = \omega_n \sqrt{1 - 2\zeta^2} \tag{3-60}$$

当 ζ 很小时，峰值频率 $\omega_r = \omega_n$。

从式（3-41）可得，当 $\omega = \omega_n$ 时，$A(\omega_n) = 1/2\xi$。当 ζ 很小时，$A(\omega_n)$ 非常接近峰值。令 $\omega_1 = (1 - \zeta)\omega_n$、$\omega_2 = (1 + \zeta)\omega_n$，分别代入式（3-41），可得 $A(\omega_1) \approx \dfrac{1}{2\sqrt{2}\zeta} \approx A(\omega_2)$。这样，如图 3-26 所示，在幅频特性曲线峰值为 $\dfrac{1}{\sqrt{2}}$ 处，做一条水平线与幅频特性曲线，交于 a、b 两点，对应的频率分别为 ω_1，ω_2，则阻尼比的估计值可表示为

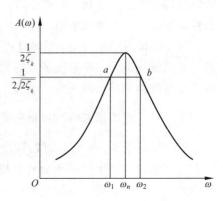

图 3-26 二阶系统阻尼比的估计

$$\zeta = \frac{\omega_2 - \omega_1}{2\omega_n} \tag{3-61}$$

此外，也可根据 $A(\omega_r)$ 和实验中最低频的幅频特性值 $A(0)$，利用下式求得 ζ

$$\frac{A(\omega_r)}{A(0)} = \frac{1}{2\zeta\sqrt{1 - \zeta^2}} \tag{3-62}$$

2. 阶跃响应

阶跃响应是另一种可以获得测试系统动态特性的时域分析方法。在测试时，需根据系统可能存在的最大超调量来选择阶跃输入的幅值，超调量过大时，应适当选用较小的输入幅值。

欲测得一阶系统的阶跃响应，可取该输出值达到最终稳态值的 63% 所经过的时间作为时间常数 τ。但这样求得的时间常数仅取决于某些个别的瞬时值，未涉及响应的全过程，测量结果的可靠性差。如改用下述方法可较精确地确定时间常数 τ。将式（3-47）一阶系统的阶跃响应改写为

$$1 - y(t) = e^{-\frac{t}{\tau}} \tag{3-63}$$

两边取对数有

$$-\frac{t}{\tau} = \ln[1 - y(t)] \tag{3-64}$$

式（3-64）表明，$\ln[1 - y(t)]$ 与时间 t 成线性关系。因此，可根据测得的 $y(t)$ 值作出 $\ln[1 - y(t)]$ 和 t 的关系曲线，并根据其斜率值确定时间常数 τ。显然，这种方法，运用了全部测量数据，即考虑了瞬态响应的全过程，因此测量结果的可靠性高。

式（3-48）为典型欠阻尼二阶系统的阶跃响应函数表达式。它表明其瞬态响应是以频率 $\omega_n \sqrt{1 - \zeta^2}$（称之为阻尼固有频率 ω_d）作衰减振荡。按照求极值的方法，可求得各振荡峰值所对应的时间，$t_p = 0$，$\dfrac{\pi}{\omega_d}$，$\dfrac{2\pi}{\omega_d}$，…。将 $t = \pi/\omega_d$ 代入式（3-48），求得最大超调量 M

（见图 3-27）和阻尼比 ξ 的关系式为

$$M = \exp\left[-\left(\frac{\zeta\pi}{\sqrt{1-\zeta^2}} \right) \right] \quad (3-65)$$

$$\zeta = \sqrt{\frac{1}{\left(\frac{\pi}{\ln M} \right)^2 + 1}} \quad (3-66)$$

因此，在测得 M 后，可按式（3-66）求出阻尼比 ξ；或根据式（3-66）作出 M - ξ 图，再求阻尼比 ξ。

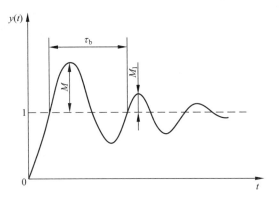

图 3-27　欠阻尼比二阶装置的阶跃响应

如果测得响应为较长瞬态过程，则可用任意两个超调量 M_i 和 M_{i+n} 求其阻尼比，其中 n 是该两峰值相隔的整周期数。设 M_i 和 M_{i+n} 所对应的时间分别为 t_i 和 t_{i+n}，则有

$$t_{i+n} = t_i + \frac{2n\tau}{\omega_n \sqrt{1-\omega^2}} \quad (3-67)$$

将上式代入二阶系统阶跃响应表达式（3-48），得到阻尼比为

$$\zeta = \sqrt{\frac{\delta_n^2}{\delta_n^2 + 4\pi^2 n^2}} \quad (3-68)$$

式中，$\delta_n = \ln \dfrac{M_i}{M_{i+n}}$。

根据以上二式，可按测得的 M_i 和 M_{i+n}，经 δ_n 求得阻尼比 ζ。考虑到 $\zeta < 0.3$ 时，以 1 代替 $\sqrt{1-\zeta^2}$ 进行近似计算不会产生过大的误差，则式（3-67）可简化为

$$\zeta \approx \frac{\ln\left(\dfrac{x_1}{x_n} \right)}{2\pi n} \quad (3-69)$$

3.7　负载效应及其减轻方法

在实际测量过程中，测试系统与被测对象以及测试系统中各环节之间会产生相互作用。对于被测对象，接入的测试系统相当于负载；在测试系统中，后接环节为前面环节的负载，并对前面环节的工作状态产生影响。由于两者之间存在着能量交换和相互影响，使得系统的传递函数不再是各组成环节传递函数的叠加（如并联时）或连乘（如串联时）。

3.7.1　负载效应

在前面分析串联、并联系统传递函数时，未考虑各环节之间的能量交换，因而在环节互联后，各环节仍能保持原有的传递函数，据此推导出串联、并联后系统的传递函数，式（3-13）和式（3-14））。然而这种只有信息传递而没有能量交换的连接，在实际系统中很少遇到。实际测试系统中，只有采用非接触式的检测手段，如光电、红外等传感器才属于理想

的互联情况。

当一个装置连接到另一装置上，而发生能量交换时，会出现以下两种现象：①前面装置的连接处或整个装置的状态和输出将发生变化；②两个装置共同形成一个新的整体，该整体虽然保留两组成部分的某些特征，但其传递函数已不能用式（3-13）和式（3-14）表达。某装置由于后接另一个装置而产生的这种现象，称为负载效应。

负载效应产生的后果，有的可以忽略，有的很严重，不能忽略。下面列举一些典型事例说明负载效应的严重后果。

集成电路芯片温度较高但其功耗很小，约几十毫瓦，因此，集成电路芯片相当于一个小功率的热源。若用一个探针式温度计去测集成电路芯片的工作温度，由于温度计会从芯片吸收热量而成为芯片的散热元件，故无法用探针式温度计准确地测出芯片工作温度。再如，利用加速度传感器测量系统振动时，在一个单自由度振动系统的质量块 m 上连接一个质量为 m_f 的传感器，致使参与振动的质量变为 $m + m_f$，从而导致系统固有频率的下降，对系统的振动产生影响。

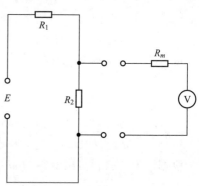

下面以简单的直流电路（见图3-28）为例来说明负载效应的影响程度。电阻器 R_2 电压降为 $U_0 = \dfrac{R_2}{R_2 + R_1}$ E。为了测量该量，可在 R_2 两端并联一个内阻为 R_m 的电压表。由于 R_m 的接入，R_2 和 R_m 两端的电压降 U 变为 $U = \dfrac{R_L}{R_1 + R_L}E = \dfrac{R_m R_2}{R_1(R_m + R_2) + R_m R_2}E$。由于 $\dfrac{1}{R_L} = \dfrac{1}{R_2} + \dfrac{1}{R_m}$，有 $R_L = \dfrac{R_2 R_m}{R_m + R_2}$。显然，由于接入测量电表，被测系统（原电路）状态及被测量（R_2 的电压降）都发生了变化。原来的电压降 U_0，接入电表后，变为 U，且

图 3-28 直流电路中的负载效应

$U \neq U_0$，两者的差值随 R_m 的增加而减小。为了定量的说明这种负载效应的影响程度，令 R_1 $= 100\,\text{k}\Omega$，$R_2 = R_m = 150\,\text{k}\Omega$，$E = 150\,\text{V}$，代入上式，可以得到 $U_0 = 90\,\text{V}$，而 $U = 64.3\,\text{V}$，误差可达到 28.6%。若 R_m 改为 $1\,\text{k}\Omega$，其余不变，则 $U = 84.9\,\text{V}$，误差为 5.7%。此例充分说明了负载效应对测量结果的影响。

3.7.2　减轻负载效应的方法

为减轻负载效应对测量结果的影响，需要根据测试环节或装置的特点，采取相应的措施。对于电压输出的环节，减轻负载效应的办法有：

（1）提高后续环节（负载）的输入阻抗。

（2）在原来两个相连接的环节之间，插入高输入阻抗、低输出阻抗的放大器，一方面减小从前面环节吸取的能量，另一方面在承受后一环节（负载）后能减少电压输出的变化，从而减轻总的负载效应。

（3）使用反馈和零点测量原理，使后面环节不从前面环节吸取能量。例如用电位差计测量电压等。如果将电阻抗的概念推广为广义阻抗，可以较便捷地研究各种物理环节之间的

负载效应。

　　总之，在测试工作中，应当建立系统的整体概念，充分考虑各种装置、环节连接时可能产生的影响。测量系统接入后会成为被测对象的负载，将会引起测量误差。两环节的连接，后环节将成为前环节的负载，产生相应的负载效应。在选择传感器时，必须仔细考虑传感器对被测对象的负载效应。在组成测试系统时，要考虑各组成环节之间连接时的负载效应，尽可能减少负载效应的影响。对于成套仪器系统来说，各组成部分之间的相互影响，仪器生产厂家已有充分的考虑，使用者仅需考虑传感器对被测对象所产生的负载效应。

思考题与习题

　　3-1　什么是静态特性？哪些指标可以反映测试系统的静态特性？

　　3-2　如何表达测试系统的动态特性？一阶、二阶测试系统的动态特性参数有哪些？

　　3-3　传递函数和频率响应函数均可以描述一个系统的传递特性，两者的联系与区别是什么？用工程实例加以说明。

　　3-4　测试系统中装置之间有哪些组合方式？组合时有什么需要注意的地方？

　　3-5　系统不失真测试的条件是什么？在工程实际中如何实现不失真测试？

　　3-6　在结构及工艺允许的条件下，为什么希望将二阶测试系统的阻尼比定在 0.7 附近？

　　3-7　何为系统的负载效应？如何消除负载效应？

　　3-8　某个压电式力传感器的灵敏度为 93 pC/MPa，电荷放大器的灵敏度为 0.06 V/pC，若压力变化为 20 MPa，为使记录笔在记录纸上的位移不大于 50 mm，则笔式记录仪的灵敏度应该选多大？

　　3-9　一个测试系统由传递函数 $H_1(s) = \dfrac{6}{5 + 2.3s}$ 和 $H_1(s) = \dfrac{100\omega_n^2}{s^2 + 1.4\omega_n s + \omega_n^2}$ 两个环节串联组成，求该系统总的灵敏度。

　　3-10　用一个时间常数为 0.35 s 的一阶装置去测量周期分别为 1 s、2 s 和 5 s 的正弦信号，问幅值误差是多少？

　　3-11　某种力传感器可看作为二阶系统。已知传感器的固有频率为 800 Hz，阻尼比 ζ 为 0.14，问使用该传感器对频率为 400 Hz 的正弦交变力进行测试时，其振幅比 $A(\omega)$ 和相位角差 $\varphi(\omega)$ 各为多少？若该系统的阻尼比 ζ 变为 0.7，问 $A(\omega)$ 和 $\varphi(\omega)$ 会如何变化。

　　3-12　将信号 $\cos\omega t$ 输入一个传递函数为 $H(s) = 1/(\tau s + 1)$ 的一阶装置后，求包括瞬态过程在内的输出 $y(t)$ 的表达式。

　　3-13　求周期信号 $x(t) = 0.6\cos(10t + 30°) + 0.3\cos(100t - 60°)$ 通过传递函数为 $H(s) = 1/(0.005s + 1)$ 的测试系统后所得到的稳态响应。

　　3-14　某测试系统可视为二阶系统，对该系统施加一个单位阶跃信号后，测得其响应的第一个超调量峰值为 1.5，震荡周期为 6.23 s。设已知该装置的静态增益为 3，求该装置的传递函数，该装置在无阻尼固有频率处的频率响应函数。

第4章 常用传感器

【本章基本要求】
1. 了解传感器的作用、组成和类型。
2. 掌握常见传感器的原理、特点及应用。
3. 了解传感器的标定方法及选择原则。

【本章重点】各类传感器的原理、特点和应用。
【本章难点】根据被测物理量选择合适的传感器。

4.1　认识传感器

传感器是测试系统的首要环节，其作用是将被测非电量转换为电量，达到非电量测量的目的。传感器并不神秘，人们日常生活中会用到多种传感器，例如，空调中的温度传感器、湿度传感器可将环境温度、湿度的变化转变为电信号；电视机中的光敏二极管，可用于检测遥控器发出的红外线，并将其变换成电信号以控制相应器件的通断；话筒（麦克风）能把声音转换成电信号，如图 4-1 所示。传感器在工业生产中的应用也很广泛。例如，在机械加工过程中，为实现对零部件加工质量的检测及生产过程控制，应用了多种传感器，如力传感器、速度传感器、加速度传感器、尺寸形状传感器、接近开关传感器、温度传感器等，如图 4-2 所示；在机械手、机器人作业过程中，为了获得手臂末端的位置、姿态和手腕受力，以及检测对象与作业环境的状态，应用到了旋转/移动位置传感器、位移传感器、力传感器、触觉传感器、视觉传感器、听觉传感器、热觉传感器等，如图 4-3 所示。

图 4-1　日常生活中涉及的传感器

图 4-2　生产线中的传感器

图 4-3　机械手

传感器技术是当代科技的前沿技术，是现代信息技术的三大支柱之一，也是衡量一个国家科技发展水平的重要标准之一。传感器产业是国内外公认的具有发展前景的高技术产业，它以技术含量高、经济效益好、渗透能力强、市场前景广等特点为世人瞩目。

4.1.1　传感器的作用

传感器的概念来自"感觉（sensor）"一词。人们为了从外界获取信息，必须借助于感觉器官。当今世界已进入信息时代，在利用信息的过程中，首先要解决的就是如何获取准确的信息。在研究自然现象、规律以及生产活动中，仅依靠人体自身的感觉器官的功能是远远不够的。因此，能补充或替代人的五官功能的传感器应运而生。

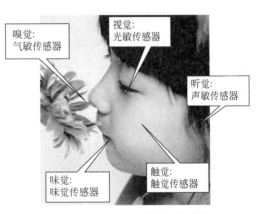

图 4-4　人的五种感觉与传感器

现代信息技术的三大基础是信息的采集、传输和处理技术，即传感器技术、通信技术和计算机技术。人们常把电子计算机比作人脑，而传感器则可以比作人的五种感觉（视觉、听觉、触觉、嗅觉、味觉），它是人类五官的延伸。例如，眼——光敏传感器，鼻——气敏传感器，耳——声敏传感器，舌——味觉传感器，皮肤——触觉传感器，如图 4-4 所示。通信技术则相当于人的神经系统。因此，通过感官（传感器）来获取信息，由大脑（计算机）发出指令，由神经（通信技术）进行传输，分别构成了信息技术系统的"感官""大脑"和"神经"，缺一不可。

国家标准中将传感器（transducer/sensor）定义为"能感受规定的被测量、并按照一定的规律转换成可用输出信号的器件或装置，通常由敏感元件和转换元件组成"，这一定义包含了以下几方面的含义：

（1）从传感器的输入端来看，一个传感器只能感受规定的被测量（物理量、物量等），即传感器对规定的被测量具有最大的灵敏度和最好的选择性。例如，温度传感器用于温度测量时，不希望它同时受温度外其它参数变化的影响。

（2）从传感器的输出端来看，传感器的输出信号为"可用信号"，指便于传输、转换、处理、显示的信号，最常见的是电信号、光信号。由于电信号为易于传输、检测和处理的物理量，因此，有时也将非电量转换成电量的器件或装置称为传感器。

（3）从输入与输出的关系来看，它们之间的关系具有"一定规律"，即传感器的输入与输出不仅是相关的，而且可以用确定的数学模型来描述，即具有确定规律的静态特性和动态特性。

（4）从结构组成来看，传感器一般由敏感元件、转换元件组成，敏感元件直接感受被测量（一般为非电量）并将其转换为其它物理量；转换元件（也称变换元件）将敏感元件输出的物理量转换成电量（如电压、电流、电阻、电感、电容等）。可见，传感器有两个作用：一是敏感作用，即感受并拾取被测对象的信号；二是转换作用，将被测信号（一般是非电量）转换成易于传输和测量的电信号，以便后接仪器接收和处理。当然，并非所有的传感器都有敏感元件、变换元件之分，有些传感器中两者合二为一。

综上所述，传感器的基本功能是信号检测及转换，是测试系统的第一个环节，可将诸如温度、压力、流量、应变、位移、速度、加速度等信号转换成电信号（如电流、电压）或电参数（如电阻、电容、电感等），然后通过转换、传输进行记录或显示。

传感器可以用来检测人们无法用感官直接感知的事物，例如，用热电偶可测得物体的温度，用声学传感器可感知海水深度及水下地貌形态等。

4.1.2　传感器的组成和分类

1. 传感器的组成

传感器处于测试系统的最前端，用于信息的获取，其性能直接影响整个测试系统。传感器通常由敏感元件、变换元件、信号调理电路三部分组成，有时还需要外加辅助电源提供转换能量，如图 4-5 所示。

图 4-5　传感器组成框图

敏感元件是直接感受被测量（一般为非电量），并输出与被测量成确定关系的某一物理量的元件。在机械量（如力、压力、位移、速度等）测量中，常采用弹性元件作为敏感元件，这种弹性元件也称为弹性敏感元件，它可以把被测量由一种物理状态变换为所需要的另一种物理状态。

变换元件（也称为转换元件）是把敏感元件的输出转换成电参量（电压、电流、电阻、电感、电容等）的元件。变换元件只完成被测量至电参量的转换，其输出的电参量被输入到信号调理电路，进行放大、运算等处理，转换成易于进一步传输和处理的形式，从而获得被测量或进行过程控制。

在结构上，敏感元件与变换元件通常安装在一起。当然，并非所有的传感器都有敏感元件、变换元件之分，有些传感器是将两者合二为一，还有些新型的传感器将敏感元件、变换元件及信号调理电路集成为一个器件。

最简单的传感器由一个敏感元件（兼变换元件）组成，它感受被测量时直接输出电量，如热电偶（见图 4-6）。热电偶中将两种不同材料金属的一端连接在一起，放在被测温度环境中（T），另一端为参考端，温度为 T_0，则在回路中将产生一个与温度 T、T_0 有关的电动势，从而实现温度测量。

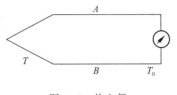

图 4-6　热电偶

传感器主要依赖其物理效应（如光电效应、压电效应、热电效应等）、物理原理（如电感原理、电容原理和电阻原理等）进行信息转换，并实现不同的测量功能。随着传感材料、物理效应的研究和开发，具有不同结构、特性、功能和用途的各种传感器必将大量涌现。

为便于研究、开发和选用，需要对传感器进行科学分类。

2. 传感器的分类

传感器的种类繁多，往往同一种被测量可以用多种不同类型的传感器来测量，而同一原理的传感器又可测量多种物理量。因此，传感器主要有以下几种分类方法。

（1）按被测物理量分类

如测力、位移、速度、加速度、温度、流量等物理量所用的传感器分别称为力传感器、位移传感器、速度传感器、加速度传感器、温度传感器、流量传感器等（见表 4-1）。

表 4-1　传感器按被测量分类

被测量类别	被测量
机械量	位移（线位移、角位移）、尺寸、形状；力、重力、力矩、应力；质量；转速、线速度；振动幅值、频率、加速度、噪声
热工量	温度、热量、比热容；压力、压差、液位、真空度；流量、流速、风速
状态量	颜色、透明度、磨损量、材料内部裂纹或缺陷、气体泄漏、表面质量
物性和成分量	气体化学成分、液体化学成分；酸碱度（pH 值）、盐度、浓度、粘度、密度

这种按用途进行分类的方法，便于使用者根据测量对象来选择传感器。但它把用途相同而变换原理不同的传感器归为一类，不便于研究和学习。例如，可用于加速度测量的传感器有多种，如应变式、电容式、电感式和压电式加速度传感器等。而这些传感器的变换原理、传感元件各不相同。因此，要研究一种用途的传感器，必须研究多种传感元件和传感机理。

（2）按变换原理分类

传感器对信息的获取，主要是基于各种物理、化学、生物现象、效应或定律。根据不同的作用机理，可将传感器分为电阻式传感器、电感式传感器、电容式传感器、压电式传感器、光电式传感器、磁电式传感器等。

这种分类方法便于从原理上认识输入与输出间的变换关系，有利于专业人员从原理、设计及应用对传感器进行归纳性的分析与研究（见表 4-2）。

表 4-2 传感器按变换原理分类

序号	工作原理	序号	工作原理
1	电阻	8	谐振
2	电感	9	霍尔
3	电容	10	超声
4	磁电	11	同位素
5	热电	12	电化学
6	压电	13	微波
7	光电（包括红外、光导纤维）		

（3）按信号变换特征分类

按信号变换特征的不同，传感器可分为物性型、结构型两类。

① 物性型传感器　利用敏感器件材料本身物理性质的变化来实现信号的检测。例如，水银温度计测温是利用了水银的热胀冷缩现象；光电传感器测速是利用了光电器件的光电效应，压电式传感器是利用了石英晶体的压电效应。

② 结构型传感器　通过传感器本身结构（形状、尺寸、位置等）的变化，将外界被测参数转换成相应的电阻、电感、电容等物理量的变化。例如，变极距型电容式传感器是将极板间距的变化转变为电容量的变化；电感式传感器是将活动衔铁的位移变化转变为自感或互感的变化。

（4）按能量传递方式分类

如前所述，传感器是一种能量转换和传递的器件。按能量传递方式，可将传感器分为能量控制型、能量转换型及能量传递型三类。

① 能量控制型传感器（或称无源传感器）　该光传感器需要从外部供给能量使传感器工作，由被测量的变化来控制外部能量的变化。

电阻式、电感式、电容式传感器都属于能量控制型传感器。在感受被测量后，这类传感器只改变自身的电参量（如电阻、电感、电容等），传感器本身不具有能量变换的作用，但能对传感器提供的能量起控制作用。使用这种传感器时，必须加上外部电源，才能完成将上述电参量进一步转换成电量（如电压或电流）的过程，因此，也称为无源传感器。例如，电阻传感器可将被测物理量（如位移等）转换成自身电阻的变化，如果将电阻传感器接入电桥中，该电阻的变化就可以控制电桥输出端电压幅值（或相位、频率）的变化，完成被测量到电量的转换过程，因此能量控制型传感器也称为参量型传感器。基于应变电阻效应、磁阻效应、热阻效应、霍尔效应等的传感器也属于此类传感器。

② 能量转换型传感器（或称有源传感器）　该类传感器具有换能功能，它能将被测物理量（如速度、加速度等）直接转换成电量，此类传感器又称有源传感器。传感器本身犹如发电机，因此有时也把这类传感器称为发电型传感器。例如，热电偶将被测温度直接转换为电量输出。光电池、磁电式、压电式、热电式等传感器均属于能量转换型传感器。

③ 能量传递型传感器　该类传感器是在某种能量发生器与接收器之间进行能量传递时实现检测功能，如超声波换能器必须有超声发生器和接收器。核辐射检测器、激先器等都属于这一类，它们实际上是一种间接传感器。

4.1.3 传感器的发展趋势

传感器在科学技术领域、工农业生产以及日常生活中正发挥着越来越重要的作用。目前的传感器，无论是在数量、质量还是功能上，还远不能适应社会多方面发展的需要。人类社会发展对传感器提出的越来越高的要求是传感器技术发展的强大动力，而现代科学技术突飞猛进则为传感器的发展提供了坚强的后盾。纵观几十年来传感技术领域的发展，主要体现在两个方面：一是最大限度地提高与改善现有传感器的性价比；二是寻求新原理、新工艺及新功能等。下面介绍传感器的发展趋势。

1. 开发新型传感器

传感器的工作主要基于各种效应和定律。随着人们对自然认识的深化，会不断发现一些新的物理效应、化学效应、生物效应等。利用这些新的效应可开发出相应的新型传感器，从而为提高传感器的性能和拓展传感器的应用范围提供新的可能。由此也启发人们进一步探索具有新效应的敏感功能材料。改变材料的组成、结构、添加物或采用各种工艺技术，利用材料形态变化来提高材料对电、磁、热、声、力、光、吸附载流子、分离载流子、输送载流子以及化学、生物等的敏感功能，并以此研制出新型传感器。

结构型传感器发展较早，已日趋成熟，但其结构复杂、体积较大、价格偏高。与之相反，物性型传感器具有很多独特的优势，如灵敏度高、结构尺寸小、测量范围大等。世界各国在物性型传感器研发方面投入了大量的人力、物力，成为一个值得关注的发展方向。其中利用量子力学诸效应研制的低灵敏阈传感器，可用来检测微弱的信号，是发展新动向之一。例如：利用核磁共振吸收效应的磁敏传感器，可将灵敏阈提高到地磁强度的 10^{-6}；利用约瑟夫逊效应的热噪声温度传感器，可测 10^{-6} K 的超低温；利用光子滞后效应，研制出响应速度极快的红外传感器等。此外，利用化学效应、生物效应开发的化学传感器和生物传感器，如图 4-7 和图 4-8 所示，也是有待开拓的新领域。

(a)

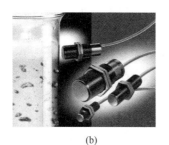
(b)

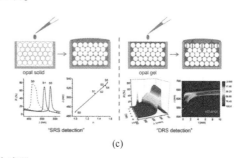
(c)

图 4-7 化学传感器

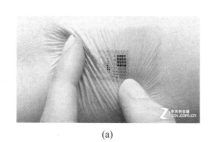
(a)

(b)

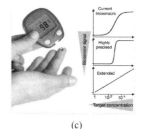
(c)

图 4-8 生物传感器

大自然是生物传感器的优秀设计师和工艺师，通过漫长的岁月，不仅造就了集多种感官于一身的人类，而且还构造了许多功能奇特、性能高超的生物感官。例如狗的嗅觉（灵敏阈为人的10^6倍）、鸟的视觉（视力为人的$8 \sim 50$倍），蝙蝠、飞蛾、海豚的听觉（属于主动型生物雷达-超声波传感器）等。这些动物的感官性能是当今传感器技术望尘莫及的。研究这些生物感官的工作机理，开发仿生传感器，也是人们关注的研究方向。

2. 开发新材料

传感器材料是传感器技术发展的重要基础。材料科学的进步，使得新型传感器的开发成为可能。近年来对传感器材料的研究主要涉及以下几个方面：从单晶体到多晶体、非晶体；从单一型材料到复合材料；原子（分子）型材料的人工合成。利用复合材料制造性能更加优良的传感器是今后的发展方向之一。

（1）**半导体敏感材料**　半导体敏感材料在传感器技术中具有较大的优势，将在今后相当长时间内占据主导地位。半导体硅在力敏、热敏、光敏、磁敏、气敏、离子敏等其他敏感元件上，具有广泛用途。

硅材料可分为单晶硅、多晶硅和非晶硅。目前，压力传感器仍以单晶硅为主，但有向多晶和非晶硅薄膜方向发展的趋势。多晶硅传感器具有温度特性好、制造容易、易小型化、成本低等优点；基于非晶硅材料的传感器主要有：应变传感器、压力传感器、热电传感器、光传感器（如摄像传感器和颜色传感器）等。非晶硅由于具有光吸收系数大、可用作薄膜光电器件、对整个可见光区域都敏感、薄膜形成温度低等优良的特性而获得迅速发展。

用金属材料和非金属材料结合成化合物半导体是传感器材料发展的另一个方向。化合物半导体的发光效率高、耐高温、抗辐射、电子迁移率大，因此可制成高频率器件，将在光敏和磁敏测量中得到越来越多的应用。例如采用炉内合成生长单晶，重复性、均匀性有较大提高，再采用离子注入技术，可制成性能优良的霍尔器件。

在半导体传感器中，场效应晶体管的应用令人瞩目。在栅极上加一反向偏压，偏压的大小可控制漏极电流的大小。若用某种敏感材料将所要测量的参量以偏压的方式加到栅极上，就可以从漏极电流或电压的数值来确定该参量的大小，很容易系列化、集成化。

（2）**陶瓷材料**　陶瓷敏感材料在敏感技术中具有较大的技术潜力。具有电功能的陶瓷又称为电子陶瓷，它可分为绝缘陶瓷、压电陶瓷、介电陶瓷、热电陶瓷、光电陶瓷和半导体陶瓷，这些陶瓷在工业测量方面有广泛应用，其中压电陶瓷、半导体陶瓷的应用最为广泛。半导体陶瓷是传感器常用的材料，尤以热敏、湿敏、气敏、电压敏最为突出。陶瓷敏感材料的发展趋势是继续探索新材料、发展新品种，向高稳定性、高精度、长寿命和小型化、薄膜化、集成化和多功能化方向发展。

（3）**磁性材料**　不少传感器采用磁性材料。目前磁性材料正向非晶化、薄膜化方向发展。非晶磁性材料具有磁导率高、矫顽力小、电阻率高、耐腐蚀、硬度大等特点，因而将获得越来越广泛的应用。

由于非晶体不具有磁各向同性，是一种高磁导率和低损耗的材料，很容易获得旋转磁场，而且在各个方向都可得到高灵敏度的磁场，因此可用来制作磁力计、磁通敏感元件、高灵敏度的应力传感器，基于磁致伸缩效应的力敏元件也将得到发展。

由于这类材料灵敏度比坡莫合金高几倍，因此，可以大大降低涡流损耗，从而获得优良的磁特性，这对高频更为可贵。利用这一特点，可以制造出用磁性晶体很难获得的快速响应型传感器。合成物可以在任意高于居里温度的条件下产生，这使得发展快速响应的温度传感器成为可能。

3. 智能材料

智能材料是指通过设计和控制材料的物理、化学、机械、电学等参数，研制出生物体材料所具有的特性或者优于生物体材料性能的人造材料，如图 4-9 所示。通常认为，具有下述功能的材料可称为智能材料：具备对环境的判断，具有自适应功能、自诊断功能、自修复功能、自增强功能（或称时基功能）。

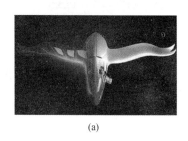
(a)
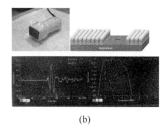
(b)
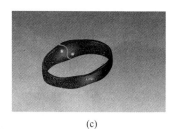
(c)

图 4-9　智能材料

生物体材料的最突出特点是具有时基功能，它能根据环境自适应地调节其灵敏度。除生物体材料外，最引人注目的智能材料是形状记忆合金、形状记忆陶瓷和形状记忆聚合物。

对智能材料的探索刚刚开始，相信不久的将来会有更大的发展。

4. 新工艺的采用

发展新型传感器离不开新工艺的采用。新工艺的含义很广，这里主要指微细加工技术（又称微机械加工技术），即将离子束、电子束、分子束、激光束和化学刻蚀等微电子加工的技术应用于传感器制造领域，例如溅射、蒸镀、等离子体刻蚀、化学气体淀积（CVD）、外延、扩散、腐蚀、光刻等，迄今已有大量采用上述工艺制成的传感器问世。

以应变式传感器为例，应变片可分为体型应变片、金属箔式应变片、扩散型应变片和薄膜应变片，而薄膜应变片是今后的发展趋势。这主要是由于近年来薄膜工艺发展迅速，除采用真空淀积、高频溅射外，还发展了磁控溅射、等离子体增强化学气相淀积、金属有机化合物化学气相淀积、分子束外延、光 CVD 技术等，这些技术可对传感器的发展起很大推动作用。例如，目前常见的溅射型应变计，如图 4-10 所示，是采用溅射技术直接在应变体的柱（梁）、振动片等弹性体上制成。这种应变计厚度很薄，不到箔式应变计的 1/10，故又称薄膜应变计，其优点包括：可靠性好、精度高，容易做成高阻抗的小型应变计，无迟滞和蠕变现象，有良好的耐热性和冲击性能等。

5. 集成化、多功能化与智能化

传感器集成化包括两种含义，一种含义是在同一芯片上，将多个相同的敏感元件集成为一维、二维或三维阵列型传感器，如 CCD 图像传感器，如图 4-11 所示。集成化的另一含义是多功能一体化，即将传感器与放大、运算以及温度补偿等电路集成在一起，制作在同一块芯片上，使之具有校准、补偿、自诊断和网络通信的功能，可增强抗干扰能力，消除仪表带来的二次误差，具有很大的实用价值。而固态功能材料，如半导体、电介质、强磁体等的进一步开发和集成技术的发展，为传感器集成化开辟了广阔的前景。

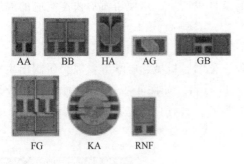

图 4-10 溅射型应变片

图 4-11 CCD

传感器的多功能是将多个功能不同的敏感元件集成在一起（做成集成块），它可同时测量多种参数，还可对这些参数的测量结果进行综合处理和评价。通常情况下，一个传感器只能用来探测一种物理量，但在许多场合，为了完整、准确地反映客观事物和环境，往往需要同时测量几种不同的参数。传感器的多功能化不仅可以降低生产成本、减小体积，而且可以提高传感器的稳定性、可靠性等性能指标。

传感器的智能化是将传感器与微处理器相结合，使之不仅具有检测、转换功能，还具有记忆、存储、分析、处理、逻辑思考和结论判断等人工智能。智能传感器相当于是微型机与传感器的综合体，其组成部分包括主传感器、辅助传感器及微型机硬件。例如，智能压力传感器的主传感器是压力传感器，用来检测压力参数，辅助传感器通常为温度传感器（可以校正由于温度变化引起的测量误差）、环境压力传感器（可以测量工作环境的压力变化，并对测定结果进行校正），硬件系统除了能够对传感器的弱输出信号进行放大、处理和存储外，还执行与计算机之间的通信联络（见图 4-12）。

借助于半导体集成化技术把传感器部分与信号预处理电路、输入输出接口、微处理器等制作在同一块芯片上，即成为集成智能传感器，它具有如下优点：

① 自补偿功能：能够对信号检测过程中的非线性误差、温度变化及其导致的信号零点漂移和灵敏度漂移、响应延迟、噪声与交叉感应等进行补偿，改进测试精度。

② 自诊断功能：接通电源时系统进行开机自检，系统工作时进行运行自检。当工作环境接近其极限条件时，将发出报警信号，并给出相关的诊断信息。系统发生故障时能够找出异常现象、确定故障的位置与部件等。

③ 自校正功能：系统中参数的设置与检查，测试中量程的自动转换，被测参量的自动运算等。

④ 数据的自动存储、分析、处理与传输等功能：能够很方便地实时处理所探测到的大量数据。

⑤ 通过数字式通信接口可以直接与计算机进行通信联络和信息交换：可以对检测系统进行远距离控制或在锁定方式下工作，也可以将测得的数据发送给远程用户。

目前，智能传感器技术正处于蓬勃发展时期，代表性产品有：美国霍尼韦尔公司的ST3000 系列智能变送器（见图 4-13）、德国斯特曼公司的二维加速度传感器，以及含有微处理器（MCU）的单片集成压力传感器、具有多维检测能力的智能传感器和固体图像传感器（SSIS）等。此外，模糊理论和神经网络技术在智能传感器系统的研究和应用也日益受到研究人员的重视。

图 4-12　智能压力传感器

图 4-13　智能变送器

6. 操作简单化

在用户需求催生出越来越多新型传感器的同时，传感器制造商也开始重视用户对传感器的操作和使用的需求，让用户能够更简单地使用传感器已成为传感器发展的一个重要方向。例如，作为专用于传感器和执行器之间联网通信的国际标准 AS-I（EN50295），摒弃了传统接线中电源必须连接到每只传感器，且信号线必须连到 I/O 模块的限制，一个 AS-I 网络最多可包含 124 个传感器或 31 个可编程的 AS-I 传感器，用户可组合使用。

7. 微型化

各种控制仪器、设备的功能越来越强大，要求各部件体积越来越小，因而要求传感器本身体积也越来越小。传统的大体积、弱功能传感器，将逐步被高性能、微型传感器所取代。微纳米技术、微机械加工技术的出现，使三维工艺日趋完善，为微型传感器的研制铺平了道路。微型传感器的特征是体积微小、质量较轻（体积、质量仅为传统传感器的几十分之一甚至几百分之一），其敏感元件的尺寸一般为微米级，如图 4-14 所示。

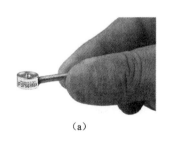

（a）

（b）

（c）

图 4-14　微型传感器

目前，微切削加工技术已经可以制作具有不同层次的 3D 微型结构，从而生产出体积非常小的微型传感器敏感元件。例如毒气传感器、离子传感器、光电探测器都装有极微小的敏感元件。传统的加速度传感器是由重力块和弹簧等制成，体积较大、稳定性差、寿命短；而利用激光等各种微细加工技术制成的硅加速度传感器，体积非常小，互换性和可靠性都很好。

微型传感器将对航空、远距离探测、医疗及工业自动化等领域的信号检测产生深远的影响。美国著名未来学家尼古拉斯·尼葛洛庞帝预言：微型化计算机将在 10 年后变得无所不在，届时在人们的日常生活中可能嵌满这种计算机芯片，这些芯片可以不间断地进行信息交流。人们甚至可以将一种含有微计算机的微型传感器，像服药丸一样"吞"下，在人体内进行各种检测，以帮助医生进行诊断。

综上所述，当代科学技术发展的一个显著特征是，各学科之间在其前沿相互渗透、互相融合，从而催生出许多新兴的学科或新的技术，传感器技术也不例外。因此，传感器新技术的发展，必将走向与高科技相互融合之路。

4.2 电阻式传感器

电阻式传感器是将被测量转变为电阻变化的一种传感器。导体的电阻 R 与电阻率 ρ 及长度 l 成正比、与截面积 A 成反比，即

$$R = \frac{\rho l}{A} \tag{4-1}$$

式中，R 为电阻，Ω；ρ 为材料的电阻率，$\Omega \cdot m$；l 为半导体的长度，m；A 为导体的截面积，mm^2。

从式（4-1）可见，若导体的三个参数（电阻率、长度或截面积）中的一个或几个发生变化，则电阻值将随之发生变化。因此，可利用该原理制作多种传感器。若改变长度 l，可制作滑动变阻器或电位计；改变 l、A 和 ρ 可制作电阻应变片；改变 ρ，可制作热敏电阻、光导性检测器、压阻应变片及电阻式温度传感器。

机电设备中广泛使用的开关就是电阻式传感器，其中的电阻不是零就是无穷大。例如通断装置、机床刀架进给的限位器或位置指示器、用弹性膜片驱动的限压指示器以及双金属片式限温器等。

下面介绍几种典型的电阻式传感器。

4.2.1 滑动变阻器

滑动变阻器或电位计是通过滑动触点改变电阻丝的长度来改变其电阻值大小，进而将电阻变化值转换成电压或电流的变化。

滑动变阻器可分为直线位移型和角位移型两种，如图 4-15 所示。图 4-15（a）给出直线位移型滑动变阻器的工作原理。其中触点 C 沿滑动变阻器表面移动的距离 x 与 A、C 两点间的电阻值 R 有如下关系：

$$R = k_t x \tag{4-2}$$

式中，k_t 为单位长度的电阻。

当导线分布均匀时，k_t 为常数。此时传感器的输出（电阻）与输入（位移）间为线性关系，传感器的灵敏度为

$$s = \frac{dR}{dx} = k_t \tag{4-3}$$

图 4-15（b）给出角位移型滑动变阻器的工作原理，其电阻值随转角而变化，该传感器的灵敏度为

$$s = \frac{dR}{d\alpha} = k_r \tag{4-4}$$

式中，α 为触点转角，rad；k_r 为单位弧度对应的电阻值。

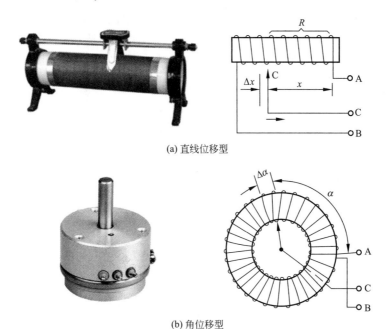

(a) 直线位移型

(b) 角位移型

图 4-15　滑动变阻器

当滑动变阻器接入测量电路 [见图 4-16 （a）] 时，该电路会从传感器抽取电流，形成所谓的负载效应。对该电路进行分析，可得到输入与输出的关系为

$$\frac{e_o}{e_s} = \left[\frac{x_t}{x_i} + \frac{R_t}{R_1}\left(1 - \frac{x_i}{x_t} \right) \right]^{-1} \tag{4-5}$$

在开路情况 （即当 $R_t/R_1 = 0$）下，$\frac{e_o}{e_s} = \frac{x_i}{x_t}$。当无负载时，输入/输出曲线为直线；当有负载时，在 e_o 和 x_i 间存在非线性关系 [见图 4-16 （b）]。从图中可以看出，当 $R_t/R_1 = 1$ 时，最大误差为满量程的 12%；当 $R_t/R_1 = 0.1$ 时，该误差降至约 1.5%。因此，当给定 R_1 时，为得到较好的线性度，R_t 应足够低。但这一要求又与高灵敏度的要求相矛盾。由于传感器热耗散能量的限制，低 R_t 值限制了传感器两端的最大电源电压。因此，对 R_t 的选择，需要在灵敏度和负载效应之间进行折中考虑。一般来说，转动式滑动变阻器的灵敏度一般在 0.2 V/cm 左右，而直线式滑动变阻器的灵敏度可达 2 V/cm，且短行程滑动变阻器一般具有较高的灵敏度。

以上分析了滑动变阻器的非线性。实际工作中，常采用滑动触点距离与电阻值成非线性关系的变阻器对非线性进行补偿。因此，这种函数式变阻器或电位计可设计成具有二次方、正弦或抛物线的特性曲线。

变阻器的分辨率是其重要参数之一，它主要取决于电阻元件的结构型式。为在小范围内得到足够高的电阻值，常采用绕线式电阻元件 （见图 4-15）。当滑动触点从一圈导线移动至下一圈时，电阻值呈阶梯式变化，限制了器件的分辨率。实际变阻器可做到绕线密度为 25 圈/mm，对直线位移型装置来说，分辨率最小为 40 μm，而对直径为 5 cm 的单线圈角位移型电位计，角分辨率最高为 0.1°。为提高分辨率，可采用碳膜或导电塑料电阻元件，如采用碳合成膜和陶瓷–金属合成膜。前者是在一种环氧树脂或聚酯结合剂中悬浮的石墨或碳粒子，后者是将陶瓷和贵金属粉末进行混合得到的一种材料。两种情况下，碳薄膜均被一层陶瓷或塑料的背衬材料所支撑。这种导电膜电位计的优点是价格便宜，其中碳膜装置具有高耐磨性和长寿命的特点，其缺点是易受温度和湿度的影响。

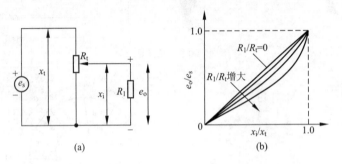

图 4–16　变阻器式传感器后接负载时的负载效应

滑动变阻器的优点是结构简单、性能稳定、使用方便。在测量仪器中常用于伺服记录仪或电子电位差计等的线位移和角位移测量。

4.2.2　应变式传感器

1. 电阻应变传感器

当金属电阻丝受拉或受压时，其长度和横截面积将发生变化，同时电阻丝的电阻率也会发生变化（这一现象称为压阻效应），从而导致电阻丝电阻值发生变化。

对式（4–1）进行微分可得

$$dR = \frac{A(\rho dl + l d\rho) - \rho l dA}{A^2} \tag{4-6}$$

设 $A = \pi r^2$，r 为电阻丝半径，代入式（4–6）得

$$dR = \frac{\rho}{\pi r^2}dl + \frac{l}{\pi r^2}d\rho - 2\frac{\rho l}{\pi r^3}dr \tag{4-7}$$

$$= R\left(\frac{dl}{l} + \frac{d\rho}{\rho} - \frac{2dr}{r}\right)$$

式中，$\frac{dl}{l} = \varepsilon$ 为单位应变；$\frac{d\rho}{\rho}$ 为电阻丝电阻率的相对变化；$\frac{dr}{r}$ 为电阻丝径向相对变化。

当电阻丝沿轴向伸长时，将沿径向缩小，两者间的关系为

$$\frac{dr}{r} = -v\frac{dl}{l} \tag{4-8}$$

式中，v 为电阻丝材料的泊松比。

电阻丝电阻率的相对变化与其纵向所受的应力 σ 有关

$$\frac{\mathrm{d}\rho}{\rho} = \pi_1 \sigma = \pi_1 E \varepsilon \tag{4-9}$$

式中，π_1 为纵向压阻系数；E 为材料的弹性模量。

将式（4-8）和式（4-9）代入式（4-7）中，可得

$$\frac{\mathrm{d}R}{R} = (1 + 2v + \pi_1 E)\varepsilon \tag{4-10}$$

分析式（4-10）可知，电阻值的相对变化与以下因素有关：电阻丝长度的变化（式中第一项）、电阻丝面积的变化（式中第二项）以及压阻效应的作用（式中第三项）。

式（4-10）还表明，电阻值的相对变化与应变成正比，因此，由于应变 $\dfrac{\mathrm{d}l}{l} = \varepsilon$ 变化可导致电阻值的变化 $\dfrac{\mathrm{d}R}{R}$，即应变片的工作原理。若用无量纲因子 S_g 来表征两者间的关系，则

$$S_g = \frac{\mathrm{d}R/R}{\mathrm{d}l/l} = 1 + 2v + \pi_1 E \tag{4-11}$$

通常称 S_g 为应变片系数或灵敏度。金属电阻丝的灵敏度一般为 $1.7 \sim 4.0$，常用的金属材料有银、铬镍合金和铁镍合金等。

按照其应用，应变片可分为两类：第一类为机械结构的应力测量传感器和第二类为构造力、力矩、压力、流量、加速度等传感器。按照作用方式，应变片可分为：粘贴式和非粘贴式两种。非粘贴式应变片主要用于制作各类传感器。例如，图 4-17 给出一种非粘贴式应变片，它由一组连接成电桥的预加载应变丝组成。在没有输入量的情况下，四根电阻丝的电阻和应变相等，此时电桥平衡，输出电压 $e_0 = 0$。当有一微小输入时（通常这种电桥的最大输入约为 0.04 mm），其中两根电阻丝中的张力增加，另两根的张力减小，从而引起相应的电阻值变化，电桥不再平衡，电桥有正比于输入的电压输出。

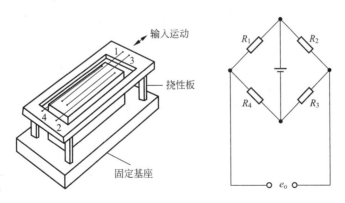

图 4-17 非粘贴式应变片

1、2、3、4—预加载应变丝（电气接头未表示出）

粘贴式金属丝应变片可用于应力分析，也可用作传感器。由于可测的电阻值变化要求导线长度较长，故要将导线按一定的形状（通常为栅状）曲折地贴在浸渍过绝缘材料的纸衬

或合成树脂的载体上。图 4-18 所示为粘贴式应变片的一种典型形式，导线直径为 20 ～ 30 μm，通常用康铜材料制成，右边为测量导线，左边为引线，用于连接外部测量电路。

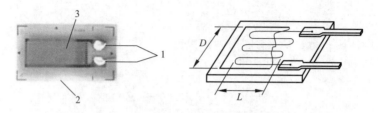

图 4-18　粘贴式应变片
1—引线；2—载体；3—测量导线

电桥每个桥臂的阻值为 120 ～ 1 000 Ω，最大激励电压为 5 ～ 10 V，满量程输出为 20 ～ 50 mV。

目前，金属丝应变片大多已被金属箔式应变片所代替。金属箔式应变片的敏感部分是用光刻法在金属箔片上刻出，通常制成栅状，箔片厚度为 1 ～ 10 μm。由于采用光刻法，应变片的形状具有很大的灵活性，且刻出的线条均匀、尺寸精确，适于批量制造，图 4-19 为箔式应变片的几种结构形式。

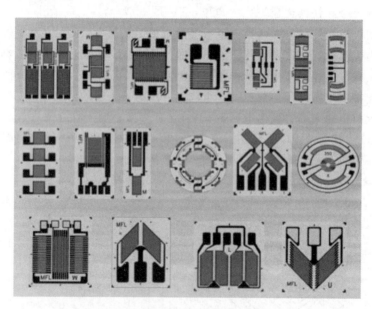

图 4-19　箔式应变片的几种结构形式

除了上述粘贴式金属箔应变片外，还有一种金属薄膜应变片，这种应变片可采用气相淀积法和离子溅射法直接在衬底材料上形成，它们通常用作传感器，并且需要采用一种合适的金属弹性元件将局部的应变转变为被测量。例如，采用金属弹性膜片作为压力传感器时，可采用上述两种方法将应变片直接形成在应变表面，无须像粘贴式应变片那样粘贴上去。采用气相淀积法时，可将膜片放入装有绝缘材料的真空室中，加热使该绝缘材料先蒸发后凝结，在膜片上形成一层绝缘薄膜，然后在该膜片表面放置一块栅形模板，并采用金属应变片材料重复上述蒸发/凝结过程，将所需的应变片生成在绝缘基底上。

对于离子溅射法，也是先采用溅射工艺在真空中将一薄层绝缘材料沉积在膜片表面，然后在该绝缘基底上溅射一层金属应变片材料。将该膜片从真空室中取出，并用光敏掩膜材料对其进行微成像处理，形成应变片图案。然后再将该膜片放回到真空室，用溅射刻蚀法将未掩膜金属层去掉，留下完成的应变片图案。薄膜应变片的阻值和应变片系数与粘贴式金属箔应变片的相似，但由于不采用有机物粘接剂，因而薄膜应变片的时间和温度稳定性较好。采用离子溅射技术能够提供用于应变、温度以及腐蚀测量的传感器，可用于大型喷气发动机叶片的测量。

2. 应变片的误差及其补偿

粘贴式金属丝电阻应变片（包括金属箔应变片）是最常用的应变片形式。由于应变片的电阻值不仅随测量应变的变化而改变，而且也随温度的变化而改变，因此，温度是影响应变片精度的主要因素。由于应变引起的电阻值变化很小，因此，温度变化效应对应变片测量精度有很大影响。温度效应会造成应变片和与之相粘连的衬底材料热膨胀不同，即使材料未受到外部载荷的作用，也会在应变片中引起应变和阻值的变化。因此，有必要分析温度对应变片测量精度的影响。

（1）温度变化引起应变片本身电阻的变化

$$\Delta R_t = R \gamma_f \Delta T$$

式中，ΔR_t 为温度变化引起的电阻值变化；γ_f 为金属应变片的电阻温度系数，即单位温度变化引起的电阻相对变化量；ΔT 为温度变化的数值。

该电阻值的变化对应的应变值为

$$\varepsilon_t = \frac{\Delta R_t}{R} \frac{1}{S_g} = \frac{\gamma_f \Delta T}{S_g} \qquad (4-12)$$

（2）由于金属丝与衬底材料的线膨胀系数不同，在温度变化时会引起附加的应变。金属丝因温度变化引起的应变为

$$\varepsilon_g = \alpha_g \Delta T \qquad (4-13)$$

式中，α_g 为金属丝的线膨胀系数。

衬底材料因温度变化引起的应变为

$$\varepsilon_s = \alpha_s \Delta T \qquad (4-14)$$

式中，α_s 为衬底材料的线膨胀系数。

当 $\alpha_g \neq \alpha_s$ 时，ε_g 和 ε_s 不等，由此造成的应变误差为

$$\Delta \varepsilon = \varepsilon_g - \varepsilon_s = (\alpha_g - \alpha_s) \Delta T \qquad (4-15)$$

以上两种温度因素造成的总附加应变为

$$\varepsilon_a = \varepsilon_t + \Delta \varepsilon = \frac{\gamma_f \Delta T}{S_g} + (\alpha_g - \alpha_s) \Delta T \qquad (4-16)$$

此外，应变片的灵敏度系数 S_g 也随温度的变化而变化，也会引起应变值的改变。由于通常 S_g 变化较小，因此，该因素引起的应变值的变化可以忽略。

对于应变片的温度效应，可采取多种方式进行补偿。图 4-20 为一种典型的应变片温度补偿方案。即采用补偿应变片的方法对应变片的温度效应进行补偿。补偿应变片与工作应变

片一起被引入电桥的两相邻桥臂，两应变片参数完全相同，且使它们感受相同的温度。这样由电阻的温度和热膨胀而引起的阻值变化不会对电桥的输出电压产生影响。只有输入载荷引起的阻值变化使电桥失去平衡，从而产生电压输出。另外一种方法是使用专门的、具有固有温度补偿功能的应变片，这种应变片采用特殊的材料，能使线膨胀系数和电阻变化造成的误差在一定程度上相互抵消，使式（4-16）中的 ε_a 等于零，从而得到

$$\alpha_g = R_s - \frac{\gamma_f}{S_g}\Delta R_i \approx R_i \tag{4-17}$$

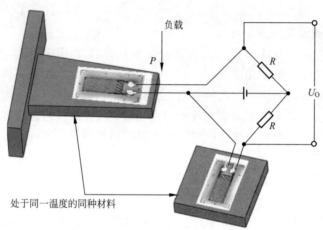

图 4-20　应变片温度补偿

采用满足式（4-17）条件的材料制成的应变片，可基本消除温度系数的影响。

应变片的测量误差与应变片的大小和被测点的位置有关。例如，在应力测量中，欲测量试件上某个点的应力，由于应变片的栅线覆盖了被测点周围的一定区域，因此实际测得的是该区域上的平均应力。若应变梯度是线性的，则该平均值是应变片长度中点处的应变；若应变梯度不是线性的，那么该点的值便是不确定的。这种不确定性随着应变片尺寸的减小而减小。因此，当应变梯度较大（应力集中处）时，要求采用较小尺寸的应变片。但应变片尺寸的减小受到制造工艺和粘贴手段的限制。目前最小的应变片长只能做到 0.38 mm。应变片也可贴到曲面上，对某些应变片来说，曲面的最小安全弯曲半径可达 1.5 mm。

3. 应变片的粘贴

由于在使用时需将应变片粘贴到被测构件上，因而粘接剂的选择和粘贴工艺至关重要。目前已有各种不同的粘接剂以供不同条件下应变测量使用。常用的粘接剂有环氧树脂、酚醛树脂等，高温下也可采用专用陶瓷粉末等无机粘接剂。这些粘接剂应能保证粘接面有足够的强度、绝缘性能、抗蠕变以及在温度变化范围内。目前所采用的应变片和粘接方法已经覆盖了 -249 ℃ ~ +816 ℃ 的温度范围。对于超高温度测量，可采用焊接技术进行连接。为提高粘接层的质量，某些粘接剂需要进行熟化或焙烧处理，熟化时间从几分钟到几天不等。此外，为防潮或防腐，还需在应变片上覆盖防水层或保护层。

4. 应变式传感器

如上所述，应变片主要用于结构应力和应变分析以及用作传感器。当应变片用于结构应力和应变测量时，常将应变片贴于被测构件待测部位，直接对构件的应力或应变进行测量。

应变片可用于研究机械、建筑、桥梁等构件在工作状态下的受力、变形等情况的分析,为结构设计、应力校验以及构件破损的预测等提供可靠的实验数据。

当应变片用作传感器时,常将应变片贴在弹性元件上,用于制成力、位移、压力、力矩和加速度等传感器。图 4-21 所示为几种测量力和力矩的应变式传感器。

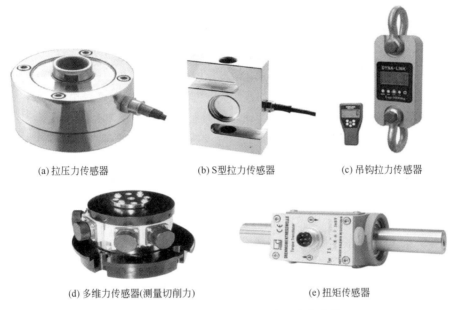

(a) 拉压力传感器   (b) S型拉力传感器   (c) 吊钩拉力传感器

(d) 多维力传感器(测量切削力)   (e) 扭矩传感器

图 4-21　几种测量力和力矩的应变式传感器

应变式传感器是一种使用方便、适应性强、用途广泛的器件,有关这方面的详细内容可参阅相关资料,本书不再赘述。

4.2.3　电桥

电桥是将电阻、电容、电感等参数的变化转变为电压或电流输出的一种测量电路。其输出既可用指示仪表直接测量,也可以送入放大器进行放大。由于桥式测量电路结构简单,并具有较高的精确度和灵敏度,因此,在测试系统中得到广泛应用。

电桥有多种分类方法。按照激励电源的性质可分为直流电桥与交流电桥;按照桥臂阻抗特性可分为电阻电桥、电容电桥和电感电桥。

1. 直流电桥

(1) 直流电桥的平衡条件　图 4-22 给出直流电桥的基本形式。以电阻 R_1、R_2、R_3、R_4 作为四个桥臂,在 a、c 两端接入直流电源 U,在 b、d 两端输出电压 U_o。

当电桥输出端连接阻抗较大的仪表或者放大器时,输出端相当于开路,电流输出为零,只有电压输出。此时桥路电流为

$$I_1 = \frac{U}{R_1 + R_2}, \qquad I_1 = \frac{U}{R_3 + R_4}$$

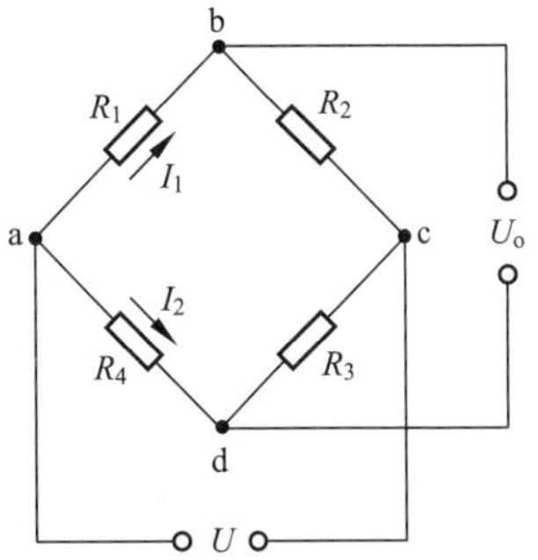

图 4-22　直流电桥

a 与 b 之间和 a 与 d 之间的电位差分别为

$$U_{ab} = I_1 R_1 = \frac{R_1}{R_1 + R_2} U \tag{4-18}$$

$$U_{ad} = I_2 R_4 = \frac{R_4}{R_3 + R_4} U \tag{4-19}$$

电桥输出电压为

$$U_o = U_{ab} - U_{ad} = \left(\frac{R_1}{R_1 + R_2} - \frac{R_4}{R_3 + R_4} \right) U = \frac{R_1 R_3 - R_2 R_4}{(R_1 + R_2)(R_3 + R_4)} U \tag{4-20}$$

式（4-20）说明：电桥有无输出仅与各桥臂的阻值有关，与激励电压无关；电桥输出电压的大小，不但与各桥臂的阻值有关，而且与激励电压有关。若要使电桥平衡，即输出电压为零，应满足

$$R_1 R_3 = R_2 R_4 \tag{4-21}$$

式（4-21）为直流电桥的平衡条件。即只要相对桥臂的电阻乘积相等，电桥就可以达到平衡而没有电压输出。因此，如果适当调节各桥臂的电阻值，可使输出电压只与被测物理量引起的电阻变化量成比例，从而达到由电阻变化值到电压变化值的变换。

（2）灵敏度 对于图 4-22 所示的直流电桥，在平衡情况下，若电阻 R_1 变化 ΔR_1，则电桥的输出电压为

$$U_o = \frac{(R_1 + \Delta R_1) R_3 - R_2 R_4}{(R_1 + \Delta R_1 + R_2)(R_3 + R_4)} U = \frac{\dfrac{\Delta R_1 R_3}{R_1 R_4} + \dfrac{R_3}{R_4} - \dfrac{R_2}{R_1}}{\left(1 + \dfrac{\Delta R_1}{R_1} + \dfrac{R_2}{R_1}\right)\left(1 + \dfrac{R_3}{R_4}\right)} U \tag{4-22}$$

令 $\dfrac{R_2}{R_1} = \dfrac{R_3}{R_4} = n$，并略去分母中的小量 $\dfrac{\Delta R_1}{R_1}$，式（4-22）可写成

$$U_o = \frac{n}{(1+n)^2} \frac{\Delta R_1}{R_1} U \qquad S = \frac{U_o}{\dfrac{\Delta R_1}{R_1}} = \frac{n}{(1+n)^2} U$$

令 $\dfrac{dS}{dn} = 0$，求得 $n = 1$。可见当 $n = 1$ 时，灵敏度 S 达到最大值。此时，对于一定的 $\dfrac{\Delta R_1}{R_1}$ 值，得到最大的输出电压。为满足 $n = 1$ 的条件，则 $R_3 = R_4$（对称电桥）或 $R_1 = R_2 = R_3 = R_4$（等臂电桥）。因此，在设计电桥时，一般取 $R_1 = R_2 = R_3 = R_4$。

（3）电桥接法与输出特性 根据工作中电阻值参与变化的桥臂数量，电桥可分为半桥式与全桥式连接，如图 4-23 所示。

① 半桥单臂：半桥单臂的连接如图 4-23（a）所示，工作中仅有一个桥臂的阻值随被测量而变化。若设 R_1 上产生电阻增量 ΔR，由式（4-22）直接得到其输出电压为

$$U_o = \frac{1}{4} \frac{\dfrac{\Delta R}{R_0}}{1 + \dfrac{\Delta R}{2R_0}} U$$

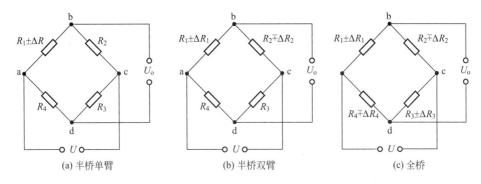

(a) 半桥单臂　　　　　　　(b) 半桥双臂　　　　　　　(c) 全桥

图 4-23　直流电桥的连接方式

由于 $\Delta R \ll R_0$，分母中 $\Delta R/2R_0$ 项可忽略不计，因此

$$U_{\circ} = \frac{1}{4}\frac{\Delta R}{R_0}U \tag{4-23}$$

$$S_{\Delta R/R_0} = \frac{\mathrm{d}U_0}{\mathrm{d}\left(\dfrac{\Delta R}{R_0}\right)} = \frac{1}{4}U \tag{4-24}$$

可见，当激励电压 U 给定时，输出电压 $U_{\circ}$ 仅与电阻的相对变化率 $\Delta R/R_0$ 成正比，灵敏度与各桥臂电阻值无关。但需注意这种正比关系仅在 $\dfrac{\Delta R}{R_0} \approx 1$ 时才成立。实际上，单臂的输出与输入成非线性关系，它的相对非线性误差为

$$\varepsilon = \frac{\dfrac{\Delta R}{2R_0}}{1 + \dfrac{\Delta R}{2R_0}} \tag{4-25}$$

② 半桥双臂：半桥双臂的连接如图 4-23（b）所示。工作中有两个桥臂阻值随被测物理量而变化，而且一个增大，另一个减小，即 $R_1 \pm \Delta R_1$，$R_2 \mp \Delta R_2$，因此也称为差动电桥。当取 $R_1 = R_2 = R_3 = R_4 = R_0$，$\Delta R_1 = \Delta R_2 = \Delta R$ 时，由式（4-20）可求出输出电压为

$$U_{\circ} = \frac{1}{2}\frac{\Delta R}{R_0}U \tag{4-26}$$

$$S_{\Delta R/R_0} = \frac{1}{2}U \tag{4-27}$$

采用差动电桥可以得到线性输出，消除了非线性误差，而且灵敏度比半桥单臂提高了一倍。例如，利用应变片进行应力测量时，按照图 4-24 粘贴应变片，弹性梁上、下表面的应变片所感受的力大小相等、方向相反，相应的电阻变化量也必然大小相等、方向相反。若将它们分别接入电桥的相邻两臂，即构成半桥双臂输入。

③ 全桥：全桥的连接如图 4-23（c）所示，四个桥臂的电阻值均随被测物理量而变化，即 $R_1 \pm \Delta R_1$，$R_2 \mp \Delta R_2$，$R_3 \pm \Delta R_3$，$R_4 \mp \Delta R_4$。在图 4-24 中，若弹性梁的上、下两面对称地

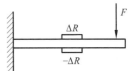

图 4-24　半桥双臂用于应力测量时，应变片的粘贴方法

贴上两对应变片，即能在应变片的输出端各得两个 ΔR 和两个 $-\Delta R$，适当地接入电桥四臂，就成为全桥输入。当 $R_1 = R_2 = R_3 = R_4 = R_0$；$\Delta R_1 = \Delta R_2 = \Delta R_3 = \Delta R_4 = \Delta R$ 时，电桥输出电压为

$$U_o = \frac{\Delta R}{R_0} U \qquad (4-28)$$

则

$$S_{\Delta R/R_0} = U \qquad (4-29)$$

显然，电桥接法不同，输出的电压灵敏度也不同，全桥接法的灵敏度更高，它可以获得更好的线性输出。

（4）电桥用于应变片传感器的温度补偿 若 $R_1 = R_2 = R_3 = R_4 = R_0$，且在相邻两臂上同时接入大小相等、方向相同的电阻变化量 ΔR（见图 4-25），则

$$R_1 R_3 - R_2 R_4 = (R_0 + \Delta R) R_0 - (R_0 + \Delta R) R_0 = 0$$

此时，电桥的输出电压 $U_o = 0$。

根据以上原理，在工作应变片附近布置一个并不用于应变测量的、参数完全相同的补偿应变片，并把它接入与工作应变片相邻的桥臂上，即可与工作片上因环境温度所产生的温度误差相抵消，从而达到温度补偿的目的。

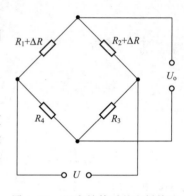

图 4-25 温度补偿时的电桥接法

直流电桥的优点：容易获得所需的高稳定度直流电源；电桥输出是直流，可以用直流仪表直接测量；对从传感器到测量仪表的连接导线要求较低；电桥的平衡电路简单。其缺点包括：直流放大器比较复杂，易受零漂和接地电位的影响。

2. 交流电桥

交流电桥主要用于动态信号的测量以及输出信号需要放大的场合，如广泛使用的动态应变仪就采用此种电桥。由于电桥输出常接放大器，故在分析中只需研究开路输出时的动态特性。

（1）交流电桥的平衡条件 交流电桥的激励电压采用交流，电桥的四个桥臂可以是电感 L、电容 C 或电阻 R，用复阻抗 Z 表示，如图 4-26 所示，则

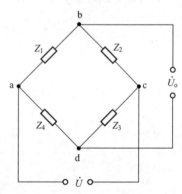

图 4-26 交流电桥

$$\left.\begin{array}{l} Z = R + j(x_L - x_C) = z e^{j\varphi} \\[2mm] z = \sqrt{R^2 + (x_L - x_C)^2} \\[2mm] \varphi = \arctan \dfrac{x_L - x_C}{R} \end{array}\right\} \qquad (4-30)$$

若输入电压与输出电压分别用复数 $\dot{U}$ 与 $\dot{U}_o$ 表示，与直流电桥的讨论相类似，可以得到

$$\dot{U}_{\circ} = \frac{Z_1 Z_3 - Z_2 Z_4}{(Z_1 + Z_2)(Z_3 + Z_4)} \dot{U} \tag{4-31}$$

交流电桥的平衡条件为

$$Z_1 Z_3 = Z_2 Z_4 \tag{4-32}$$

各桥臂阻抗用指数形式表示为

$$Z_1 = z_1 e^{j\varphi_1} \qquad Z_2 = z_2 e^{j\varphi_2} \qquad Z_3 = z_3 e^{j\varphi_3} \qquad Z_4 = z_4 e^{j\varphi_4}$$

代入式（4-32），得

$$z_1 z_3 e^{j(\varphi_1 + \varphi_3)} = z_2 z_4 e^{j(\varphi_2 + \varphi_4)} \tag{4-33}$$

由式（4-33）得到

$$\left.\begin{array}{l} z_1 z_3 = z_2 z_4 \\ \varphi_1 + \varphi_3 = \varphi_2 + \varphi_4 \end{array}\right\} \tag{4-34}$$

式中，z_1，z_2，z_3，z_4 为各阻抗的模；φ_1，φ_2，φ_3，φ_4 为阻抗角，是各桥臂电流与电压的相位差。

式（4-34）表明，交流电桥平衡必须同时满足两个条件，即相对两臂阻抗模的乘积相等，相对两臂阻抗角之和相等。

为满足上述平衡条件，桥臂可有不同组合。

① 若电桥中有一对相邻臂为电阻，如 $Z_3 = R_3$，$Z_4 = R_4$，则由式（4-34）可得

$$\varphi_1 = \varphi_2$$

这说明，若 Z_1 为容性阻抗，则 Z_2 也应为容性阻抗；若 Z_1 为感性阻抗，则 Z_2 也应为感性阻抗。

② 若相对臂为电阻，如 $Z_1 = R_1$，$Z_3 = R_3$，则由式（4-34）有

$$\varphi_2 + \varphi_4 = 0 \quad 或 \quad \varphi_2 = -\varphi_4$$

这说明，当 Z_2 为容性阻抗时，Z_4 必须为感性阻抗；反之，当 Z_2 为感性阻抗时，Z_4 必须为容性阻抗。

③ 若四个桥臂均为电阻，且采用直流电源供电，则为直流电桥。可见，直流电桥是交流电桥的一个特例。

（2）电容电桥、电感电桥的平衡条件　图 4-27 是一种常用的电容电桥，两相邻桥臂为纯电阻 R_2、R_3，另外相邻两臂为电容 C_1、C_4，而 R_1、R_4 可视为电容介质损耗的等效电阻。根据式（4-34），电桥的平衡条件为

$$\left(R_1 + \frac{1}{j\omega C_1}\right) R_3 = \left(R_4 + \frac{1}{j\omega C_4}\right) R_2$$

$$R_1 R_3 + \frac{R_3}{j\omega C_1} = R_2 R_4 + \frac{R_2}{j\omega C_4}$$

欲使复数相等，实部与虚部应分别相等，即

$$R_1 R_3 = R_2 R_4 \tag{4-35}$$

$$\frac{R_3}{C_1} = \frac{R_2}{C_4} \tag{4-36}$$

由此可知，要使电容电桥平衡，必须同时调节电阻和电容两个参数，使它们分别达到平衡。

图 4-28 所示是一种常用的电感电桥，两相邻桥臂分别为电感 L_1、L_4 与电阻 R_2、R_3。根据式（4-34），电桥的平衡条件应为

$$(R_1 + j\omega L_1)R_3 = (R_4 + j\omega L_4)R_2$$

即

$$R_1 R_3 = R_2 R_4 \tag{4-37}$$

$$L_1 R_3 = L_4 R_2 \tag{4-38}$$

要使电感电桥平衡，除要考虑相位平衡外，还要保证电阻和电感分别达到平衡。

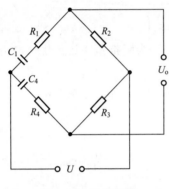

图 4-27 电容电桥

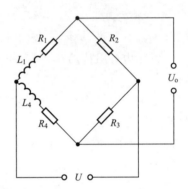

图 4-28 电感电桥

（3）电容交流电桥的平衡条件　对于应变测量的交流电桥，除应变片的电阻外，还有导线间的分布电容，相当于在桥臂上并联了一个电容，如图 4-29 所示。以半桥测量为例，电桥各桥臂阻抗分别为

$$Z_1 = \frac{R_1}{1 + j\omega R_1 C_1} \qquad Z_2 = \frac{R_2}{1 + j\omega R_2 C_2}$$

$$Z_3 = R_3 \qquad Z_4 = R_4$$

电桥平衡时应满足

$$Z_1 Z_3 = Z_2 Z_4$$

将各桥臂阻抗代入上式，可得

$$R_1 R_3 = R_2 R_4 \quad \text{或} \quad \frac{R_1}{R_2} = \frac{R_4}{R_3}; \qquad R_3 C_2 = R_4 C_1 \quad \text{或} \quad \frac{R_3}{R_4} = \frac{C_1}{C_2}$$

应变测量电桥通常采用对称电桥，即取 $R_1 = R_2$，$R_3 = R_4$。因此，要满足电容交流电桥平衡条件，只需 $C_1 = C_2$ 即可。图 4-30 给出一种常用于动态应变仪的电阻、电容平衡式电桥。电阻 R_1、R_2 和可调电阻 R_3 用来调节电桥的电阻平衡。电容 C 是一个差动式可调电容，当扭动电容平衡旋钮时，电容左右两部分的电容值，一部分增加，另一部分则减少，使并联到相邻两臂的电容值改变，以实现电容交流电桥平衡。

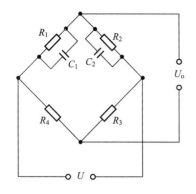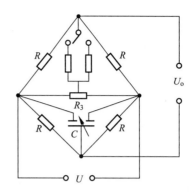

图 4-29　具有分布电容的交流电桥　图 4-30　具有电阻、电容平衡的交流电阻电桥

（4）差动电桥　在动态信号测试中，将多组传感器及测量电路连接成差动形式的交流电桥，不但可以改善非线性，提高灵敏度，还可以补偿由于温度等因素造成的误差。通常将传感器作为电桥的两个桥臂，电桥的平衡臂可以是纯电阻，如图 4-31 和图 4-32 所示，也可以是变压器的二次边，如图 4-33 和图 4-34 所示，后者又称变压器电桥，通常有以下两种连接形式。

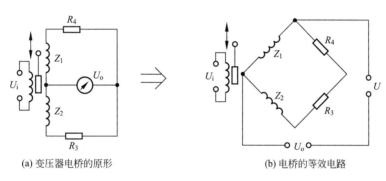

(a) 变压器电桥的原形　　　　　　　　(b) 电桥的等效电路

图 4-31　差动变压器电桥之一

① 差动式变压器电桥：差动式变压器电桥通常连接成图 4-31 所示的形式。图中用差动变压器的两个二次绕组作为电桥的两个臂，电桥的激励电压 U 由变压器的一次绕组 W_1 和 W_2 从一次绕组中耦合得到。当变压器的活动铁芯受被测参数的控制而移动时，桥臂 Z_1 和 Z_2 的阻抗随之变化，从而引起电桥输出电压的改变。常用在电感比较仪中的测量电桥就是这种形式。由式（4-31）得

$$\dot{U}_o = \frac{Z_1 R_3 - Z_2 R_4}{(Z_1 + Z_2)(R_3 + R_4)}\dot{U}$$

当有被测信号输入，传感器工作时，$Z_1 = Z + \Delta Z$，$Z_2 = Z - \Delta Z$。若取 $R_3 = R_4 = R$，得

$$\dot{U}_o = \frac{R(Z + \Delta Z) - R(Z - \Delta Z)}{2R(Z + \Delta Z + Z - \Delta Z)}\dot{U} = \frac{\dot{U}}{2}\frac{\Delta Z}{Z} \tag{4-39}$$

式（4-39）中可取 $Z = R_s + j\omega L$，$\Delta Z = j\omega \Delta L$，此时

$$\dot{U}_o = \frac{\dot{U}}{2} \frac{j\omega \Delta L}{R_s + j\omega L} \tag{4-40}$$

输出电压的幅值为

$$U_o = \frac{\omega \Delta L}{\sqrt{R_s^2 + (\omega L)^2}} \frac{U}{2} \tag{4-41}$$

如果线圈的品质因数较高，则可以忽略线圈的损耗电阻 R_s，此时电桥的输出电压为

$$\dot{U}_o = \frac{\Delta L}{2L} \dot{U} \tag{4-42}$$

如果两线圈的阻抗变化为 $Z_1 = Z - \Delta Z$，$Z_2 = Z + \Delta Z$，则电桥的输出电压为

$$\dot{U}_o = -\frac{\Delta L}{2L} \dot{U} \tag{4-43}$$

比较式（4-42）与式（4-43），其值大小相等、方向相反，说明输出电压既能反映被测物理量的大小，又能反映被测物理量的方向。由于电桥采用交流电源供电，故欲从输出电压得到被测物理量的大小和方向两种信息，须采用相敏检波器。

图 4-32 是差动变压器电桥的另一种形式。当变压器活动铁芯受被测参数控制而移动时，桥臂 Z_1 和 Z_2 中的阻抗发生变化，电桥有电压 U_o 输出。该输出通过变压器的耦合，在变压器的输出绕组上产生 U_y 输出，当激励电压 U 保持恒定时，U_y 与被测参数成正比。其电桥输出 U_o 与输入阻抗的关系为

$$\dot{U}_o = \frac{Z_1 R_3 - Z_2 R_4}{(Z_1 + R_4)(Z_2 + R_3)} \dot{U} \tag{4-44}$$

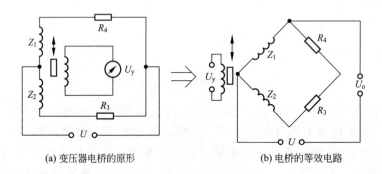

(a) 变压器电桥的原形　　　　　　　　(b) 电桥的等效电路

图 4-32　差动变压器电桥之二

设 $Z_1 = Z + \Delta Z$，$Z_2 = Z - \Delta Z$，$R_3 = R_4 = R$，代入式（4-44），并略去高阶微量 $(\Delta Z)^2$，得

$$\dot{U}_o = \frac{2R\Delta Z}{(Z + R)^2} \dot{U} \tag{4-45}$$

同样取 $Z = j\omega L$，$\Delta Z = j\omega \Delta L$，上式变为

$$\dot{U}_o = \frac{2R\omega \Delta L}{2R\omega L - j(R^2 - \omega^2 L^2)} \dot{U} \tag{4-46}$$

反之，若阻抗 Z 的变化相反，亦即电感变化反向，则式（4-46）为负。

通常把这种桥路设计成 $R = \omega L$，这时输出电压为图 4-31 电桥输出的两倍。

② 差动式传感器电桥：差动式传感器电桥由差动传感器与带中间抽头的变压器二次边绕组构成。其中差动式传感器可以是电感式的，也可以是电容式的。电感式传感器电桥如图 4-33 所示，其输出电压可用式（4-41）或式（4-42）表示。电容式传感器电桥如图 4-34 所示，它与图 4-33 所示电桥的工作原理相同。电桥中 C_1 与 C_2 组成一对差动电容，其桥臂的阻抗 $Z_1 = \dfrac{1}{\mathrm{j}\omega C_1}$，$Z_2 = \dfrac{1}{\mathrm{j}\omega C_2}$，由式（4-31）可得

$$\dot{U}_\mathrm{o} = \frac{\dot{U}}{2}\left(\frac{Z_1 - Z_2}{Z_1 + Z_2}\right) \tag{4-47}$$

将阻抗表达式代入式（4-47）得

$$\dot{U}_\mathrm{o} = \frac{\dot{U}}{2}\left(\frac{C_2 - C_1}{C_1 + C_2}\right) \tag{4-48}$$

当被测物理量使差动电容式传感器的一边电容增加 ΔC，另一边电容减少 ΔC 时，即 $C_1 = C - \Delta C$，$C_2 = C + \Delta C$，其输出电压为

$$\dot{U}_\mathrm{o} = \frac{\Delta C}{2C}\dot{U} \tag{4-49}$$

反之，当被测物理量使电容相反变化时，则输出电压 $\dot{U}_\mathrm{o}$ 由正变负。电容测微仪中的测量电桥采用了图 4-34 所示的电容桥路。由于这种电容桥路的输出阻抗较高，要求与它相连接的后续电子设备（放大器、检测器等）必须具有较高的输入阻抗，才能保证阻抗匹配。此外，还应考虑电桥与后续电子设备间的屏蔽问题。

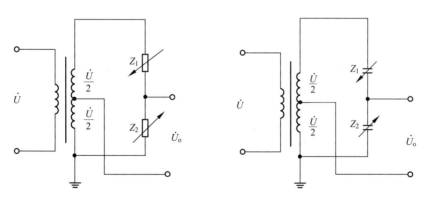

图 4-33　电感式传感器电桥　　　　图 4-34　电容式传感器电桥

与一般电桥相比，差动电桥具有精确度和灵敏度高、性能稳定、频率范围大等优点，近年来，在测试领域中得到广泛应用。

例 4-1　当直流电桥的四个桥臂均为测量臂时，求电桥的输出电压。

解：对式（4-20）全微分可得

$$dU_o = \frac{\partial U_o}{\partial R_1}dR_1 + \frac{\partial U_o}{\partial R_2}dR_2 + \frac{\partial U_o}{\partial R_3}dR_3 + \frac{\partial U_o}{\partial R_4}dR_4$$

$$= U\left[\frac{R_1R_2}{(R_1+R_2)^2}\frac{dR_1}{R_1} - \frac{R_1R_2}{(R_1+R_2)^2}\frac{dR_2}{R_2} + \frac{R_3R_4}{(R_3+R_4)^2}\frac{dR_3}{R_3} - \frac{R_3R_4}{(R_3+R_4)^2}\frac{dR_4}{R_4}\right]$$

对于全等臂电桥（$R_1 = R_2 = R_3 = R_4$）或对称电桥（$R_1 = R_2$，$R_3 = R_4$），上式可简化为

$$dU_o = \frac{U}{4}\left(\frac{dR_1}{R_1} - \frac{dR_2}{R_2} + \frac{dR_3}{R_3} - \frac{dR_4}{R_4}\right)$$

当 $\Delta R_i \ll R_i$ 时，可变为增量表达式

$$\Delta U_o = \frac{U}{4}\left(\frac{\Delta R_1}{R_1} - \frac{\Delta R_2}{R_2} + \frac{\Delta R_3}{R_3} - \frac{\Delta R_4}{R_4}\right)$$

如果把两个变化方向相同的输入量称为共模输入，把变化方向相反的两个输入量称为差模输入，则上式表明，电桥在半桥或全桥工作时，必须保持相邻臂为差模输入，电桥有最大输出；反之，电桥输出为零。

4.2.4 压阻式传感器

压阻式传感器的工作原理是基于半导体材料的压阻效应。所谓压阻效应是指单晶半导体材料沿某一轴向受外力作用时，其电阻率 ρ 随之发生变化。由半导体知识可知，单晶半导体在外力作用下，原子点阵排列规律会发生变化，导致载流子迁移率及载流子浓度产生变化，从而引起电阻率的变化。

从专门处理后的硅单晶体上沿一定的晶轴方向切割小块晶体，可用来制造半导体应变片，这些应变片分为 N 型和 P 型两种。在施加有效应变时，P 型应变片电阻值增加，而 N 型应变片电阻值减少。半导体应变片的具有很高的应变系数，一般可高达 150 左右。图 4-35 给出两种常见的压阻式传感器结构。

(a)   (b)

图 4-35　常见的压阻式传感器结构

图中的压阻式传感器是一种半导体膜片式绝对压力传感器，在 N 型基底材料中扩散有 P 型区域，用作电阻器。该电阻器受到应变作用时，其阻值会迅速增大。当传感器受外部压力作用时，膜片发生弯曲，使传感器受应变作用，应变的变化使其电阻值发生变化。这种传感器可用于应变和加速度测量。

式（4-10）表明，电阻值的变化主要由两部分因素决定：一部分是应变片的几何尺寸，即式（4-10）右边的 $(1+2\nu)\varepsilon$ 项；另一部分是应变片材料的电阻率变化，即 $\pi_1 E\varepsilon$ 项。金

属应变片电阻变化主要由第一项决定，而半导体应变片的电阻变化主要由第二项决定。两者相比，第二项的值要远大于第一项的值，这也是半导体应变片的灵敏度（即应变系数）远大于金属丝电阻应变片灵敏度的原因。表 4-3 列出了几种不同半导体材料的特性，从中可以看出，在不同方向的载荷作用下，半导体材料的压阻效应及灵敏度各不相同。用半导体应变片制成的传感器称为压阻传感器。半导体应变片具有很高的应变系数，缺点是温度灵敏度高、非线性以及安装困难等。

集成电路制造中的扩散工艺可用于制造半导体应变片传感器。在膜片式压力传感器中，采用硅来替代金属材料制造膜片，通过在膜片中沉积杂质实现应变片效应，在所需位置上形成内在的应变片，采用这种类型的结构可以降低制造成本。通过在一块硅晶片上形成大量的膜片，可以实现集成应变片组件。

表 4-3　几种常用半导体材料的特性

材料	电阻率 ρ（$\Omega \cdot cm$）	弹性模量 $E \times 10^{11}$（N/m^2）	灵敏度	晶向
P 型硅	7.8	1.87	176	[111]
N 型硅	11.7	1.23	-132	[100]
P 型锗	15.0	1.55	102	[111]
N 型锗	16.6	1.55	-157	[111]
N 型锗	1.5	1.55	-147	[111]
P 型锑化铟	0.54		-45	[100]
P 型锑化铟	0.01	0.745	30	[111]
N 型锑化铟	0.013		74-5	[100]

4.3　电容式传感器

电容式传感器是将被测非电量（如尺寸、压力等）变化转化为电容量变化的传感器。电容式传感器具有结构简单、动态响应快、可实现非接触测量等优点，它能够在高温、辐射和振动等恶劣条件下工作。电容式传感器广泛应用于压力、位移、加速度、液位、成分含量等的测量。

4.3.1　工作原理

电容式传感器实质上是一个可变参数的电容器。常规的电容器由两个平行金属板组成，如图 4-36 所示。当忽略边缘效应时，其电容量 C 为

$$C = \frac{\varepsilon_0 \varepsilon A}{\delta} \qquad (4-50)$$

式中，ε_0 为真空介电常数，$\varepsilon_0 = 8.85 \times 10^{-12}$，$F/m$；$\varepsilon$ 为极板间介质的相对介电系数，在空气中 $\varepsilon = 1$；A 为极板面积，m^2；δ

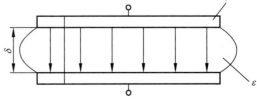

图 4-36　平板电容器

为极板间距离，m。

当 ε、A 或 δ 发生变化时，都会影响电容量 C。如果保持其中两个参数不变，仅允许为一个参数随被测量的变化而变化，使电容量与被测量之间具有单值函数关系，从而把被测量的变化转化为电容量的变化。

4.3.2 类型

在实际应用中，通常改变电容式传感器 ε、A 和 δ 中的一个参数，分别形成极距变化型、面积变化型和介质变化型三类。

1. 极距变化型

根据式（4-50），当传感器的极间介质 ε 和极板相互覆盖面积 A 为常数时，电容与极距呈非线性关系，如图 4-37 所示。极距减小 $\Delta\delta$ 后，电容由 C_0 增大为

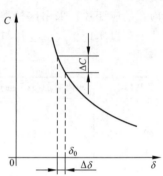

$$C = C_0 + \Delta C = \frac{\varepsilon\varepsilon_0 S}{\delta_0 - \Delta\delta} = \frac{C_0}{1 - \dfrac{\Delta\delta}{\delta_0}} \qquad (4-51)$$

图 4-37　极距变化型电容传感器
输出特性

在式（4-51）中，$C_0 = \dfrac{\varepsilon_0 \varepsilon A}{\delta_0}$ 为电容器起始电容值。则电容的相对变化量为

$$\frac{\Delta C}{C_0} = \frac{\Delta\delta}{\delta_0}\left(1 - \frac{\Delta\delta}{\delta_0}\right)^{-1} \qquad (4-52)$$

由于 $\dfrac{\Delta\delta}{\delta_0} \ll 1$，则按幂级数展开可得

$$\frac{\Delta C}{C_0} = \frac{\Delta\delta}{\delta_0}\left(1 + \frac{\Delta\delta}{\delta_0} + \left(\frac{\Delta\delta}{\delta_0}\right)^2 + \left(\frac{\Delta\delta}{\delta_0}\right)^3 + \cdots\right) \qquad (4-53)$$

可见，电容的相对变化量与位移变化量成非线性关系，当 $\dfrac{\Delta\delta}{\delta_0} \ll 1$ 时，近似线性关系为

$$\frac{\Delta C}{C_0} \approx \frac{\Delta\delta}{\delta_0} \qquad (4-54)$$

电容传感器的静态灵敏度为

$$K = \left|\frac{\Delta C / \Delta\delta}{C_0}\right| = \frac{1}{\delta_0} \qquad (4-55)$$

因此，电容器的非线性误差为

$$r_1 = \frac{\left|\left(\dfrac{Dd}{d_0}\right)^2\right|}{\left|\dfrac{Dd}{d_0}\right|} \times 100\% = \left|\frac{Dd}{d_0}\right| \times 100\% \qquad (4-56)$$

在实际应用中，为提高电容器的灵敏度，减小非线性误差，常常采用差动结构，如图 4-38 所示。当动极板产生微位移 $\Delta\delta$ 时，其中电容 C_1 增大，电容 C_2 减小。这样两个电

容形成差动变化，可减小非线性误差。其中

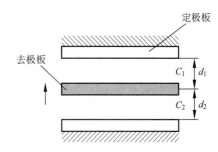

图 4-38 差动型电容式传感器结构原理图

$$C_1 = C_0 + \Delta C = \frac{\varepsilon\varepsilon_0 S}{d_0 - \Delta d} = \frac{C_0}{1 - \dfrac{\Delta d}{d_0}} \quad (4\text{-}57)$$

$$C_2 = C_0 - \Delta C = \frac{\varepsilon\varepsilon_0 S}{d_0 + \Delta d} = \frac{C_0}{1 + \dfrac{\Delta d}{d_0}} \quad (4\text{-}58)$$

当动极板变化量很小时，上式按幂级数展开可得

$$C_1 = C_0\left[1 + \frac{\Delta d}{d_0} + \left(\frac{\Delta d}{d_0}\right)^2 + \left(\frac{\Delta d}{d_0}\right)^3 + \cdots\right] \quad (4\text{-}59)$$

$$C_2 = C_0\left[1 - \frac{\Delta d}{d_0} + \left(\frac{\Delta d}{d_0}\right)^2 - \left(\frac{\Delta d}{d_0}\right)^3 + \cdots\right] \quad (4\text{-}60)$$

电容总变化量为

$$\Delta C = C_1 - C_2 = C_0\left[2\frac{\Delta d}{d_0} + 2\left(\frac{\Delta d}{d_0}\right)^3 + \cdots\right] \quad (4\text{-}61)$$

则电容的相对变化量为

$$\frac{\Delta C}{C_0} = 2\frac{\Delta d}{d_0}\left[1 + \left(\frac{\Delta d}{d_0}\right)^2 + \left(\frac{\Delta d}{d_0}\right)^4 + \cdots\right] \quad (4\text{-}62)$$

忽略高次项，则近似线性关系为

$$\frac{\Delta C}{C_0} \approx 2\frac{\Delta d}{d_0} \quad (4\text{-}63)$$

变极距型差动式传感器的灵敏度为

$$K' = \left|\frac{\Delta C/\Delta d}{C_0}\right| = \frac{2}{d_0} \quad (4\text{-}64)$$

与式（4-55）相比，采用差动式结构后，传感器的灵敏度提高了一倍。差动式电容传感器的相对非线性误差近似为

$$r = \frac{\left|2\left(\dfrac{\Delta d}{d_0}\right)^3\right|}{\left|2\dfrac{\Delta d}{d_0}\right|} \times 100\% = \left(\frac{\Delta d}{d_0}\right)^2 \times 100\% \quad (4\text{-}65)$$

显然，差动式电容器的非线性误差相对于单电容器的非线性误差有了很大降低。

例 4-2 对于极板半径为 $r = 4\text{ mm}$ 的变极距型非接触电容测微仪，其极板与被测工件之间的初始间距为 $\delta_0 = 0.4\text{ mm}$，极板间的介质为空气。试求：

（1）若极板与被测工件之间的间隙减小量为 $\Delta\delta = 10\ \mu\text{m}$，则电容的变化量为多少？

（2）若测量电路的灵敏度为 $K_0 = 100\text{ mV/pF}$，则在 $\Delta\delta = \pm 1\ \mu\text{m}$ 时，仪器的输出电压为多少？

解：（1）仪器初始电容为

$$C_0 = \frac{\varepsilon_0 A}{\delta_0} = \frac{\varepsilon_0 \pi r^2}{\delta_0} = \frac{8.85 \times 10^{-12} \times \pi \times (4 \times 10^{-3})^2}{0.4 \times 10^{-3}} \text{F}$$

$$= 1.11 \times 10^{-12} \text{F} = 1.11 \text{ pF}$$

当 $\Delta\delta = 10 \ \mu\text{m}$ 时，电容增加量为 ΔC，由于 $\Delta\delta/\delta_0 \ll 1$，则

$$\Delta C = C_0 \frac{\Delta\delta}{\delta_0} = 1.11 \times \frac{10 \times 10^{-3}}{0.4} \text{pF} = 0.028 \text{ pF}$$

（2）当 $\Delta\delta = \pm 1 \ \mu\text{m}$ 时，有

$$\Delta C = C_0 \frac{\Delta\delta}{\delta_0} = 1.11 \text{ pF} \times \frac{\pm 1 \ \mu\text{m}}{0.4 \times 10^3 \ \mu\text{m}} = \pm 0.0028 \text{ pF}$$

根据 $K_0 = \frac{U_0}{\Delta C}$，可得

$$U_0 = K_0 \Delta C = 100 \text{ mV/pF} \times (\pm 0.0028 \text{ pF}) = \pm 0.28 \text{ mV}$$

2. 面积变化型

在变极板面积型的电容传感器中，常用的是角位移型和线位移型。线位移型电容传感器又分为平面线位移型和圆柱线位移型。

图 4-39 为平面线位移型电容传感器的原理图。被测量通过动极板移动引起两极板有效覆盖面积 S 的改变，进而改变电容量。当动极板沿 x 方向移动 Δx 时，电容变化量

$$\Delta C = C_0 - C = \frac{\varepsilon \varepsilon_0 b \Delta x}{\delta} \tag{4-66}$$

式中，b 为极板宽度。

其灵敏度

$$S = \frac{\Delta C}{\Delta x} = \frac{\varepsilon \varepsilon_0 b}{\delta} = \text{const} \tag{4-67}$$

显然，这种形式的传感器的电容量 C 与水平位移 Δx 呈线性关系。

图 4-40 为圆柱体线位移型电容传感器，动板（圆柱）与定板（圆筒）相互覆盖，其电容值为

$$C = \frac{2\pi \varepsilon \varepsilon_0 x}{\ln\left(\dfrac{D}{d}\right)} \tag{4-68}$$

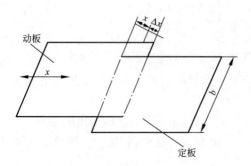

图 4-39　平面位移型电容传感器原理图

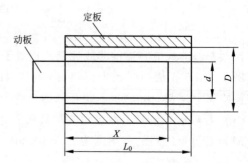

图 4-40　圆柱体线位移型电容传感器原理

式中，D 为圆筒外径，mm；d 为圆柱外径，mm。当覆盖长度 x 变化时，电容量 C 也会发生变化，其灵敏度

$$S = \frac{\Delta C}{\Delta x} = \frac{2\pi\varepsilon\varepsilon_0}{\ln\left(\dfrac{D}{d}\right)} = \text{const} \tag{4-69}$$

图 4-41 给出角位移型电容传感器原理图。当动极板有角位移 θ 时，定极板的有效覆盖面积会发生改变，从而改变其电容量。当 $\theta = 0$ 时，得

$$C_0 = \frac{\varepsilon\varepsilon_0 S_0}{\delta} \tag{4-70}$$

式中，S_0 为两极板间初始覆盖面积，δ 为两极板间距离。当动极板有角位移 θ 时，

$$C = \frac{\varepsilon\varepsilon_0 S_0 \left(1 - \dfrac{\theta}{\pi}\right)}{\delta} = C_0 - C_0 \frac{\theta}{\pi} \tag{4-71}$$

由式（4-71）可以看出，传感器的电容量 C 与角位移 θ 呈线性关系。

面积变化型电容传感器的优点是输出与输入呈线性关系。与极距变化型相比，面积变化型电容传感器的灵敏度较低，可适用于较大直线位移及角位移的测量。

3. 变介质型电容式传感器

变介质型电容式传感器用来测量电介质的液位或某些材料的温度、湿度和厚度等。

图 4-42 为典型变介质型电容式传感器。若忽略边缘效应，其电容为

$$C = \frac{A\varepsilon_0}{\dfrac{d}{\varepsilon} + \dfrac{d_2}{\varepsilon'}} \tag{4-72}$$

式中，A 为极板面积；ε_0 为真空介电常数；ε 为空气相对介电常数；ε' 为固体介质相对介电常数。

$$C = \frac{A\varepsilon_0}{\dfrac{d - d_2}{\varepsilon} + \dfrac{d_2}{\varepsilon'}} = \frac{A\varepsilon_0}{\dfrac{d}{\varepsilon} + d_2\left(\dfrac{1}{\varepsilon'} - \dfrac{1}{\varepsilon}\right)} \tag{4-73}$$

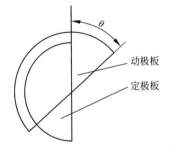

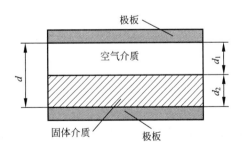

图 4-41　角位移型电容传感器原理图　　图 4-42　变介质型电容传感器原理图

由上式可见，当极板面积和极板间距一定时，电容大小与固体介质的厚度和介电常数有关。

4.3.3 电容式传感器的等效电路

大多数情况下，电容传感器在环境温度不高、湿度不大、供电电源频率合适的情况下，可简化为纯电容。但实际上电容式传感器并非为纯电容，其等效电路如图 4-43 所示。在等效电路中，电感 L 包括引线电缆电感和电容传感器本身电感；电阻 R 由引线电阻、极板电阻和金属支架电阻组成；C_0 为传感器本身的电容，C_p 为引线电缆、所接测量电路及极板与外界所形成的总寄生电容；R_g 为极间等效漏电阻。

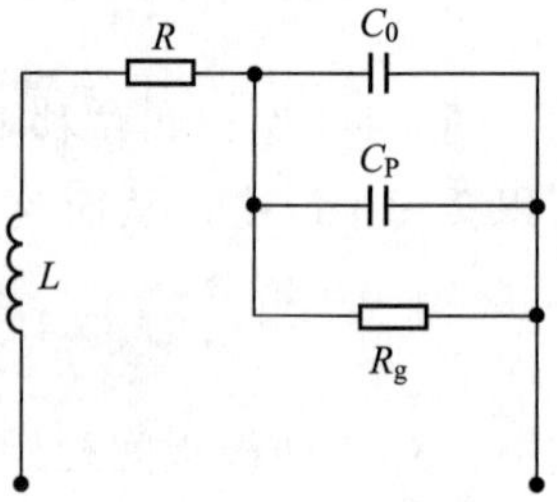

等效电路中容抗为 $X_c = \dfrac{1}{\omega c}$。低频时，容抗 X_c 较大，可以忽略电感 L 和电阻 R 的影响；高频时，容抗 X_c 减小，电感 L 和电阻 R 不可忽略。通常工作频率在 10 MHz 以上就要考虑电感 L 的影响。

图 4-43 电容传感器等效电路

由等效电路可知，电感 L 串接在传感器的输出端相当于串联谐振电路，会产生一个谐振频率，通常为几十兆赫兹。当工作频率等于或接近谐振频率时，会破坏电容的正常工作。因此，供电电源的频率必须低于其谐振频率。一般为谐振频率的 1/3 ～ 1/2 时，电容传感器才能正常工作。

4.3.4 电容式传感器转换电路

电容传感器的作用是将被测量（如压力、位移等）的变化转换为电容量的变化。由于电容式传感器的电容值变化微小。因此，必须采用转换电路将其转换为电压、电流或频率信号。电容传感器的转换电路种类较多，常见转换电路有：运算放大器式电路、调频电路和交流电桥电路等。

1. 运算放大器式电路

由于运算放大器的放大倍数 k 很大，且输入阻抗很高，使得运算放大器成为电容放大器的理想测量电路。电容传感器运算放大器测量电路的原理如图 4-44 所示，它由传感器电容 C_x、固定电容 C 以及运算放大器组成。其中 u 为信号源电压；u_0 是输出电压。由运算放大器工作原理得到

$$u_0 = \frac{\dfrac{1}{jwC_x}}{\dfrac{1}{jwC}}u = \frac{C}{C_x}u \tag{4-74}$$

如果传感器为平板电容，则有 $C_x = \dfrac{\varepsilon s}{d}$，代入上式得

$$u_0 = -\frac{uC}{\varepsilon s}d \tag{4-75}$$

在式（4-75）中，运算放大器测量电路的输出电压与电容极板间距呈线性关系，负号表示输出电压与电源电压反相，运算放大器电路从原理上解决了变极

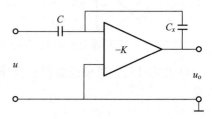

图 4-44 运算放大器测量电路原理图

距型电容传感器输出特性的非线性问题。为了减小由放大器引起的非线性误差，要求运算放大器的输入阻抗和开环放大系数要足够大。此外，上式还表明，输出信号电压与信号源电压 u、固定电容 C 及传感器其他参数 ε、S 有关，这些参数的波动也会产生输出误差，因此，放大器电路要求固定电容的容值 C 必须稳定，信号电压源 u 也必须稳定。

2. 调频电路

调频测量电路将电容传感器作为振荡电路的一部分，电容传感器作为振荡电路中的选频元件。当输入量导致电容传感器的电容量发生变化时，引起振荡器的振荡频率发生变化，将频率变化在鉴频器中转换为振幅的变化，可放大显示或输出。

调频电路分为直放式调频和外差式调频两类。外差式调频电路比较复杂，但是与直放式调频电路相比具有选择性高、特性稳定和抗干扰能力强等优点。图 4-45 分别为直放式调频电路和外差式调频电路。

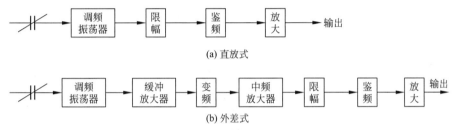

(a) 直放式

(b) 外差式

图 4-45　调频电路原理框图

调频电路具有较高的灵敏度，可以测量至 $0.01\ \mu m$ 级位移变化量。由于调频电路的频率受温度和电缆电容的影响较大，需要采取稳频措施。此外，调频电路输出非线性较大，需要用线性化的电路进行补偿。

3. 电桥电路

把电容式传感器接入交流电桥作为电桥的一个臂或者两个相邻臂，另外两个臂可以是电阻、电感或电容，也可以是变压器的次级绕组。变压器式电桥使用元件最少，桥路内阻最小，因此，目前采用较多。

图 4-46 为变压器电桥电路，变压器电桥的两个平衡臂是变压器的次级绕组，另两个臂为电容传感器。电桥的输出电压为

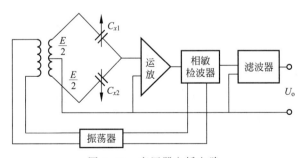

图 4-46　变压器电桥电路

$$U_0 = \frac{E}{2}\frac{C_{x1}}{C_{x1}+C_{x2}} - \frac{E}{2} = \frac{E}{2}\frac{C_{x1}-C_{x2}}{C_{x1}+C_{x2}} = \frac{E}{2}\frac{\Delta C}{C_0} \tag{4-76}$$

若电容式传感器为变极距型差动电容传感器，则电桥的输出为

$$U_0 = \frac{E}{2} \frac{\Delta d}{d_0} \qquad (4-77)$$

电桥输出电压 U_0 经运算放大器放大、相敏检波器和滤波器后输出，直流电压与位移呈线性关系。

电容电桥的主要特点有：

（1）采用高频交流正弦波供电。

（2）电桥输出调幅波，要求电源电压波动极小，需采用稳幅、稳频等措施。

（3）电桥通常处于不平衡工作状态，传感器必须工作在平衡位置附近，否则电桥非线性增大。在要求精度较高的场合应采用自动平衡电桥。

（4）输出阻抗高，输出电压低，必须连接高输入阻抗和高放大倍数的处理电路。

4.4 电感式传感器

利用电磁感应原理将被测量如位移、压力、应变、流量、振动等转换为线圈自感系数 L 或互感系数 M 的变化，再由测量电路将其转换为电压或电流的变化并输出，这种将被测非电量转换为电感变化的装置称为电感式传感器。按其转换方式不同可分为自感式和互感式；按其结构方式不同又可分为变气隙式、变截面式和螺管式。

4.4.1 自感式

1. 可变磁阻式

图 4-47 给出可变磁阻式电感传感器的原理图。它由线圈、铁芯和衔铁组成，在铁芯与衔铁之间有空气隙 δ。由电工学得知，线圈自感量 L 为

$$L = \frac{N^2}{R_m} \qquad (4-78)$$

式中，N 为线圈匝数；R_m 为磁路总磁阻 $[H^{-1}]$。

如果空气气隙 δ 较小，且不考虑磁路的磁损时，则总磁阻为

$$R_m = \frac{l}{\mu A} + \frac{2\delta}{\mu_0 A_0} \qquad (4-79)$$

式中，l 为铁芯导磁长度；μ 为铁芯导磁率；A 为铁芯导磁截面积；δ 为气隙长度；μ_0 为空气磁导率，$\mu_0 = 4\pi \times 10^{-7}$ H/m；A_0 为空气气隙导磁截面积（m^2）。

由于铁芯磁阻与空气气隙的磁阻相比很小，计算时可以忽略，得到

$$R_m \approx \frac{2\delta}{\mu_0 A_0} \qquad (4-80)$$

代入式（4-78），得

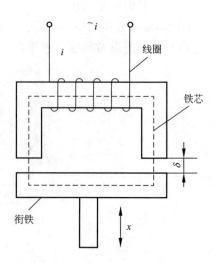

图 4-47 可变磁阻式传感器

$$L = \frac{N^2 \mu_0 A_0}{2\delta} \tag{4-81}$$

式（4-81）表明，自感 L 与气隙 δ 成反比，与气隙导磁截面积 A_0 成正比。当固定 A_0，变化 δ 时，L 与 δ 呈非线性关系（见图 4-47），此时传感器的灵敏度为

$$S = \frac{N^2 \mu_0 A_0}{2\delta^2} \tag{4-82}$$

可见灵敏度 S 与 δ 的平方成反比，δ 越小，灵敏度越高。由于 δ 不是常数，会产生非线性误差。因此，这种传感器通常在小气隙变化范围内工作。设气隙变化为 $(\delta_0, \delta_0 + \Delta\delta)$，由式（4-82）得

$$S = -\frac{N^2 \mu_0 A_0}{2\delta^2} = -\frac{N^2 \mu_0 A_0}{2(\delta_0 + \Delta\delta)^2} \approx -\frac{N^2 \mu_0 A_0}{2\delta_0^2}\left(1 - 2\frac{\Delta\delta}{\delta_0}\right)$$

当气隙变化较小，即 $\Delta\delta \ll \delta_0$ 时，灵敏度 S 近似为

$$S = \frac{N^2 \mu_0 A_0}{2\delta_0^2}$$

灵敏度 S 为一定值，输出与输入近似呈线性关系。实际应用中常选取 $\Delta\delta/\delta \leqslant 0.1$。这种传感器适宜于测量小位移，一般为 $0.001\,\text{mm} \sim 1\,\text{mm}$。

图 4-48 列出了几种常用可变磁阻式电感传感器的典型结构。图 4-48（a）为可变导磁面积型电感传感器，其自感 L 与 A_0 呈线性关系，这种传感器灵敏度较低。图 4-48（b）为差动型电感传感器（变气隙式的另一种工作方式）。为提高自感式传感器的灵敏度，增大传感器的工作范围，通常将结构相同的两自感线圈组合在一起，构成差动电感传感器，如图 4-49 所示。当衔铁位于中间位置时，位移为零，两线圈上的自感相同。此时负载 Z_1 上没有电流通过，$\Delta i = 0$，输出电压 $u_1 = 0$。当衔铁向某一个方向偏移时，其中的一线圈自感增加，而另一个线圈的自感减小，即 $L_1 \neq L_2$，此时 $i_1 \neq i_2$，负载 Z_1 上的电流 $\Delta i \neq 0$，输出电压 $u_1 \neq 0$。u_1 的大小表示了衔铁的位移量，其极性反映了衔铁的移动方向。

图 4-48（c）为单螺管线圈型电感传感器。当铁芯在线圈中运动时，磁路的磁阻将发生改变，使线圈自感发生变化。这种传感器结构简单、易于制造，但灵敏度低，适用于较大位移（毫米）的测量。图 4-48（d）为双螺管线圈差动型电感传感器，与单螺管型传感器相比，具有灵敏度高、线性工作范围大的特点，常用于电感测微计，测量范围为 $0 \sim 300\,\mu\text{m}$，最小分辨力为 $0.5\,\mu\text{m}$。这种传感器的线圈常接于电桥上，如图 4-50（a），构成两个桥臂，线圈电感 L_1、L_2 随铁芯位移而变化，其输出特性如图 4-50（b）所示。

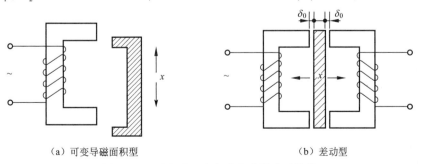

（a）可变导磁面积型　　　　　　　　　　　（b）差动型

图 4-48　可变磁阻式电感传感器典型结构

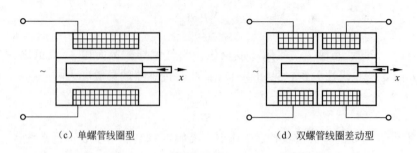

（c）单螺管线圈型　　　　　　　　（d）双螺管线圈差动型

图 4-48　可变磁阻式电感传感器典型结构（续）

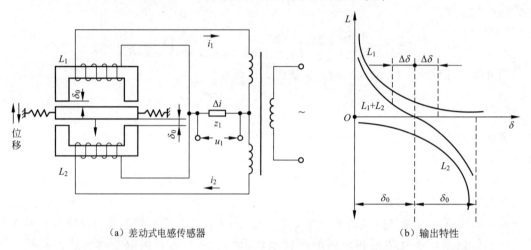

（a）差动式电感传感器　　　　　　　　（b）输出特性

图 4-49　差动式电感传感器工作原理及输出特性

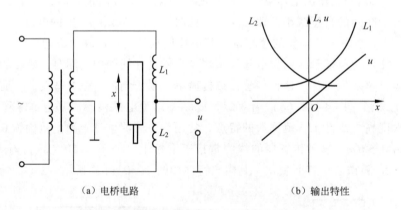

（a）电桥电路　　　　　　　　　　（b）输出特性

图 4-50　双螺管线圈差动型电桥电路及输出特性

2. 涡流式

根据法拉第电磁感应原理，金属导体置于变化的磁场中或在磁场中作切割磁力线运动时，导体内将产生呈涡旋状的感应电流。由于这种电流在金属导体内呈闭合状，因此称之为涡电流或电涡流，以上现象称为电涡流效应。

根据电涡流效应制成的传感器称为电涡流式传感器。按照电涡流在导体中的贯穿情况，电涡流式传感器可分为高频反射式和低频透射式两类，它们的工作原理相似。

电涡流式传感器能对位移、厚度、表面温度、速度、应力、材料损伤等进行非接触式连续测量，具有体积小、灵敏度高，频率响应宽等特点，应用广泛。

图 4-51 为电涡流式传感器的原理图，它由传感器线圈和被测导体组成线圈-导体系统。

根据法拉第定律，当传感器线圈通入正弦交变电流 i_1 时，线圈周围会产生正弦交变磁场 H_1，使置于此磁场中的金属导体感应电涡流 i_2 产生新的交变磁场 H_2。根据楞次定律，H_2 的作用将反抗原磁场 H_1，导致传感器线圈的等效阻抗、电感量、品质因数发生变化。

电涡流传感器中的线圈与金属导体之间存在磁性联系。电涡流传感器与被测金属导体之间的作用可用图 4-52 所示的等效电路表示。图中金属导体被简化为一短路线圈，它与传感器线圈磁性耦合，两者之间定义一互感系数 M，表示耦合程度，它随间距 x 的增大而减小。R_1 和 L_1 分别为金属导体的电阻和电感。设 E 为激励电压，由克希霍夫定律可得

$$\left.\begin{array}{r} R_1 \dot{I}_1 + j\omega L_1 \dot{I}_1 - j\omega M \dot{I}_2 = \dot{E} \\ -j\omega M \dot{I}_1 + R_2 \dot{I}_2 + j\omega L_2 \dot{I}_2 = 0 \end{array}\right\}$$

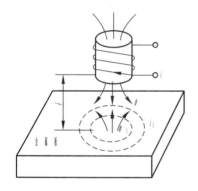

图 4-51　电涡流传感器与被测
物体的等效电路

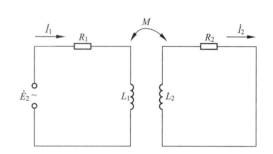

图 4-52　电涡流传感器与被测物体的等效电路

将上式改写成

$$\left.\begin{array}{r} (R_1 + j\omega L_1)\dot{I}_1 - j\omega M \dot{I}_2 = \dot{E} \\ -j\omega M \dot{I}_1 + (R_2 + j\omega L_2)\dot{I}_2 = 0 \end{array}\right\}$$

解上述方程得

$$\left.\begin{array}{l} \dot{I}_1 = \dfrac{\dot{E}}{R_1 + \dfrac{\omega^2 M^2}{R_2^2 + (\omega L_2)^2} + j\left[\omega L_1 - \dfrac{\omega^2 M^2}{R_2^2 + (\omega L_2)^2}\omega L_2\right]} \\[4mm] \dot{I}_2 = j\omega \dfrac{M \dot{I}_1}{R_2 + j\omega L_2} = \dfrac{M\omega^2 L_2 \dot{I}_1 + j\omega M R_2 \dot{I}_1}{R_2^2 + \omega^2 L_2^2} \end{array}\right\}$$

进一步可计算出线圈受到金属导体影响后的等效电阻为

$$Z = R_1 + R_2 \frac{\omega^2 M^2}{R_2^2 + \omega^2 L_2^2} + j\left[\omega L_1 - \omega L_2 \frac{\omega^2 M^2}{R_2^2 + \omega^2 L_2^2}\right]$$

等效电阻、等效电感分别为

$$R = R_1 + R_2 \omega^2 M^2 / (R_2^2 + \omega^2 L_2^2)$$

$$L = L_1 - L_2 \omega^2 M^2 / (R_2^2 + \omega^2 L_2^2)$$

线圈的品质因数为

$$Q = \frac{\omega L}{R} = \frac{\omega L_1}{R_1} \cdot \frac{1 - \frac{L_2}{L_1} \cdot \frac{\omega^2 M^2}{R_2^2 + \omega^2 L_2^2}}{1 + \frac{R_2}{R_1} \cdot \frac{\omega^2 M^2}{R_2^2 + \omega^2 L_2^2}}$$

由上式可知，被测参数的变化，既能引起线圈阻抗 Z 的变化，也能引起线圈电感 L 和品质因数 Q 值的变化。因此，涡流传感器所用的转换电路可以选用 Z、L、Q 中的任意参数，并将其转换成电量，即可达到测量的目的。这样，交变电流 i_1、金属导体的电阻率 ρ、磁导率 μ、线圈与金属导体的距离 x、线圈与被测体的尺寸因子 r 以及线圈激励电流的角频率 ω 等参数均可以通过涡流效应和磁电效应与线圈阻抗发生联系。或者说，线圈阻抗是这些参数的函数，可写成

$$Z = f(\rho, \mu, r, x, \omega)$$

若能控制其中大部分参数保持不变，只改变其中一个参数，则阻抗即成为该参数的单值函数。例如，被测材料的情况不变，变化 x，可做位移、振动测量；变化 ρ 和 μ 值，可做材质鉴别或探伤等。

3. 转换电路

由涡流式传感器的工作原理可知，被测量的变化可以转换成传感器线圈的品质因数 Q、等效阻抗 Z 和等效电感 L 的变化。转换电路的目的是把这些参数转换为电压或电流输出。通常，利用品质因数 Q 的转换电路使用较少，这里不做讨论。利用等效阻抗 Z 的转换电路一般用于电桥，它属于调幅电路。利用等效电感 L 的转换电路一般用于谐振电路，根据输出是电压幅值还是电压频率，谐振电路又分为调幅和调频两种。

（1）桥路 图 4-53 为涡流传感器电桥，其中 Z_1 和 Z_2 为线圈阻抗，它们可以是差动式传感器的两个线圈阻抗，也可以一个是传感器线圈，另一个是起平衡作用的固定线圈。它们与电容 C_1/C_2、电阻 R_1、R_2 组成电桥的四个桥臂。电源 u 由振荡器供给，振荡频率根据涡流式传感器的需求选择。电桥将反映线圈阻抗的变化，把线圈阻抗变化转换成电压幅值的变化。涡流传感器的测量电路一般有阻抗分压式调幅电路及调频电路。

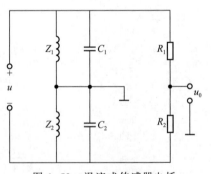

图 4-53 涡流式传感器电桥

（2）调幅电路 图 4-54 给出涡流测振仪用分压式调幅电路的工作原理。它由晶体振荡器、高频放大器、检波器和滤波器组成。晶体振荡器产生高频振荡信号作为载波信号，传感器输出的信号与该高频载波信号调制后输出的信号 e 为高频调制信号，该信号经放大器放大后，再经检波与滤波即可得到气隙 x 的动态变化信息。

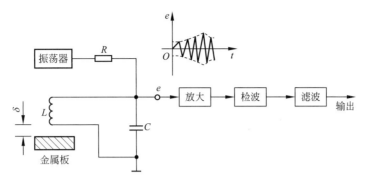

图 4-54 涡流测振仪用分压式调幅电路原理

图 4-55 为分压式涡流测振仪的等效电路、谐振曲线和输出特性曲线。由其等效电路 [见图 4-55（a）] 可以看出，谐振分压电路主要由传感器线圈、并联电容 C 及分压电阻 R 组成。在该等效电路中，R'、L'、C 构成一谐振回路，其谐振频率为

$$f = \frac{1}{2\pi \sqrt{L'C}}$$

当谐振频率 f 与振荡器提供的振荡频率相同时，输出电压 e 最大。测量时，线圈阻抗随间隙 x 的改变而变化，此时 LC 回路失谐，输出信号 $e(t)$ 的频率虽仍为振荡器的工作频率，但其幅值随 x 发生变化，相当于一个调幅波。电阻 R 的作用是进行分压，当 R 远大于谐振回路的阻抗值 $|Z|$ 时，输出的电压值取决于谐振回路的阻抗值 $|Z|$。

图 4-55（b）给出间隙 x 或谐振频率 f 与输出电压 e 间的变化关系。图 4-55（c）给出间隙 x 与输出电压 e 间的变化关系。从图中可以看出，间隙与输出电压呈非线性关系。图中直线段为工作段。图 4-55（a）中的可调电容 C' 用来调节谐振回路的参数，以取得更好的线性工作范围。

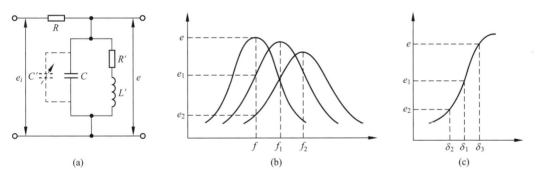

(a)　　　　　　　　　　(b)　　　　　　　　　　(c)

图 4-55 分压式调幅电路的谐振曲线及输出特性

（3）调频电路　图 4-56 为调频电路的工作原理。传感器线圈接入一个 LC 振荡回路，与调幅电路不同，该测量电路将谐振频率作为输出量。随着间隙 x 的变化，线圈电感 L 将变化，致使振荡器的振荡频率 f 发生变化。采用鉴频器可对输出频率做频率-电压转换，即可得到与 x 成正比的输出电压信号。

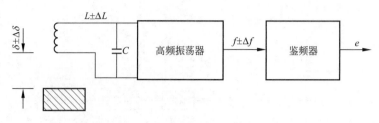

图 4-56 调频电路工作原理

4. 涡流式传感器的特点

涡流式传感器具有结构简单、使用方便、易于进行非接触测量、灵敏度高和适用性强等特点。涡流传感器在以下场合得到广泛应用。①以位移 x 作为变量，可用于位移、厚度、振幅、振摆、转速等测量的传感器，也可用于接近开关、计算器等；②以材料电阻率 ρ 作为变量，可用于温度测量、材料判别等的传感器；③以导磁率 μ 作为变量，可用于应力、硬度等测量的传感器；④利用 x、ρ、μ 等综合影响，可用于探伤检测、材料性能测量。其测量范围和精度取决于传感器的结构尺寸、线圈匝数以及检测频率等因素。测量距离为 $0\,\mathrm{mm} \sim 30\,\mathrm{mm}$，频率范围为 $0\,\mathrm{Hz} \sim 10^4\,\mathrm{Hz}$，线性度误差为 $1\% \sim 3\%$，分辨率最高可达 $0.05\,\mu\mathrm{m}$。

5. 常用涡流式传感器

（1）低频透射式涡流厚度传感器　图 4-57 为低频透射式涡流传感器的测厚原理图。在被测金属板的上方布置有发射传感器线圈 L_1，下方布置有接收传感器 L_2。当在 L_1 上加低频电压 U_1 时，L_1 上产生交变磁场 Φ_1，若两线圈间无金属板，则交变磁场直接耦合至 L_2，使 L_2 上产生感应电压 U_2。如果将被测金属板放入两线圈之间，则 L_1 线圈产生的磁场将在金属板中产生电涡流。此时磁场能量受到损耗，到达 L_2 的磁场将减弱为 Φ'_1，致使 L_2 产生的感应电压 U_2 下降。金属板越厚，涡流损耗就越大，电压 U_2 就越小。因此，可根据电压的大小测量出金属板的厚度。透射式涡流厚度传感器厚度测量范围可达 $1\,\mathrm{mm} \sim 100\,\mathrm{mm}$，分辨率为 $0.1\,\mu\mathrm{m}$，线性度为 1%。

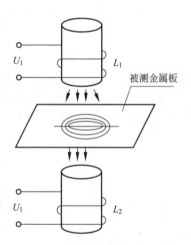

图 4-57　透射式涡流厚度
传感器结构原理

（2）高频反射式涡流厚度传感器　图 4-58 为高频反射式涡流传感器的测厚原理。为克服带材不够平整或运动过程中上下波动的影响，在带材的上、下两侧对称地布置了两个特性相同的涡流传感器 S_1、S_2。S_1、S_2 与被测带材表面间的距离分别为 x_1 和 x_2。若带材厚度不变，则被测带材上、下表面之间的距离为 $x_1 + x_2 =$ 常数。两传感器的输出电压之和为 $2U_0$。如果被测带材厚度改变量为 $\Delta\delta$，则两传感器与带材间的距离也改变了一个 $\Delta\delta$，两传感器输出电压为 $2U_0 + \Delta U$，ΔU 经放大器放大后，通过指示仪表可显示出带材的厚度变化值。带材厚度给定值与偏差指示值的代数和就是被测带材的厚度。

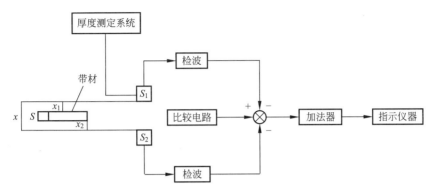

图 4-58　高频反射式涡流测厚仪测量系统的原理图

4.4.2　互感式

互感式传感器亦称差动变压器式电感传感器，它的工作原理基于电磁感应中的互感原理，如图 4-59 所示。当线圈 W_1 中输入交流电流 i 时，在线圈 W_2 中产生感应电动势 e_{12}，其大小正比于电流 i 的变化率 $\dfrac{\mathrm{d}i}{\mathrm{d}t}$。

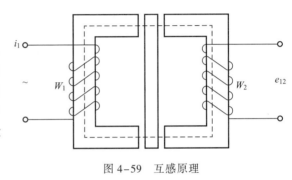

图 4-59　互感原理

$$e_{12} = -M\frac{\mathrm{d}i}{\mathrm{d}t}$$

式中，M 为比例系数，也称互感系数（H），该参数可以表征两线圈 W_1 和 W_2 间的耦合程度，其大小与两线圈的相对位置及周围介质的磁导率有关。

互感式传感器利用互感原理将被测量的位移或转角转换为线圈互感的变化。这种传感器实质就是一个变压器，其初级线圈接入交流激励电源，次级线圈产生的感应电压作为输出。当被测参数使互感 M 发生变化时，输出电压也随之变化。由于次级常采用两个线圈接成差动形式，因此，这种传感器又称差动变压器式传感器。工程上应用较多的是螺管型差动变压器，其工作原理如图 4-60（a）、4-60（b）所示。变压器由初级线圈 W 和两个参数完全相同的次级线圈 W_1、W_2 组成，线圈中心插入圆柱形铁芯，二次级线圈 W_1 及 W_2 反向串接。当初级线圈 W 上施加交流电压时，二次级线圈 W_1 及 W_2 分别产生感应电势 e_1 和 e_2，其大小与铁芯位置有关。当铁芯在中心位置时，$e_1 = e_2$，输出电压 $e_0 = 0$；铁芯向上运动时，$e_1 > e_2$；向下运动时，$e_1 < e_2$。随着铁芯偏离中心位置，e_0 逐渐增大，其输出特性如图 4-60（c）所示。

差动变压器的输出为交流电压，其幅值与铁芯位移成正比。当输出电压用交流电压表显示时，输出值只能反映铁芯位移大小，不能反映其移动方向。

上述差动传感器的等效电路可用图 4-61 表示。根据克希霍夫定律，若输出开路，则有

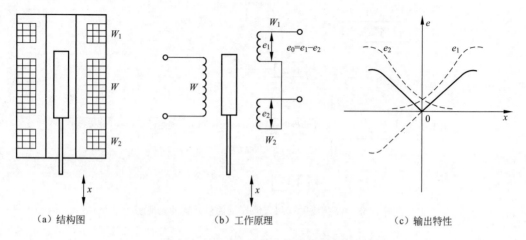

|（a）结构图|（b）工作原理|（c）输出特性|

图 4-60　差动变压器式传感器工作原理

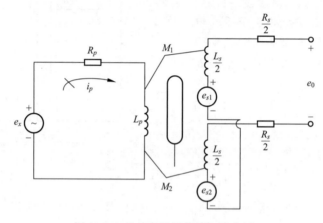

图 4-61　差动变压器等效电路分析

$$i_p R_p + L_P \frac{\mathrm{d}i_p}{\mathrm{d}t} - e_x = 0$$

式中，i_p 为交变激励电流；R_P 为初级线圈等效电阻；L_P 为初级线圈等效电感；e_x 为激励电压。

次级线圈中感应电压为

$$\left.\begin{aligned} e_{\mathrm{s}1} = M_1 \frac{\mathrm{d}i_\mathrm{p}}{\mathrm{d}t} \\ e_{\mathrm{s}2} = M_2 \frac{\mathrm{d}i_\mathrm{p}}{\mathrm{d}t} \end{aligned}\right\}$$

式中，M_1 和 M_2 为两次级线圈的互感系数。

总次级线圈的输出电压为

$$e_\mathrm{s} = e_{\mathrm{s}1} - e_{\mathrm{s}2} = (M_1 - M_2) \frac{\mathrm{d}i_\mathrm{p}}{\mathrm{d}t}$$

式中，D 为 $\frac{\mathrm{d}i_\mathrm{p}}{\mathrm{d}t}$，微分算子。其中总的互感 $\Delta M = M_1 - M_2$ 随铁芯位置线性变化。

对于固定的铁芯位置有

$$e_0 = e_s = (M_1 - M_2)\frac{\mathrm{d}i_p}{\mathrm{d}t} = (M_1 - M_2)\frac{D}{L_p + R_p}e_x$$

式中，e_0 为变压器输出。

则有

$$\frac{e_0}{e_x}(D) = \frac{\dfrac{M_1 - M_2}{R_P}D}{\tau_P D + 1}$$

式中，$\tau_P \approx \dfrac{L_P}{R_P}$。

根据频率响应函数有

$$\left.\begin{array}{c}\dfrac{e_0}{e_x}(\mathrm{j}\omega) = \dfrac{\dfrac{\omega(M_1 - M_2)}{R_P}D}{\sqrt{(\omega\tau_p)^2 + 1}} < \varphi \\[4mm] \varphi = 90° - \arctan\omega\tau_p\end{array}\right\}$$

从上式可以看出，e_0 和 e_x 间存在相位差 φ。

在理想情况下，当原边输入电压为 e_x 时，铁芯在不同位置处（零位，零位上方，零位下方）对应的输出电压 e_0 的波形如图 4-62 所示。

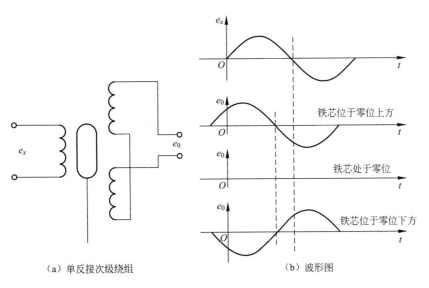

（a）单反接次级绕组　　　　　　（b）波形图

图 4-62　理论波形图

由波形图可知，当铁芯在零位时，$e_0 = 0$，铁芯在零位上方或零位下方时，输出电压的极性相反。

理想情况下，当铁芯在零位时，传感器的输出电压为零。但实际上，当衔铁位于中心位置时，差动变压器输出电压并不等于零。通常，把差动变压器在零位移时的输出电压称为零点残余电压。零点残余电压的存在使传感器的输出特性不过零点，造成实际特性与理论特性不完全一致。

零点残余电压产生的原因主要包括：传感器的两次级绕组的电气参数与几何尺寸不对称，以及磁性材料的非线性等。零点残余电压的波形由基波和高次谐波组成。由于差动变压器两个次级绕组不完全一致，其等效电路参数（互感 M、自感 L 及损耗电阻 R）不完全相同，导致两次级绕组的感应电势数值不相等。由于初级线圈中的铜损电阻、导磁材料的铁损和材质不均匀、线圈匝间电容的存在等因素，使激励电流与所产生的磁通相位不同，因此，不论怎样调整衔铁位置，两线圈中产生的感应电势都不能完全抵消。高次谐波中起主要作用的是三次谐波，主要是由于导磁材料磁化曲线的非线性所致。由于磁滞损耗和铁磁饱和的影响，使得激励电流与磁通波形不一致而产生非正弦（主要是三次谐波）磁通，从而在次级绕组感应出非正弦电势。另外，激励电流中含的高次谐波分量，也会导致零点残余电压中高次谐波成分的产生。零点残余电压一般在几十毫伏以下，它的存在会造成零点附近不灵敏区的存在。零点残余电压输入放大器内会使放大器末级趋向饱和，影响电路的正常工作。因此，在实际应用中，应设法减小残余电压，否则会影响传感器的测量精度。

消除或减小零点残余电压主要有以下三种。

① 从设计和工艺上保证结构对称：为保证线圈和磁路的对称性，首先，要求提高加工精度，线圈成对选配，并采用磁路可调节结构。其次，应选高磁导率、低矫顽力、低剩磁感应的导磁材料，并进行热处理，以消除其残余应力，提高磁性能的均匀性和稳定性。由高次谐波产生的因素可知，磁路工作点应选在磁化曲线的线性段。

② 采用相敏检波电路：采用相敏检波电路不仅可以鉴别衔铁的移动方向，而且当衔铁在中间位置时，可消除由高次谐波引起的零点残余电压。差动相敏检波电路原理如图 4-63（a）所示，4-63（b）为采用相敏检波后衔铁反行程时的输出特性曲线（由 1 变化到 2）。可以看出，采用相敏检波电路后，消除了传感器输出信号的零点残余电压。

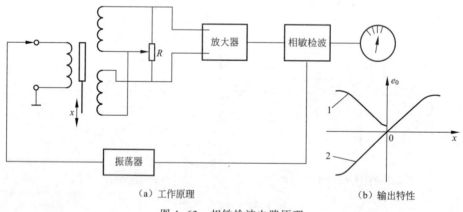

（a）工作原理　　　　　　　　　（b）输出特性

图 4-63　相敏检波电路原理

③ 采用补偿线路：

a. 针对两个次级线圈感应电压相位的不同，可通过并联电容改变其中一级的相位，也可将电容 C 改为电阻 R，如图 4-64（a）所示。由于 R 的分流作用致使流入传感器线圈的电流发生变化，从而改变磁化曲线的工作点，减小高次谐波所产生的零点残余电压。图 4-64（b）中采用串联电阻 R，也可以调整次级线圈的电阻分量。

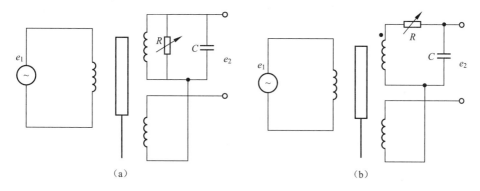

图 4-64　调相位式残余电压补偿电路

b. 图 4-65 给出另外一种零点残余电压补偿电路。电路中的并联电位器 W 用于电气调零，可改变两次级线圈输出电压的相位。电容 C（0.02 μF）可防止调整电位器时的零点移动。

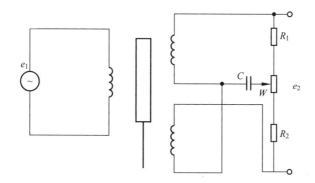

图 4-65　电位器调零点残余电压补偿电路

4.5　压电传感器

压电传感器是一种发电型传感器，属于有源传感器。压电传感器常用来测量压力、应力、加速度等，在工程中应用广泛。

4.5.1　压电效应

某些材料在承受应变作用时，内部会产生极化反应，并在材料的相应表面产生电荷；反之，当它们承受电场作用时，几何尺寸会发生变化，这种效应称为正或逆压电效应（piezoelectric effect）。压电效应是由法国人皮埃尔·居里和雅克·居里于 1880 年发现的。常见的压电材料分为 3 类：单晶压电晶体，如石英、罗歇尔盐（四水酒石酸钾钠）硫酸锂、磷酸二氢铵等；多晶压电陶瓷，如极化的铁电陶瓷（钛酸钡）、锆铁酸铅等；高分子压电薄膜。材料的压电效应可用极化强度矢量表示为

$$\overline{P} = P_{xx} + P_{yy} + P_{zz} \tag{4-83}$$

式中，x，y，z 为与晶轴关联的直角坐标系。

极化强度用轴向应力 σ 与剪应力 τ 表示为

$$\begin{cases} P_{xx} = d_{11}\sigma_{xx} + d_{12}\sigma_{yy} + d_{13}\sigma_{zz} + d_{14}\tau_{yz} + d_{15}\tau_{zx} + d_{16}\tau_{xy} \\ P_{yy} = d_{21}\sigma_{xx} + d_{22}\sigma_{yy} + d_{23}\sigma_{zz} + d_{24}\tau_{yz} + d_{25}\tau_{zx} + d_{26}\tau_{xy} \\ P_{zz} = d_{31}\sigma_{xx} + d_{32}\sigma_{yy} + d_{33}\sigma_{zz} + d_{34}\tau_{yz} + d_{35}\tau_{zx} + d_{36}\tau_{xy} \end{cases} \tag{4-84}$$

式中，d_{mn} 为压电系数，下标 m 表示产生的轴向电荷，n 表示施加的轴向力，如图 4-66 所示。下标 1 对应于 x 轴，下标 2 对应于 y 轴，下标 3 对应于 z 轴。可见，当材料的受力方向和产生的变形方向不一致时，压电系数也不同。

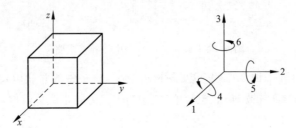

图 4-66　压电系数的轴向表示法

对于正压电效应，压电系数 d 的量纲为每单位力输入时的电荷密度

$$[d_{m,n}] = \frac{\text{C}/\text{m}^2}{\text{N}/\text{m}^2} \tag{4-85}$$

对于逆压电效应，压电系数 d 的量纲为每单位场强作用下的应变

$$[d_{m,n}] = \frac{\text{m}/\text{m}}{\text{V}/\text{m}} \tag{4-86}$$

式（4-85）和式（4-86）的量纲实际是相同的，用国际单位制可统一表示为 As^{-3}/kg/m。石英晶体是常用的压电材料之一，如图 4-67 所示。石英晶体的外形呈六面体结构，用 3 根互相垂直的轴表示其晶轴。其中，纵轴 $z-z$ 称为光轴，经过正六面体棱线而垂直于光轴的 $x-x$ 轴称为电轴，而垂直于 $x-x$ 轴和 $z-z$ 轴的 $y-y$ 轴称为机轴。通常将沿电轴 $x-x$ 方向作用力所产生的压电效应称为纵向压电效应，将沿机轴 $y-y$ 方向作用力所产生的压电效应称为横向压电效应，而沿光轴 $z-z$ 方向的作用力不产生压电效应。

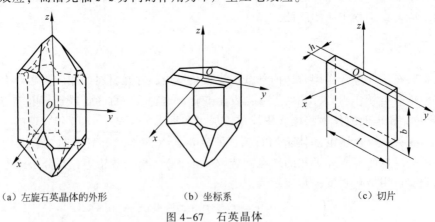

（a）左旋石英晶体的外形　　　　（b）坐标系　　　　（c）切片

图 4-67　石英晶体

通常从晶体上沿轴线切下一个平行六面体切片，使其晶面分别平行于晶体的 3 根晶轴。切片在受到不同方向的力作用时，会产生不同的极化作用，产生不同的压电效应。主要包括 3 种压电效应：横向效应、纵向效应和剪切效应，如图 4-68 所示。

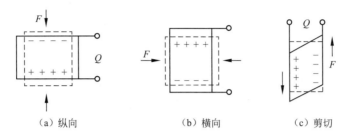

（a）纵向　　　　　　　　（b）横向　　　　　　　　（c）剪切

图 4-68　压电效应类型

压电晶体表面产生的电荷量与作用力成正比。以石英晶体为例，当晶片在电轴 x-x 方向上受到压应力 σ_{xx} 作用时，切片在厚度上产生变形并引起极化现象，极化强度 P_{xx} 与应力 σ_{xx} 成正比，即

$$P_{xx} = d_{11}\sigma_{xx} = d_{11}\frac{F_x}{lb} \tag{4-87}$$

式中，F_x 为沿晶轴 O_x 方向施加的压力；d_{11} 为压电系数，石英晶体的 $d_{11} = 2.3 \times 10^{-12}$ C/N；l 为切片长度；b 为切片宽度。

极化强度 P_{xx} 等于切片表面产生的电荷密度，即

$$P_{xx} = \frac{q_{xx}}{lb} \tag{4-88}$$

式中，q_{xx} 为垂直于晶轴 x-x 平面上产生的电荷量。

由式（4-87）和式（4-88）得

$$q_{xx} = d_{11}F_x \tag{4-89}$$

可见，当石英晶体切片受 x 向压力作用时，所产生的电荷量 q_{xx} 与作用力 F_x 成正比，但与切片的几何尺寸无关。

在横向（y-y）施加作用力 F_y 时，情况有所不同。由于产生电荷的面与承受压力的面不同［见图 4-68（b）］，晶体上作用力产生的电荷要乘以一个面积比值，或乘以一个长度比系数 l_y/l_x，l_x 和 l_y 分别表示切片的长度和厚度。因此，所产生的电荷仍在与电轴 x-x 垂直的平面上出现，其大小为

$$q_{xy} = d_{12}\frac{l_y b}{bl_x}F_y = d_{12}\frac{l_y}{l_x}F_y \tag{4-90}$$

式中，d_{12} 为石英晶体在 y-y 轴方向受力时的压电系数；l_y、l_x 为石英切片的长和厚。

根据石英晶体轴的对称条件，有

$$d_{12} = -d_{11}$$

则式（4-90）变为

$$q_{xy} = -d_{11}\frac{l_y}{l_x}F_y \tag{4-91}$$

　　由此可见，当沿机轴 $y-y$ 方向施加压力时，产生的电荷量与晶片几何尺寸有关，而该电荷的极性与沿电轴 $x-x$ 方向施加压力时产生的电荷极性相反（式中负号）。

　　当压电晶体受到多个方向力作用时，内部产生的应力场较为复杂，使得纵向和横向效应可能都会出现。引发压电效应所产生的电荷量不仅与作用于其面上的垂直力有关，而且与其它方向的受力也有关。因此，可将式（4-83）和式（4-84）统一用矩阵形式表示为

$$Q = LDF \tag{4-92}$$

式中，Q，D，F 为矩阵；L 为列向量，其大小取决于压电体的受力方式及晶片的尺寸。

　　石英晶体产生压电效应的机理为：石英晶体是二氧化硅（SiO_2）的结晶体。在每个晶体单元中具有 3 个硅原子和 6 个氧原子，而氧原子是成对靠在一起的，如图 4-69 所示。每个硅原子带 4 个单位正电荷，每个氧原子带两个单位负电荷。在晶体单元中，硅、氧原子排列成六边形，所产生的极化效应互相抵消，因此，整个晶体单元呈电中性。沿 x 轴方向施加力 F_x 时［见图 4-69（a）］，单元中硅氧原子排列的平衡被破坏，晶体单元被极化，在垂直于 F_x 的两个表面上分别产生正、负电荷，即为纵向效应。当沿 y 轴方向施加力 F_y 时［见图 4-69（b）］，同样也引起晶体单元变形而产生极化现象，在与图 4-69（a）情况相同的两个面上（亦即垂直于 x 轴的两个晶面上）产生电荷，只是电荷的极性与图 4-69（a）的情况相反，即为横向效应。从图 4-69 中可以看出，当施加反向力时，产生的电荷极性相反。另外，由于原子排列沿 z 轴是对称的，故在 z 轴施加作用力不会使晶体单元极化。

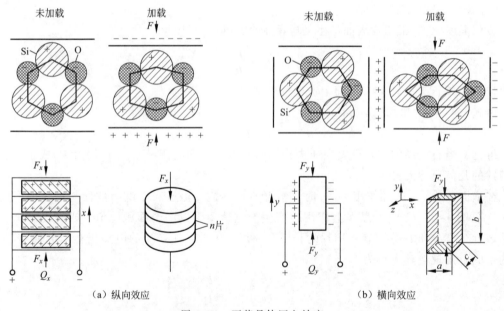

图 4-69　石英晶体压电效应

　　在产生电荷的两个面上镀上金属（通常为银或金）形成电极，便可将产生的电荷引出，用于测量等用途。图 4-69（a）和图 4-69（b）分别表示纵向和横向效应下典型的引线连接方式和形成的传感器形式。

　　压电陶瓷是一类人工合成的多晶体压电材料，它们的极化过程与单晶体的石英材料不同。这种材料具有电畴结构，其分子形式呈双极型，具有一定的极化方向。图 4-70（a）是

钛酸钡陶瓷未受外加电场极化时的电畴结构。在 1 200 ℃以下时，钛酸钡晶体单元的形状呈立方体。在无外电场作用时，各电畴结构的极化效应相互抵消，因此，材料并不呈现压电效应。在制造过程中，将钛酸钡材料置于强电场中，使电畴结构的极化方向趋向于外加电场的方向，材料便得到极化。撤去外电场后，陶瓷材料内部仍存在有很强的剩余极化强度。该剩余极化强度能束缚住晶体表面的自由电荷，使其不被释放。材料在外力作用下，剩余极化强度因电畴结构的界限移动而发生变化，使晶体表面部分自由电荷被释放，由此形成压电效应。

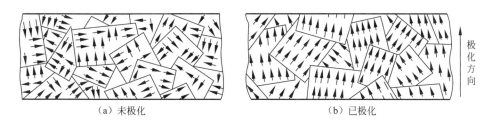

（a）未极化 　　　　　　　　　　　（b）已极化 　　　极化方向

图 4-70　钛酸钡压电陶瓷电畴结构

4.5.2　压电传感器工作原理及测量电路

为测量压电晶体两工作面上产生的电荷，要在该面加工上电极。通常用金属蒸镀法镀上一层金属薄膜，材料常为银或金，从而构成两个电极，如图 4-71 所示。

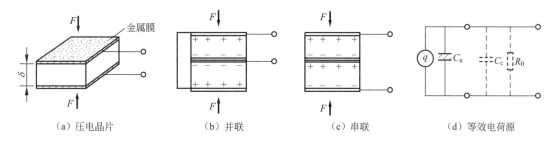

（a）压电晶片 　　　　（b）并联 　　　　（c）串联 　　　　（d）等效电荷源

图 4-71　压电晶片及等效电路

当晶片受外力作用而在两极上产生等量且极性相反的电荷时，便形成了相应的电场。因此，压电传感器可看作为一个电荷发生器，即一个电容器，其电容量为

$$C = \frac{\varepsilon_0 \varepsilon A}{\delta} \tag{4-93}$$

式中，ε 为压电材料相对介电常数，石英 $\varepsilon = 4.5$；ε_0 为真空介电常数，$\varepsilon_0 = 8.85 \times 10^{-12}$ F/m^{-1}；δ 为极板间距，m。

如果施加在晶片的外力不变，而积聚在极板上的电荷又无泄漏，则当外力持续作用时，电荷量保持不变，但当外力撤去时，电荷随之消失。

对于压电式力传感器而言，测量的力与传感器产生的电荷量成正比（如式 4-89）。因此，通过测量电荷值便可求得所施加的力。测量中为得到精确的测量结果，必须采取措施不消耗极板上产生的电荷，即所采用的测量手段不从信号源吸取能量，这在工程实践中难以实现。由于在进行动态交变力测量时，电荷量可不断的得以补充，因此，可以供给测量电路一定的电流；在进行静态或准静态量测量时，应采取措施，使所产生的电荷因测量电路所引起的漏失减小到最低程度，因此压电传感器适宜动态量的测量。

一个压电传感器可被等效为一个电荷源，如图4-72（a）所示。等效电路中电容器上的开路电压 e_a、电荷量 q 及电容 C_a 的关系为

$$e_a = \frac{q}{C_a} \tag{4-94}$$

压电传感器也可以等效为一个电压源，其等效电路如图4-72（b）所示。

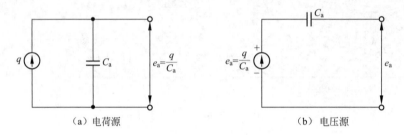

图4-72　压电传感器的等效电路

若将压电传感器接入测量电路，则必须考虑电缆电容 C_c、后续电路的输入阻抗 R_i、输入电容 C_i 以及压电传感器的漏电阻 R_a 的影响，此时压电传感器的等效电路如图4-73所示。

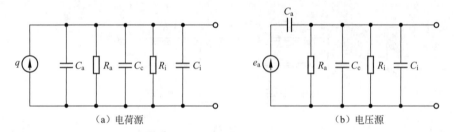

图4-73　压电传感器实际的等效电路

压电传感器本身所产生的电荷量很小，而传感器本身的内阻又很大。因此，其输出信号十分微弱，这给后续测量电路提出了很高的要求。为了顺利地进行测量，要将压电传感器先接到高输入阻抗的前置放大器，经阻抗变换后再采用放大、检波电路进行处理，可将输出信号提供给指示及记录仪表。

压电传感器的前置放大器通常有两种：采用电阻反馈的电压放大器，其输出正比于输入电压（即压电传感器的输出）；采用电容反馈的电荷放大器，其输出电压与输入电荷成正比。

电压放大器的等效电路如图4-74所示。考虑负载影响时，根据电荷平衡，建立平衡方程为

$$q = Ce_i + \int i\mathrm{d}t \tag{4-95}$$

式中，q 为压电元件所产生的电荷量；C 为等效电路总电容，$C = C_a + C_c + C_i$，其中 C_i 为放

大器输入电容，C_a 为压电传感器等效电容，C_c 为电缆形成的杂散电容；e_i 为电容两端电压；i 为泄漏电流。而

$$e_i = Ri$$

式中，R 为放大器输入阻抗 R_i 和传感器的泄漏电阻 R_a 的等效电阻，$R = R_i / R_a$。

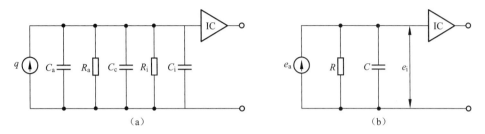

图 4-74　压电传感器接至电压放大器的等效图

当测量的外力为动态交变力 $F = F_0 \sin \omega_0 t$ 时，根据式（4-86）有

$$q = LDF = LDF_0 \sin \omega_0 t = Lq_0 \sin \omega_0 t \qquad (4-96)$$

式中，ω_0 为外力的圆频率。

为简便起见，将 L 归一化得

$$q = q_0 \sin \omega_0 t \qquad (4-97)$$

由此可得

$$CRi + \int i \mathrm{d}t = q_0 \sin \omega_0 t \qquad (4-98)$$

或

$$CR \frac{\mathrm{d}i}{\mathrm{d}t} + i = q_0 \omega_0 \cos \omega_0 t \qquad (4-99)$$

上式的稳态解为

$$i = \frac{\omega_0 q_0}{\sqrt{1 + (\omega_0 CR)^2}} \sin(\omega_0 t + \phi) \qquad (4-100)$$

式中，$\phi = \arctan \dfrac{1}{\omega_0 RC}$

电容两端的电压值为

$$e_i = Ri = \frac{q_0}{C} \frac{1}{\sqrt{1 + \left(\dfrac{1}{\omega_0 RC}\right)^2}} \sin(\omega_0 t + \phi) \qquad (4-101)$$

若放大器为线性放大器，则放大输出为

$$e_o = -K \frac{q_0}{C} \cdot \frac{1}{\sqrt{1 + \left(\dfrac{1}{\omega_0 RC}\right)^2}} \sin(\omega_0 t + \phi) \qquad (4-102)$$

式中，K 为放大器的增益。

由此可见，压电传感器的低频响应取决于由传感器、连接电缆和负载组成电路的时间常

数 RC。同样，在进行动态测量时，为建立一定的输出电压且使测量不失真，压电传感器的测量电路应具有高输入阻抗，并在输入端并联一定的电容 C_i 以加大时间常数 RC。但需要注意：并联电容过大会使输出电压降低过多。

从式（4-102）可以看到，使用电压放大器时，输出电压 e_o 与电容 C 密切关联。由于电容 C 中包括电缆形成的杂散电容 C_c 和放大器输入电容 C_i，而 C_c 和 C_i 均较小。因此，测量系统对电缆电容十分敏感。电缆过长或位置变化均会造成输出的不稳定或变化，从而影响仪器的灵敏度。解决这一问题的办法是采用短的电缆或驱动电缆。

电荷放大器是一个带电容负反馈的高增益运算放大器，其等效电路如图 4-75 所示。当忽略漏电阻 R_a 和放大器输入电阻 R_i 时，则

$$q \approx e_i(C_a + C_c + C_i) + (e_i - e_o)C_f = e_iC + (e_i - e_o)C_f \qquad (4-103)$$

式中，e_i 为放大器的输入端电压；e_o 为放大器的输出端电压；C_f 为放大器反馈电容。

根据 $e_o = -Ke_i$，K 为电荷放大器开环放大增益，则有

$$e_o = \frac{-Kq}{(C + C_f) + KC_f} \qquad (4-104)$$

当 K 足够大时，有 $KC_f \gg C + C_f$，则式（4-104）简化为

$$e_o \approx \frac{-q}{C_f} \qquad (4-105)$$

由式（4-105）可知，在一定条件下，电荷放大器的输出电压与压电传感器产生的电荷量成正比，而与电缆引线所形成的分布电容无关。以上分析说明，电荷放大器消除了电缆长度的变化对测量精度的影响，因此，电荷放大器常用于压电传感器的后续放大电路。电荷放大器与电压放大器相比，其电路构造复杂，成本较高。

为使运算放大器工作稳定，通常在电荷放大器的反馈电容 C_f 两端并联一个电阻 R_f，如图 4-76 所示。此时，式（4-105）变为

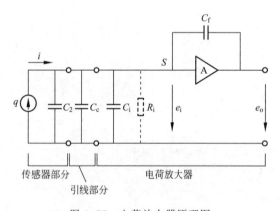

图 4-75 电荷放大器原理图

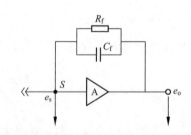

图 4-76 并联 R_f 的情况

$$e_o = -\frac{q}{C_f} \frac{\omega R_f C_f}{\sqrt{1 + (\omega R_f C_f)^2}} e^{j\varphi} \qquad (4-106)$$

式中，$\varphi = \arctan \dfrac{1}{\omega R_f C_f}\left(0 \leqslant \varphi \leqslant \dfrac{\pi}{2}\right)$

当 $\omega R_f C_f \gg 1$ 时，式（4-106）近似与式（4-105）相等。当 $\omega R_f C_f$ 不太大时，将对低频起抑制作用。因此，它实际上起到高通滤波器的作用，其传递函数为

$$H(s) = \frac{K\tau S}{\tau S + 1} \tag{4-107}$$

式中，K 为系统灵敏度；τ 为时间常数 $\tau = R_f C_f$。该高通滤波器的截止频率为 $f_c = \dfrac{1}{2\pi R_f C_f}$。

从式（4-107）可知，对于恒定的变形量，压电传感器的稳态响应为零。因此，压电传感器不能用于静态位移的测量。若要得到一个测量误差在 5% 之内的幅值响应，则频率应大于 ω_1：$\omega_1 = \dfrac{3.04}{\tau}$。从中可知，当时间常数 τ 较大时，在低频段能够获得精确的响应。

$$0.95^2 = \frac{(\omega_1 \tau)^2}{(\omega_1 \tau)^2 + 1}$$

4.5.3　压电传感器的应用

压电传感器常用于力、力矩、振动、加速度等物理量的测量。按用途不同，压电传感器可分为压电加速度传感器和压电力传感器两类。

1. 压电加速度传感器

压电加速度传感器广泛用于振动测量。由于其固有特性，压电式加速度传感器对恒定的加速度输入无法给出响应输出。压电式加速度传感器的主要特点是输出电压大、体积小以及固有频率高，这些特点对振动测量十分重要。压电加速度传感器敏感材料的迟滞损耗是其唯一的能量损耗源，除此之外一般不再施加阻尼。因此，传感器的阻尼比很小（约 0.01）。由于压电传感器的固有频率较高，因此，其小阻尼是可接受的。

本文以地震式（绝对）位移传感器为例，说明压电式加速度传感器的传递函数或频率响应特性。这类传感器属于惯性式传感器，其接收部分可简化为由质量 m、弹簧 k 和阻尼 C 组成的单自由度振动系统，如图 4-77 所示。设传感器的底座刚性固定在被测对象上，即认为传感器底座与测量对象具有相同的振动。此时惯性质量 m 与底座间将出现相对振动。设被测对象的振动为 x_i，质量 m 相对于底座的振动为 x_o，根据牛顿定律有

$$-(kx_o + C\dot{x}_o) = m\ddot{x}_m = m(\ddot{x}_i + \ddot{x}_o) \tag{4-108}$$

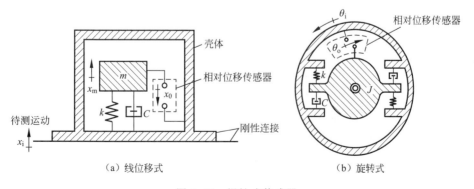

（a）线位移式　　　　　　　（b）旋转式

图 4-77　惯性式传感器

式中，x_m 为绝对位移。上式可变化为

$$m\ddot{x}_o + C\dot{x}_o + kx_o = -m\ddot{x}_i \tag{4-109}$$

变为标准形式为

$$\ddot{x}_o + 2\xi\omega_n\dot{x}_o + \omega_n^2 x_o = -\ddot{x}_i \tag{4-110}$$

式中，$\omega_n = \sqrt{\dfrac{k}{m}}$；$\xi = \dfrac{C}{2\sqrt{km}}$。

常用的惯性传感器有两种类型，一种是惯性（绝对）位移型传感器，它是将被测的振动位移 x_i 及振动速度 $\dot{x}_i$ 分别接收为相对振动位移 x 及振动速度 $\dot{x}_o$；另一种是惯性（绝对）加速度型传感器，它是将被测的振动加速度 $\ddot{x}$ 接收为相对振动位移 x。以式（4-110）为例，设输入振动为 $x_i = X_i\cos\omega t$，其输入与输出间的关系为

$$\frac{X_o(j\omega)}{X_i(j\omega)} = \frac{(j\omega)^2/\omega_n^2}{(j\omega/\omega_n)^2 + 2\xi j\omega/\omega_n + 1} = \frac{\dot{X}_o(j\omega)}{\dot{X}_i(j\omega)} \tag{4-111}$$

惯性传感器的幅频特性与相频特性分别如图 4-78（a）和图 4-78（b）所示。

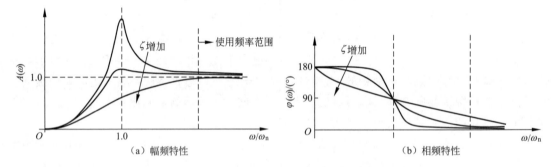

图 4-78　惯性式传感器的频率响应特性

由图（4-78）可见，该传感器对静态位移输入不产生响应，且振动频率 ω 要远大于谐振频率 ω_n 时，才能得到精确的测量结果。当测量频率远大于 ω_n 时，幅频趋近于 1，而相频趋近于 0°，此时传感器的测量为理想测量。测量过程中，相对位移 x_o 转换为电压 e_o 的特性也必须考虑。由于弹簧力 k 正比于 x_o，若采用应变片，可直接作用于该弹簧，可以为悬臂梁的形式。为得到较低的固有频率 ω_n，通常采用大的质量块 m 或软弹簧 k，但为减小传感器体积，应优先采用软弹簧。此外，为降低传感器的频率下限，阻尼比常采用 $\zeta = 0.6 \sim 0.7$，这样当 $\omega/\omega_n = 1$ 之后，可使曲线很快趋近于 1。

若图 4-77 所示系统的输入为加速度 $\ddot{x}_i$ 时，则式（4-111）可变为

$$\frac{X_o(j\omega)}{(j\omega)^2 X_i(j\omega)} = \frac{X_o(j\omega)}{\ddot{X}_i(j\omega)} = \frac{-K_n}{(j\omega)^2/\omega_n^2 + 2\xi j\omega/\omega_n + 1} \tag{4-112}$$

式中，$K_n = \dfrac{1}{\omega_n^2}$（放大因子）。

该频响函数的幅频和相频曲线如图 4-79（a）、（b）所示。

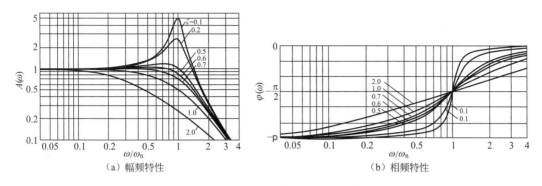

图 4-79 惯性加速度传感器的特性曲线

根据幅频特性可知，惯性加速度传感器的工作频段在 $\omega/\omega_n = 0 \sim 1$ 之间为平坦段。根据不同的阻尼比 ζ，其值约为 ω_n 的几分之一。在该平坦段内，振动位移 x_o 正比于被测加速度 $\ddot{x}_i$。而当 $\omega/\omega_n = 0$ 时，幅值为 1。因此，惯性加速度传感器具有零频率响应的特征。如果传感器的机电转换部分和测量电路也具有零频率响应特性，则组成的整个测量系统也将具有零频率响应，可用于频率很低的振动和恒加速度运动的测量。使用频率的上限除了受固有频率 ω_n 和安装刚度的影响外，还与引入的阻尼比有关。某些加速度传感器（如金属电阻丝应变片加速度传感器）为了扩展频率上限，常使 $\zeta = 0.6 \sim 0.7$，此时传感器的工作频率范围也得到了扩展。

由于压电传感器一般采用电荷放大器作为测量电路，因此，实际的压电加速度传感的传递函数为式（4-107）与式（4-112）的组合形式：

$$\frac{E_o(j\omega)}{\ddot{X}_i(j\omega)} = \frac{(KK_n)\tau(j\omega)}{(\tau j\omega + 1)\left[(j\omega/\omega_n)^2 + 2\xi j\omega/\omega_n + 1\right]} \quad (4\text{-}113)$$

式中，K 为电路系统灵敏度，$K = K_q/C_f$，K_q 为弹簧刚度系数。

实际频率响应曲线如图 4-80 所示。其低频响应由 $\tau j\omega/(\tau j\omega + 1)$ 决定。加速度传感器具有零频率响应，但由于后续测量电路的影响，整个系统实际上不具有零频率响应。因此，不能用于静态位移测量。

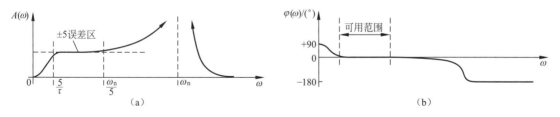

图 4-80 实际压电加速度计的频率响应特性

按晶片受力状态的不同，压电加速度传感器可分为压缩式和剪切式两类，如图 4-70 所示。压缩式压电传感器的变换部分由两片压电晶片并联而成。惯性质量借助于压缩弹簧紧压在晶片上，惯性接收部分将被测的加速度 $\ddot{x}_i$ 接收为质量 m 相对于底座的相对位移 $\dot{x}_o$，晶片受到动压力 $p = kx_o$ 由压电效应转换为晶片极面上的电荷 q。压缩式结构具有简单、牢固，测量灵敏度良好等优点；但由于该结构为弹簧–质量系统的一部分［见图 4-81（a）］，容易受到温度、噪声、弯曲等因素的影响，造成虚假输入。

质量块上的弹簧通常被预加载，使压电材料能工作在其电荷–应变关系曲线中的线性部分。预加载能产生具有一定极性的输出电压，使压电材料在不受张力作用的情况下也能测量正负加速度。但此电压会很快漏掉，而由加速度引起电压的极性跟随运动方向的改变而变化。该预加载荷应足够大，使其在最大输入加速度情况下也不会使弹簧松弛。

为降低压缩式结构对虚假输入的响应，可采用中心压缩式结构［见图 4-81（b）、（c）］，其中图 4-81（c）为倒置式中心压缩传感器，它能减少结构对基座弯曲应变的灵敏度。

图 4-81（d）、（e）为剪切式结构，典型的剪切式结构为三角剪切式，它由 3 片晶体片和 3 块惯性质量块组成，二者借助于预紧弹簧箍在三角形的中心柱上。当传感器接收轴向振动加速度时，每一晶体片侧面受到惯性质量作用的剪切力，其方向及产生的电荷如图 4-82 所示。设所产生的电荷量为 q，则根据前面的压电方程有

$$q = d_{15}p = d_{15}kx_{r} \tag{4-114}$$

式中，x_{r} 为质量块的相对振动位移；k 是由晶片剪切弹性力提供的当量弹簧刚度系数。

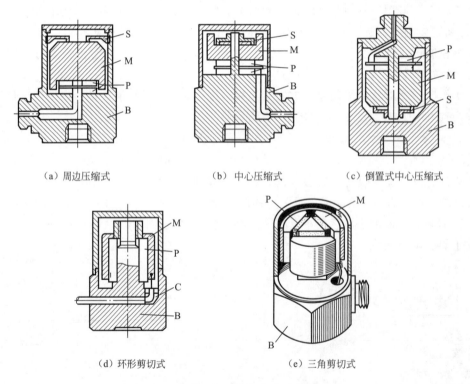

（a）周边压缩式　　（b）中心压缩式　　（c）倒置式中心压缩式

（d）环形剪切式　　（e）三角剪切式

图 4-81　压电加速度传感器设计类型
S—弹簧；M—质量块；P—压电片；C—导线；B—基座

三角剪切式结构能在较长时间保持传感器特性的稳定，较压缩式结构具有更宽的动态范围和更好的线性度，对底座的弯曲变形不敏感等优点。当传感器底座发生弯曲变形时，不会对晶片产生附加变形［见图 4-83（b）］，但会对中心压缩式结构产生附加变形，使整个传

感器产生附加电荷输出。

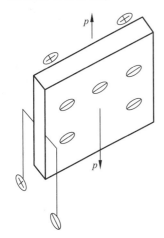

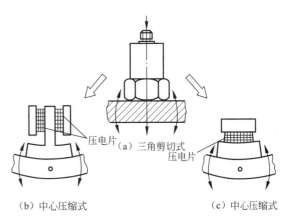

图 4-82　晶片受剪切力的压电效应　　　图 4-83　不同传感器对底座完全变形的敏感性对比

2. 压电力传感器

压电力传感器具有与压电加速度传感器相同形式的传递函数，由于这种传感器具有使用频率上限高、动态范围大和体积小等优点，故适合于动态力，特别是冲击力的测量。当某些类型的力传感器（如石英传感器外加电荷放大器）具有足够大的时间常数 τ 时，也可用于对静态力的短时间测量和静态标定。典型的压电力传感器的非线性度为 1%，具有很高的刚度（$2 \times 10^7 \sim 2 \times 10^9$）和固有频率（$10 \sim 300$ kHz）。由于石英具有机械强度高，能承受很大的冲击载荷，因此这种传感器通常是用石英晶体片制成。但在测量小的动态力时，为获得足够高的灵敏度，也可采用压电陶瓷。

图 4-84（a）为两种压电力传感器的结构。图中较小的结构用螺钉固定，这种传感器的测量范围为 1 000 N 拉力到 5 000 N 压力；图中较大的结构采用预紧螺帽来调节测力范围，测力范围可达 4 000 N 拉力到 16 000 N 压力。该传感器可简化为弹簧（压电元件）加两个端部质量块的"三明治"结构。

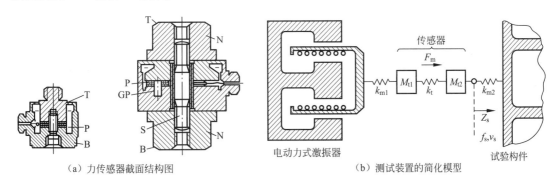

（a）力传感器截面结构图　　电动力式激振器　　（b）测试装置的简化模型　　试验构件

图 4-84　压电力传感器及其动态误差
T—顶部；P—压电盘片；GP—导向销；S—顶载螺钉；N—顶载螺帽；B—基座

下面分析这种传感器用于激振力测量的情况，该测量装置的简化模型如图 4-84（b）所示。其中 k_{m1} 和 k_{m2} 分别表示安装螺钉的刚度。若 Z_s（包括 k_{m2}）表示结构的阻抗，则有

$Z_s = f_s/v_s$，f 为实际施加于结构的力：$f_s = Z_s v_s$。传感器实际测到的力为弹簧 k_t 中的力 F_m，F_m 正比于传感器顶部和底部质量 M_{t1} 和 M_{t2} 的相对位移。在动态条件下，F_m 并不一定等于 F_s：

$$F_m - v_s Z_s = M_{t2} \hat{v}_s \tag{4-115}$$

则

$$\frac{F_m(j\omega)}{F_s(j\omega)} = \frac{M_{t2} j\omega}{Z_s} + 1 \tag{4-116}$$

由上式可知，若 $M_{t2} = 0$，则无论 Z_s 为何值，测量值 F_m 都等于实际值 F_s。因此，一般应选择较小的 M_{t2} 值。

对弹簧式结构有 $Z_s = k_s/j\omega$，代入式（4-116）有

$$\frac{F_m(j\omega)}{F_s(j\omega)} = 1 - \frac{M_{t2}}{K_s}\omega^2 \tag{4-117}$$

从中可清楚地看出测量精度与频率 ω 的关系。分析机械系统动态特性时，常需研究结构的阻抗，因此，经常采用一种称为阻抗头的传感器，该传感器为压电力传感器与压电加速度传感器组合为一体的双重传感器，如图 4-85 所示。阻抗头前端为力传感器，后面为测量激振点响应的加速度传感器。其中质量块常用钨合金制成，壳体用钛材料。为使传感器的激振平台具有刚度大、质量小的性能，常用低密度的铍材料制造。由于阻抗研究涉及力和速度，为方便使用，通常采用加速度传感器，通过积分来获取速度。另外，在力敏感的压电晶片和驱动点间设有小的质量块，以在加速度传感器底座和驱动点之间得到大的刚度，这样测量到的加速度可精确反映驱动点的加速度。当精确测得加速度后，可采用"质量消去法"改善测量精度。通过式（4-115）和式（4-116）将测到的 F_m 值减去 $M_{t2}\hat{v}_s$，从而获得真实的 $F_s = v_s Z_s$ 值，其中 M_{t2} 为已知，$\hat{v}_s$ 为测得的加速度值。

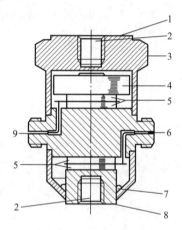

图 4-85　阻抗头结构原理
1—安装面；2—锥孔；
3—壳体（钛金属）；4—振动块；
5—两片压电片；6——力输出接插孔；
7—硅橡胶；8—激振平台；
9—加速度输出接插孔

压电力传感器对侧向负载敏感，易引起输出误差，因此使用时必须注意减小侧向负载。通常厂家的技术指标中不提供横向灵敏度值。一般应使横向灵敏度小于纵向（轴向）灵敏度值的 7%。

如上所述，压电效应是一种可逆效应。逆压电效应是施加电压使压电片产生伸缩，导致压电片几何尺寸的改变。利用逆压电效应可制成压电驱动器。例如，施加一高频交变电压，将压电体做成一振动源，利用这一原理可制造高频振动台、超声波发生器、扬声器、高频开关等；也可用于精密微位移装置，通过施加一定电压使之产生可控的微伸缩。若将两压电片粘在一起，施加电压使其中一个伸长、另一个缩短，则可形成薄片翘曲或弯曲，用于制成录像带头定位器、点阵式打印机头、继电器以及压电风扇等。总之，逆压电效应产生的微位移的用途十分广泛。

4.6　磁电式传感器

磁电式传感器是一种将被测物理量转换为感应电动势的装置，亦称电磁感应式或电动力式传感器。由电磁感应定律可知，当穿过线圈的磁通 $\varPhi$ 发生变化时，线圈中产生的感应电动势为

$$e = -W\frac{\mathrm{d}\varPhi}{\mathrm{d}_t} \tag{4-118}$$

式中，W 为线圈匝数。

由上式可知，线圈感应电动势 e 的大小取决于线圈的匝数和穿过线圈的磁通变化率。而磁通变化率又与所施加的磁场强度、磁路磁阻以及线圈相对于磁场的运动速度有关，改变上述任意一个参数，均会导致线圈中产生的感应电动势的变化，从而可得到相应的不同结构形式的磁电式传感器。磁电式传感器可分为动圈式、动铁式、磁阻式以及霍尔式。

4.6.1　动圈式和动铁式传感器

动圈式和动铁式传感器的结构如图 4-86 所示，图（a）为线位移式，图（b）为角位移式。由图 4-86（a）所示的线位移式装置的工作原理可知，当弹簧片感应到速度时，线圈就在磁场中作直线运动，切割磁力线，它所产生的感应电动势为

$$e = WBly\sin\theta = WBlv_y\sin\theta \tag{4-119}$$

式中，B 为磁场的磁感应强度，T；l 为单匝线圈的有效长度，m；W 为有效线圈匝数，指在均匀磁场内参与切割磁力线的线圈匝数；v_y 为为敏感轴（y 轴）方向线圈相对于磁场的速度，m/s；θ 为线圈运动方向与磁场方向的夹角。

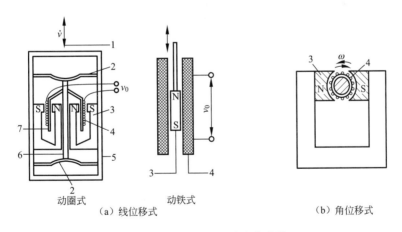

图 4-86　动圈式和动铁式传感器

1—敏感轴；2—弹性膜片；3—磁铁；4—线圈；5—壳体；6—支撑杆；7—线圈架

当线圈运动方向与磁场方向垂直时，即 $\theta = 90°$，式（4-119）可写为

$$e = WBlv_y \tag{4-120}$$

上式表明，当传感器的结构参数（B，l，W）选定时，感应电动势 e 的大小与线圈的运

动速度 v_y 成正比。由于直接测量到的是线圈的运动速度，故这种传感器亦称速度传感器。将被测到的速度经过微分和积分运算，可得到运动物体的加速度和位移，因此，速度传感器又可用来测量运动物体的位移和加速度。

图 4-86（b）为角速度型动圈式传感器的结构。当线圈在磁场中转动时，所产生的感应电动势为

$$e = kWBA\omega \tag{4-121}$$

式中，ω 为线圈转动的角速度；A 为单匝线圈的截面积，m^2；k 为依赖于结构的参数，$k < 1$。

由上式可知，当 W、B、A 选定时，感应电动势 e 与线圈相对于磁场的转动角速度成正比。利用这种传感器可测量物体的转速。

动圈式磁电传感器的等效电路如图 4-87 所示。将传感器线圈中产生的感应电动势 e 经电缆与电压放大器相连接，图中 e 为感应电动势，Z_0 为线圈等效阻抗，R_1 为负载电阻（包括放大器输入电阻），C_c 为电缆的分布电容，R_c 为电缆电阻；$R_c = 0.03\ \Omega/m$，$C_c = 70\ pF/m$，发电线圈阻抗 $Z_0 = r + j\omega L$，r 约为 $300\ \Omega \sim 2\ 000\ \Omega$；$L$ 为数百毫亨。通常 R_c 可以忽略，此时等效电路中的输出电压 e_1 为

$$e_1 = e\ \frac{1}{1 + \dfrac{Z_0}{R_1} + j\omega C_c Z_0} \tag{4-122}$$

若电缆不长，则 C_c 可以忽略，又若使 $R_1 \gg Z_0$，则上式可简化为 $e_1 \approx e$。

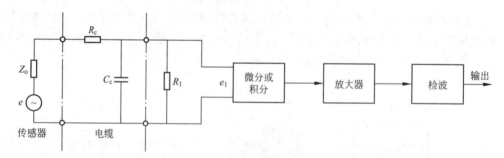

图 4-87　动圈式磁电传感器的等效电路

感应电动势经放大、检波后即可推动指示仪表，若经微分或积分电路，又可得到运动物体的加速度或位移。

磁电式速度传感器分为绝对式速度传感器和相对式速度传感器两种。图 4-88 为绝对式速度传感器的结构示意图。它是由弹簧片与可动部件组成的单自由度线性振动系统，进行惯性式机械接收；由磁隙与线圈组成的机电转换部分，进行电动式变换。其中的阻尼环 3 与动线圈 7 分置于两个磁隙之中，这种结构的特点是可以有效减弱电涡流与测量信号的耦合，从而提高机电转换的灵敏度。

图 4-89 所示为相对式速度传感器的结构图。传感器的可动部分由顶杆 1 和线圈 4 组成。磁铁 3 和导磁体 6 组成带有环形磁隙的磁路部分。测量时，传感器的输出电压与测点相对基座的相对运动速度成正比。因此，相对式速度传感器适于测量两构件间的相对运动，如机床上工件与刀具间的相对振动。需要注意的是，测杆亦即顶杆需始终与振动试件保持接触，因

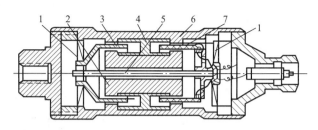

图 4-88　绝对式振动速度传感器

1—弹簧片；2—永磁铁；3—阻尼环；4—支架；5—中心轴；6—外壳；7—线圈

此，要求顶杆组件中弹簧片所产生的预紧力能克服组件的惯性力，亦即弹簧片的刚度要相对大些。由于顶杆组件的质量 m 是恒定的，而弹簧力只在较小范围内变化，因此，由质量 m 和弹簧力所确定的加速度 $\omega^2 x$（ω 为振动角频率，x 为振幅）限制了传感器的动态上限。当被测频率增加时，传感器所能测量的最大振幅会迅速变小。

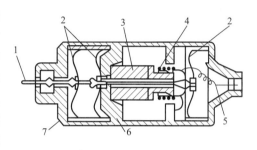

图 4-89　相对振动速度传感器

1—顶杆；2—弹簧片；3—磁铁；4—线圈；
5—引线；6—导磁体；7—壳体

惯性（绝对）位移型传感器的动态特性如图 4-78 所示。对该传感器的特性曲线进行分析，可得到如下结论：

① 为实现不失真测量，幅频特性应为常值。由图可见，当 $\omega/\omega_n > 1$ 时，幅频特性曲线随 ω/ω_n 的增加而趋向于 1，此区域为传感器的工作频率范围。由于不同的阻尼比所对应的幅频曲线趋于常值的速度不同，当 $\zeta = 0.707$ 时，其趋于常值的速度最快，因此，一般采用 $\zeta = 0.6 \sim 0.7$ 的阻尼比。此时，动态曲线在 $\omega/\omega_n = 1$ 之后很快进入平坦区，可有效地降低传感器的下限工作频率。通常，若取 $\zeta = 0.707$，要求测量误差 $\leqslant 5\%$，则测量的频率范围约为 $\omega \geqslant (1.7 \sim 2)\omega_n$。理论上说，传感器的工作频率上限，是无限制的，但实际中因受到传感器安装刚度及内部元件局部共振等因素的影响，传感器的上限工作频率也是有限制的。

② 引进阻尼改善了谐振频率附近接收灵敏度曲线的平坦度，但也增加了相移。由图可知，不同的阻尼值引起的相移不同，且 ζ 越大，所产生的相移 θ 偏离 180° 无相移的差角也越大。根据不失真测试的条件，当测量频率大于谐振频率时，若输入与输出信号的各频率成分相移近似为 180° 时，此时传感器对输入信号起着一个反相器的作用，可认为测量结果是不失真的。显然，由不同的阻尼比值引起的相移变化不满足不失真测试的条件。尽管如此，位移计型惯性接收传感器仍采用 $\zeta = 0.6 \sim 0.7$ 的最佳比值，除了考虑可改善接收的幅频特性外，也为了避免过大的共振幅值对传感器部件可能造成的破坏。此外，引进阻尼还可缩短响应的过渡过程，这在测量频率和幅值随时间变化的振动过程（如旋转机械的升、降速过程）中是十分必要的。从相频特性可以看出，为了获得近似的反相特性，应使 $\omega \geqslant (7 \sim 8)\omega_n$。

③ 速度传感器的固有频率 ω_n 是一个重要的参数，它决定了传感器测量的频率下限。为

扩展传感器的工作频率范围，设计中应使 ω_n 尽可能低。常用速度传感器的工作频率下限一般为 10 ～ 15 Hz 左右。

4.6.2　磁阻式传感器

根据法拉第电磁感应定理，动圈式传感器的工作原理为：线圈在磁场中运动时切割磁力线而产生感应电动势。本节介绍的磁阻式传感器则是使线圈与磁铁固定不动，由运动物体（导磁材料）运动来影响磁路的磁阻，从而引起磁场的强弱变化，使线圈中产生感应电动势。磁阻式传感器的工作原理如图 4-90 所示，传感器由永磁体及在其上绕制的线圈组成。图中给出几种典型的应用实例。这种传感器具有结构简单、使用方便等优点，可用来测量转速、振动、偏心量等。

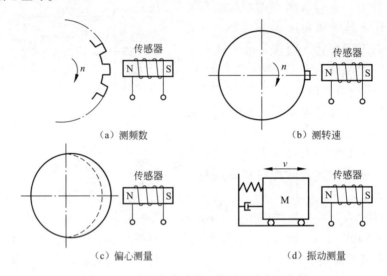

图 4-90　磁阻式传感器工作原理及应用实例

4.6.3　霍尔传感器

1. 工作原理

霍尔传感器属于半导体磁敏传感器。组成霍尔传感器的材料一般包括砷化铟（InAs）、锑化铟（InSb）、锗（Ge）、砷化镓（GaAs）等高电阻率半导体材料。

霍尔传感器工作原理如图 4-91 所示。将霍尔元件（霍尔板）置于磁场中，板厚 d 一般远小于板宽 b 和板长 l，在板长方向通入控制电流 I 时，板的侧向（宽度方向）会产生电动势差，称为霍尔电压，这种现象称为霍尔效应。

霍尔效应的产生是由于磁场中洛伦兹力 F_m 作用的结果。当霍尔板为 N 型半导体材料时，在磁场作用下通入电流 I 时，半导体材料中的载流子（电子）将沿着与电流方向相反的方向运动。由电工学可知，带电质点在磁场中沿与磁力线相垂直的方向运动时，受到磁场力亦即洛伦兹力 F_m 的作用

$$F_m = e_0 vB \tag{4-123}$$

式中，e_0 为带电粒子的电荷，$e_0 = 1.602 \times 10^{-19}$ C；B 为磁感应强度，T；v 为电子运动速度，m/s。

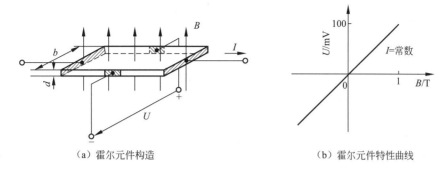

（a）霍尔元件构造　　　　　　　　　（b）霍尔元件特性曲线

图 4-91　霍尔元件及霍尔效应

在洛伦兹力 F_m 的作用下，电子向板的一侧偏转，使板的一侧积累大量电子。板的另一侧由于缺少电子而积累正电荷，形成电场 E，该电场 E 在电子上产生反作用力 F_e

$$F_e = e_0 E \tag{4-124}$$

当反作用力 F_e 与洛伦兹力 F_m 相等时，电子的积累达到动态平衡，于是有 $E = vB$。由此，在宽度为 b 的霍尔板上产生电位差 U（霍尔发电机）

$$U = Eb = bvB \tag{4-125}$$

电子速度 v 与电子浓度 n 及电流密度 S 有关，电流密度 S 可由板的截面积 bd 及流经板的控制电流 I 求出

$$S = nve_0 = \frac{I}{bd} \tag{4-126}$$

式中，d 为板厚，mm。

将式（4-125）代入式（4-126）中可得

$$U = \frac{1}{ne_0 d} IB \tag{4-127}$$

由此可见，霍尔电动势 U 正比于控制电流 I 和磁通密度 B，且与电流 I 流经的方向有关。同时霍尔电动势 U 随电子浓度 n 的增加而降低，随电子运动速度 v 的增加而增大，随电子迁移率 $\mu = v/E$ 的增加而增加。通常，半导体材料的电子迁移率远高于金属材料的电子迁移率。表 4-4 列出了典型材料的电子特性参数，从中可以看出，InSb、InAs 和 In（As，P）等材料适于作霍尔传感器材料。霍尔发电机的内阻一般为欧姆量级。

表 4-4　典型材料的电子特性参数

材料	电荷载体浓度 N/cm	导电电子迁移率/ $\frac{cm \cdot s^{-1}}{V \cdot cm^{-1}}$	空穴电子迁移率/ $\frac{cm \cdot s^{-1}}{V \cdot cm^{-1}}$	电导率/ $\Omega \cdot cm^{-1}$
Cu	8.7×10^{22}	40	–	6×10^5
Si	1.5×10^{10}	1 350	480	5×10^{-6}
Ge	2.4×10^{13}	3 900	1 900	2×10^{-2}
InSb	1.1×10^{16}	80 000	750	1×10^{-2}
GaAs	9×10^6	8 500	400	1×10^{-6}

令 $R_H = \dfrac{1}{ne_0}$，则式（4-127）变为

$$U = \frac{R_H I B}{d} \tag{4-128}$$

式中，R_H 为霍尔系数，它反映了霍尔效应的强弱程度。

根据材料电导率 $\rho = \dfrac{1}{ne_0\mu}$ 的关系，可得

$$R_H = \rho\mu \tag{4-129}$$

通常电子的迁移率 μ 要大于空穴的迁移率，因此，通常采用 N 型半导体材料作为霍尔元件。设

$$K_H = \frac{R_H}{d} = \frac{1}{ne_0 d} \tag{4-130}$$

将式（4-130）代入式（4-128）中可得

$$U = K_H I B \tag{4-131}$$

式中，K_H 为霍尔元件灵敏度，它表示霍尔元件在单位磁感应强度 B 和单位控制电流 I 下霍尔电动势的大小 [单位为 V／（AgT）]。一般要求 K_H 越大越好。由于金属的电子浓度高，R_H 和 K_H 均不大，故不适于作霍尔元件。由于霍尔元件厚度 d 越小，灵敏度 K_H 越高，因此，霍尔板一般做得较薄。但也不能无限制地降低板厚，否则会加大元件的输入和输出电阻。

上述公式是在磁感应强度 B 垂直于霍尔板平面的条件下得出的。当磁感应强度 B 与霍尔板平面不垂直，且与其法线成一角度 θ 时，式（4-131）可分为

$$U = K_H I B \cos\theta \tag{4-132}$$

2. 霍尔传感器的应用

霍尔传感器可用来测量磁场，也可用来测量产生或影响磁场的物理量。

（1）电流测量　图 4-92 给出霍尔元件测量电流的原理。将待测电流 I_1 通入电磁铁绕组中，其磁感应强度 B 由霍尔传感器确定。当霍尔元件控制端电流 I 恒定时，霍尔电动势 U 可反映电流 I_1 的变化情况 [见图 4-92（a）]。

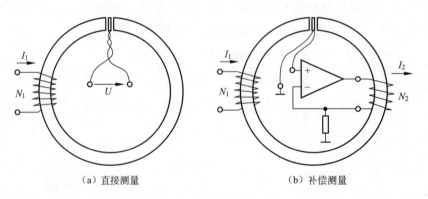

（a）直接测量　　　　　　　　　（b）补偿测量

图 4-92　霍尔传感器测电流

为消除电磁回路对测量精度的影响，可采用图 4-92（b）的配置方式。其中在铁心上

绕制有两个线圈，一个绕组为 N_1，流经的电流为 I_1；另一个绕组为 N_2，流经的电流为 I_2，两个线圈的磁场相互作用，合成的磁感应强度由霍尔传感器探测。传感器的电压作为调节器的输入量，该调节器为马达控制的电位计。改变调节器的输出电流 I_2，使得 $N_1I_1 = N_2I_2$。此时，输出电流 I_2 可用于被测电流 I_1 的测量。

（2）霍尔乘法器　如上所述，霍尔电动势 U 正比于控制电流 I 和磁通密度 B。若采用一个通有电流 I_B 的电磁铁来产生磁通密度 B（见图 4-93），则霍尔电动势 U 将随电流 I 和 I_B 乘积的增加而增大。根据该原理可得到能对电流进行乘法运算的部件。若控制电流 I 正比于用电器上的电压 U_b（$I = U_b/R$），且当流经用电器的电流 I_b 等于产生磁场的电流 I_B 时，即 $I_b = I_B$，由此产生的霍尔电动势 U 正比于转换成用电器中的功率，即 $U = kU_bI_b = kP_b$。

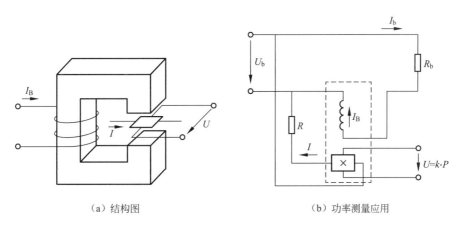

（a）结构图　　　　　　　（b）功率测量应用

图 4-93　霍尔乘法器

（3）位置测量　图 4-94 给出霍尔元件测量物体位置的工作原理。霍尔传感器位于永磁铁产生的磁场中，在上部的气隙中有一片软铁片可上下移动，由此来控制流经霍尔板的磁通量，该磁通可用于软磁铁片位置的测量。若将该霍尔电压用于电子电路，该电子电路仅产生两个离散的电平，即 0 V 和 12 V。因此，上述装置可用作终端位置开关，可用于无接触地监测机器部件的位置。

（4）转速测量　图 4-95 给出霍尔传感器测量齿轮转速的原理图。其中霍尔传感器由一块永磁铁提供磁场。当齿轮转动时，齿轮的轮齿将改变霍尔传感器周围的磁场，使霍尔电动势产生变化。这种传感器通常与信号调理电路连接在一起，用以对产生的电压信号进行处理。图 4-96 给出采用该原理的另一种测速装置的原理。利用两个位置有一定偏移的霍尔传感器，根据它们测量信号提取出齿轮转动方向的信息。

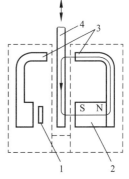

图 4-94　霍尔传感器测量物体位置
1—带集成电路的霍尔探测器；
2—永磁铁；3—导磁铁片；
4—软磁铁片

霍尔传感器的用途广泛，除以上介绍的几种用途外，还可用来测量位移、力、加速度等参量。图 4-97 给出利用霍尔效应对钢丝绳断丝进行检测的系统框图。当钢丝绳通过霍尔元件时，钢丝绳中的断丝会改变永磁铁产生的磁场，在霍尔板中产生一个脉动电压信号。对该脉动信号进行放大和后续处理后，可确定断丝根数及断丝位置。

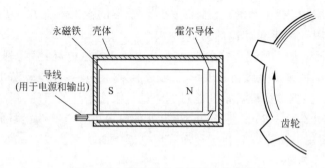

图 4-95　霍尔效应齿轮测速传感器

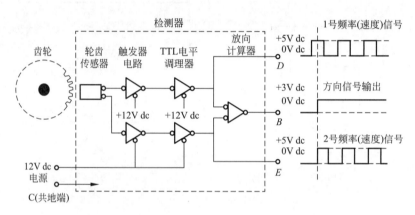

图 4-96　霍尔效应接近式传感器

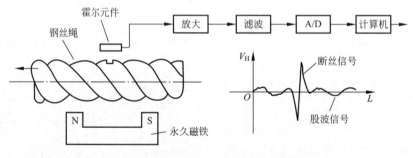

图 4-97　霍尔效应钢丝绳断丝检测装置

4.6.4　应用

图 4-98 给出涡流磁电式传感器用于测量角加速度和线加速度的实例。该实例是将涡流式与磁电式传感元件结合在一起，形成一种发电式传感器。在图 4-98（a）中，传感器转动轴上装有导电材料制成的圆盘，其右方安装有永磁铁，左侧铁心上绕有感应线圈。转轴静止时，圆盘与磁极间无相对运动，磁场没有变化，感应线圈没有电压输出。当转轴匀速旋转时，转盘与磁极产生相对运动，圆盘内磁场发生变化，在圆盘上产生涡流。该涡流的大小正比于转

轴的转速。圆盘中的涡流会产生磁场，该磁场会影响右侧的主磁场，阻止主磁场的变化。该磁场与左侧铁心形成一闭合磁回路。如果涡流是常值，则铁心中的磁场也是常值，这样感应线圈内不会产生感应电动势，传感器没有输出。只有当转轴具有角加速度时，圆盘内所产生的涡流变化才会使铁心内的磁场发生变化，从而在线圈中产生感应电动势。因此，感应线圈的输出电压反映了转动轴的角加速度大小。这种传感器的灵敏度约为 $0.05 \sim 100 \, \mathrm{mV/(rad \cdot s^{-2})}$，频率响应从直流到 $200 \sim 1\,000 \, \mathrm{Hz}$，极限情况下加速度可达数 $1\,000 \, \mathrm{rad/s^2}$，轴转速可达 $5\,000 \, \mathrm{r/min}$ 以上。

图 4-98（b）为线加速度传感器测量原理与以上分析类似。所不同的是产生涡流结构为套筒 2，它由弹簧片 1 支承，在壳体内相对磁心做线加速度运动，在其内部产生变化的涡流，该涡电流产生的变化磁通在感应线圈 3 内产生感应电动势，传感器的输出电压反映了传感器轴向直线运动的加速度大小。

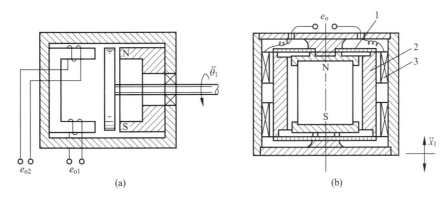

图 4-98　涡流-磁电型加速度传感器
1—弹簧片；2—套筒；3—感应线圈

4.7　光电式传感器

随着微电子技术、光电半导体技术、光导纤维技术和光栅技术的发展，光电传感器的应用日益广泛。

光电传感器是将光信号转换为电信号的传感器。若用这种传感器测量其它非电量时，只需将这些非电量的变化转换为光信号的变化，再将该光量转换为电量。这种测量方法具有结构简单、可靠性高、精度高、非接触和反应快等优点，被广泛用于各种自动检测系统中。

4.7.1　光电传感器测量原理

光电传感器的测量原理是基于光电效应。根据作用原理，光电效应可分为外光电效应、内光电效应和光生伏特效应。

1. 外光电效应

在光照作用下，物体内的电子从物体表面逸出的现象称为外光电效应，亦称光电子发射效应。该光电效应基于能量形式的转变，即将光辐射能转化为电磁能。

在金属内部存在着大量的自由电子，通常情况下，它们在金属内部做无规则的自由运动，不能离开金属表面。但当它们从外界获取的能量等于或大于电子逸出功时，便能离开金属表面。为使电子在逸出时有一定速度，必须有大于逸出功的能量。当光辐射通量照到金属表面时，其中部分能量被吸收，被吸收的能量一部分用于使金属温度增加，另一部分能量被电子吸收，使其受激发而逸出金属表面。下面对该现象进行定量分析。

光子的能量可由下式确定

$$E = h\nu \tag{4-133}$$

式中，h 为普朗克常数，$h = 60\ 626 \times 10^{-34}\ \text{J} \cdot \text{s}$；$\nu$ 为光的频率，s^{-1}。

当物体受到光辐射时，其中的电子吸收了光子的能量 $h\nu$，该能量的一部分用于使电子由物体内部逸出时所做的逸出功 A，另一部分则表现为逸出电子的动能 $\frac{1}{2}mv^2$，即

$$h\nu = \frac{1}{2}mv^2 + A \tag{4-134}$$

式中，m 为电子质量；v 为电子逸出速度；A 为物体的逸出功。

式（4-134）称为爱因斯坦光电效应方程式，它阐明了光电效应的基本规律。由上式可知：

① 光电子逸出表面的必要条件是 $h\nu > A$。因此，对每一种光电阴极材料，均有一个确定的光频率阈值。当入射光频率低于该值时，无论入射光强度多大，均不能引起光电子发射。反之，入射光频率高于阈值频率，即使光强极小，也会有光电子发射，且无时间延迟。对应于此阈值频率的波长 λ_0，称为某种光电器件或光电阴极的"红限"，其值为

$$\lambda_0 = \frac{hc}{A} \tag{4-135}$$

式中，c 为光速，$c = 3 \times 10^8\ \text{m} \cdot \text{s}^{-1}$。

② 当入射光频率成分不变时，单位时间内发射的光电子数与入射光光强成正比。光强越大，意味着入射光子越多，逸出的光电子数也越多。

③ 对外光效应器件而言，只要光照射在器件阴极上，即使阴极电压为零，也会产生光电流，这是因为光子逸出时具有初始动能。要使光电流为零，必须使光子逸出物体表面时的初速度为零。为此要在阳极加一反向截止电压 U_0，使外加电场对光电子所作的功等于光电子逸出时的动能，即

$$\frac{1}{2}mv^2 = e\,|\,U_0\,| \tag{4-136}$$

式中，e 为电子的电荷，$e = 1.602 \times 10^{-9}\ \text{C}$。

反向截止电压 U_0 仅与入射光频率成正比，与入射光的强度无关。

常见的外光电效应器件有光电管与光电倍增管等。

2. 内光电效应

在光照作用下，物体的导电性能（如电阻率）发生改变的现象称为内光电效应，又称光导效应。内光电效应与外光电效应不同，外光电效应产生于物体表面层，在光辐射作用下，物体内部的自由电子逸出到物体外部；而内光电效应则不发生电子逸出。物体内部的原

子吸收光能量，获得能量的电子摆脱原子束缚成为物体内部的自由电子，从而使物体的导电特性发生改变。

常见的内光电效应器件主要有光敏电阻以及由光敏电阻制成的光导管。

3. 光生伏特效应

在光线照射下，物体产生电动势的现象称为光生伏特效应。基于光生伏特效应的器件有光电池。光电池是一种有源器件，它用于将太阳能直接转换成电能，亦称为太阳能电池。光电池种类很多，有硅、硒、砷化镓、硫化镉、硫化铊光电池等。其中硅光电池由于其转换效率高、寿命长、价格便宜而应用广泛。硅光电池适于接收红外光。硒光电池适于接收可见光，但其转换效率（仅有 0.02%）及寿命低。它的优点是制造工艺成熟、价格便宜。因此，常用来制作照度计。砷化镓光电池的光电转换效率稍高于硅光电池，其光谱响应特性与太阳光谱接近，且其工作温度最高，耐受宇宙射线的辐射，因此，可作为宇航电源。

常用的硅光电池结构如图 4-99 所示。在电阻率为 $0.1 \sim 1 \ \Omega/\mathrm{cm}$ 的 N 型硅片上进行硼扩散，形成 P 型层，再用引线将 P 型和 N 型层引出，形成正、负极，便形成了一个光电池。接受光辐射时，在两极间接上负载便会有电流通过。

光电池的工作原理为：当光辐射至 PN 结的 P 型面上时，如果光子能量 $h\nu$ 大于半导体材料的禁带宽度，在 P 型区中每吸收一个光子便激发一个电子-空穴对。在 PN 结电场作用下，N 区的光生空穴将被拉向 P 区，P 区的光生电子被拉向 N 区。结果，在 N 区会积聚负电荷，在 P 区则积聚正电荷。这样，在 P 区和 N 区之间形成电势差，若将 PN 结两端以导线连接起来，电路中就会有电流流过。

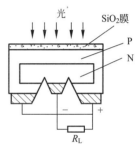

图 4-99　硅光电池的结构

光电池的基本特性包括光照特性、频率响应、光谱特性和温度特性等。常用的硅光电池的光谱范围为 $0.45 \sim 1.1 \ \mu\mathrm{m}$，在 800 Å 左右有一个峰值；而硒光电池的光谱范围为 $0.34 \sim 0.57 \ \mu\mathrm{m}$，比硅光电池的范围窄很多，它在 500 Å 左右有一个峰值。此外，硅光电池的灵敏度为 $6 \sim 8 \ \mathrm{nA} \cdot \mathrm{mm}^{-2} \cdot \mathrm{lx}^{-1}$，响应时间为数微秒至数十微秒。

4.7.2　光电元件

1. 真空光电管或光电管

光电管主要有两种结构形式，如图 4-100 所示，图（a）中光电管的光电阴极 K 由半圆筒形金属片制成，用于在光照射下发射电子。阳极 A 为位于阴极轴心的一根金属丝，用于发射电子。阴极和阳极被封装于抽真空的玻璃罩内。

光电管的性能主要取决于光电阴极材料，不同的阴极材料对不同波长光的辐射有不同的灵敏度。表征光电阴极材料性能的主要参数包括：频谱灵敏度、红限和逸出功。例如，银氧铯（$\mathrm{Ag\text{-}Cs_2O}$）阴极在整个可见光区域均有一定的灵敏度，其频谱灵敏度曲线在近紫外光区（4.5×10^3 Å）和近红外光区（$7.5 \times 10^3 \sim 8 \times 10^3$ Å）分别有两个峰值。因此，常用来作为红外光传感器。其红限约为 7×10^3 Å，逸出功为 0.74 eV，是所有光电阴极材料中最低的。

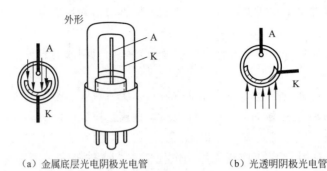

（a）金属底层光电阴极光电管 （b）光透明阴极光电管

图 4-100　光电管的结构形式

真空光电管的光电特性是指在恒定工作电压和入射光频率下，光电管接收的入射光通量 Φ 与其输出光电流 I_Φ 间的比例关系（见图 4-101）。图 4-101（a）给出两种真空光电管的光电特性。其中氧铯光电阴极的光电管在很宽的入射光通量范围内具有良好的线性度，因此，氧铯光电管在光度测量中广泛应用。

光电管的伏安特性是光电管的另一个重要性能指标，它是指在恒定的入射光频率和强度下，光电管的光电流 I_Φ 与阳极电压 U_a 间的关系 [见图 4-101（b）]。由图可知，当光通量一定时，随着阳极电压 U_a 的增加，管电流趋于饱和，光电管的工作点一般选在该区域中。

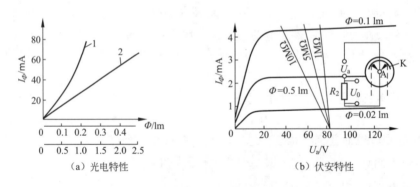

（a）光电特性 （b）伏安特性

图 4-101　真空光电管特性

1—锑铯光电阴极的光电管；2—氧铯光电阴极的光电管

2. 光电倍增管

光电倍增管在光电阴极和阳极之间安装了若干个"倍增极"，或称为"次阴极"。倍增极上涂有反光材料，在电子轰击下能反射更多电子。此外，通常将倍增管电极的形状和位置设计成使前一级倍增极反射的电子继续轰击后一级倍增管的电极。在每个倍增极间依次增大加速电压，如图 4-102（a）所示。设每极的倍增率为 δ（一个电子能轰击产生出 δ 个次级电子），若有 n 次阴极，则总的光电流倍增系数 $M = (C\delta)^n$（C 为各次阴极电子收集率），即光电倍增管阳极电流 I 与阴极电流 I_0 之间满足关系 $I = I_0 M = I_0 (C\delta)^n$，倍增系数与所加电压有关。常用的光电倍增管的基本电路如图 4-102（b）所示，各倍增极电压由电阻分压获得，流经负载电阻 R_A 的放大电流造成压降，得到输出电压。一般阳极与阴极之间的电压为

1 000 V ～ 2 000 V，两个相邻倍增电极的电位差为 50 V ～ 100 V。电压越稳定性能越好，由倍增系数波动引起的测量误差越小。由于光电倍增管的灵敏度高，因此，适合于微弱光条件下使用，不能接受强光刺激，否则易损坏。

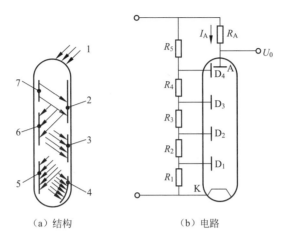

（a）结构　　　　　　　　（b）电路

图 4-102　光电倍增管的结构及电路

1—入射光；2—第一倍增极；3—第三倍增极；4—阳极 A；

5—第四倍增极；6—第二倍增极；7—阴极 K

3. 光敏电阻

某些半导体材料（如硫化镉等）受到光照时，若光子能量 $h\nu$ 大于本征半导体材料的禁带宽度，价带中的电子吸收一个光子后便可跃迁到导带，激发出电子-空穴对，从而降低材料的电阻率，增强导电性能。阻值的大小随光照的增强而降低，当光照停止后，自由电子与空穴重新复合，电阻恢复原来的数值。

光敏电阻的特点是灵敏度高、光谱响应范围宽（可从紫外光到红外光）、体积小、性能稳定。因此，在测试技术中得到广泛应用。光敏电阻的材料种类繁多，适用的波长范围不同。如硫化镉（CdS）、硒化镉（CdSe）适用于可见光（0.4 ～ 0.75 μm）的范围；氧化锌（ZnO）、硫化锌（ZnS）适用于紫外光范围；而硫化铅（PbS）、硒化铅（PbSe）、碲化铅（PbTe）适用于红外光范围。

光敏电阻的主要特征参数包括：

（1）光电流、暗电阻、亮电阻　光敏电阻在未受到光照的条件下，呈现的阻值称为"暗电阻"，通过的电流称为"暗电流"。光敏电阻在特定光照条件下呈现的阻值称为"亮电阻"，通过的电流称为"亮电流"。亮电流与暗电流之差称为"光电流"。光电流的大小表征了光敏电阻的灵敏度高低。一般希望暗电阻大，亮电阻小，这样暗电流小，亮电流大，相应的光电流大。光敏电阻的暗电阻大多很高，为兆欧量级，而亮电阻则在千欧以下。

（2）光照特性　光敏电阻的光电流 I 与光通量 F 的关系称为光敏电阻的光照特性。通常光敏电阻的光照特性曲线呈非线性，不同材料的光照特性亦不同。

（3）伏安特性　在一定光照下，光敏电阻两端所施加的电压与光电流之间的关系称为光敏电阻的伏安特性。当给定偏压时，光照度越大，光电流也越大。而在一定的照度下，所加电压越大，光电流也就越大，且无饱和现象。由于电压受到光敏电阻额定功率、额定电流的限制，不可能无限制地增加。

（4）光谱特性　对不同波长的入射光，光敏电阻的相对灵敏度不同。光敏电阻的光谱与材料性质、制造工艺有关。例如，随着掺铜浓度的增加，硫化镉的光敏电阻的光谱峰值可从 500 nm 增加到 640 nm；随材料薄层厚度的减小，硫化铅光敏电阻的峰值朝短波方向移动。因此，在选用光敏电阻时，应将元件与光源结合起来考虑，以获得所期望的效果。

（5）响应时间特性　光敏电阻的光电流对光照强度的变化需要一定的响应时间，通常用时间常数来描述这种响应特性。光敏电阻自光照停止到光电流下降至原值的 63% 时所经过的时间称为光敏电阻的时间常数。不同光敏电阻的时间常数不同，因此，其响应时间特性也不相同。

（6）光谱温度特性　与半导体材料相同，光敏电阻的光学与化学性质受温度的影响。温度升高时，暗电流和灵敏度下降。温度的变化也影响到光敏电阻的光谱特性。因此，为提高光敏电阻对较长波长光照（如远红外光）的灵敏度时，则需要采用降温措施。

4. 光敏晶体管

光敏晶体管分为光敏二极管和光敏三极管，其结构原理如图 4-103 和图 4-104 所示。光敏二极管的 PN 结安装在其顶部，可直接接受光照，在电路中一般处于反向工作状态［如图 4-103（b）］。当无光照时，暗电流很小；当有光照时，光子打在 PN 结附近，在 PN 结附近产生电子-空穴对。它们在内电场作用下作定向运动，形成光电流。光电流随光照度的增加而增加。因此，当无光照时，光敏二极管处于截止状态；当有光照时，二极管导通。

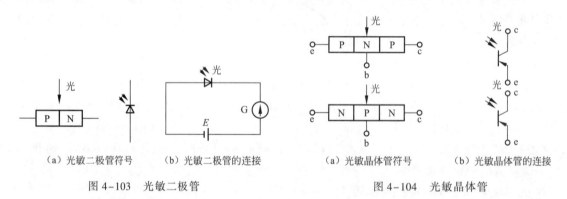

（a）光敏二极管符号　（b）光敏二极管的连接	（a）光敏晶体管符号　（b）光敏晶体管的连接
图 4-103　光敏二极管	图 4-104　光敏晶体管

光敏三极管有 NPN 型和 PNP 型两种，结构与一般晶体三极管相似。由于光敏三极管是光致导通的，因此，其发射极通常做得很小，以扩大光的照射面积。当光照到三极管的 PN 结时，在 PN 结中产生电子-空穴对，它们在内电场作用下作定向运动，形成光电流。该光电流促使 PN 结的反向电流大大增加。由于光照发射极所产生的光电流相当于晶体管的基极电流，光敏三极管的集电极电流为光电流的 β 倍，因此，光敏三极管比光敏二极管的灵敏度高。

光敏晶体管的基本特性有：

（1）光照特性　光敏二极管的线性度比光敏晶体管的线性度高，这与三极管的放大特性有关。

（2）伏安特性 在不同照度下，光敏二极管和光敏晶体管的伏安特性曲线跟一般晶体管在不同基极电流时的输出特性类似。光敏晶体管的光电流比相同管型的二极管的光电流大数百倍。光敏二极管的光生伏特效应使得光敏二极管即使在零偏压时仍有光电流输出。

（3）光谱特性 当入射波长增加时，光敏晶体管的相对灵敏度会降低。这是由于光子能量太小，不足以激发电子-空穴对。而当入射波长太短时，灵敏度也会下降，这是由于光子在半导体表面附近激发的电子-空穴对不能到达 PN 结的缘故。

（4）温度特性 光敏晶体管的暗电流受温度变化的影响较大，而输出电流受温度变化的影响较小。因此，使用时应考虑温度的影响，采取必要的补偿措施。

（5）响应时间 光敏管的输出与光照间有一定的响应时间，一般锗管的响应时间为 2×10^{-4} s 左右，硅管为 1×10^{-5} s 左右。

4.8 热电式传感器

在工业领域中，热电式测温传感器因具有测量精度高、便于远距离传输等优点，而得到广泛应用。热电式测温传感器基于温度敏感元件受热后电阻、电势变化而制成。常用的热电式测温传感器包括热电偶、热电阻（金属热电阻、半导体热敏电阻）。

4.8.1 热电偶

热电偶是工业中最常用的一种测温元件，属于能量转换型温度传感器。在接触式测温仪表中，具有信号易于传输和变换、测温范围宽、测温上限高等优点，主要用于 500 ～ 1 500 ℃范围内的温度测量。近年来研制的钨铼-钨铼系列热电偶的测温上限可达 2 800 ℃以上。

1. 热电效应及测温原理

利用一个简单的实验来说明热电偶的测温原理。取两种不同材料的金属导线 A 和 B 按图 4-105（a）所示进行连接。当温度 $t \neq t_0$ 时，回路中会产生电压或电流，其大小可由图 4-105（b）、（c）所示的电路测出。实验表明，测得电压值随温度 t 的升高而增加。由于回路中的电压或电流与两接触点的温度 t 和 t_0 有关，因此，在测温仪表术语中称其为热电势或热电流。

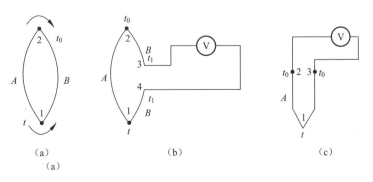

图 4-105 热电回路及热电势的检测

通常，将任意两种不同材料的导体 A 和 B 首尾相接构成一个闭合回路，当两接触点温度不同时，在回路中会产生热电势，这种现象称为热电效应。这两种不同导体的组合称为热电偶，组成热电偶的导体 A、B 称为热电极，两种导体的接触点称为结点，形成的回路称为热电回路。两种不同材料金属导体的一端焊在一起，称为工作端或热端（温度为 t），未焊接端称为冷端或参考端（参比端）（温度为 t_0）。

热电偶所产生的热电势包括两部分：接触电势和温差电势，即热电势是由两种导体的接触电势（帕尔帖电势）和单一导体的温差电势（汤姆逊电势）组成。

金属导体中有大量的自由电子，不同金属中自由电子密度是不同的。当 A、B 两种金属接触在一起时，在接触点处会发生电子扩散，即电子浓度大的金属中的自由电子会向电子浓度小的金属中扩散，这样电子浓度大的金属因失去电子而带正电；相反，电子浓度小的金属由于接受了扩散来的多余电子而带负电。这时，在接触面两侧一定范围内形成一个电场，电场的方向由 $A \rightarrow B$，如图 4-106（a）所示，该电场将阻碍电子的进一步扩散，最后达到动态平衡，从而得到一个稳定的接触电势。

温度越高，自由电子越活跃、扩散能力越强。因此，接触电势的大小除与两种不同导体的性质有关外，还与接触点的温度有关，通常记作 $E_{AB}(t)$，下标 A 表示正电极，下标 B 表示负电极，如图 4-106（b）所示。如果下标次序由 AB 变为 BA，则 E 前面的符号也要作相应的改变，即由 $E_{AB}(t)$ 变为 $E_{BA}(t)$。

若把两个电极的另一端闭合后，就构成了一个热电回路，则在两接触点处形成了两个方向相反的热电势 $E_{AB}(t)$ 和 $E_{BA}(t)$，如图 4-107 所示，其中 R_1、R_2 是热电偶的等效电阻。

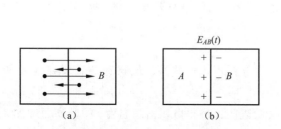

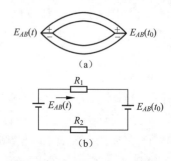

图 4-106　接触电势的形成过程

图 4-107　热电回路及等效电路

热电偶回路的热电势如图 4-108 所示。

图中 $E_A(t, t_0)$、$E_B(t, t_0)$ 称为温差电动势，它是同一导体因两端温度不同（自由电子所具有的动能不同）而产生的电动势。$E_{AB}(t)$、$E_{AB}(t_0)$ 称为接触电势，它是由于两种导体内电子密度不同、电子从密度大的导体扩散到密度小的导体，而在两导体接触处产生的电动势。

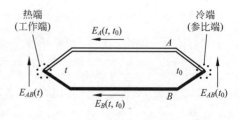

图 4-108　热电回路的热电势

热电偶回路总的热电势 $E_{AB}(t, t_0)$ 为

$$E_{AB}(t, t_0) = E_{AB}(t) - E_{AB}(t_0) - E_A(t, t_0) + E_B(t, t_0) \tag{4-137}$$

式（4-137）表明，热电偶回路中总的热电势为接触电势与温差电势之和。当热电极材

料确定后，热电偶总的热电势 $E_{AB}(t, t_0)$ 的大小取决于热端温度 t 和冷端温度 t_0。如果使冷端温度 t_0 固定不变，则热电偶输出的总电势仅为热端（被测）温度 t 的单值函数。只要测出热电势的大小，就能得到被测点的温度 t，这就是热电偶测温原理。

由式（4-137）可得如下结论：

① 如果热电偶两电极材料相同，即使两端温度不同，总输出电势仍为零，因此，热电偶的两极必须由两种不同材料构成。

② 如果热电偶的两结点温度相同，则回路中的总电势等于零。

③ 热电势的大小只与材料、结点温度有关，与热电偶的尺寸、形状及沿电极的温度分布无关。

需要注意：两种不同材料导体组成的闭合回路，如果两个接点的温度不同，在回路中将产生电势（称为热电势），该电势的大小和方向，取决于导体的材料及两个结点的温度差，即热电效应。

热电偶是基于热电效应工作的一种测温传感器，它实际上是由两种不同材料导体组成的闭合回路。即

热电势(热电偶产生的电势) = (两导体间的)接触电势 + (单一导体的)温差电势

热电偶工作的两个必要条件为：两电极的材料不同；两结点的温度不同。

2. 热电回路的基本定律

（1）中间温度定律　热电偶的测量端和参考端的温度分别为 t 和 t_1 时，其热电势为 $E_{AB}(t, t_1)$；温度分别为 t_1 和 t_0 时，其热电势为 $E_{AB}(t_1, t_0)$；因此，在温度分别为 t 和 t_0 时，该热电偶的热电势 $E_{AB}(t, t_0)$ 为前两者之和，这就是中间温度定律，如图 4-109 所示，其中 t_1 称为中间温度。

$$E_{AB}(t, t_0) = E_{AB}(t, t_1) + E_{AB}(t_1, t_0) \tag{4-138}$$

热电偶的热电势 $E(t, t_0)$ 与温度 t 的关系，称为热电特性。当冷端温度 $t_0 = 0\,℃$ 时，将热电偶热电特性($E(t, t_0) - t$) 制成的表，称为分度表，"$E(t, t_0) - t$" 之间通常呈非线性关系。当冷端温度 $t_0 \neq 0\,℃$ 时，不能根据已知回路实际热电势 $E(t, t_0)$ 直接查表求热端温度。在冷端温度为 t_0 情况下求热端被测温度值时，需按中间温度定律进行修正。

中间温度定律的应用如下：

① 为制定热电偶的"热电势-温度"关系分度表奠定了理论基础。实际测量时，冷端 t_0 为环境温度。例如当 $t_0 = 20\,℃$ 时，若测得 $E_{AB}(t, 20)$，则可根据中间温度定律 $E_{AB}(t, 0) = E_{AB}(t, 20) + E_{AB}(20, 0)$ 得到实际温度 t 值。

例 4-3　用镍铬-镍硅热电偶，在冷端温度为室温 25 ℃ 时，测得热电势 $E_K(t, 25) = 17.537\,\text{mV}$，求实际温度 t。

解：由 $t_0 = 25\,℃$ 查分度表得 $E_K(25, 0) = 1\,\text{mV}$，根据中间温度定律得

$$E_K(t, 0) = E_K(t, 25) + E_K(25, 0) = (17.537 + 1)\,\text{mV} = 18.537\,\text{mV}$$

查分度表得实际温度 $t = 450.5\,℃$。

如果用 $E_K(t, 25) = 17.537\,\text{mV}$ 直接查表，则得 $t = 427\,℃$，显然误差很大。

② 为工业测温中应用补偿导线提供了理论依据。可将与热电偶具有相同热电特性的补偿导线引入热电偶的回路中，相当于把热电偶延长而不影响热电偶应有的热电势。如：铂铑

–铂热电偶，其补偿导线为铜–铜镍。

两结点温度为 t、t_0 的热电偶，它的热电势等于结点温度分别为 t、t_n 和 t_n、t_0 的两支同性质热电偶的热电势的代数和，这就是中间温度定律。t_n 是中间温度。

（2）中间导体定律　对于图 4-110 中的回路，当 $t \neq t_0$ 时，有

$$E_{ABC}(t,t_0) = e_{AB}(t) - e_{AB}(t_0) = E_{AB}(t,t_0) \tag{4-139}$$

式（4-139）表明，在热电回路内接入第三种材料的导线，只要第三种材料导线的两端温度相同，则回路的总热电势为零。当 $t = t_0$ 时，有

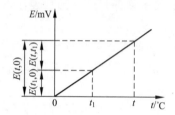

图 4-109　中间温度定律

图 4-110　中间导体连接的测温系统

$$e_{AB}(t_0) + e_{BC}(t_0) + e_{CA}(t_0) = 0$$

即
$$-e_{AB}(t_0) = e_{BC}(t_0) + e_{CA}(t_0) \tag{4-140}$$

式（4-140）表明，将 A、B 两种材料构成的热电偶 t_0 端拆开，接入第三种导体 C，只要第三种导体的两端温度相同，它的引入不会影响原热电偶的热电势。

根据这一性质可知，当在回路中引入各种仪表、连接导线时，不必担心会对热电势产生影响，因此，可采用任意办法来焊制热电偶。应用这一性质，还可采用开路热电偶对液态金属和金属壁面进行温度测量，即采用热端焊接、冷端开路，冷端经连接导线与显示仪表连接构成测温系统。

在热电偶回路中接入中间导体（第三种导体），只要中间导体两端温度相同，中间导体的引入对热电偶回路总电势没有影响，这就是中间导体定律。

（3）参考电极定律　在图 4-111 所示的热电偶回路中，当结点温度为 t、t_0 时，热电极 A、B 分别与参考电极 C 组成热电偶的热电势，热电偶的热电势可由 A、B 两种热电极与 C 配对后的热电势计算得到

$$E_{AB}(t,t_0) = E_{AC}(t,t_0) - E_{CB}(t,t_0) \tag{4-141}$$

参考电极定律大大简化了对热电偶的选配。只要获得热电极与标准铂电极配对后的热电势，任何

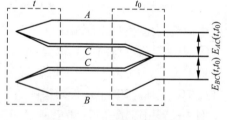

图 4-111　参考电极定律

两个热电极配对时的热电势便可按式（4-140）求得，而无需逐个进行测定。

当两电极的材料确定后，热电势的大小只取决于两结点的温度。若自由端温度 t_0 保持不变（通常将 t_0 固定为 $0\ ℃$ 进行标定），则热电势仅为工作端温度 t 的函数。测出热电势大小，即可知道被测点的温度 t 值。

3. 热电偶的种类

根据热电效应，任何两种不同性质的导体都可配制成热电偶。由于需要考虑灵敏度、准

确度、可靠性、稳定性等特性，并非所有材料都可成为有实用价值的热电极材料。作为热电极的材料，一般应满足如下要求：

① 在相同的温差下产生的热电势大，其热电势与温度之间呈线性或近似线性的单值函数关系。

② 耐高温、抗辐射性能好，在较宽的温度范围内其化学、物理性能稳定。

③ 电导率高、电阻温度系数和比热容小。

④ 复制性和工艺性好，价格低廉。

根据其材料和结构形式，热电偶有多种分类方法：

（1）按热电偶材料　按照国际计量委员会制订的《1990 年国际温标》标准，规定了 8 种通用热电偶。

① 铂铑 10-铂热电偶（分度号为 S）：正极为铂铑合金丝（用 90% 铂和 10% 铑冶炼而成），负极为铂丝。

② 镍铬-镍硅热电偶（分度号为 K）：正极为镍铬合金，负极为镍硅合金。

③ 镍铬-康铜热电偶（分度号为 E）：正极为镍铬合金，负极为康铜（铜、镍合金冶炼而成）。这种热电偶也称为镍铬-铜镍合金热电偶。

④ 铂铑 30-铂铑 6 热电偶（分度号为 B）：正极为铂铑合金（70% 铂和 30% 铑冶炼而成），负极为铂铑合金（94% 铂和 6% 铑冶炼而成）。

（2）按热电偶结构形式　热电偶可分为普通热电偶、铠装热电偶、薄膜热电偶、表面热电偶和浸入式热电偶。

① 普通热电偶：主要由热电极、绝缘管、保护套管、接线盒和接线盒盖等组成。普通热电偶已经标准化，主要用于气体、蒸汽、液体等介质的温度测量。

② 铠装热电偶：由热电偶丝、绝缘材料（氧化铁）、不锈钢保护管等组成。主要优点有：外径细、响应快、柔性强，可进行一定程度的弯曲，耐热、耐压、耐冲击性强。根据测量端的结构，包括碰底型、不碰底型、裸露型、帽型等多种形式。

③ 薄膜热电偶：这种热电偶的特点是热容量小、动态响应快，适宜测微小面积和瞬变温度，测温范围为 $-200\,℃ \sim 300\,℃$。包括片状、针状等结构形式。

④ 表面热电偶：主要用来测金属块、炉壁、涡轮叶片、轧辊等固体的表面温度。主要包括永久性安装和非永久性安装两类。

⑤ 浸入式热电偶：可直接插入液态金属中，测量铜水、钢水、铝水及熔融合金的温度。

4. 热电偶的冷端温度补偿

用热电偶进行测温时，热电势的大小取决于冷热端温度之差。如果冷端温度固定不变，则取决于热端温度。如冷端温度是变化的，将会引起测量误差。为此，需采取措施来消除冷端温度变化所产生的影响。

（1）冷端恒温法　一般热电偶标定时，冷端温度是以 0 ℃为标准。因此，常将冷端置于冰水混合物中，使其温度恒定保持为 0 ℃。在实验室条件下，通常把冷端放在盛有绝缘油的试管中，然后再将其放入装满冰水混合物的保温容器中，使冷端保持 0 ℃。

（2）冷端温度校正法　由于热电偶的温度分度表是在冷端温度保持为 0 ℃情况下得到的，与它配套使用的测量电路或显示仪表也是根据这一关系进行刻度划分的，因此，当冷端温度不等于 0 ℃时，就需对仪表指示值加以修正。如冷端温度高于 0 ℃，但恒定为 t_1 ℃，则测得的热电势要小于该热电偶的分度值。为获得真实温度，需要利用中间温度法则，按下式进行修正：

$$E(t,0) = E(t,t_1) + E(t_1,0) \tag{4-142}$$

（3）补偿导线法　为使热电偶冷端温度保持恒定（0 ℃为最佳），可以将热电偶做得很长，使冷端远离工作端，并连同测量仪表一起放置到恒温或温度波动较小的地方，这种方法安装使用不方便，并且会耗费较多的贵重金属材料。因此，通常利用补偿导线将热电偶冷端引出来，如图 4-112 所示，这种导线在一定温度范围（0 ~ 150 ℃）内具有与所连接热电偶相同的热电性能。对于廉价金属制成的热电偶，则可用其本身材料作为补偿导线将冷端延伸至恒温处。

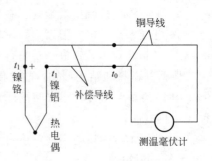

图 4-112　补偿导线法

注意：只有冷端温度恒定或配用仪表本身具有冷端温度自动补偿装置时，用补偿导线才有意义。热电偶和补偿导线连接端所处的温度一般不应超出 150 ℃，否则由于热电特性不同会带来新的误差。

5. 热电偶的标定

热电偶在使用前或使用中都需要进行校验，也称为标定。热电偶标定的目的是核对热电偶的热电势 - 温度关系是否符合标准，或是确定非标准热电偶的热电势 - 温度特性曲线，也可通过标定消除测量系统的系统误差。标定方法有定点法和相对比较法，前者是利用纯物质的沸点或凝固点作为温度标准，后者是将高一级的标准热电偶与被标定热电偶放在同一介质中，并以标准热电偶的温度读数作为温度标准。

4.8.2　热电阻

电阻温度计的工作原理是利用导体或半导体的电阻值随温度变化的性质进行温度测量。构成电阻温度计的测温元件主要有金属丝热电阻或半导体热敏电阻。

随着温度的升高，金属材料的电阻率会增加，半导体的电阻率则会下降，这就是热电阻效应。利用热电阻效应制成的传感器称为热电阻传感器，它常用于温度或与温度有关的参数测量（速度、浓度、密度等）。按照电阻的性质可以分为热电阻传感器和热敏电阻传感器，前者材料是金属，后者材料是半导体。

1. 金属热电阻传感器

根据物理学可知，一般金属导体具有正的电阻温度系数，即电阻率随着温度的上升而增加。在一定的温度范围内，电阻与温度的关系为

$$R_t = R_0 + \Delta R_t$$

对于线性较好的铜电阻，或一定温度范围内的铂电阻，其电阻值可表示为

$$R_t = R_0 [1 + \alpha(t - t_0)] = R_0(1 + \alpha t) \tag{4-143}$$

式中，R_t 为温度为 t 时的电阻值；R_0 为温度为 0 ℃时的电阻值；α 为电阻温度系数（随材料不同而异）。

根据敏感元件的材料不同，金属热电阻主要有铂热电阻（Pt_{100}）、铜热电阻（Cu_{50}）等，这些热电阻在工业上广泛应用于 $-200 \sim 500\ ℃$ 范围内的温度测量。铜热电阻有 $R_0 = 50\ \Omega$ 和 $R_0 = 100\ \Omega$ 两种，它们的分度号为 Cu50 和 Cu100。铜热电阻的线性好，但测量范围不宽，一般为 $0 \sim 150\ ℃$。铂热电阻的线性稍差，但其物理化学性能稳定，重复性好，精度高，测温范围宽，因此应用广泛。在 $0 \sim 961.78\ ℃$ 范围内还被用作复现国际温标的基准器。铂热电阻常用的电阻值有 $R_0 = 10\ \Omega$、$R_0 = 100\ \Omega$ 和 $R_0 = 1\ 000\ \Omega$ 等几种，它们的分度号分别为 Pt10、Pt100、Pt1000。目前 Pt100 和 Cu50 的应用最为广泛。

图 4-113 给出几种金属热电阻传感器的结构。这些热电阻传感器的敏感元件采用不同材料的电阻丝，电阻丝将温度（热量）的变化转变为电阻的变化。要测量电阻的变化，通常以热电阻作为电桥的一个桥臂，通过电桥把电阻的变化转变为电压的变化。由动圈式仪表（毫伏计等）直接测量或经放大器输出，实现自动测量或记录。

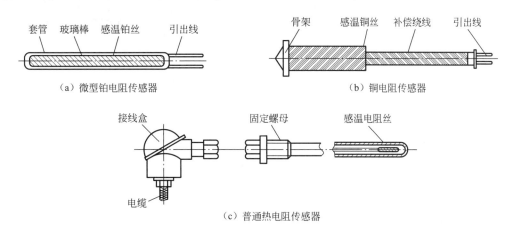

（a）微型铂电阻传感器　　　　　　　（b）铜电阻传感器

（c）普通热电阻传感器

图 4-113　热电阻传感器结构

2. 半导体热敏电阻传感器

热敏电阻是一种当温度变化时电阻值发生显著变化的半导体元件，它是由锰、镍、钴、铁、铜等的金属氧化物（NiO、MnO、CuO、TiO 等）粉末按一定比例混合烧结而成。

热敏电阻具有负的电阻温度系数，即随温度上升，其电阻值降低。根据半导体理论，热敏电阻在温度 T 时的电阻为

$$R = R_0 \mathrm{e}^{B\left(\frac{1}{T} - \frac{1}{T_0}\right)} \tag{4-144}$$

式中，R_0 为温度 T_0 时的电阻值；B 为常数（与材质有关，一般在 $2\ 000 \sim 4\ 500\ K$ 之间，通常取 $B \approx 3\ 400\ K$）。

由上式可求得电阻温度系数

$$\alpha = \frac{\mathrm{d}R/\mathrm{d}T}{R} = -\frac{B}{T^2} \tag{4-145}$$

当 $B = 3\ 400\ K$，$T = 273.15 + 20 = 293.15\ K$ 时，$\alpha = -3.96 \times 10^{-2}$，其绝对值相当于铂电阻的 10 倍。

热敏电阻的结构形式及符号如图 4-114 所示，半导体热敏电阻元件如图 4-115 所示。

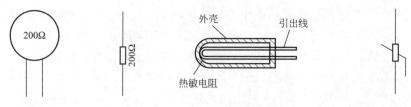

（a）圆形热敏电阻 （b）柱形热敏电阻　　（c）珠形热敏电阻　　（d）热敏电阻在电路中的符号

图 4-114　热敏电阻的结构形式及符号

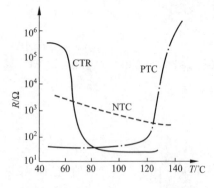
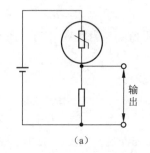
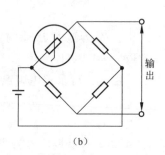

（a）　　　　　　　　（b）　　　　　　　　（c）

图 4-115　半导体热敏电阻元件

根据热敏电阻温度特性的不同，可将热敏电阻分为以下三种类型。

① NTC 型热敏电阻：随温度升高其阻抗下降。

② PTC 型热敏电阻：温度超过某一值后其阻抗急剧增加。

③ CTR 型热敏电阻：温度超过某一值后其阻抗减少。

这三种热敏电阻的温度特性曲线如图 4-116 所示。在温度测量方面，多采用 NTC 型热敏电阻。热敏电阻是非线性元件，它的温度-电阻关系是指数关系，流过热敏电阻的电流和热敏电阻两端的电压不服从欧姆定律。

根据形状不同，热敏电阻可以分为球形、圆形、条形三种，每种类型都有多种规格。在国家标准中，可以互换的热敏电阻都有其特定标准。

图 4-117 给出热敏电阻的常见连接方式，其适用温度为 -50 ~ 350 ℃。在由阻值求被测物体温度时，需要根据热敏电阻的温度特性曲线进行对数运算。若将阻抗变化引起的电压变化进行 A/D 转换后，由微型计算机完成这种数据处理，会使温度的计算变得非常简单。

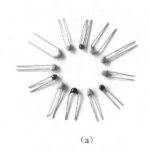

图 4-116　NTC、PTC、CTR 热敏电阻
　　　　　的温度特性

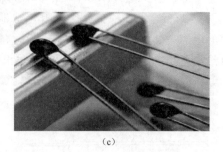

（a）　　　　　　　　　　（b）

图 4-117　热敏电阻的连接方法

热敏电阻测温公式可表示为

$$\frac{1}{T} = \frac{1}{B} \ln \frac{R}{R_0} + \frac{1}{T_0} \tag{4-146}$$

式中，T 为被测温度；R 为被测温度下的阻值；T_0 为基准温度；R_0 为基准温度下的阻值；B 为热敏常数。

与金属热电阻相比，热敏电阻有以下优点：

① 电阻温度系数较大，灵敏度很高，目前可测到 0.001 ~ 0.000 5 ℃ 微小温度的变化。

② 热敏电阻元件可作成片状、柱状、珠状等，直径可达 0.5 mm。体积小，热惯性小，响应速度快，时间常数可小到毫秒级。

③ 热敏电阻的电阻值可达 1 kΩ ~ 700 kΩ，当远距离测量时导线电阻的影响可不考虑。

④ 在 – 50 ℃ ~ 350 ℃ 温度范围内，具有较好的稳定性。

热敏电阻的主要缺点是阻值分散性大，重复性差，非线性度大，老化较快。

热敏电阻传感器可用于液体、气体、固体以及海洋、高空、冰川等领域的温度测量。测量温度范围一般为 – 10 ℃ ~ 400 ℃，可扩展到 – 200 ℃ ~ – 10 ℃ 和 400 ℃ ~ 1 000 ℃ 范围。热敏电阻因温度电阻系数大、体积小、重量轻、热惯性大、结构简单、价格经济等优点被广泛应用于测量仪器、自动控制、自动检测等装置中。

4.9　传感器的标定及选用原则

4.9.1　传感器的标定

在制造、装配后，必须对传感器的设计指标进行标定，以保证其量值的准确传递。传感器使用一段时间后（中国计量法规定一般为一年）或经过修理，也必须对其主要技术指标再次进行标定（即校准），以确保其性能指标达到要求。

传感器的标定，就是通过试验确定传感器的输入量与输出量之间的关系。同时，也确定出不同使用条件下的误差关系。因此，传感器标定有两个含义。其一是确定传感器的性能指标；其二是明确这些性能指标所适用的工作环境。本章仅讨论第一个含义。

传感器的标定有静态标定和动态标定两种。静态标定的目的是确定传感器静态指标，主要包括线性度、灵敏度、滞后和重复性等。动态标定的目的是确定传感器动态指标，主要包括时间常数、固有频率和阻尼比等。有时，根据需要也对非测量方向（因素）的灵敏度、温度响应、环境影响等进行标定。

标定的基本方法是将已知的被测量（即标准量）输入给待标定的传感器，同时得到传感器的输出量；将获得的传感器的输入量和输出量进行处理，得到表征两者关系的标定曲线，进而测得传感器的性能指标。

图 4-118 给出常见的传感器标定系统。图中，实线框环节构成绝对法标定系统。这时，标定装置将产生被测量，传递给待标定传感器，并被待标定传感器测量出来，待标定传感器的输出信号由输出量测量环节测量并显示出来。一般来说，绝对标定法的标定精度较高，但

较复杂。如果标定装置不能测量被测量，或不用它给出测量值，就需要增加标准传感器测量被测量。这就组成了简单易行的比较法标定系统。另外，若待标定传感器包括后续测量电路和显示部分，标定系统中就可去掉输出量测量环节，因此，这种标定方法能提高传感器在工程测试中的使用精度。

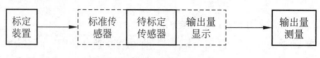

图 4–118　标定系统框图

对传感器进行标定，是根据试验数据确定传感器的各项性能指标，实际上也是确定传感器的测量精度。在对传感器进行标定时，所用测量设备（称为标准设备）的精度通常要比待标定传感器的精度高一个数量级（至少要高 1/3 以上）。这样通过标定确定的传感器性能指标才可靠，所确定的精度才可信。

1. 传感器静态特性的标定方法

传感器的静态特性是在静态标准条件下进行标定的。所谓静态标准条件主要包括没有加速度、振动、冲击（除非这些参数本身就是被测量）及环境温度一般为室温（20 ± 5 ℃）、相对湿度不大于 85%、气压为（101 ± 7）kPa 等条件。

一般的静态标定包括如下步骤：

① 将传感器全量程（测量范围）分成若干等间距点；

② 根据传感器量程的分点情况，由小到大、逐点递增输入标准量，并记录下各点输入值对应的输出值；

③ 将输入量由大到小、逐点递减，同时记录下各点输入量对应的输出值；

④ 按②、③步骤，对传感器进行正、反行程多次循环（一般为 3 ~ 10 次）测量，将得到的输出–输入测量数据用表格列出或绘制成曲线；

⑤ 对测试数据进行处理，得到传感器校正曲线，进而确定传感器的灵敏度、线性度、迟滞和重复性等静态指标。

2. 传感器动态特性的实验测量法

传感器的动态标定是通过实验对传感器的动态性能指标进行测量。下面讨论动态特性的实验测量法。测量方法因传感器的形式（如电、机械、气动等）不同而不同，从原理上一般可分为阶跃响应法、频率响应法、随机响应法和脉冲响应法等。

需要注意，标定系统中所用的标准设备的时间常数应比待标定传感器的时间常数小得多，而固有频率则应高得多。这样它们的动态误差才可忽略不计。

（1）阶跃响应法

① 一阶传感器时间常数 τ 的确定：一阶传感器输出 y 与被测量 x 之间的关系为 $a_1 \mathrm{d}y/\mathrm{d}x + a_0 y = b_0 x$，当输入 x 是幅值为 A 的阶跃函数时，可以解得

$$y(t) = kA\big[1 - \exp(-t/\tau)\big] \tag{4–147}$$

式中，τ 为时间常数，$\tau = a_1/a_0$；k 为静态灵敏度，$k = b_0/a_0$。

在测得的传感器阶跃响应曲线上，取输出值达到其稳态值的 63.2% 处所经过的时间即为其时间常数 τ。但这样确定 τ 值时没有涉及响应的全过程，测量结果的可靠性仅仅取决于

某些个别的瞬时值。

根据式（4-146）得到 $1 - y(t)/(kA) = \exp(-t/\tau)$，令 $Z = -t/\tau$，Z 与 t 成线性关系，采用这种方法，可获得较为可靠的 τ 值。

$$Z = \ln[1 - y(t)/(kA)] \tag{4-148}$$

根据测得的输出信号 $y(t)$ 作出 $Z-t$ 曲线，则 $\tau = -\Delta t/\Delta Z$。这种方法考虑了瞬态响应的全过程，并可以根据 $Z-t$ 曲线与直线的符合程度来判断传感器接近一阶系统的程度。

② 二阶传感器的阻尼比 ξ 和固有频率 ω_0 的确定：二阶传感器的阶跃响应为

$$y(t) = kA\left[1 - \frac{\exp(-\xi t/\tau)}{\sqrt{1-\xi^2}}\sin\left(\frac{\sqrt{1-\xi^2}}{\tau}t + \arctan\frac{\sqrt{1-\xi^2}}{\xi}\right)\right] \tag{4-149}$$

二阶传感器一般都设计成 $\xi = 0.7 \sim 0.8$ 的欠阻尼系统，测得的传感器的阶跃响应输出曲线如图 4-119 所示，在其上可以获得曲线振荡频率 ω_d、稳态值 $y(\infty)$，最大过冲量 δ_m 及其发生的时间 t_m。

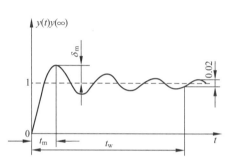

图 4-119　$\xi < 1$ 的二阶传感器过度过程

根据式（4-149）可以推导出

$$\xi = \sqrt{\frac{1}{1 + [\pi/\ln(\delta_m/y(\infty))^2]}} \tag{4-150}$$

$$\omega_0 = \frac{\omega_d}{\sqrt{1-\xi^2}} = \frac{\pi}{t_m\sqrt{1-\xi^2}} \tag{4-151}$$

由上面两式可确定出 ξ 和 ω_0。此外，也可以利用任意两个过冲量来确定 ξ，设第 i 个过冲量 δ_{mi} 和第 $i+n$ 个过冲量 $\delta_{m(i+n)}$ 之间相隔 n 个周期，它们分别对应的时间是 t_i 和 t_{i+n}，则 $t_{i+n} = t_i + (2\pi n)/\omega_d$。令 $\delta_n = \ln(\delta_{mi}/\delta_{m(i+n)})$，根据公式（4-149）可以推导出

$$\xi = \sqrt{\frac{1}{1 + 4\pi^2 n^2/[\ln(\delta_{mi}/\delta_{m(i+n)})]^2}} \tag{4-152}$$

从传感器的阶跃响应曲线上，测取相隔 n 个周期的任意两个过冲量 δ_{mi} 和 $\delta_{m(i+n)}$，然后代入上式，便可确定出 ξ。

由于该方法利用比值 $\delta_{mi}/\delta_{m(i+n)}$ 来计算 ξ，消除了信号幅值对计算结果的影响。若传感器是二阶的，则取任何正整数 n 求得的 ξ 值是相同的；反之，则表明传感器不是二阶的。因此，该方法还可以判断传感器与二阶系统的符合程度。

（2）频率响应法　测量传感器正弦稳态响应的幅值和相角，得到稳态正弦输入输出的幅值比和相位差。逐渐改变输入正弦信号的频率，重复前述过程，即可得到传感器频率响应的幅频特性和相频特性曲线。

① 一阶传感器时间常数 τ 的确定：将一阶传感器的频率特性曲线绘成伯德图，则根据其对数幅频特性曲线下降 3 dB 处对应的角频率 $\omega = 1/\tau$，可确定一阶传感器的时间常数 τ。

② 二阶传感器阻尼比 ξ 和固有频率 ω_0 的确定：二阶传感器的频率响应的幅频特性满足下式

$$k(\omega) = k / \sqrt{(1 - \omega^2 \tau^2)^2 + (2\xi\omega\tau)^2} \qquad (4-153)$$

二阶传感器的幅频特性曲线如图 4-120 所示。在欠阻尼情况下，从曲线上可以测得三个特征量，即零频增益 k_0、共振频率增益 k_r 和共振角频率 ω_r。

由式（4-153）通过求极值可推导出

$$\frac{k_r}{k_0} = \frac{1}{2\xi \sqrt{1 - \xi^2}} \qquad (4-154)$$

$$\omega_0 = \frac{\omega_r}{\sqrt{1 - 2\xi^2}} \qquad (4-155)$$

即可确定 ξ 和 ω_0。

从理论上讲，可通过传感器的相频特性曲线确定 ξ 和 ω_0，但由于实际上难以测得准确的相角，因此很少使用相频特性进行传感器性能标定。

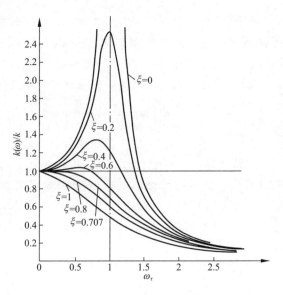

图 4-120　二阶传感器的幅频特性

（3）其他方法　若用功率谱密度为常数 C 的随机白噪声作为待标定传感器的输入量，则传感器输出信号的功率谱密度为 $Y(\omega) = C |H(\omega)|^2$。传感器的幅频特性 $k(\omega)$ 为

$$k(\omega) = \frac{1}{\sqrt{C}} \sqrt{Y(\omega)} \qquad (4-156)$$

由此得到传感器频率特性的方法称为随机信号校验法，它可消除干扰信号对标定结果的影响。

如果用冲击信号作为传感器的输入量，则传感器的系统传递函数为其输出信号的拉氏变换，由此可确定传感器的传递函数。

如果传感器属三阶以上的系统，则需分别求出传感器输入和输出的拉氏变换，或通过其它方法确定传感器的传递函数，或直接通过频率响应的方法确定传感器的频率特性，再进行因式分解，将传感器等效成多个一阶、二阶环节的串并联，进而分别确定它们的动态特性，最后以其中最差的作为传感器的动态特性的标定结果。

3. 常用的标定设备

不同传感器需要不同的标定设备。同一传感器在要求不同时，其标定设备也不相同。这里仅讨论部分具有代表性的设备。

（1）静态标定设备

① 力标定设备：力标定设备主要分为测力砝码和拉压式（环形）测力计。

a. 测力砝码：最简单的力标定设备是各种测力砝码。我国基准测力装置是固定式基准测力机，它实际上是由一组在重力场中体现为基准力值的直接加荷砝码（静重砝码）组成。图 4-121（a）所示为杠杆式测力机，这是一种直接加测力砝码的标定装置。图 4-121（b）是一种液压式测力机，其中砝码经油路产生的力作为标准力作用在待标定传感器上，该测力机的量程可高达 5 MN。

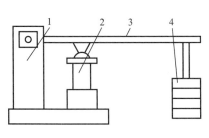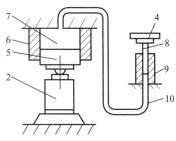

(a) 杠杆式砝码标定装置　　　　　　(b) 液压式测力机工作原理

图 4-121　砝码标定装置

1—支架；2—传感器；3—杠杆；4—砝码
5—工作活塞；6—液压缸；7—液体；8—加力活塞；9—测力液压缸；10—导管

b. 拉压式（环形）测力计：图 4-122 所示为用环形测力计作为标准的推力标定装置，它由液压缸产生推力，测出测力环变形量作为标准输入。可用杠杆放大机构和百分表读取测力环变形量，也可用光学显微镜读取。若用光学干涉法读取，则精度更高。

② 压力标定设备：压力标定设备主要分为活塞式压力计和水银压力计。

a. 活塞式压力计：图 4-121（b）给出液压式测力机原理和结构形式，将传感器受力由点接触结构改成面接触结构，就形成了活塞式压力计，如图 4-123 所示。其中，砝码 1 经油路产生的压力作为标准压力作用在待标定的传感器 8 上。

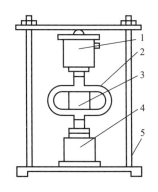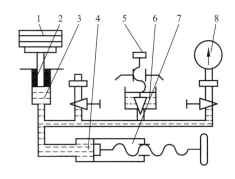

图 4-122　带测力环的推力标定装置

1—传感器；2—测力环；3—变形量读取部分；
4—液压活塞；5—支架

图 4-123　活塞压力计示意图

1—砝码；2—测量柱塞；3—测量缸；4—油液；
5—进油阀；6—储油器；7—压力缸；8—传感器

b. 水银压力计：图 4-124 所示为普通的液体压力计，U 形管水银压力计靠水银的重力产生压力。

活塞式压力计和水银压力计可用作从 10 Pa 到几万标准大气压范围内的压力标定设备。

在 $133.322 \times 10^{-5} \sim 133.322 \times 10\,\mathrm{Pa}$ 的范围内，可采用麦式真空计来产生标准压力。

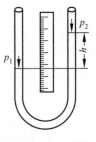

图 4-124　U形管水银压力计

③ 位移标定设备：各种长度计量器具，如各种直尺、深度尺、深度千分尺、量块、塞规、专门制造的标准样柱等均可用作位移传感器的静态标定设备。量块的精度最高，使用方便，标定范围广。

当精度为 $2.5 \sim 10\,\mu\mathrm{m}$ 时，可直接用度盘指示器和千分尺作为标准器；如需测得更精准，可通过杠杆机构（传动比约 10∶1）或楔形机构（传动比约 100∶1）来测量。机械式测微仪测量小位移时精度可达 10^{-4} mm。如测量精度高于 $2.5\,\mu\mathrm{m}$，则测量设备本身应对照量块来标定或直接用量块标定传感器。

④ 温度标定设备：当温度较低时（低温至 630.74 ℃ 以内），温度标定主要采用铂电阻温度计；当温度为 $630.74 \sim 1\,064\,℃$ 时，可采用铂铑-铂热电偶；当温度为 1 064 ℃ 以上时，可采用光学高温计。

⑤ 应变标定设备：应变标定采用一个加载后能产生已知的、均匀准确的一维应力装置进行，一般多采用泊松系数为 0.285 的合金钢制作的等弯矩梁或等强度悬臂梁来实现。梁的应变通常利用挠度计转换后测得。

（2）动态标定设备　在动态标定的标准输入量中，阶跃输入最容易实现；正弦标准输入对纯电气的传感器容易实现，对其他传感器而言难以实现；其他形式的标准输入的实现则更为困难。

① 振动标定设备：能产生振动的装置称为激振器或振动台。激振器的种类很多，有机械式、液压式、电动式等多种形式。按照振动频率分为高频、中频、低频三类。

a. 电动式中、低频激振器：中频激振器的工作频率范围为 $5 \sim 7.5\,\mathrm{kHz}$，一般采用电动式激振器作为中频段内振动标定用振动台。电动式激振器按磁场形成的方法不同可分为永磁式和励磁式两种。前者多用于小型激振器；后者多用于大型激振台。它们的原理与磁电式传感器相同，只是将输入和输出进行对换来实现电能到机械能的转换。

图 4-125 为电动式激振器的结构示意图，驱动线圈 7 固装在顶杆 4 上，并由支承弹簧 1 支承在壳体 2 中，线圈 7 正好位于磁极 5 与铁心 6 的气隙中。磁钢 3、磁极 5、铁心 6 和气隙构成磁回路，当线圈 7 通以经功率放大后的交变电流时，它受气隙中的磁场作用，受到磁力作用，该力通过顶杆 4 传到试件 8 上，便产生激振力。

利用振动台进行绝对法标定时，关键是精确测量振动台在正弦信号激励下的振幅值。测量振幅可采用读数显微镜直接观察振动物体表面参考线（点）的运动距离；也可采用激光干涉法，这时测量部分实际上就是一台迈克尔逊干涉仪，其测量镜感受振动台的振幅，并与固定参考镜的反射光相干涉而产生干涉条纹。前者适用于 0.01 mm 以上振幅值的测量；后者则适用于微米级振幅的测量。

b. 压电式高频激振器：高频标定振动台的频率范围为几千赫兹到百万赫兹，加速度值可达几百 g，负荷一般只有零点几牛顿。结构多用压电式，利用逆压电效应进行测量，其结构原理如图 4-126 所示。

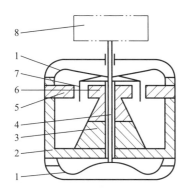

图 4-125　电动式激振器结构示意图
1—支承弹簧；2—壳体；3—磁钢；4—顶杆；
5—磁极；6—铁心；7—驱动线圈；8—试件

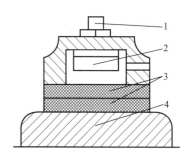

图 4-126　压电式高频振动台
1—被标传感器；2—内装传感器；
3—压电片；4—底座

　　c. 振动台：机械振动台种类很多，其中最常用的是偏心惯性质量式。其原理是电机带动一偏心质量旋转，产生振动。改变电动机转速，或通过变速机构改变偏心惯性质量的转速，即可改变振动频率。调整惯性质量的偏心距，可改变振动加速度。机械振动台简单，但噪声大，还往往叠加有因撞击或摩擦产生的高频噪声。

　　液压振动台是通过电液伺服阀驱动作功筒，并推动台面而产生振动，其低频响应好，推力大，可用作为大吨位激振设备。

　　② 压力标定设备。

　　a. 周期函数压力发生器：正弦压力发生器的频率可达 100 kHz 以上。但频率越高，所能产生的动态压力的幅度越小。

　　按工作原理，周期压力发生器主要包括谐振空腔校验器、非谐振空腔校验器、转动阀门式方波压力发生器和喇叭式压力发生器四类。

　　谐振空腔校验器为封闭空腔，用适当方法产生空气谐振，安装在空腔壁上的传感器能感受到周期变化的力。

　　非谐振空腔校验器是用一定方式调制通过容器的气流，使容器内气体产生周期变化的压力。

　　转动阀门式方波压力发生器的结构原理如图 4-127 所示，压力频率受轴的转速控制，但应避开管路系统的固有频率，它一般多用于低频。

　　喇叭式压力发生器的工作原理类似于动圈式扬声器，音圈受正弦信号激励，带动音膜振动，使空气耦合腔内的压力变化。

　　b. 非周期函数压力（力）发生器：

　　激波管　激波管产生的前沿压力很陡、接近理想的阶跃信号，压力范围宽、便于调节压力、频率范围广（2 ～ 2.5 kHz）、结构简单、使用方便，故应用最广。

　　激波是指气体某处压力突然发生变化，压力波高速传播。在传

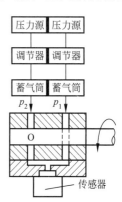

图 4-127　转动阀门
产生方波压力

播过程中，波阵面到达某处，那里的气体压力、密度和温度都发生突变；而波阵面未到处，气体不受波的扰动；波阵面过后，其后面的流体温度、压力都比波阵面前高。

两室型激波管原理如图 4-128 所示。其结构一般为圆形或方形断面直管，中间用膜片分隔为高压室和低压室，并装有破膜针，故称为两室型。有的激波管被分为高、中、低三个压力室，以便得到更高的激波压力，称为三室型。

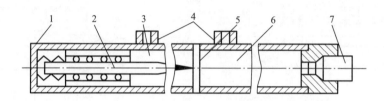

图 4-128　激波管示意图

1—壳体；2—破膜针；3—高压腔；4—管接头；5—膜片；

6—低压腔；7—传感器

标定时仅给高压室充以高压气体，而低压室一般为一个大气压。当高、低压室的压力差达到设定值时，破膜针使膜片突然打开，高压气体急速冲入低压室而形成激波。该激波的波阵面压力恒定，相当于理想的阶跃波。它以超音速冲向被标定传感器。该传感器在激波的激励下按固有频率作衰减振荡。

激波管内高、低压室的气体可以是空气 – 空气，也可以是氮气 – 空气等。中间膜片的材料随压力范围不同而不同，低压用纸，中压用塑料，高压则用铜、铝等金属材料。

激波管内波速可用光学方法测定，也可以通过测量其穿过两薄膜电阻片（距离已知）所用时间来求得。由波速可计算出激波压力值。

快速阀门装置　快速阀门装置的结构很多，但其基本原理相同。通常将待标定压力传感器安装在容积很小的容腔壁上，当这个小容腔通过快速阀门与高压容腔接通时，作用在传感器上的压力迅速上升到某一稳定值。为加快压力跃升和下跌的速度，一方面应尽量减小小容腔的容积，另一方面应尽量提高阀门的动作速度。

图 4-129 给出预应力杆式阀门装置的原理图。大容腔体积为小容腔的 103 倍，长度为小容腔的 40 倍。将大容腔加到预定压力，突然卸去活塞后，压力快速开启阀门，传感器受到阶跃压力波的作用。

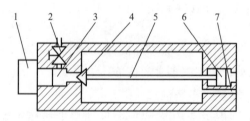

图 4-129　预应力快速阀门装置的原理结构

1—传感器；2—泄放阀；3—小容腔；4—阀芯；

5—阀杆；6—活塞；7—供油管道

落球装置　它是利用落球（锤）掉在高压液压装置的活塞上，使装置内液体产生一个近似半正弦的压力脉冲，其结构原理如图 4-130 所示。当落体与活塞碰撞时，在很短的时间内把动能传递给传感器，然后落体弹回，同时传感器按自身固有频率振荡。

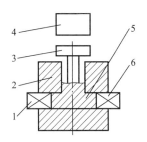

图 4-130　落球装置示意图
1—标准传感器；2—本体；3—活塞杆；
4—锤体；5—液压油；6—待标定传感器

4. 传感器标定举例

传感器品种繁多，且新种类、新产品层出不穷。因此，它们的标定方法也多种多样。其中，较为成熟的传感器产品，一般都有国家检定规程，可按照规程进行标定；对其余的传感器，或参照类似产品检定规程进行标定，或采用类似本章中提到的有关方法进行。本章给出几个典型的传感器标定实例。

（1）应变式力传感器的静态标定　将应变式力传感器安放到提供标准静态力的静态力标定设备上，传感器输出接入由应变仪和显示记录仪器（光线示波器、笔录仪、磁带记录仪）组成的标准测量系统。

先超负荷加载 20 次以上，超载量为传感器额定负荷的 120% ～ 150%。然后将传感器输入量以额定负荷的 10% 为间隔分成若干个点，按第一节步骤进行标定，得到灵敏度、线性度、迟滞、重复性。

在无负荷情况下，对传感器缓慢加温或降温到一定的温度，可测得传感器的零点温漂；对传感器或整个标定设备加恒温罩，则可测得零点漂移；在加额定负荷且温度缓慢变化时，可测得灵敏度的温度系数。需要时也可测出分辨力和阈值。

（2）压电式压力传感器的静态标定　压电式压力传感器可在活塞式压力计上作静态标定。传感器安装在静重式标准活塞压力计的接头上，传感器配接由静态标准电荷放大器和显示记录设备（可选用数字式峰值电压表、光线示波器、笔录仪、磁带记录仪等）组成的标准测量装置。

标定可采用加载法和卸载法。加载法标定是将标定系统安置好后，用砝码加载。施加载荷时注意不要引起冲击，要尽量作到均匀加载。卸载法标定时，首先将传感器加至标定压力，按动电荷放大器"复零"开关，释放掉加载过程中产生的电荷；然后，瞬时将标定压力卸至零点，这时传感器产生了与加载时数量相等、符号相反的电荷量。

卸载法避免了加载过程中施加砝码的"过冲"，还消除了因传感器安装、气隙及预加荷载前活塞压力计的零点误差等原因造成的误差。另外，从技术角度，快速卸载易于实现，卸载过程完成得比加载要快，对传感器和二次仪表时间常数等方面的要求可降低。因此，卸载法精度较高，对测试技术要求较低，误差也小。因此，一般多采用卸载法进行标定。

（3）热电阻的静态标定　可采用比较法的热电阻进行标定，如图 4-131 所示。一般用标准水银温度计或标准铂电阻温度计来测量输入量，热电阻的标准测量系统一般多采用四线制精密电位差计或精密电桥。

标定过程包括：用标准温度计测出恒温箱温度，利用分压器调节毫安表，使被测系统回路电流控制在 4 mA。先将切换开关置于标准电阻 R_s 一侧，读取电位差计示值 U_s，再转置被

测电阻端读出电位差计示值 U_t，即可按下式求得被测电阻的阻值 R_t

$$R_t = \frac{U_t}{U_s} R_s \tag{4-157}$$

一般取额定温度的 90%、50%、10% 为标定点。

（4）压力传感器的动态标定　图 4-132 给出利用激波管产生阶跃压力对压力传感器进行动态标定的示意图。整个系统由气源、激波管、测速装置、测压传感器及记录器 5 个部分组成。压缩气体经减压器、控制阀进入激波管高压室，在一定压力下膜片爆破后，入射激波经过传感器 c_1，c_1 输出信号使计数器开始计数；入射波经过传感器 c_2 时，c_2 输出信号使计数器停止计数，求得入射波波速。触发传感器 c_3 感受激波信号后，其输出启动示波器扫描；紧接着被测传感器 c_4 被激励，其输出信号被示波器记录；最后由频谱分析仪测出传感器的固有频率。由波速可求得标准阶跃压力值，再将被标定传感器的输出送入计算机进行计算、处理，就可求得传感器的幅频、相频特性。

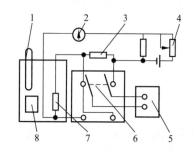

图 4-131　电阻温度传感器的标定

1—标准温度计；2—毫安表；3—标准电阻；4—分压器；
5—电位差计；6—开关；7—热电阻；8—加热恒温器

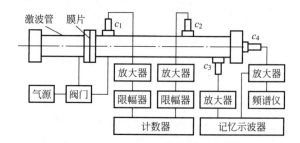

图 4-132　激波管标定示意图

压力传感器的动态标定可采用正弦激励法和半正弦激励法。

（5）加速度传感器灵敏度标定　加速度传感器的标定主要包括：灵敏度、频率响应、幅值线性、横向灵敏度比、电阻抗和温度响应等。标定方法通常有绝对法和比较法。前者用于标定高精度传感器或标准传感器，后者是工程中常用的标定方法。

① 绝对标定法：绝对法标定是由标准仪器准确地确定振动台的振幅和频率。即被标定传感器的输入是振动台的机械振动量，输出是电量。其灵敏度为

$$k_u = U/a = U/(\omega^2 x_0) \tag{4-158}$$

式中，U 为被标定传感器输出的电压值；ω 为振动台的振动角频率；x_0 为振动台的振幅；a 为振动台的加速度。利用激光干涉法测振幅的标定系统原理如图 4-133 所示。

此外，也可以采用一种不用标准振动台的绝对标定法–互易法。它是测量电量，而无须直接测量加速度、速度和位移。互易法的标定精度取决于电测精度，可达 0.5%。该方法是基于双向传感器所具有的双向（可逆）、无源、线性关系，如压电式传感器（参见第五节）、磁电式（参见第六节）等。

② 比较标定法：绝对标定法具有精度高、可靠性好等优点，但要求设备精度高，标定时间长，因此通常用于计量部门。工程上广泛应用的标定方法是比较法，它具有工作原理简

单、操作方便、对设备要求精度低等特点。

比较法的原理是把已知全部技术参数的标准传感器与被标定传感器背靠背地安装在振动台上，受同一加速度 a 的激励。如改变振动台的频率可测得它们的输出，便可算得被标定传感器的灵敏度 k_t 即

$$k_t = \frac{U_t}{U_s}k_s \tag{4-159}$$

式中，k_s、U_s 为分别为标准传感器的灵敏度和输出电压；U_t 为被标定传感器的输出电压。

比较法标定系统如图 4-134 所示，振动台由正弦信号发生器经功率放大器激励，其激励频率用数字式频率计测量。待标定传感器 1 和标准传感器 3 背靠背地安装在振动台 4 上，它们的输出信号经放大器后接入转换开关 2，分别通入电压表和示波器进行显示。

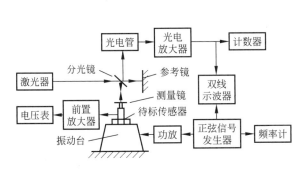

图 4-133　激光干涉法标定系统原理框图

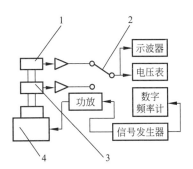

图 4-134　比较法原理框图
1—标定传感器；2—转换开关；
3—标准传感器；4—振动台

将图 4-134 中的频率信号和量化后的两个传感器输出信号送入计算机，由计算机进行处理和运算，得到被标定传感器的动态特性。这样就构成了自动比较标定系统。

4.9.2　传感器的选用原则

了解传感器的结构及其原理后，如何根据测试目的和实际条件，正确地选用传感器，是需要认真考虑的问题。传感器选择主要考虑灵敏度、响应特性、线性范围、稳定性、精确度、测量方式等六个因素。

1. 灵敏度

传感器的灵敏度一般是越高越好。由于灵敏度越高，意味着传感器所能感知的变化量越小，即只要被测量有一微小变化，传感器就会有较大的输出。在确定灵敏度时，应考虑以下几个问题。

① 当传感器的灵敏度很高时，那些与被测信号无关的外界噪声也会同时被检测到，并通过传感器输出，从而干扰被测信号。因此，为了既能使传感器检测到有用的微小信号，又能使噪声干扰小，就要求传感器的信噪比越大越好。也就是说，要求传感器本身的噪声小，且不易从外界引入干扰噪声。

② 与灵敏度紧密相关的是量程范围。当传感器的线性工作范围一定时，传感器的灵敏度越高，噪声干扰越大，则难以保证传感器的输入在其线性区域内工作。过高的灵敏度会影响其适用的测量范围。

③ 当被测量是一个向量，并且是一个单向量时，要求传感器单向灵敏度越高越好，而横向灵敏度越小越好；如果被测量是二维或三维的向量，则还应要求传感器的交叉灵敏度越小越好。

2. 响应特性

传感器的响应特性是指在所测频率范围内保持不失真的测量条件。实际上，传感器的响应不可避免地会有一定的延迟，只是希望延迟的时间越短越好。

3. 线性范围

保证传感器测量精度的基本条件是其工作在线性区域内。任何传感器都有一定的线性工作范围。然而，要保证传感器绝对工作在线性区域内是很难实现的。在某些情况下，在许可的限度内，可以选取其近似的线性区域。例如，变间隙型的电容、电感式传感器，其工作区均选在初始间隙附近。同时，必须考虑被测量的变化范围，令其非线性误差在允许限度以内。

4. 稳定性

稳定性是表示传感器经过长期使用后，其输出特性不发生变化的性能。影响传感器稳定性的因素主要包括时间与环境。为了保证稳定性，在选择传感器时，一般应注意以下两点。

① 应根据环境条件选择传感器。如选择电阻应变式传感器时，应考虑到湿度会影响其绝缘性，湿度会产生零点漂移，长期使用会产生蠕动现象等。又如，对变极距型电容式传感器，因环境湿度的影响或油剂浸入间隙时，会改变电容器的介质；光电传感器的感光表面有灰尘或水汽时，会改变感光性质。

② 要创造或保持一个良好的环境。在要求传感器长期工作而不需经常更换或校准的情况下，应对传感器的稳定性有严格的要求。

5. 精确度

传感器的精确度表示传感器的输出与被测量的对应程度。实际上，传感器的精确度并非越高越好，还需要考虑测量目的和经济性。由于传感器的精确度越高，其价格就越贵。因此，应根据实际条件来选择传感器。

6. 测量方法

实际条件下传感器的工作方式，也是选择传感器时应考虑的重要因素。例如，接触与非接触测量、破坏与非破坏性测量、在线与非在线测量等。条件不同，对测量方式的要求亦不同。

除了以上选用传感器时应考虑的一些因素外，还应尽可能兼顾结构简单、体积小、重量轻、价格低廉、易于维修、互换性好等条件。

思考题与习题

一、思考题

4-1　什么叫传感器？什么叫敏感元件？二者有何异同？举例说明生活和学习中用到的

一些传感器，它们各属于什么类型的传感器？

4-2 在用应变仪测量机构的应力、应变时，如何消除由于温度变化所产生的影响？

4-3 为什么说变极距型电容传感器是非线性的？采取何种措施可改善其非线性特性？

4-4 试比较差动自感式传感器与差动变压器式传感器的异同。

4-5 涡流式传感器的主要优点是什么？它可以应用在哪些方面？如果被测物体的材质是塑料，可否用电涡流式传感器测量该物体的位移？为了能对该物体进行位移测量应采取什么措施？需要考虑哪些问题？

4-6 磁电感应式传感器有哪几种类型？它们有何异同？

4-7 用压电式传感器能测量静态和缓变的信号吗？为什么？

二、简答题

4-8 若欲测量机床主轴的振动，请问可以选择何种类型的传感器，并绘出该测试系统框图。

4-9 为什么说压电式传感器只适用于动态测量，而不能用于静态测量？

4-10 热电偶是如何实现温度测量的？有哪些因素会影响热电势与温度间的关系。

4-11 光电效应有哪几种？与之对应的光电元件有哪些？

4-12 有哪些传感器可用于非接触式测量？

4-13 霍尔效应的本质是什么？用霍尔元件可测哪些物理量？请举例说明。

4-14 哪些传感器可作为小位移传感器？

4-15 选择或购置传感器时，需考虑哪些因素？

三、计算题

4-16 某电容测微仪，其传感器的圆形极板半径为 $r = 4\,\text{mm}$，工作初始极板间距离 $\delta_0 = 0.3\,\text{mm}$，介质为空气。问（1）工作时，若传感器与被测体之间距离的变化量为 $\Delta\delta = \pm 1\,\mu\text{m}$，则电容的变化量为多少？（2）若测量电路的灵敏度为 $S_1 = 100\,\text{mV/pF}$，读数仪表的灵敏度为 $S_2 = 5\,\text{格/mV}$，在 $\Delta\delta = \pm 1\,\mu\text{m}$ 时，读数仪表的指示值变化多少格？

4-17 压电式传感器的灵敏度 $S_1 = 10\,\text{pC/MPa}$，它与灵敏度为 $S_2 = 0.008\,\text{V/pC}$ 的电荷放大器相连，所用的笔式记录仪的灵敏度为 $S_3 = 25\,\text{mm/V}$，当压力变化 $\Delta p = 8\,\text{MPa}$ 时，记录笔在记录纸上的偏移量为多少？

4-18 将一只灵敏度为 $0.3\,\text{mV/℃}$ 的热电偶与毫伏表相连，已知接线端温度（即冷端温度）为 $30\,℃$，毫伏表的输出为 $30\,\text{mV}$，求热电偶热测温端的温度为多少？（考虑该热电偶为线性）

第5章 信号调理

【本章基本要求】

  1. 了解信号调制与解调的基本原理与方法。

  2. 熟悉运算放大器的特性及各种理想运算放大器的工作原理及电路组成。

  3. 掌握滤波器的分类、工作原理及其特性参数，能正确选用滤波器。

【本章重点】信号调理的三种基本方法。

【本章难点】根据工作需要选择合适的滤波器。

5.1　认识信号调理

  首先通过声音远距离传播的实例来说明信号调理的基本知识。

  通常，人的说话声、音乐声等各种声音的传播距离是很短的。我们平时所说的话在 $300 \sim 3\,000\ \text{Hz}$ 的频段，不可能直接传送到空中去，隔几栋楼的距离就听不见了。当人大声吼叫的时候，能在 $30\ \text{m}$ 外听清楚已经很不容易了。

  声音通过无线电波的发射与接收，可以传到上千公里、上万公里以外，而且传送的时间人是感觉不到的。这种传播是通过把声音加载在无线电波上实现的。由于无线电波的传播速度接近光速，在空气中传播时的衰减很小，这就保证了声音能够快速传播，如图 5–1 所示。把声音加载在无线电波上的过程称为调制，当作传播工具的无线电波称为载波。因此，发射电磁波是为了传递信号，声音信号的频率低，无线电磁波的频率高，使无线电磁波（高频信号）随声音（低频信号）变化的过程称作调制。通过天线把高频信号发射出去，同时声音信号也就传播出去了。当声音传播到目的地后，再通过解调过程把声音信号恢复出来。这个过程中的调制和解调就是一种典型的信号调理过程。

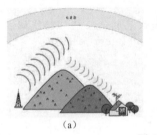
(a)
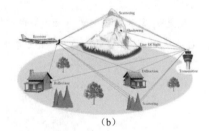
(b)

图 5–1　声音的传播

  被测物理量在经传感器转换为电阻、电流、电压、电容和电感等电参数的过程中，将不可避免地受到各种内外界干扰的影响，同时为了使被测信号能够驱动显示器、记录仪、控制器，或进一步将被测信号输入到计算机以进行分析与处理，需要对传感器输出的信号进行调理、放大、滤波等一系列的变换处理，使得变换后的信号有足够高的信噪比、有足够的电压或电流信号，从而可以驱动后一级仪器。上述任务可通过各种电路完成，这些电路称为信号变换及调理电路，信号通过电路的转换过程称为信号的变换及调理。

本章主要讨论一些常用的信号调理，如常用的电桥电路、调制解调电路、滤波器等，介绍其基本原理和应用。

5.2　信号的放大

在机械量测试中，传感器或测量电路输出的微弱电压、电流或电荷信号，其幅值或功率不足以进行后续的转换处理，或驱动指示器、记录器及各种控制机构。因此，检测系统中需要对微弱信号进行放大。

运算放大器本质上是一个高增益的负反馈直流放大器，加上外部反馈网络可以实现加、减、乘、除、微分和积分等数学运算，还可以与其他外设电路组成测试系统中常用的差分放大器、电桥放大器、电荷放大器、压频变换器、有源滤波器以及交流放大器等测试环节。

运算放大器具有开环电压增益高、输入阻抗高、输出阻抗低、漂移小、可靠性高、体积小等特点，它是一种通用器件，应用广泛。本章介绍一些放大器的基本概念和测试系统中常用的几种运算放大器。

5.2.1　理想运算放大器

具有理想参数的运算放大器称为理想放大器。它具有以下特性：①差模电压增益 $K_d = \infty$；②差模输入电阻 $r_d \to \infty$；③输出电阻 $r_o = 0$；④共模抑制比 CMRR $= \infty$；⑤开环带宽 $f_o = \infty$；⑥失调及其漂移均为零。

当理想运算放大器加入负反馈并工作在线性放大区时，由运算放大器的理想工作条件可以得出以下结论。

① 由于运算放大器的差模输入电阻 $r_d \to \infty$，因此，可认为反相输入端和同相输入端的输入电流很小，可以忽略不计，即 $I_i = \dfrac{U_+ - U_-}{r_d} \approx 0$。

② 由于运算放大器的差模电压增益 $K_d \to \infty$，而输出电压 U_o 为有限值，由

$$U_o = K_d (U_+ - U_-) \tag{5-1}$$

可知

$$U_+ - U_- = \frac{U_o}{K_d} \approx 0$$

即

$$U_+ \approx U_- \tag{5-2}$$

③ 在反相输入时，同相端接地，即 $U_+ = 0$，根据式（5-2），可得 $U_- \approx 0$。即反相输入端的电位接近于"地"，它是一个不接地的接地端，通常称为"虚地"。

实际运算放大器的主要参数与理想特性很接近，在分析中把实际运算放大器用理想运算放大器代替不会造成很大误差，可以大大简化分析过程。因此，通常都用理想运算放大器来分析电路，得出其基本规律，必要时进行误差分析。

5.2.2 测试系统中几种常见的运算放大器

1. 差分放大器

通常，传感器输出信号十分微弱，且常带有很大的共模电压（包括干扰信号），要求放大器应具有高共模抑制比、高输入阻抗和高增益等特点。差分放大器可以用于放大差模信号，抑制共模信号。差分放大器的两个输入端都有信号输入，其运算电路如图 5-2 所示。

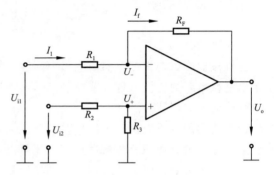

图 5-2　差分放大电路

分析电路，可得

$$U_- = U_{i1} - I_1 R_1 = U_{i1} - \frac{U_{i1} - U_o}{R_1 + R_F} R_1$$

$$U_+ = \frac{U_{i2}}{R_2 + R_3} R_3$$

由于 $U_- \approx U_+$，得

$$U_o = \left(1 + \frac{R_F}{R_1}\right)\frac{R_3}{R_2 + R_3}U_{i2} - \frac{R_F}{R_1}U_{i1} \tag{5-3}$$

当 $R_1 = R_2$，$R_3 = R_F$ 时，式（5-3）成为

$$U_o = \frac{R_F}{R_1}(U_{i2} - U_{i1}) \tag{5-4}$$

可见输出电压 U_o 与两个输入电压的差值成正比。当 $R_F = R_1$ 时，得

$$U_o = U_{i2} - U_{i1} \tag{5-5}$$

此时，差动放大器为一个减法器。差动放大器被广泛应用于测试和控制系统中，形成一个专用测量放大器。

2. 仪表放大器

图 5-3 所示的三运放差分放大器称为仪表放大器。其中 A_1、A_2 为两个性能一致（主要指共模抑制比、输入阻抗和开环增益）的集成运放，工作于同相放大方式，构成平衡对称的差分放大输入级。A_3 工作于差分放大方式，用来抑制 A_1、A_2 的共模信号，并接成单端输出方式以适应接地负载的需要。

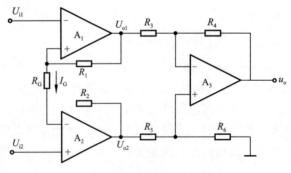

图 5-3　仪表放大器电路

由电路分析可知

$$U_{o1} = \left(1 + \frac{R_1}{R_G}\right)U_{i1} - \frac{R_1}{R_G}U_{i2}$$

$$U_{o2} = \left(1 + \frac{R_2}{R_G}\right)U_{i2} - \frac{R_2}{R_G}U_{i1}$$

$$U_o = -\frac{R_4}{R_3}U_{o1} + \left(1 + \frac{R_4}{R_3}\right)\frac{R_6}{R_6 + R_5}U_{o2}$$

通常，电路中 $R_1 = R_2$，$R_3 = R_5$，$R_4 = R_6$，对于差模输入电压 $U_{i1} - U_{i2}$，测量放大器的增益为

$$A_{vf} = \frac{U_o}{U_{i1} - U_{i2}} = -\frac{R_4}{R_3}\left(1 + \frac{2R_1}{R_G}\right) \tag{5-6}$$

测量放大器的共模抑制比主要取决于输入级运放 A_1、A_2 的对称性及输出级运放 A_3 的共模抑制比和输出级外接电阻 R_3、R_5 及 R_4、R_6 的匹配精度（±0.1% 以内）。通常其共模抑制比可达 120 dB 以上。此外，通过调节 R_G 可以改变增益而不影响电路的对称性。如果将放大器的输入电压 U_{i1}、U_{i2} 分别与电桥的输出端连接，则可构成桥式仪用放大器。

仪表放大器有多种形式，能够处理几微伏到几伏的电压信号。

3. 电桥放大器

与差分放大器相同，直流电桥放大器也可用于大共模信号情况下传感器输出微弱信号的放大。图 5-4 为基本的电桥放大器，加在放大器两输入端的电压分别为

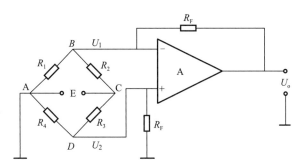

图 5-4 电桥放大器

$$U_1 = U_B = E\frac{R_1}{R_1 + R_2}, \qquad U_2 = U_D = E\frac{R_4}{R_3 + R_4}$$

若电桥为全等臂（即 $R_1 = R_2 = R_3 = R_4 = R$），且为半桥双臂接法（差动电桥）（即 $R_3 = R - \Delta R$，$R_4 = R + \Delta R$），则

$$U_1 = \frac{E}{2}, \qquad U_2 = \frac{E}{2}\left(1 + \frac{\Delta R}{R}\right)$$

那么

$$U_o = \frac{R_F}{R_1 /\!/ R_2}(U_2 - U_1) = \frac{R_F}{\dfrac{R}{2}}(U_2 - U_1) = E\frac{R_F}{R} \cdot \frac{\Delta R}{R}$$

令 $\delta = \dfrac{\Delta R}{R}$，则

$$U_\text{o} = E\frac{R_\text{F}}{R}\delta \tag{5-7}$$

则灵敏度 S 为：

$$S = E\frac{R_\text{F}}{R} \tag{5-8}$$

从式（5-7）可以看出，输出电压与桥臂电阻 R 有关，为排除 R 的影响，可采用图 5-5 所示的电路，将电桥电源浮置，则其输出电压及灵敏度为

$$U_o = \frac{E}{2}\left(1 + \frac{R_\text{F}}{R_1}\right)\delta \tag{5-9}$$

$$S = \frac{E}{2}\left(1 + \frac{R_\text{F}}{R_1}\right) \tag{5-10}$$

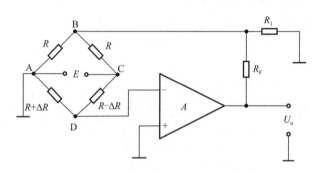

图 5-5　电桥电源浮置的电桥放大器

4. 电压比较器

在测试电路中经常需要对两个电压进行比较，其中一个是被测信号电压，另一个是参考电压；或者两个都是被测信号电压。图 5-6 是一种基本的电压比较器。U_R 是参考电压，加在同相输入端，输入端信号电压 U_i 加在反相输入端，R 是输出端的限流电阻。

当 $U_\text{i} < U_\text{R}$ 时，由差动特性知，$U_\text{o} > 0$，稳压管 D_W1 反向稳压工作，输出端电位被它箍住，输出电压等于稳压管的稳定电压 U_W1，即 $U_\text{o} = U_\text{W1}$，此时输出端是高电位。当 $U_\text{i} > U_\text{R}$ 时，$U_\text{o} < 0$，输出端电位被 D_W2 箍住，$U_\text{o} = -U_\text{W2}$，此时输出端是低电位。其传输特性如图 5-7 所示。

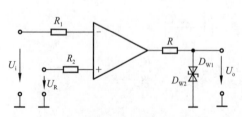

图 5-6　电压比较器

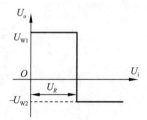

图 5-7　电压比较器的传输特性

5.2.3　放大器及其负载的阻抗匹配

当利用放大器的输出驱动负载时，希望放大器能最大限度地把能量传输给负载。两者之间能满足上述要求的联配，称为阻抗匹配。

若将输出能量的器件（放大器）等效为一个输出阻抗 Z_1 与一个电源电压 E 相串联的电压源时，其输出端为 A、B；接收能量的器件（负载）简化为一个具有输入阻抗 Z_2 的装置时，如图 5-8 所示。

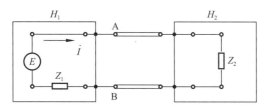

图 5-8　阻抗匹配图

当两个装置连接后，有

$$\dot{I} = \frac{\dot{E}}{Z_1 + Z_2}$$

$$\dot{E}_{AB} = \dot{I} Z_2 = \frac{Z_2}{Z_1 + Z_2} \dot{E}$$

则传输给后级装置（负载）的功率为

$$P = \dot{I} \dot{E}_{AB} = \frac{\dot{E}}{Z_1 + Z_2} \frac{\dot{E} Z_2}{Z_1 + Z_2} = \frac{Z_2}{(Z_1 + Z_2)^2} \dot{E}^2$$

令 $\dfrac{\mathrm{d}P}{\mathrm{d}Z_2} = 0$，求得 $Z_1 + Z_2 - 2Z_2 = 0$。即

$$Z_1 = Z_2 \tag{5-11}$$

式（5-11）表明，当前级装置的输出阻抗（内阻）与后级装置的输入阻抗相等时，前级装置传输给后级装置的功率最大，即环节间的阻抗匹配。

5.3　调制与解调

5.3.1　测试信号的调制

通常被测物理量，如力、位移等，经过传感器变换后，经常是一些缓变的微弱电信号，需要经过放大处理后，才能实现远距离的传输显示及记录。从信号放大处理来看，直流放大存在零点漂移（简称"零漂"）和级间耦合等问题，除了前述的测量放大和电桥放大等电路能有效地抑制零漂外，通常是将缓变信号先变为频率适当的交流信号，然后用交流放大器进行放大，最后再还原为放大后的直流缓变信号。这样一个过程称为信号的调制与解调，它被广泛用于传感器和测量电路中。

调制是利用缓变信号来控制或改变高频振荡信号的某个参数（如幅值、频率或相位），使它随着被测信号做有规律的变化，以利于信号的放大与传输。调制过程有三种：

高频振荡信号的幅值受缓变信号控制时，称为调幅，以 AM 表示。

高频振荡信号的频率受缓变信号控制时，称为调频，以 FM 表示。

高频振荡信号的相位受缓变信号控制时，称为调相，以 PM 表示。

通常将控制高频振荡信号的缓变信号称为调制波；将载送缓变信号的高频振荡信号称为载波；将经过调制的高频振荡波称为已调波。相应地，已调波包括调幅波、调频波和调相波三种，测试技术中常用的调制是调幅和调频两种，如图 5-9 所示。图中被测信号是低频余弦波，载波是高频余弦波。调幅波的包络线形状由被测信号决定，载波信号的频率和相位均不改变。

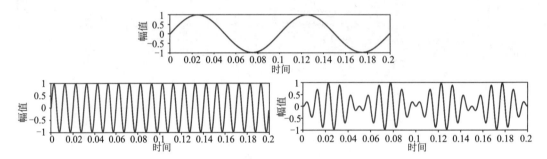

图 5-9　调制信号、载波和已调波

解调则是对已调波进行鉴别，恢复成缓变的测量信号。

5.3.2　调幅与解调

1. 调幅原理

调幅是将一个高频正（余）弦信号与测试信号相乘，使高频信号的幅值随被测信号的幅值变化而变化。现以频率为 f_0 的余弦信号作为载波进行讨论。

设 $x(t)$ 为被测的缓变信号，$y(t) = \cos 2\pi f_0 t$ 为载波信号。从时域来看，调幅波为上述两信号的乘积，如图 5-10（a）所示，即

$$x_m(t) = x(t)y(t) = x(t)\cos 2\pi f_0 t \tag{5-12}$$

由傅里叶变换性质可知：时域内两信号相乘的傅里叶变换等于频域中这两个信号傅里叶变换的卷积，即

$$x(t)y(t) \Leftrightarrow X(f) * Y(f)$$

$$\cos 2\pi f_0 \Leftrightarrow \frac{1}{2}[\delta(f-f_0) + \delta(f+f_0)]$$

$$x(t)\cos 2\pi f_0 \Leftrightarrow \frac{1}{2}X(f) * \delta(f-f_0) + \frac{1}{2}X(f) * \delta(f+f_0)$$

即　　　　$$X_m(t) = x(t)y(t) \Leftrightarrow \frac{1}{2}X(f-f_0) + \frac{1}{2}X(f+f_0) \tag{5-13}$$

由以上过程可知，在时域内将测试信号 $x(t)$ 与载波信号 $y(t)$ 相乘，其结果等于把原信号频谱图由原点移至载波频率 f_0 处，其幅值减半，如图 5-10（b）所示。在时域内，调幅相当于在频域上的频率搬移。

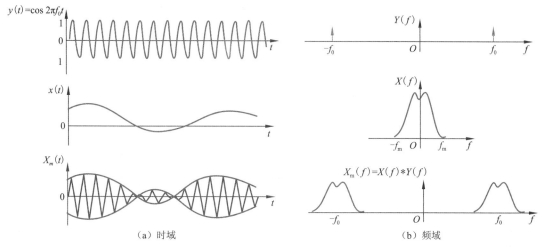

图 5-10　调幅过程

2. 解调原理

若把调幅波与载波信号相乘，从时域分析可以得到

$$x_{\mathrm{m}}(t)\cos 2\pi f_0 t = x(t)\cos 2\pi f_0 t \cdot \cos 2\pi f_0 t = \frac{1}{2}x(t)\cos 4\pi f_0 t \tag{5-14}$$

用低通滤波器将频率为 $2f_0$ 的高频信号滤去，则得到 $\frac{1}{2}x(t)$。从频域分析中可得到

$$x_{\mathrm{m}}(t)\cos 2\pi f_0 t \Leftrightarrow X_{\mathrm{m}}(f)*\frac{1}{2}\big[\delta(f-f_0)+\delta(f+f_0)\big]$$

即

$$X_{\mathrm{m}}(f)*Y(f) = \frac{1}{4}\big[X(f-f_0)+X(f+f_0)\big]*\big[\delta(f-f_0)+\delta(f+f_0)\big]$$

$$= \frac{1}{2}X(f)+\frac{1}{4}X(f-2f_0)+\frac{1}{4}X(f+2f_0) \tag{5-15}$$

式（5-15）表明，在频域，其频谱图将在一侧进行搬移，结果如图 5-11 所示。如上所述，用低通滤波器滤去频率为 $2f_0$ 的高频成分，则可复现原信号的频谱 $\frac{1}{2}X(f)$，这一过程称为同步解调。同步是指解调时所乘的信号与调制时的载波信号具有相同的频率和相位。式（5-14）和式（5-15）中其幅值减小了一半，可通过放大来进行补偿。

由上述分析可知，调幅的目的是为了将缓变信号变为高频调制信号，以便于放大和传输。解调的目的是为了恢复原信号。广播电台把声音信号调制到某一频段，既便于信号的放大和传送，又可避免不同电台间的相互干扰。在测试工作中，也常用调制-解调技术在同一根导线中传输多路信号。

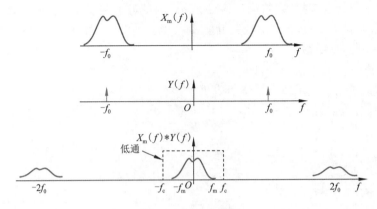

图 5-11　同步解调

从调幅原理可知（见图 5-10），载波频率 f_0 必须高于信号中的最高频率 f_m，才能使调幅波保持原信号的频谱，不致重叠。为减小放大电路可能引起的失真，信号的频宽（$2f_m$）相对于中心频率（载波频率 f_0）应越小越好。实际载波频率至少数倍甚至数十倍于信号中的最高频率，但载波频率的提高会受到放大电路截止频率的限制，即应满足

$$f_0 \gg f_m \quad （常取 f_0 \gg 10 f_m）$$

调幅装置实质上是一个乘法器。现在已有性能良好的线性乘法器组件，如霍尔元件就是一种乘法器，电桥也是一种乘法器，在式（5-6）～式（5-11）中，若以高频振荡电源供给电桥，即 $u_o = U_o \cos 2\pi f_0 t$，并设 $\dfrac{\Delta R}{R_0} = R(t)$，则输出 u_y 就是调幅波。

$$u_y = S U_o R(t) \cos 2\pi f_0 t \tag{5-16}$$

式中，S 为电桥灵敏度。

例　用电阻应变片接成全桥，测量某一构件的应变。已知其变化规律为 $\varepsilon(t) = A\cos 10\pi t$，如果电桥的激励电压为 $u_o(t) = E\sin 1\,000\pi$，求此电桥的输出信号频谱。

解法一： 全桥电桥的输出为

$$u_y(t) = \frac{\Delta R(t)}{R_0} u_o(t) = S\varepsilon(t) u_o(t)$$

$$U_y(f) = F[u_y(t)] = S\varepsilon(f) * U_o(f)$$

又

$$U_o(f) = F[u_o(t)] = j\frac{E}{2}[\delta(f+500) + \delta(f-500)]$$

则

$$U_y(f) = \frac{SA}{2}[\delta(f+5) + \delta(f-5)] * j\frac{E}{2}[\delta(f+500) + \delta(f-500)]$$

$$= j\frac{SAE}{4}[\delta(f+505) + \delta(f+495) - \delta(f-495) - \delta(f-505)]$$

解法二： $u_y(t) = S\varepsilon(t) u_o(t) = SA\cos 10\pi t \cdot E\sin 1\,000\pi t$

$$= \frac{SAE}{2}[\sin(1\,010\pi t) + \sin(990\pi t)]$$

则
$$U_y(f) = \mathrm{j}\frac{SAE}{4}\big[\delta(f+505) + \delta(f+495) - \\ \delta(f-495) - \delta(f-505)\big]$$

其频谱图如图 5-12 所示。

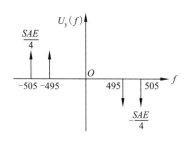

图 5-12 频谱图

3. 相敏检波原理

上面提及的同步解调是一种解调方法，其实际是使调幅波与载波再一次相乘，然后通过低通滤波，可以恢复出被调制信号。但这样做需要性能良好的线性乘法器，否则将会导致较大的累积误差，实际中常用相敏检波技术。

相敏检波实际上是一个受参考电压控制的桥式全波整流电路，如图 5-13 所示。与普通整流电路不同，它具有两个功能：既能反映调制信号的幅值，又能反映调制信号的极性。它由四个特性相同的二极管 D_1、D_2、D_3、D_4 沿同一方向组成一个环状回路，四个端点分别接在变压器 A 和 B 的次级线圈上。变压器 A 的初级线圈中接入调制器输出的调幅波 u_y，变压器 B 的初级线圈中接入与调制器载波相同的参考电压 u_o，作为辨别调幅波相位（极性）的标准。R_f 是解调器的负载电阻，解调器的输出电压 u_y 从 R_f 上引出。

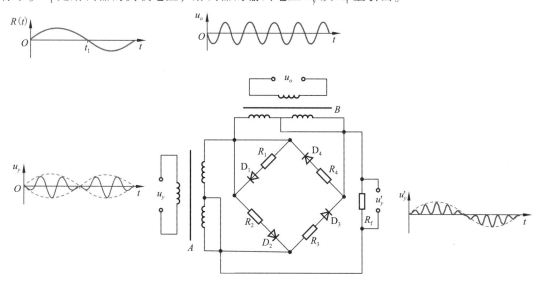

图 5-13 二极管相敏检波器的结构和输出、输入的关系

当调制信号 $R(t) > 0$ 时，如图中 $0 \sim t_1$ 时间内，调幅波 u_y 与参考电压 u_o 具有相同的相位。在这段时间，当调幅波处于每一周期的前半周时，$u_y > 0$，$u_o > 0$。若此时相敏检波器两个变压器 A、B 的极性如图 5-14（a）所示，则输入的调幅波电流从变压器 A 次级线圈的中点流出，经负载电阻 R_f 向上流入变压器 B 的次级线圈的中点。变压器 B 各端的极性由参考电压 u_o 的相位决定。电流从中点流入后，根据电流的流动规律，只能从负端流入，正端流出，通过次级线圈的左侧部分，再流入桥式检波器，经 R_2、D_2 流入变压器 A 次级线圈下侧线圈的负端闭合。若规定电流向上流过负载电阻 R_f 时，解调器的输出电压 u_y' 为正，则在图 5-13 的输出电压 u_y' 波形图中，调幅波第一周期的前半周期内 u_y' 的波形为正（$u_y' > 0$）。在

调幅波每一周期的后半周内，$u_y < 0$，$u_o < 0$。此时相敏检波器两个变压器 A、B 的极性与前半周期时相反，如图 5-14（b）所示。输入的调幅波电流从变压器 A 的二次线圈中点流出，经负载电阻 R_f 向上流入变压器 B 的二次线圈的中点，然后经二次线圈的右侧部分流入桥式检波器，再经 R_4、D_4 流入变压器 A 的二次线圈的上侧部分而闭合。由于在上述时间里，流经负载电阻时，R_f 的电流方向仍向上，因此，解调器的输出电压 u_y' 仍为正。在图 5-13 中的波形仍为正，$u_y' > 0$。由上述过程可知，在调制信号为正时，无论调制波是否为正，通过相敏检波器解调后的波形都为正，保持了原调制信号的极性（相位），同时解调后的频率比原来调制波的频率提高了一倍。

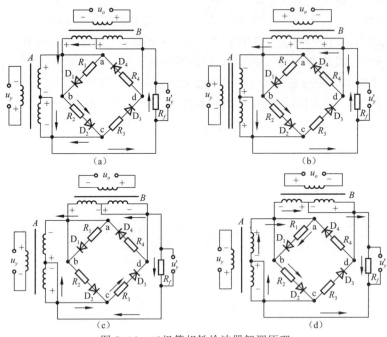

图 5-14　二极管相敏检波器解调原理

当调制信号 $R(t) < 0$ 时，如图 5-13 中 $t_1 \sim t_2$ 时间内，注意到交变信号超过零线时，符号（+、-）发生突变，调幅波 u_y 与参考电压 u_o 反相。在这段时间里，当调幅波处于每一周期的前半周时，$u_y < 0$，$u_o > 0$。若此时相敏检波器两变压器 A、B 的极性如图 5-14（c）所示，则输入的调幅波电流从变压器 A 的次级线圈下侧部分的正端流出后，流入桥式检波器，经 R_3、D_3 流入变压器 B 次级线圈右侧部分，再向下流经负载电阻 R_f，最后流入变压器 A 的次级线圈的下侧部分的负端而闭合。由于调幅波电流经过 R_f 时的方向向下，解调器的输出电压 u_y' 为负。同样，在调制波的每一周期的后半周，$u_y > 0$，$u_o < 0$，变压器 A、B 的极性如图 5-14（d）所示。调幅波电流由变压器 A 的次级线圈上侧部分的正端流出，经 R_1、D_1、变压器 B 的次级线圈的左侧部分，向下流经负载电阻 R_f 后，进入变压器 A 的次级线圈上侧部分的负端而闭合。如上所述，在调制信号 $R(t) < 0$ 的时间内，无论调幅波的极性为正还是负，解调后波形的极性总为负，保证了与原调制信号的极性一致。

以上分析说明，电桥输出的调幅波经相敏检波后，可以得到一个随原调制信号幅值与相位变化而变化的高频波，再通过适当频带的低通滤波器后，即可得到与原信号一致的低频信号，但该信号已进行了放大，同时达到了解调的目的。

5.3.3　调频与解调

1. 调频的方式

调频就是用被测信号的幅值去控制一个振荡器，使输出信号的幅值不变而振荡频率变化，频率的变化量与被测信号的幅值成正比。当信号电压幅值为零时，调频波的频率等于中心频率；当信号电压为正值时，频率提高；为负值时，频率降低。因此，调频波是随信号幅值而变化的疏密不等的等幅波，如图 5-15 所示。

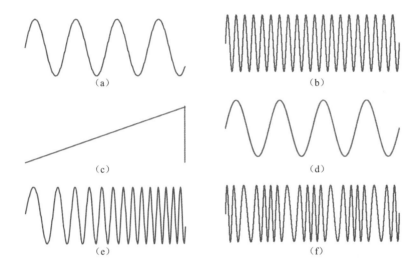

图 5-15　调频波与信号幅值

根据不同的电压-频率转换电路（简称 VFC），调频波可以类似正弦波形或者三角波形，也可以是疏密不等的方波或者脉冲波。这种载有被测信息的高频波具有抗干扰能力强、便于远距离传输、不易错乱和不易失真等优点，也便于利用数字信号处理技术进行处理。

调频方式有许多种，经常采用的有直接调频方式和压控振荡器调频方式。

（1）直接调频

用谐振电路调频的方法称为直接调频。它是在谐振电路中并联或串联一个电抗元件（电容或电感），如果该元件是传感器，其参数的变化受调制信号控制，来自高频信号发生器的高频激励电源是调频器的载波，谐振电路的输出电压即调频波，如图 5-16 所示。图中并联的是一个电容元件，假设是一个电容式位移传感器，其初始电容为 C_0，当位移改变时，电容变为 C_x。设调制信号（被测信号）为 $x(t)$，则由位移变化引起的可变电容量可写成

$$C_x = C_0 + \Delta C = C_0 + K_x C_0 x(t) \tag{5-17}$$

式中，K_x 为比例系数。

当无信号输入时，即 $x(t) = 0$，调频器的谐振频率为

$$f_0 = \frac{1}{2\pi \sqrt{L(C + C_0)}} \tag{5-18}$$

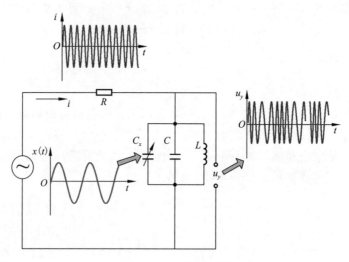

图 5-16　直接调频器

当有信号输入时，$x(t) \neq 0$，谐振频率为

$$f = \frac{1}{2\pi\sqrt{L(C + C_x)}} = \frac{1}{2\pi\sqrt{L(C + C_0 + \Delta C)}} = \frac{1}{2\pi\sqrt{L(C + C_0)}}\left(1 + \frac{\Delta C}{C + C_0}\right)^{-\frac{1}{2}}$$

将 $\left(1 + \dfrac{\Delta C}{C + C_0}\right)^{-\frac{1}{2}}$ 用二项式展开，并取前两项，则上式变为

$$f = \frac{1}{2\pi\sqrt{L(C + C_0)}}\left[1 - \frac{\Delta C}{2(C + C_0)}\right] = f_0\left[1 - \frac{\Delta C}{2(C + C_0)}\right]$$

由于 $\Delta C = K_x C_0 x(t)$，所以

$$f = f_0\left[1 - \frac{C_0 K_x}{2(C + C_0)}x(t)\right] = f_0\left[1 - K_0 x(t)\right] \tag{5-19}$$

式中，$K_0 = \dfrac{C_0 K_x}{2(C + C_0)}$。

当 $x(t) = 0$ 时，调频电路的输出电压为

$$u_{y0} = u_m \cos\left(2\pi f_0 t + \phi\right)$$

当 $x(t) \neq 0$ 时，其输出电压为

$$u_y = u_m \cos(2\pi f t + \varphi) = u_m \cos\left\{2\pi f_0\left[1 - K_0 x(t)\right]t + \varphi\right\} \tag{5-20}$$

由式（5-19）和式（5-20）可知，当有信号 $x(t)$ 输入时，调频器输出电压的幅值不变，而频率受输入信号 $x(t)$ 的控制，从而达到调频的目的。

（2）压控振荡器调频

实际应用中常见的调频方案多基于压控振荡器原理，它是一种由集成运算放大器组成的电压-频率变换电路，简称压-频变换电路，其特点是输出信号的频率和输入电压成正比。这种电路被广泛应用于调频、锁相和模/数转换等技术领域中。

下面以图 5-17 所示的压控振荡器为例说明压 - 频变换的基本原理。A_1 是一个正反馈放大器，其输出电压受稳压管 V_W 钳制，电压大小为 $+u_w$ 或 $-u_w$。M 是乘法器，A_2 是积分器，u_x 是正值常电压。假设开始时，A_1 输出为 $+u_w$，乘法器输出 u_z 是正电压，A_2 的输出端电压将线性下降。当降到比 $-u_w$ 更低时，A_1 翻转，其输出将为 $-u_w$。同时，乘法器的输出（即 A_2 的输入）也随之变为负电压，其结果是 A_2 的输出将线性上升。当 A_2 的输出达到 $+u_w$，A_1 又将翻转，输出为 $+u_w$。因此，在正电压 u_x 下，这个振荡器的 A_2 输出为频率一定的三角波，A_1 则输出同一频率的方波 u_y。

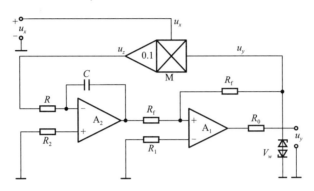

图 5-17　采用乘法器的压控振荡器

乘法器 M 的一个输入端 u_y 幅值为定值（$\pm u_w$），改变另一个输入值 u_x 就可以线性地改变其输出 u_z。因此，积分器 A_2 的输入电压也随之改变。这将导致积分器由 $-u_w$ 充电至 $+u_w$（或由 $+u_w$ 放电至 $-u_w$）所需的时间随之发生变化。因此，振荡器的振荡频率将和电压 u_x 成正比，改变 u_x 值就达到线性控制振荡频率的目的。

下面对输出信号频率 f 与输入电压 u_x 之间的定量关系进行分析。

对积分器 A_2

$$H_2(\omega) = \frac{u_o}{u_z} = -\frac{1}{\mathrm{j}\omega RC}$$

对正反馈放大器 A_1

$$H_1(\omega) = \frac{u_y}{u_o} = -1$$

主通道的频率特性为

$$H(\omega) = H_1(\omega) H_2(\omega) = \frac{1}{\mathrm{j}\omega RC}$$

反馈通道中，$u_z = 0.1 u_x u_y$。因此，$F(\omega) = \frac{u_z}{u_y} = 0.1 u_x$

由振荡条件 $|H(\omega)F(\omega)| = 1$，可得 $\omega = \dfrac{0.1 u_x}{RC}$，即

$$f = \frac{\omega}{2\pi} = \frac{u_x}{20\pi RC} \tag{5-21}$$

输出信号的频率与输入电压成正比。

压控振荡电路形式很多，市场上可以购置集成化的压控振荡器芯片。

2. 调频波的解调

调频波的解调（称为鉴频）也有多种方案，最简单的一种是将调频波放大，限幅成为方波，然后取其上升（或下降）沿，转换为脉冲，脉冲的疏密就是调频波的疏密。每个脉冲触发一个定时的单稳态触发器，可以获得一系列时宽相等、疏密随调频波频率而变的单向窄矩形波。即可得到将频率变化向电压变化的转换，取其瞬时平均电压即可反映原信号电压的变化。但需注意必须从平均电压中减去与载波中心频率所对应的直流偏置电压。

另一种常用的鉴频电路是采用变压器耦合的谐振回路鉴频。这种鉴频器的解调过程为，先将调频波变换成调幅波，然后进行幅值检波。通常这种鉴频器由线性变换电路与幅值检波器两部分构成，如图 5-18（a）所示。其中线性变换电路用来将等幅调频波变换为保持原频率的调幅波，它是由变压器的原、副边线圈 L_1、L_2 和电容 C_1、C_2 组成的并联谐振回路；幅值检波器是将调幅波中的被测信号分离出来，它由二极管检波器构成。在原边加入等幅调频波 u_F，副边便有输出电压 u_A 产生。当输入电压 u_F 的频率 f 等于回路的谐振频率 f_n 时（即 $f = f_n$），线圈中的耦合电流最大，副边输出电压 u_A 也最大（$u_A = u_{Amax}$）。当输入电压 u_F 的频率 f 偏离回路的谐振频率 f_n 时（$f \neq f_n$），副边输出电压 u_A 变小。输出电压 u_A 随输入电压频率 f 变化的曲线如图 5-18（b）所示。

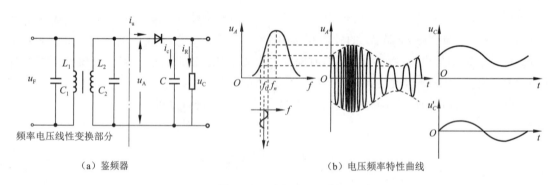

（a）鉴频器　　　　　　　　　　　（b）电压频率特性曲线

图 5-18　谐振式鉴频器

由图 5-18 可知，在一定的频率范围内，u_A 与 f 近似呈线性关系。为此，谐振回路的谐振频率 f_n 应当选定为：使调频波的频率 $f \pm \Delta f$ 正好位于谐振曲线的直线部分（亚谐振区），这样输出电压 u_A 的幅值将与调频波的频率 f 呈线性变换关系（$u_A \propto f$），达到了将调频波变换为调幅波的目的。在此基础上，对输出电压 u_A 进行幅值检波，即可将被测信号恢复出来。

5.4　滤　波　器

滤波器是一种选频装置，可以使信号中特定的频率成分通过，而极大地衰减其它频率成分。在测试装置中，利用滤波器的这种筛选作用，可以滤除干扰噪声或进行频谱分析。

滤波器在自动检测、自动控制及电子测试仪器中已得到广泛应用。本节重点介绍测试装置中常用滤波器的原理和应用。

5.4.1 滤波器的分类

根据滤波器的选频作用，通常将滤波器分为低通、高通、带通和带阻滤波器四类。这四类滤波器的幅频特性如图 5-19 所示。

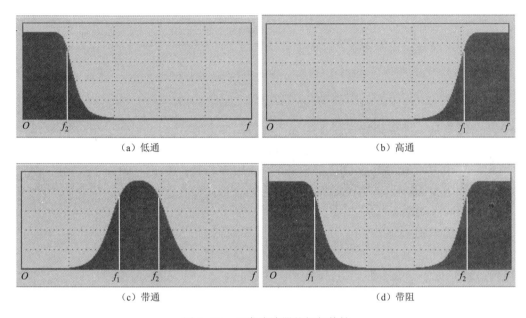

（a）低通　　　　　　　　　　　　（b）高通

（c）带通　　　　　　　　　　　　（d）带阻

图 5-19　四类滤波器的幅频特性

（1）低通滤波器　频率在 $0 \sim f_2$ 之间的幅频特性平直。它可以使信号中低于 f_2 的频率成分几乎不受衰减地通过，而高于 f_2 的频率成分则受到极大地衰减。

（2）高通滤波器　与低通滤波器相反，频率在 $f_1 \sim \infty$ 之间其幅频特性平直，它使信号中高于 f_1 的频率成分几乎不受衰减地通过，而低于 f_1 的频率成分受到极大地衰减。

（3）带通滤波器　通频带在 $f_1 \sim f_2$ 之间，允许信号中高于 f_1、低于 f_2 的频率通过，而有效地抑制其他频率成分。

（4）带阻滤波器　与带通滤波器相反，阻带在 $f_1 \sim f_2$ 之间，它有效地抑制阻带内的频率成分，而允许其他频率成分几乎不受衰减地通过。

上述四类滤波器中，在通带与阻带之间存在一个过渡带，其幅频特性是一斜线，在此频带内，信号受到不同程度的衰减。这个过渡带是滤波器所不希望的，但也是不可避免的。

滤波器还有其他多种不同分类方法。例如，根据构成滤波器的元件类型不同，可分为 RC、LC 或晶体谐振滤波器；根据构成滤波器的电路性质不同，可分为有源滤波器和无源滤波器；根据滤波器所处理的信号性质不同，可分为模拟滤波器与数字滤波器等。本节重点介绍模拟滤波器。

5.4.2 理想滤波器

理想滤波器是一个理想化的模型，在物理上是不能实现的，但它对深入了解滤波器的传输特性很有益处。通过对理想滤波器的讨论，可以建立起滤波器通频带宽与达到稳定输出所需时间之间的关系。

根据线性系统的不失真测试条件，理想测试装置的频率响应函数为

$$H(f) = A_0 e^{-j2\pi f t_0} \tag{5-22}$$

式中，A_0，t_0 均为常数。

若滤波器的频率响应函数满足下列条件

$$H(f) = \begin{cases} A_0 e^{-j2\pi f t_0} & (|f| \leqslant f_c) \\ 0 & (|f| > f_c) \end{cases} \tag{5-23}$$

则称为理想滤波器，即理想滤波器在通频带内满足幅频特性为常数，相频特性是频率的线性函数，而在阻频带内幅频特性等于零（这时相频特性已无甚影响）。其幅频特性和相频特性如图 5-20 所示。图中频域图形以双边谱形式绘出，相频图中直线斜率为 $-2\pi t_0$。

这种理想的低通滤波器也被称为频域的矩形窗函数，对 $H(f)$ 取傅里叶逆变换，即可求得其脉冲响应函数是一个时移为 t_0 的 $\sin C$ 函数，即

$$h(t) = 2A_0 f_c \frac{\sin 2\pi f_c(t - t_0)}{2\pi f_c(t - t_0)} \tag{5-24}$$

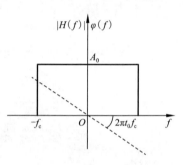

图 5-20 理想滤波器频率特性

获得脉冲响应函数后，可通过卷积求其对单位阶跃函数的响应。设滤波器单位阶跃输入为 $u(t)$，即

$$u(t) = \begin{cases} 1 & (t > 0) \\ \dfrac{1}{2} & (t = 0) \\ 0 & (t < 0) \end{cases} \tag{5-25}$$

则滤波器的输出 $y(t)$ 为

$$y(t) = h(t)u(t) = \int_{-\infty}^{\infty} u(\tau)h(t - \tau)d\tau = \int_{-\infty}^{\infty} u(\tau)2A_0 f_c \frac{\sin 2\pi f_c(t - \tau)}{2\pi f_c(t - \tau)}d\tau \tag{5-26}$$

将式（5-25）代入式（5-26），并用 $x = 2\pi f_c(t - \tau)$ 代换，且注意到积分 $\int_0^{\infty} \frac{\sin x}{x}dx = \frac{\pi}{2}$，得

$$y(t) = A_0 \left(\frac{1}{2} + \frac{1}{\pi} \int_0^{2\pi f_c t} \frac{\sin x}{x}dx \right) \tag{5-27}$$

式中 $\int_0^{2\pi f_c t} \dfrac{\sin x}{x} dx$ 是正弦积分（超越函数）。

由式（5-27）可知，$y(\infty) = A_0$，$y(-\infty) = 0$。理想低通滤波器的单位阶跃响应函数如图 5-21 所示。由图可知，在阶跃输入作用下，输出从零值到达稳定值 A_0 需要一定的建立时间 $t_r = t_b - t_a$，而 t_0 只影响时移。

结合式（5-26），如果定义输出响应 $y(t)$ 以速度 $h(t_0)$ 从 0 上升到 $y(\infty)$ 所需的时间为建立时间 t_r，根据式（5-24），当 $t = t_0$ 时，得到

$$h(t_0) = 2A_0 f_c$$

由式（5-27）可知 $y(\infty) = A_0$，则

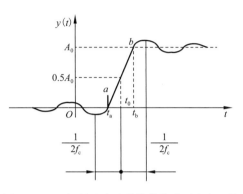

图 5-21　理想低通滤波器的单位阶跃响应函数

$$t_r = \frac{y(\infty)}{h(t_0)} = \frac{A_0}{2A_0 f_c} = \frac{1}{2f_c} \tag{5-28}$$

滤波器对阶跃输入的响应需要一定的建立时间。理想滤波器的脉冲响应函数 $h(t)$ 的主瓣有一定的宽度 $1/f_c$。显然，滤波器的通频带越宽，即 f_c 越大，脉冲响应函数 $h(t)$ 的波形越陡，响应的建立时间 t_r 将越小；反之，脉冲响应函数 $h(t)$ 的波形越平缓，t_r 越大。从物理过程来看，低通滤波器阻衰了高频分量，其结果是把信号波形"圆滑"了。通带越宽，阻衰的高频分量越小，信号能量通过的更多更快，建立时间就越短；反之，则建立时间越长。因此，低通滤波器对阶跃响应的建立时间 t_r 和通带宽 B 成反比，或者说带宽和建立时间的乘积是常数，即

$$Bt_r = 常数 \tag{5-29}$$

该结论对其他滤波器（高通、低通、带阻）也适用。

带宽 B 反映了滤波器的频率分辨能力，带宽越窄则分辨能力越高。因此，上述结论具有重要意义，滤波器的高分辨能力和快速响应能力是相互矛盾的。如果用滤波器从信号中择取某一很窄的频率成分，需要有足够的时间；否则，就会产生谬误和假象。通常取 $Bt_r = (5 \sim 10)$。测试过程的记录长度也应该根据上述要求做相应的处理。

5.4.3　实际滤波器及基本参数

上面讨论的理想滤波器及其脉冲响应函数结果表明，当 $t < 0$ 时，$h(t) \neq 0$。这意味着在 $t = 0$ 时刻之前，还没有任何输入加到滤波器上，滤波器就已经有输出了，实际上这是不可能实现的，换言之，理想滤波器是不存在的。原则上讲，实际滤波器的频域波形将延伸到 $|f| < \infty$。因此，一个滤波器对信号中通带以外的频率成分只能极大地衰减，而不能完全阻止。图 5-22 给出理想带通滤波器与实际带通滤波器的幅频特性曲线。对于理想带通滤波器，由于截止频率以内的幅频特性为常数 A_0，截止频率以外的幅频特性为零，因此，只需规定截止频率就可以说明其性能。而对于实际滤波器，由于其特性曲线没有明显的转折点，通带内幅频特性也并非常数，因此，需要用更多的参数来描述其性能。主要参数

包括波纹幅度 d、截止频率、带宽 B、品质因数 Q、倍频程选择性、滤波器因数（或矩形系数）λ 等。

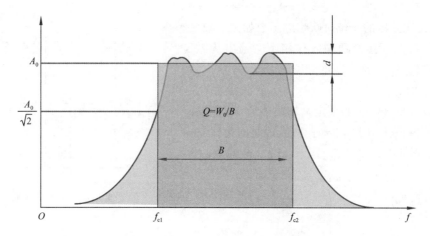

图 5-22　理想带通滤波器与实际带通滤波器的幅频特性曲线

（1）波纹幅度 d　在一定频率范围内，实际滤波器的幅频特性可能呈波纹变化，其波动幅度 d 与幅频特性的平均值 A_0 相比越小越好，通常为 $\dfrac{d}{A_0} \ll \dfrac{1}{\sqrt{2}}$ 或 $\dfrac{d}{A_0} \ll |-3|\,\mathrm{dB}$。

（2）截止频率　幅频特性值等于 $A_0/\sqrt{2}$ 所对应的频率称为滤波器的截止频率。以 A_0 为参考值，$A_0/\sqrt{2}$ 对应于 $-3\,\mathrm{dB}$，即相对于 A_0 衰减 $-3\,\mathrm{dB}$，此时信号功率减半，因此，截止频率点也称半功率点。

（3）带宽 B 和品质因数 Q　实际带通滤波器的两截止频率 f_{c1} 和 f_{c2} 之间的频带宽度定义为带宽，或称 $-3\,\mathrm{dB}$ 带宽，用 B 表示，单位为 Hz。带宽决定了滤波器的频率分辨能力。

描述实际滤波器的另一个重要参数是品质因数 Q，通常将其定义为中心频率 f_n 与带宽 B 之比，即

$$Q = \frac{f_n}{B} \tag{5-30}$$

式中，$B = f_{c2} - f_{c1}$，$f_n = \sqrt{f_{c1}f_{c2}}$。

（4）倍频程选择性　在两截止频率以外，实际滤波器有一个过渡带。该过渡带的幅频特性曲线倾斜程度表明了幅频特性衰减的快慢，它决定了滤波器对带宽外频率成分的阻碍衰减能力，通常用倍频程选择性来表征。它是指在上限截止频率 f_{c2} 与 $2f_{c2}$ 之间，或者在下限截止频率 f_{c1} 与 $f_{c1}/2$ 之间幅频特性的衰减值，即频率变化一个倍频程时的衰减量，以 dB 表示。显然衰减越快，滤波器的选择性越好。

用公式表示为

$$W = -20\lg \frac{A(2f_{c2})}{A(f_{c2})}$$

（5）滤波器因数 λ　滤波器选择性的另一种表示方法是用滤波器幅频特性的 $-60\,\mathrm{dB}$ 带

宽与 $-3\,\mathrm{dB}$ 带宽的比值来表示，即

$$\lambda = \frac{B_{-60\,\mathrm{dB}}}{B_{-3\,\mathrm{dB}}} \tag{5-31}$$

理想滤波器 $\lambda = 1$，通常使用的滤波器 $\lambda = (1 \sim 5)$。有些滤波器因器件影响（例如电容漏阻等），阻带衰减倍数达不到 $-60\,\mathrm{dB}$，则以标明的衰减倍数（如 $-40\,\mathrm{dB}$ 或 $-30\,\mathrm{dB}$）带宽与 $-3\,\mathrm{dB}$ 带宽之比来表示其选择性。

5.4.4 RC 滤波器

由于 RC 滤波器具有电路简单，抗干扰能力强，有较好的低频性能，选用标准的阻容元件很容易实现等特点，在测试信号频率不是很高的情况下，在测试系统中常用 RC 滤波器。

1. RC 低通滤波器

RC 低通滤波器的典型电路及其频率特性如图 5-23 所示。设滤波器的输入电压为 U_i，输出电压为 U_o，则电路的微分方程为

$$RC\frac{\mathrm{d}U_\mathrm{o}}{\mathrm{d}t} + U_\mathrm{o} = U_\mathrm{i} \tag{5-32}$$

令 $\tau = RC$，称为时间常数。则其频率响应函数为

$$H(f) = \frac{1}{1 + \mathrm{j}2\pi f\tau} \tag{5-33}$$

幅频和相频特性分别为

$$\left.\begin{aligned} A(f) &= \frac{1}{\sqrt{1 + (2\pi f\tau)^2}} \\ \phi(f) &= -\arctan(2\pi f\tau) \end{aligned}\right\} \tag{5-34}$$

这是一个典型的一阶系统，其特性如图 5-23 所示。

当 $f \ll \dfrac{1}{2\pi RC}$ 时，$A(f) \approx 1$，$\phi(f) \approx 2\pi f\tau$，此时信号几乎不受衰减地通过，RC 低通滤波器是一个不失真的传输系统。

当 $f = \dfrac{1}{2\pi RC}$ 时，$A(f) = \dfrac{1}{\sqrt{2}}$，即

$$f_{c2} = \frac{1}{2\pi RC} \tag{5-35}$$

此时，f_{c2} 为滤波器的上限截止频率。适当改变参数 RC，就可改变滤波器的截止频率。

当 $f \gg \dfrac{1}{2\pi RC}$ 时，$H(f) \approx \dfrac{1}{\mathrm{j}2\pi f\tau}$，输出 U_o 与输入 U_i 的积分成正比，即

$$U_\mathrm{o}(t) = \frac{1}{RC}\int U_\mathrm{i}(t)\,\mathrm{d}t \tag{5-36}$$

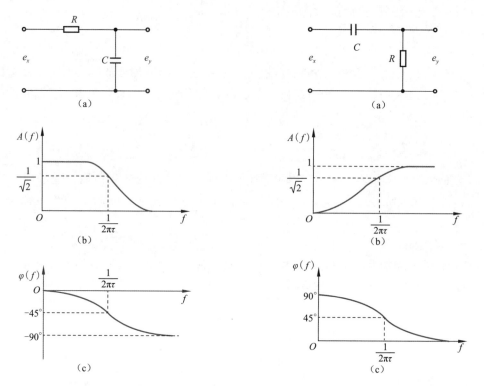

图 5-23　RC 低通滤波器的典型电路及其频率特性　　　图 5-24　RC 高通滤波器的典型电路及其频率特性

2. RC 高通滤波器

RC 高通滤波器电路及其频率特性如图 5-24 所示。设输入信号电压为 U_i，输出信号电压为 U_o，则微分方程为

$$U_o + \frac{1}{RC}\int U_o(t)\,\mathrm{d}t = U_i \tag{5-37}$$

令 $\tau = RC$，则频率响应函数为

$$H(f) = \frac{\mathrm{j}2\pi f\tau}{1 + \mathrm{j}2\pi f\tau} \tag{5-38}$$

幅频特性和相频特性分别为

$$\left.\begin{aligned} A(f) &= \frac{2\pi f\tau}{\sqrt{1 + (2\pi f\tau)^2}} \\ \phi(f) &= \arctan\frac{1}{2\pi f\tau} \end{aligned}\right\} \tag{5-39}$$

当 $f = \frac{1}{2\pi\tau}$ 时，$A(f) = \frac{1}{\sqrt{2}}$，滤波器的 $-3\ \mathrm{dB}$ 截止频率为

$$f_{c1} = \frac{1}{2\pi RC}$$

当 $f \gg \dfrac{1}{2\pi\tau}$ 时，$A(f) \approx 1$，$\phi(f) \approx 0$，此时 RC 高通滤波器可视为不失真的传输系统。

当 $f \ll \dfrac{1}{2\pi\tau}$ 时，$H(f) \approx j2\pi f\tau$，RC 高通滤波器的输出与输入的微分成正比，变成一个微分器，即

$$U_o(t) = RC \frac{\mathrm{d}U_i(t)}{\mathrm{d}t} \tag{5-40}$$

3. RC 带通滤波器

RC 带通滤波器可看成是低通滤波器和高通滤波的串联组成器，其频率特性如图 5-25 所示。

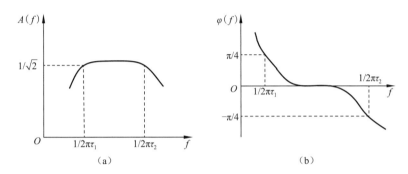

图 5-25　RC 带通滤波器的频率特性

若一阶高通滤波器的频率响应函数为 $H_1(f) = \dfrac{j2\pi f\tau_1}{1 + j2\pi f\tau_1}$，一阶低通滤波器的频率响应函数为 $H_2(f) = \dfrac{1}{1 + j2\pi f\tau_2}$，则串联后的频率响应函数为

$$H(f) = H_1(f)H_2(f) \tag{5-41}$$

幅频特性和相频特性分别为

$$\left. \begin{aligned} A(f) &= A_1(f)A_2(f) \\ \phi(f) &= \phi_1(f) + \phi_2(f) \end{aligned} \right\} \tag{5-42}$$

令 $\tau_1 = R_1 C_1$，$\tau_2 = R_2 C_2$，串联所得的带通滤波器则以原高通滤波器的截止频率为下限截止频率，即

$$f_{c1} = \frac{1}{2\pi R_1 C_1} \tag{5-43}$$

以其低通滤波器的截止频率为上限截止频率，即

$$f_{c2} = \frac{1}{2\pi R_2 C_2} \tag{5-44}$$

若欲使 $B = f_{c2} - f_{c1} > 0$，应满足 $R_1 C_1 > R_2 C_2$。因此，通过调节高通、低通环节的时间常数 τ_1 和 τ_2，可得到不同上、下限截止频率和带宽的带通滤波器。但需要注意，高通、低通两级串联时，存在级间耦合的相互影响。即后一级称为前一级的"负载"，而前一级又是后一级的信号源内阻。为消除级间影响，常用运算放大器进行隔离，而且还能起到信号放大的作用，因此实际滤波器通常都是有源滤波器。

5.4.5 有源滤波器

有源滤波器是由 RC 调谐网络和运算放大器（有源器件）组成的。运算放大器的作用既可隔离级间耦合的影响，又可提高增益和带负载的能力。RC 调谐网络通常起运算放大器的负反馈作用。

由四类滤波器的幅频特性可知，低通和高通、带阻和带通之间恰好是互补关系。若在运算放大器的负反馈电路中接入高通滤波网络，则可得到有源低通滤波器；若接入带阻网络，则可得到有源带通滤波器。

1. 一阶有源低通滤波器

最简单的一阶有源低通滤波器如图 5-26 所示。

图中把高通网络作为运算放大器的负反馈，获得低通滤波器的效果。$Z_F = R_F \,/\!/\, \dfrac{1}{j\omega C_F} = \dfrac{R_F}{1 + j\omega R_F C_F}$。该电路为反相放大器，其频率响应函数为

$$H(j\omega) = \frac{U_o(\omega)}{U_i(\omega)} = -\frac{\dfrac{R_F}{R_1}}{1 + j\omega R_F C_F} = -\frac{K}{1 + j\omega\tau} \tag{5-45}$$

式中，$\tau = R_F C_F$ 为时间常数；$K = \dfrac{R_F}{R_1}$ 为直流放大倍数，即灵敏度。

滤波器的上限截止频率为

$$f_{c2} = \frac{1}{2\pi R_F C_F} \tag{5-46}$$

幅频特性和相频特性分别为

$$\left. \begin{aligned} A(\omega) &= \frac{k}{\sqrt{1 + (\tau\omega)^2}} \\ \phi(\omega) &= -\pi - \arctan(\tau\omega) \end{aligned} \right\} \tag{5-47}$$

图 5-27 是一阶有源低通滤波器的另一种形式。它是由一阶有源低通滤波网络接到运算放大器的同相输入端构成的。其频响特性与式（5-45）相同，但没有负号，即输出与输入同相。其截止频率 $f_{c2} = \dfrac{1}{2\pi RC}$，放大倍数 $K = 1 + \dfrac{R_F}{R_1}$。

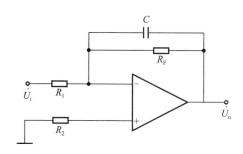

图 5-26 一阶有源低通滤波器

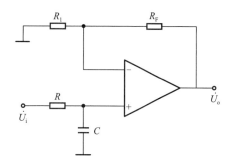

图 5-27 一阶有源低通滤波器的另一种形式

一阶有源低通滤波器的优点是电路简单，缺点是阻带区衰减太慢，其衰减斜率仅为 $-20\,\mathrm{dB}/10$ 倍频程，只适用于测量精度要求不高的场合。

2. 有源带通滤波器

简单的二阶有源带通滤波器由一个运算放大器和 RC 调幅网络组成，如图 5-28 所示。这种由多路负反馈组成的有源带通滤波器具有元件少、输出阻抗低、品质因数高等优点，应用广泛。

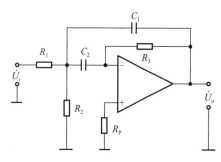

图 5-28 有源带通滤波器

在实际应用中，常取 $C_1 = C_2 = C$，滤波器的频率响应函数为

$$H(\eta) = \frac{-K}{1 + \mathrm{j}Q\left(\eta - \dfrac{1}{\eta}\right)} \tag{5-48}$$

式中，

$$\left.\begin{array}{l} K = \dfrac{R_3}{2R_1}, \qquad \eta = \dfrac{\omega}{\omega_n} \\[3mm] \omega_n = \dfrac{1}{C}\sqrt{\dfrac{1}{R_3}\left(\dfrac{1}{R_1} + \dfrac{1}{R_2}\right)} \\[3mm] Q = \dfrac{1}{2}\sqrt{R_3\left(\dfrac{1}{R_1} + \dfrac{1}{R_2}\right)} \end{array}\right\} \tag{5-49}$$

幅频、相频特性为

$$A(\eta) = \frac{K}{\sqrt{1 + Q^2\left(\eta - \dfrac{1}{\eta}\right)^2}} \tag{5-50}$$

$$\phi(\eta) = -\pi - \arctan\left[Q\left(\eta - \dfrac{1}{\eta}\right)\right] \tag{5-51}$$

幅频特性如图 5-29（a）所示，显然在 $\eta = 1$，即 $\omega = \omega_n$ 时滤波器的输出最大。相频特性如图 5-29（b）所示，在 $\eta = 1$ 时，由于放大器的倒相作用，输出有 $-180°$ 的相移。对式（5-51）进行求率微分，可得斜率为

$$\left. \frac{\mathrm{d}\phi}{\mathrm{d}\eta} \right|_{\eta=1} = -2Q \tag{5-52}$$

因此，在中心频率 $\eta=1$ 附近，若频率稍有偏移，引起相角变化为

$$\Delta\phi = -2Q\Delta\eta = -2Q\frac{\Delta\omega}{\omega_n} \tag{5-53}$$

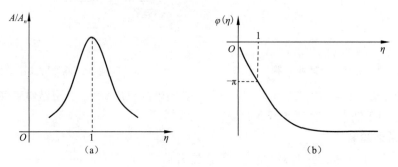

图 5-29　有源带通滤波器幅频特性和相频特性

由式（5-53）可知，带通滤波器的 Q 值越高，因偏离调谐频率所引起的相角变化越大。这与调谐式带通滤波器的选择性中希望 Q 值高和相移小是相互矛盾的，特别是对于相角有要求的测试场合必须注意。在必要时可选用跟踪滤波器。

5.4.6　恒带宽比滤波器与恒带宽滤波器

1. 恒带宽比滤波器

上述 RC 调谐式带通、带阻滤波器都具有恒定品质因数 Q。Q 值为常数，意味着滤波器的带宽 B 与中心频率 f_n 的比值保持不变，称这种滤波器为恒带宽比滤波器。

若带通滤波器的下限截止频率为 f_{c1}，上限截止频率为 f_{c2}，f_{c2} 和 f_{c1} 的关系可表示为

$$f_{c2} = 2^n f_{c1} \tag{5-54}$$

式中，n 称为倍频程数。若 $n=1$，称为倍频程滤波器；若 $n=\frac{1}{3}$，则称为 $\frac{1}{3}$ 倍频程滤波器。滤波器的中心频率 f_n 的对数是两个截止频率的对数均值，即

$$\lg f_n = \frac{1}{2}(\lg f_{c1} + \lg f_{c2})$$

$$f_n = \sqrt{f_{c1}f_{c2}} \tag{5-55}$$

由式（5-54）及式（5-55），可得

$$f_{c2} = 2^{\frac{n}{2}}f_n, \qquad f_{c1} = 2^{-\frac{n}{2}}f_n$$

由 $B = f_{c2} - f_{c1} = \dfrac{f_n}{Q}$，得

$$\frac{1}{Q} = \frac{B}{f_n} = 2^{\frac{n}{2}} - 2^{-\frac{n}{2}} \tag{5-56}$$

可见，倍频程滤波器就是恒带宽比滤波器。当 $n=1$ 时，$Q=1.414$；当 $n=\frac{1}{3}$ 时，$Q=$

4.318；当 $n = \dfrac{1}{5}$ 时，$Q = 7.208$。

在进行频谱分析时，为了覆盖所感兴趣的整个频率段，可通过改变 RC 调谐参数，使带通滤波器的中心频率跟随所需要测量信号的频段而变动。但是，由于受到可调参数的限制（希望中心频率改变时滤波器的增益及 Q 值基本不变），其可调范围是有限的。另一种有效的方法是使用一组中心频率固定，并按一定规律邻接的滤波器组。为了完整地覆盖欲测量频率的范围，该滤波器组中的各个滤波器应该首尾相接，满足前一个滤波器的上限截止频率与后一个滤波器的下限截止频率相重合，亦即相邻滤波器的中心频率应满足以下关系

$$f_{n2} = 2^n f_{n1} \qquad\qquad (5\text{-}57)$$

式中，f_{n1} 和 f_{n2} 分别为前、后滤波器的中心频率，而且各滤波器应具有同样的放大倍数，如图 5-30 所示。

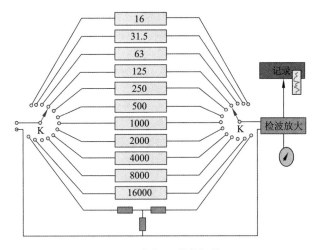

图 5-30　倍频程谱分析装置

由式（5-56）和式（5-57）可知，只要选定 n 值，就可设计出覆盖给定频率范围的邻接的滤波器组。例如，对于 $n = 1$ 的倍频程滤波器，只要任选一个 f_{n1} 或 f_{n2}，其余各个滤波器的 f_n 和 B 将由以上公式推出，如

中心频率（Hz）	16	31.5	63	125	250	…
带宽（Hz）	2.9	22.09	44.19	88.36	176.75	…

对于 1/3 倍频程滤波器组，将是

中心频率（Hz）	12.5	16	20	25	31.5	40	50	63	…
带宽（Hz）	2.9	3.6	4.6	5-7	7.2	9.1	11.5	14.5	…

2. 恒带宽滤波器

由图 5-31（a）可以看出，当恒带宽的滤波器的中心频率增大时，带宽也增加。滤波器在低频段性能较好，在高频段则由于带宽增大，而使分辨力下降。频率越高，分辨力越低。为使滤波器在所有频率段都具有同样良好的频率分辨力，可采用恒带宽滤波器，如图 5-31（b）所示。

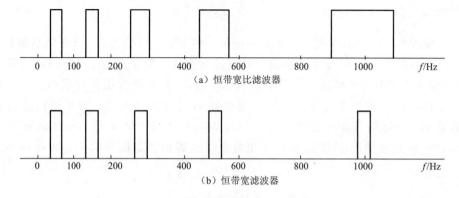

图 5-31　理想恒带宽比和恒带宽滤波器

为了提高滤波器的分辨能力，带宽应窄一些，这样为覆盖整个频率范围所需要的滤波器的数量就很大。因此，恒带宽滤波器不宜采用固定中心频率的方式，而应采用中心频率跟随参考信号频率变化的跟踪滤波器和相关滤波器，下面分别讨论。

（1）跟踪滤波器

跟踪滤波器是一种连续式恒带宽的滤波器，它能够在很宽的频率范围内实现很窄的恒定带宽滤波。这种滤波器的工作原理如图 5-32 所示。

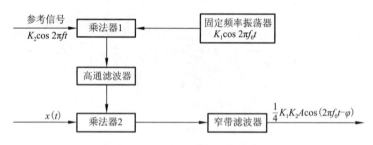

图 5-32　跟踪滤波器的工作原理

振荡器发出频率为 f_0 的振荡信号 $K_1 \cos 2\pi f_0 t$，参考信号 $K_2 \cos 2\pi f t$ 的频率 f 可以连续改变，$x(t)$ 为被测信号，设 $x(t)$ 中除含有正弦信号外，还含有其他干扰信号 $N(t)$，即 $x(t)$ 可写成

$$x(t) = A\cos(2\pi f_x t + \varphi) + N(t)$$

乘法器 1 的输出为

$$K_1 \cos 2\pi f_0 t \cdot K_2 \cos 2\pi f t = \frac{K_1 K_2}{2}\left[\cos 2\pi(f + f_0)t + \cos 2\pi(f - f_0)t\right]$$

经过高通滤波器后，将信号的低频部分 $(f - f_0)$ 滤掉，其输出为

$$\frac{K_1 K_2}{2}\cos 2\pi(f + f_0)t$$

经过乘法器 2 后，其输出为

$$x(t) \cdot \frac{K_1 K_2}{2}\cos 2\pi(f + f_0)t = \left[A\cos(2\pi f_x t + \phi) + N(t)\right]\left[\frac{K_1 K_2}{2}\cos 2\pi(f + f_0)t\right]$$

$$= \frac{1}{4} K_1 K_2 A \{ \cos [2\pi (f_0 + f - f_x) t - \phi] + \cos [2\pi (f_0 + f + f_x) t + \phi] \} +$$

$$\frac{1}{2} K_1 K_2 \cos [2\pi (f_0 + f) t] N(t)$$

恒带宽滤波器的中心频率为 f_0（100 kHz），且带宽非常窄（如 4 Hz），故只有频率为 f_0 的信号才能通过。来自乘法器 2 的信号，只有当 $f = f_x$ 时，滤波器才有输出，其输出为

$$\frac{1}{4} K_1 K_2 A \cos (2\pi f_0 t - \phi) \tag{5-58}$$

其余谐波及噪声全被滤波器所衰阻。

由以上分析可见，输出信号中既包含了被测信号的幅值，又包含了被测信号的相位，而且只有当被测信号与参考信号频率相同时才能通过滤波器，说明从被测信号中提取何种成分是由参考信号决定。如果控制振荡器不断改变参考信号的频率 f，使其在整个频域上扫描，就可以得到被测信号的幅值谱和相位谱。

（2）相关滤波器

利用相关技术可以有效地在噪声背景下提取有用信息，例如，利用稳态正弦激振进行振动测试时，人们感兴趣的是与激振频率相同的正弦信号的幅值和相角，利用相关滤波技术就可以获取这些信息。相关滤波器的工作原理如图 5-33 所示。

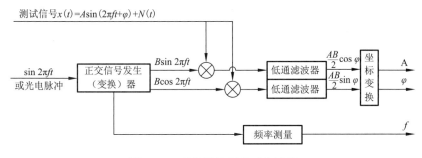

图 5-33　相关滤波器的工作原理

思考题与习题

5-1　实现幅值调制与解调的方法主要有哪几种？各有什么特点？

5-2　描述频率调制及解调的原理。

5-3　能否将调幅波看成载波与调制波的叠加？为什么？

5-4　已知调幅波 $x_a(t) = (100 + 30 \cos \Omega t + 2 \cos 3\Omega t)(\cos \omega_c t)$，其中 $f_c = 10$ kHz，$f_\Omega = 500$ Hz 试求，（1）$x_a(t)$ 所包含各分量的频率及幅值；（2）绘制出调制信号与调幅波的频谱。

5-5　试根据调幅的原理解释说明，为什么某动态应变仪的电桥激励电压频率为 10 kHz，而工作频率为 0 ～ 1 500 Hz？

5-6　求调幅波 $f(t) = A(1 + \cos 2\pi f t) \sin 2\pi f_0 t$ 的幅频谱。

5-7　简述滤波器的基本类型及其传递函数，并通过工程实例来说明它们的作用？

5-8 何为恒带宽滤波器和恒带宽比滤波器？

5-9 若将高、低通网络直接串联，如图 5-34 所示，能否组成带通滤波器？写出此电路的频率响应函数，分析其幅频特性和相频特性，分析 R、C 的取值对其幅频和相频特性的影响。

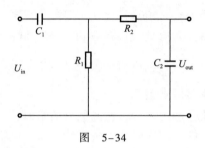

图 5-34

5-10 已知某 RC 低通滤波器，$R = 1\,\text{k}\Omega$；$C = 1\,\mu\text{F}$。（1）确定各函数式 $H(s)$；$H(\omega)$；$A(\omega)$；$\varphi(\omega)$；（2）当输入信号为 $u_i = 10\sin 1\,000t$ 时，求输出信号 u_o，并比较其幅值和相位关系。

5-11 已知低通滤波器的频率响应函数为

$$H(\omega) = \frac{1}{1 + j\omega\tau}$$

式中 $\tau = 0.05\,\text{s}$，当输入信号为 $x(t) = 0.5\cos(10t) + 0.2\cos(100t - 45°)$ 时，求输出 $y(t)$，并比较 $y(t)$ 与 $x(t)$ 的幅值与相位的区别？

第6章　数字信号处理

【本章基本要求】

1. 掌握模/数（A/D）和数/模（D/A）转换原理。

2. 掌握采样定理，能正确选择采样频率。

3. 了解数字信号处理中信号截断、能量泄漏、栅栏效应等现象。

4. 了解常用数字信号处理方法（FFT、DFT及数字滤波技术）。

【本章重点】 信号的数字化过程、离散傅里叶变换。

【本章难点】 数字滤波器的设计。

6.1　认识数字信号处理

在日常生活和工程实践中，信号的种类繁多，信号的形式和用途也各不相同，但大多面临着数字化及数字化后信号处理的问题。图 6-1 给出几种典型的数字信号。很多情况下直接得到的是连续时间信号，需要将连续时间信号转换成离散时间信号。但有些情况下信号本身因具有时间离散性而成为离散时间信号。

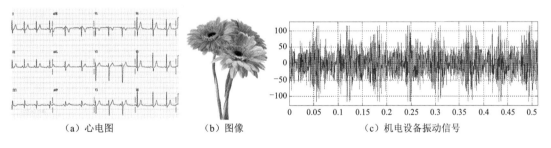

（a）心电图　　　　　　（b）图像　　　　　　（c）机电设备振动信号

图 6-1　数字信号示例

随着计算机技术的发展，专用数字信号处理器及数字信号处理算法不断出现，基于连续时间信号处理技术的设备或系统逐渐被以离散时间信号处理技术为原理的设备或系统取代，利用离散时间信号处理技术可以实现原来连续时间系统不可能实现的许多功能。

1. 信号处理的目的

通过测试所获得的信号往往混有各种噪声。噪声的来源可能是由于测试系统本身的不完善，也可能是由于系统中混入了其他的输入源。信号的分析与处理过程就是对测试信号进行去伪存真、排除干扰，从而获得所需要的有用信息的过程。通常把研究信号的构成和特征的过程称为信号分析，把对信号进行必要的变换以获得所需信息的过程称为信号处理，信号分析与处理的过程是相互关联的。

2. 信号处理的内容

数字计算机只能处理有限长的数字信号。因此，必须把连续变化的模拟信号转换成有限长的离散时间序列，才能由计算机来处理。这一转换过程称为模拟信号数字化，通常可分成采样、截断两个过程。

3. 信号处理的方法

信号处理方法包括模拟信号处理和数字信号处理两种方法。

① 模拟信号处理方法是直接对连续时间信号进行分析和处理的方法，其分析过程是按照一定的数学模型组成的运算网络来实现的，即使用模拟滤波器、乘法器、微分放大器等一系列模拟运算电路构成模拟处理系统来获取信号的特征参数，如均值、均方根值、自相关函数、概率密度函数、功率谱密度函数等。

尽管数字信号分析技术已经获得了很大发展，但模拟信号分析仍然是不可缺少的，即使在数字信号分析系统中，也要辅助模拟分析设备。例如，对连续时间信号进行数字分析前进行的抗混频滤波，数字信号处理后的模拟显示记录等。

② 数字信号处理是用数字方法处理信号，它可以在专用的数字信号处理仪上进行，也可以在通用计算机上或 DSP（Digital Signd Processing）芯片上通过编程来实现。在运算速度、分辨力和功能等方面，数字信号处理技术都优于模拟信号处理技术。目前，数字信号处理已经得到越来越广泛的应用。

4. 数字信号处理的流程

图 6-2 给出典型测控系统中的数字信号处理流程示意图。其中包括数字分析与处理的内容。

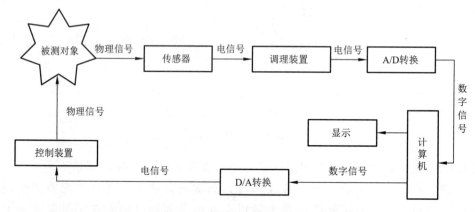

图 6-2 典型测控系统中的数字信号处理流程示意图

首先，根据被测对象的待检测信号，选择合适的传感器对信号进行感知，并转换为电信号。利用调理装置将传感器输出的电信号进行预处理，转换为适合 A/D 转换模块输入的电信号。经 A/D 转换模块转换成数字信号后，输入计算机，在计算机内完成数字信号的显示、存储和处理。为实现反馈控制，计算机输出处理后的数字信号，经 D/A 转换模块转换成模拟电信号，再驱动控制装置实现对被测对象的反馈控制。

6.2　模/数转换与数/模转换

为便于计算机进行数据处理，需要将模拟信号转换为数字信号；为了推动执行元件调控被测对象或输入仪表进行模拟显示和记录，需要将数字处理系统输出的数字信号转换成模拟信号。实现这些功能的装置分别称为模/数转换器和数/模转换器。

6.2.1　数/模转换原理

数/模转换电路有多种形式，目前应用较多的是 T 形电阻网络数/模转换器。

图 6-3 给出四位数模转换电路，该电路由 T 形电阻网络、模拟开关 $S_0 \sim S_3$ 及求和运算放大器 A 构成。

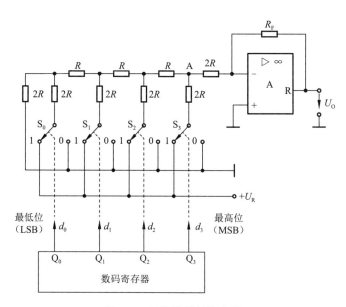

图 6-3　四位数模转换电路

将电阻 R 和 $2R$ 所组成的 T 形电阻网络的输出端与运算放大器 A 的反相输入端相连，运算放大器接成反相比例运算电路，对各支路信号作求和运算，其输出为模拟电压为 U_o。U_R 为参考电压或基准电压，$d_3d_2d_1d_0$ 为输入的四位二进制数。开关 $S_3S_2S_1S_0$ 分别受输入数码 $d_3d_2d_1d_0$ 的控制，数码为 1 时，开关将电阻接到 U_R 上，数码为 0 时，开关将电阻接地。根据戴维南定理和叠加原理，可计算出数码为任意值时的输出电压 U_o。例如，当 $d_3d_2d_1d_0$ 为 0001 时，只有 S_0 接 U_R，其余均接地，等效电路如图 6-4（a）所示。用戴维南定理可将 11′ 左边部分等效为电压为 $U_R/2$ 的电源与电阻 R 的串联，然后依次计算出 22′ 及 AA′ 端左边部分的等效电路的参数，最后求出 AA′ 端的等效电路的电压为 $U_R/2^4$，等效内阻为 R，此时图 6-3 的等效电路如图 6-4（b）所示。其输出电压为

$$U_o = -\frac{R_F U_R}{3R \, 2^4} d_0 \tag{6-1}$$

同理，$d_1 = 1$ 或 $d_2 = 1$ 或 $d_3 = 1$，而其余为 0 时，输出电压分别为

$$-\frac{R_F U_R}{3R 2^3} d_1 \quad -\frac{R_F U_R}{3R 2^2} d_2 \quad -\frac{R_F U_R}{3R 2^1} d_3$$

应用叠加原理将四个电压分量叠加，即可求出任意数字输入时，运算放大器输出端的模拟电压 U_o，即

$$U_o = -\frac{R_F U_R}{3R 2^4} d_0 - \frac{R_F U_R}{3R 2^3} d_1 - \frac{R_F U_R}{3R 2^2} d_2 - \frac{R_F U_R}{3R 2^1} d_3 = -\frac{R_F U_R}{3R 2^4}(2^3 d_3 + 2^2 d_2 + 2^1 d_1 + 2^0 d_0)$$

如果输入的是 n 位二进制数，则

$$U_o = -\frac{R_F U_R}{3R 2^n}(2^{n-1} d_{n-1} + 2^{n-2} d_{n-2} + \cdots + 2^1 d_1 + 2^0 d_0) \tag{6-2}$$

例如，若 $R_F = 3R$，当 $d_3 d_2 d_1 d_0 = 1011$ 时，输出电压为

$$U_o = -\frac{U_R}{2^4}(2^3 + 2^1 + 2^0) = -\frac{11}{2^4} U_R = -\frac{11}{16} U_R$$

当 $d_3 d_2 d_1 d_0 = 1111$ 时，输出电压为

$$U_o = -\frac{U_R}{2^4}(2^3 + 2^2 + 2^1 + 2^0) = -\frac{15}{2^4} U_R = -\frac{15}{16} U_R$$

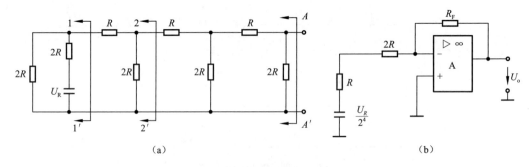

图 6-4　等效电路

6.2.2　数/模转换器的技术指标

数/模转换器的主要技术指标包括：

（1）分辨率　指最小输出电压（对应的输入数字量只有最低有效位为"1"）与最大输出电压（对应的输入数字量的所有有效位均为"1"）之比。如 n 位 D/A 转换器，其分辨率为 $1/(2^n - 1)$。在实际使用中，也用输入数字量的位数来表示分辨率的大小。

（2）转换精度　D/A 转换器的转换精度与 D/A 转换器的集成芯片的结构和接口电路配置有关。当不考虑 D/A 转换误差时，D/A 的转换精度就是分辨率的大小。因此，要获得高精度的 D/A 转换结果，首先要保证选择分辨率足够高的 D/A 转换器。同时 D/A 转换精度还与外接电路的配置有关。当外部电路器件或电源误差较大时，会造成较大的 D/A 转换误差，

当这些误差超过一定程度时，D/A 转换就会产生错误。

在 D/A 转换过程中，影响转换精度的主要因素包括：失调误差、增益误差、非线性误差和微分非线性误差等。

（3）线性度 用非线性误差的大小表示 D/A 转换的线性度，并把理想输入/输出特性的偏差与满刻度输出之比的百分数定义为非线性误差。

非线性误差没有一定的变化规律，其产生原因是由于各个模拟开关的压降可能不相等，而且模拟开关接地和接参考电压时的压降也不一定相同，各个电阻阻值的偏差也不完全相同。因此，造成输出端电压与输入端电压的非线性关系。

（4）输出电压（或电流）的建立时间 从数字信号输入开始，到输出电压或电流达到稳定值所需要的时间。这一时间包括两部分：距运算放大器最远的一位输入信号的传输时间；运算放大器到达稳定状态所需要的时间。目前，十位或者十二位集成数/模转换器的转换时间一般不超过 1 μs。

此外，数/模转换器的技术指标有电源抑制比、功率消耗、温度系数等技术指标。

6.2.3 模/数转换原理

模拟量转换为数字量的方法很多，目前应用较多的是逐次逼近法。

图 6-5 给出四位模数转换器的工作原理，它主要由电压比较器、数模转换器、顺序脉冲发生器、数码寄存器和逐次逼近寄存器等组成。逐次逼近寄存器由四个 J-K 触发器构成，其输出是四位二进制数 $d_3d_2d_1d_0$；顺序脉冲发生器是一个逻辑控制电路，其输入是时钟脉冲 C，输出是 C_0、C_1、C_2 和 C_3，图 6-6 给出其典型输出波形。

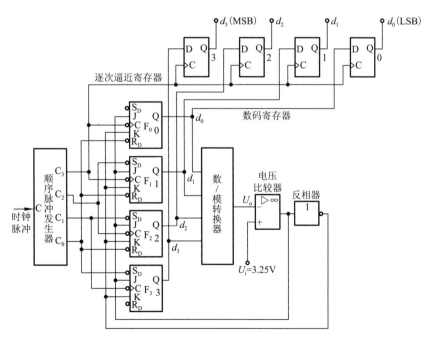

图 6-5 四位模/数转换器的原理

数/模转换器是模/数转换器的核心部分，它的输入是逐次逼近寄存器的四位数码，输出是模拟量 U_o，将其送到电压比较器的反相输入端，比较器的输出接到触发器 $F_0 \sim F_3$ 的 J 端，并与反相器相接，反相器的输出端又接到 $F_0 \sim F_3$ 的 K 端，数码寄存器的输入量来自逐次逼近寄存器的输出数码，其 C 端与顺序脉冲发生器的 C_3 端相连。当转换结束后，C_3 的时钟脉冲信号将逐次逼近寄存器的输出数码存到数码寄存器，以供提取。

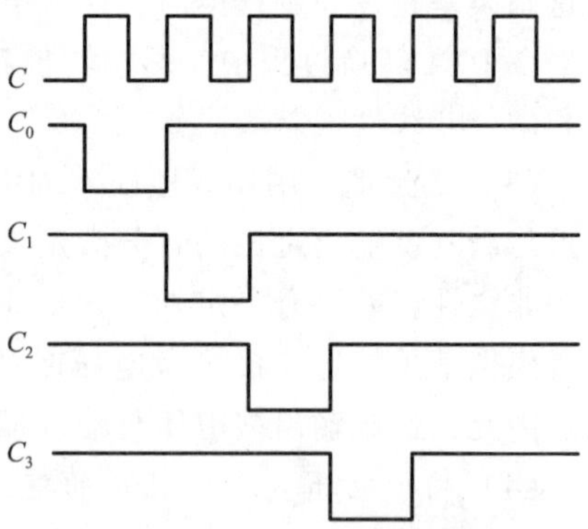

设四位 T 形电阻网络中 $U_R = 5$ V，$R_F = 3R$，输入的模拟电压为 $U_i = 3.25$ V。首先将数码寄存器清零，

图 6-6 C、C_0、C_1、C_2、C_3 波形图

然后输入第一个时钟脉冲 C，顺序脉冲发生器输出顺序脉冲 C_0，将逐次逼近寄存器的最高位 Q_3 置 1 其余置 0，即寄存器的数码 $Q_3Q_2Q_1Q_0$ 为 1 000，这时 T 形电阻网络的输出电压为

$$U_O = \frac{U_R}{2^4}(2^3 d_3 + 2^2 d_2 + 2^1 d_1 + 2^0 d_0) = -\frac{5}{2^4} \times 2^3 \text{ V} = 2.5 \text{ V}$$

即 $U_o < U_i$，故比较器输出高电平，反相器输出为低电平，使触发器 $F_0 \sim F_3$ 的 $J = 1$，$K = 0$。当第二个 C 的上升沿到来时，C_1 端输出负脉冲而使 F_3 保持为 1，并将 F_2 置为 1，其余 F_0、F_1 为 0，此时

$$U_O = \frac{5}{16}(2^3 + 2^2) \text{ V} = 3.75 \text{ V}$$

显然，$U_O > U_i$，比较器输出为低电平，反相器输出为高电平，使触发器 $F_0 \sim F_3$ 的 $J = 0$，$K = 1$。当第三个 C 的上升沿到来时，C_2 端输出负脉冲而使 F_2 保持为 0，F_1 置为 1，F_0 仍为 0，此时

$$U_O = \frac{5}{16}(2^3 + 2^1) \text{ V} = 3.125 \text{ V}$$

因 $U_O < U_i$，故触发器 $F_0 \sim F_3$ 的 $J = 1$，$K = 0$。当第四个 C 的上升沿到来时，C_3 端输出负脉冲而使 F_1 置为 1，F_0 置 1，此时

$$U_O = \frac{5}{16}(2^3 + 2^1 + 2^0) \text{ V} = 3.44 \text{ V}$$

将逐次逼近寄存器的输出数码 $Q_3Q_2Q_1Q_0 = 1\ 011$ 存到数码寄存器，可以看出转换误差为 0.19 V。显然，四位转换器的最大误差为 $5/(2^4 - 1)$ V $= 0.33$ V。这说明转换器的位数越多，分辨率越高，误差越小。

6.2.4 模/数转换器的技术指标

（1）**分辨率（又称精度）** 是指数字量变化一个最小量时模拟信号的变化量，定义为满刻度与 2^n 的比值。分辨率以数字信号的位数来表示。

（2）**转换速率** 是指完成一次从模拟到数字转换（A/D 转换）所需时间的倒数。积分型 A/D 的转换时间是毫秒级，属低速 A/D；逐次比较型 A/D 是微秒级，属中速 A/D；全并行/串并行型 A/D 可达到纳秒级。采样时间是指两次转换的间隔，为了保证转换的正确完成，采样速率必须小于或等于转换速率。因此，通常将转换速率在数值上等同于采样速率。常用单位是 Ksps 和 Msps，表示每秒采样千次和百万次。

（3）量化误差 是指由有限分辨率 A/D 引起的误差，即有限分辨率 A/D 的阶梯状转换特性曲线与无限分辨率 A/D（理想 A/D）的转换特性曲线（直线）之间的最大偏差。通常是一个或半个最小数字量的模拟变化量，表示为 1LSB、1/2LSB。

（4）偏移误差 是指输入信号为零时，输出信号不为零的值，可外接电位器调至最小。

（5）满刻度误差 是指满度输出时，对应的输入信号与理想输入信号的差值。

（6）线性度 是指实际转换器的转换特性曲线与理想直线的最大偏移，不包括以上三种误差。

其他指标还有绝对精度、相对精度、微分非线性、单调性和无错码、总谐波失真、积分非线性等。

6.3 信号的数字化过程

数字信号处理是研究用数字方法对信号进行分析、变换、滤波、检测、调制、解调以及快速算法的一门技术。采用数字方法对信号进行处理，必须将模拟信号转换成数字信号，即信号的数字化过程。信号数字化过程包含着一系列步骤，每一步骤都可能引起信号和其蕴含信息的失真。

6.3.1 信号的数字化过程

设模拟信号 $x(t)$ 的傅里叶变换为 $X(f)$（见图 6-7）。为利用计算机来进行计算，必须使 $x(t)$ 变换成有限长的离散时间序列。为此，必须对 $x(t)$ 进行采样和截断。

采样就是用一个等时距的周期脉冲序列 $s(t)$，也称采样函数（见图 6-8）去乘 $x(t)$。时距 T_s 称为采样间隔，$1/T_s = f_s$ 称为采样频率。由式（2-82）可知，$s(t)$ 的傅里叶变换 $S(f)$ 也是周期脉冲序列，其频率 $f_s = 1/T_s$。根据傅里叶变换的性质，采样后信号频谱应是 $X(f)$ 与 $S(f)$ 的卷积：$X(f) * S(f)$，相当于将 $X(f)$ 乘以 $1/T_s$，然后将其平移，使其中心落在 $S(f)$ 的脉冲序列的频率点上，如图 6-9 所示。若 $X(f)$ 的频带大于 $1/2T_s$，平移后的波形会发生重叠，如图 6-9 中虚线所示。采样后信号的频谱是这些平移后波形的叠加，如图 6-9 中实线所示。

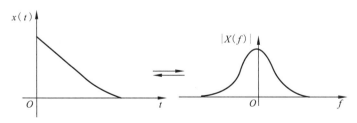

图 6-7 原模拟信号及其幅频谱

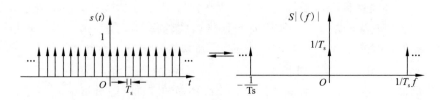

图 6-8　采样函数及其幅频谱

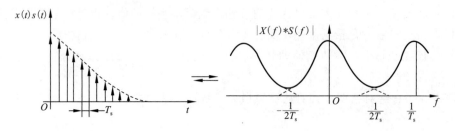

图 6-9　采样后信号及其幅频谱

　　由于计算机只能进行有限长序列的运算，因此，必须从采样后信号的时间序列中截取有限长的一段来进行计算，其余部分视为零，不予考虑。这等于把采样后信号（时间序列）乘以一个矩形窗函数，窗宽为 T。所截取的时间序列的点数 $N = T/T_s$，N 也称为序列长度。窗函数 $w(t)$ 的傅里叶变换为 $W(f)$，如图 6-10 所示。时域相乘对应着频域卷积，因此，进入计算机的信号为 $x(t)s(t)w(t)$，它是长度为 N 的离散信号（见图 6-11）。其频谱为 $[X(f) * S(f) * W(f)]$，是一个频域连续函数。在卷积中，$W(f)$ 的旁瓣引起频谱的皱波。

图 6-10　时窗函数及其幅频谱

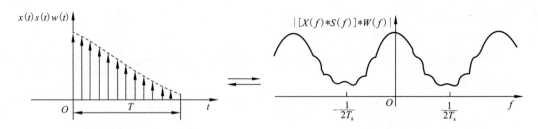

图 6-11　有限长离散信号及其幅频谱

　　计算机按照一定的算法，比如离散傅里叶变换（DFT），将 N 点长的离散时间序列 $x(t)s(t)w(t)$ 变换成 N 点的离散频率序列，并输出。

　　需要注意，$x(t)s(t)w(t)$ 的频谱是连续的频率函数，而 DFT 计算后的输出则是离散的频率序列。可见 DFT 不仅算出 $x(t)s(t)w(t)$ 的"频谱"，而且同时对其频谱 $[X(f) * S(f) * W(f)]$ 实施了频域的采样处理，使其离散化，即在频域中乘上图 6-12 中所示的采样函数 $D(f)$。DFT 是在频域的一个周期 $f_s = 1/T_s$ 中输出 N 个数据点，故输出的频率序列和频率间距 $\Delta f = f_s/N = 1/(T_s N) = 1/T$。频域采样函数是 $D(f) = \sum\limits_{n=-\infty}^{\infty} \delta(f - n/T)$，计算机的实际输出 $X(f)_P$（见图 6-13）为

$$X(f)_P = [X(f) * S(f) * W(f)]D(f) \tag{6-3}$$

与 $X(f)_P$ 相对应的时域函数 $x(t)_P$，不是 $x(t)$，也不是 $x(t)s(t)$，而是 $[x(t)s(t)w(t)] \times d(t)$，$d(t)$ 是 $D(f)$ 的时域函数。应当注意，频域采样形成的频域函数离散化，将其时域函数周期化，因此 $x(t)_P$ 是一个周期函数，如图 6-13 所示。

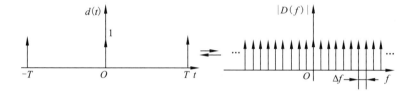

图 6-12　频域采样函数及其时域函数

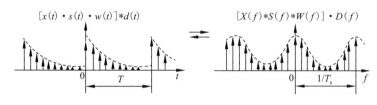

图 6-13　频域采样函数及其时域函数

需要注意，在模拟信号 $x(t)$ 的频域处理过程中的每一个步骤：采样、截断、DFT 计算等都会引起失真或误差。通常，工程上不仅关注有无误差，更关心的是误差的具体数值，以及是否能以经济、有效的手段获得足够精确的信息。下面讨论信号数字化过程中出现的误差。

6.3.2　时域采样、混叠和采样定理

采样是把连续时间信号变成离散时间序列的过程。该过程相当于在连续时间信号上"摘取"许多离散时刻的瞬时值。在数学处理上，可看作以等时距的单位脉冲序列（称为采样信号）与连续时间信号相乘，各采样点上的瞬时值就变成脉冲序列的强度。以后这些强度值将被量化而成为相应的数值。

长度为 T 的连续时间信号 $x(t)$，从点 $t = 0$ 开始采样，采样得到的离散时间序列为 $x(n)$

$$x(n) = x(nT_s) = x(n/f_s) \qquad (n = 0, 1, 2, \cdots, N) \tag{6-4}$$

式中，$x(nT_s) = x(t)\big|_{t=nT_s}$；$T_s$ 为采样间隔；n 为序列长度，$n = T/T_s$；f_s 为采样频率，$f_s = 1/T_s$。

采样间隔的选择是一个重要的问题。若采样间隔太小（采样频率高），则对定长的时间

记录而言，其数字序列就很长，计算工作量增大；如果数字序列长度一定，则只能处理很短的时间历程，可能产生较大的误差；若采样间隔过大（采样频率低），则可能丢掉有用的信息。例如，在图 6-14 （a） 中，在采样周期为 T_s 的条件下进行采样，可以得到点 1、2、3 等的采样值，但无法分辨曲线 A、曲线 B 和曲线 C 的差别，可能将三者混淆；图 6-14 （b） 是用过大的采样间隔 T_s 对两个不同频率的正弦波采样的结果，同样可以得到一组相同的采样值，但无法辨识两者的差别，将其中的高频信号误认为某种相应的低频信号，出现了所谓的混叠现象。

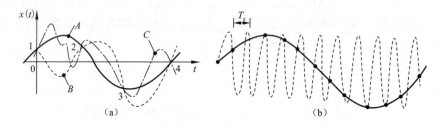

图 6-14　混叠现象

下面具体解释混叠现象及其避免的方法。

间距为 T_s 的采样脉冲序列的傅里叶变换也是脉冲序列，其间距为 $1/T_s$，即

$$s(t) = \sum_{n=-\infty}^{\infty} \delta(t - nT_s) \Leftrightarrow S(f) = \frac{1}{T_s} \sum_{r=-\infty}^{\infty} \delta\left(f - \frac{r}{T_s}\right) \tag{6-5}$$

由频域卷积定理可知：两个时域函数乘积的傅里叶变换等于两者傅里叶变换的卷积，即

$$x(t)s(t) \Leftrightarrow X(f) * S(f) \tag{6-6}$$

考虑到 δ 函数与其他函数卷积的特性，式 （6-6） 可表示为

$$X(f) * S(f) = X(f)\frac{1}{T_s} \sum_{r=-\infty}^{\infty} \delta\left(f - \frac{r}{T_s}\right) = \frac{1}{T} \sum_{r=-\infty}^{\infty} X\left(f - \frac{r}{T_s}\right) \tag{6-7}$$

此式为 $x(t)$ 经过间隔为 T_s 的采样后，所形成采样信号的频谱。通常，此频谱与原连续信号的频谱 $X(f)$ 并不相同，但有一定关系。它是将原频谱 $X(f)$ 平移 $1/T_s$ 至各采样脉冲对应的频域序列点上，然后全部叠加而成。由此可见，信号经时域采样后成为离散信号，新信号的频谱变为周期函数，周期为 $1/T_s = f_s$。

如果采样的间隔 T_s 太大，即采样频率 f_s 太低，平均距离 $1/T_s$ 过小，那么移至各采样脉冲所在处的频谱 $X(f)$ 会有一部分相互交叠，合成的 $X(f) * S(f)$ 波形与原 $X(f)$ 不一致，这种现象称为混叠。发生混叠以后，改变了原来频谱的部分幅值，就不可能从离散的采样信号 $x(t)s(t)$ 中准确地恢复出原来的时域信号 $x(t)$。

注意到，原频谱 $X(f)$ 是 f 的偶函数，并以 $f=0$ 为对称轴；而新频谱 $X(f) * S(f)$ 是以 f_s 为周期的周期函数。因此，如有混叠现象出现，混叠必然出现在 $f = f_s/2$ 左右两侧的频率处，通常将 $f_s/2$ 称为折叠频率。可以证明，任何一个大于折叠频率的高频成分 f_1 都将和一个低于折叠频率的低频成分 f_2 相混淆，将高频 f_1 误认为低频 f_2。相当于以折叠频率 $f_s/2$ 为轴，将 f_1 成分折叠到低频成分 f_2 上，它们之间的关系为

$$(f_1 + f_2)/2 = f_s/2 \tag{6-8}$$

这也就是称 $f_s/2$ 为折叠频率的原因。

如果要求不产生频率混叠（见图 6-15），首先应使被采样的模拟信号 $x(t)$ 成为有限带宽的信号。为此，对不满足此要求的信号，在采样之前，先通过模拟低通滤波器滤去高频成分，使其成为带限信号。这种处理称为抗混叠滤波预处理。然后，应使采样频率 f_s 大于带限信号的最高频率 f_h 的两倍，即

$$f_s = \frac{1}{T_s} > 2f_h \tag{6-9}$$

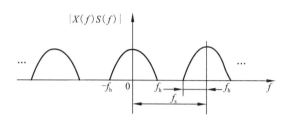

图 6-15　不产生频率混叠的条件

在满足以上两个条件后，采样后的频谱 $X(f) * S(f)$ 就不会发生混叠（见图 6-15）。若把该频谱通过一个中心频率为零（$f=0$）、带宽为 $\pm(f_s/2)$ 的理想低通滤波器，就可以把原信号的频谱提取出来，也就有可能从离散序列中准确地恢复出原模拟信号 $x(t)$。

为了避免混叠，在采样处理后能准确地恢复出原信号，采样频率 f_s 必须大于最高频率 f_h 的两倍，即 $f_s > 2f_h$，这就是采样定理。在实际工作中，考虑到滤波器不可能有理想的截止特性，在其截止频率 f_c 后总有一定的过渡带，故采样频率常选为 $(3\sim4)f_c$。此外，从理论上考虑，任何低通滤波器都不可能把高频噪声完全衰减掉，因此，也不可能彻底消除混叠。

6.3.3　量化和量化误差

采样得到的离散信号的电压幅值，若用二进制数码组来表示，就使离散信号变成数字信号，这一过程称为量化。量化是从一组有限离散电平中取一个来近似代表采样点的实际幅值。这些离散电平称为量化电平，每个量化电平对应一个二进制数码。

A/D 转换器的位数是一定的。一个 b 位（又称数据字长）的二进制数，共有 $L = 2^b$ 个数码。如果 A/D 转换器允许的动态工作范围为 D（例如 $\pm5\,\text{V}$ 或 $0\sim10\,\text{V}$），则两相邻量化电平之间的差 δx 为

$$\delta x = D/2^{b-1} \tag{6-10}$$

其中采用 2^{b-1} 而不用 2^b，是因为实际上字长的第一位用作符号位。

当离散信号采样值 $x(n)$ 的电平落在两个相邻量化电平之间时，就要舍入到相近的一个量化电平上。该量化电平与信号实际电平之间的差值称为量化误差 $\varepsilon(n)$。量化误差的最大值为 $\pm(\delta x/2)$，可认为量化误差在 $(-\delta x/2, +\delta x/2)$ 区间内各点出现的概率是相等的，其概率密度为 $1/\delta x$，均值为零，其均方值 σ_ε^2 为 $\delta x^2/12$，误差的标准差 σ_ε 为 $0.29\delta x$。实际上，与信号获取、处理的其他误差相比，量化误差通常很小。

量化误差 $\varepsilon(n)$ 将形成叠加在信号采样值 $x(n)$ 上的随机噪声。假定字长 $b=8$，峰值电

平等于 $2^{(8-1)}\delta x = 128\delta x$。这样，峰值电平与 σ_ε 之比为（$128\delta x/0.29\delta x$）≈ 450，即约为 26 dB。

A/D 转换器位数的选择应视信号的具体情况和量化的速度要求而定。但需要考虑位数增多后，会增加成本，转换速率也会降低。

为讨论方便，今后假设各采样点的量化电平就是信号的实际电平，即假设 A/D 转换器的位数为无限多，量化误差等于零。

6.3.4　频域采样和栅栏效应

经过采样和截断后，其频谱在频域上是连续的。如果用数字描述频谱，就需要在频率进行离散化，实行频域采样，如图 6-13 所示。其实质是频域离散化，时域周期化。

对信号进行采样，实质就是"摘取"采样点上的信号值。其效果如同透过栅栏的缝隙观看外径一样，只有落在缝隙前的少数景象被看到，其余景象都被栅栏挡住，视为零。这种现象称为栅栏效应。不管时域采样还是频域采样，都有相应的栅栏效应。只不过如果时域采样满足采样定理，栅栏效应不会有什么影响。而频域采样的栅栏效应则影响较大，"挡住"或丢失的频率成分有可能是重要的或具有特征的成分，会对信号处理产生很大的影响。

6.4　傅里叶变换

6.4.1　离散傅里叶变换（DFT）

模拟信号的离散傅里叶变换（discrete fourier transform，DFT）包括时域采样、时域截断和频域采样等过程，如图 6-7 ～图 6-13 所示。设 $x(t)$ 为时域模拟信号，首先对其进行时域采样，采样间隔为 $\Delta t = \dfrac{1}{f_s}$（$f_s$ 为采样频率），采样后得到的时间序列为

$$x_s(t) = x(t)s_1(t) = x(t)\sum_{-\infty}^{\infty}\delta(t-\Delta t) = \sum_{-\infty}^{\infty}x(n\Delta t)\delta(t-n\Delta t) \tag{6-11}$$

然后，再利用矩形窗函数 $w(t)$ 对采样后的时间序列进行截断，得到有限个样本点（设为 N 点）的有限时间序列 $x(n)$

$$x(n) = x_s(t)w(t) = \sum_{-\infty}^{\infty}x(n\Delta t)\delta(t-n\Delta t)w(t) = \sum_{i=0}^{N-1}x(n\Delta t)\delta(t-n\Delta t) \tag{6-12}$$

通常这一过程利用 A/D 转换器来实现，只要给定合理的采样频率 f_s 和采样点数 N 就可以得到理想的时间序列 $\{x(n)\}$，$n=0,1,2,\cdots,N-1$。

最后，利用式（6-13）实现时间序列 $\{x(n)\}$ 的傅里叶变换

$$X(k) = \sum_{i=0}^{N-1}x(n)e^{-i2\pi kn/N} \qquad (k=0,1,2,\cdots,N-1) \tag{6-13}$$

$X(k)$ 的傅里叶逆变换为

$$x(n) = \frac{1}{N} \sum_{k=0}^{N-1} X(k) e^{i2\pi kn/N} \qquad (k = 0, 1, 2, \cdots, N-1) \tag{6-14}$$

若

$$W_N = e^{-i2\pi/N}$$

则式（6-13）和式（6-14）也可以写成

$$X(k) = \sum_{k=0}^{N-1} x(n) W_N^{kn} \qquad (k = 0, 1, 2, \cdots, N-1) \tag{6-15}$$

$$x(n) = \frac{1}{N} \sum_{k=0}^{N-1} X(k) W_N^{-kn} \qquad (k = 0, 1, 2, \cdots, N-1) \tag{6-16}$$

这就是离散信号的傅里叶变换及其逆变换，从而将 N 个时域采样点与 N 个频域采样点联系起来。

6.4.2　快速傅里叶变换（FFT）

离散傅里叶变换（DFT）在数字信号处理中是非常有用的。例如，在信号的频谱分析、系统分析、设计和实现中都会用到 DFT 计算。但是，由于 DFT 的计算量太大，即使采用计算机也很难进行实时处理，因此，在相当长的一段时间里，DFT 并没有得到真正的运用。直到 1965 年，美国的库利–图基（J. W. Cooley–J. W. Tukey）发现了 DFT 运算的一种快速算法后，情况才发生了根本的变化。人们开始认识到 DFT 运算的一些内在规律，从而很快地发展和完善了一套快速有效的运算方法，这就是人们现在普遍称之为快速傅里叶变换（FFT）的算法。FFT 的出现使得 DFT 的运算大大简化，运算时间一般可缩短 1 ～ 2 个数量级，从而使 DFT 的运算在实际中真正得到了广泛应用。

通过分析可知，要得到式（6-15）中的一个 $X(k)$ 值，必须做 N 次复数乘法和（$N-1$）次复数加法，计算 N 个 $X(k)$ 值时，共需 N^2 次复数乘法和 $N(N-1)$ 次复数加法，运算量相当大，很难满足实时分析的需要。

快速傅里叶变换（FFT）并不是一种新的变换方法，而是为了减少离散傅里叶变换的计算量而发展起来的一种快速算法。该方法主要利用了式（6-15）中系数 W_N^{nk} 的一些固有特性，如

（1）W_N^{nk} 的对称性

$$W_N^{\left(nk + \frac{N}{2}\right)} = -W_N^{nk} \tag{6-17}$$

例如，对于 $N=4$，有 $W_4^3 = -W_4^1$，$W_4^2 = -W_4^0$。

（2）W^{nk} 的周期性

$$W^{nk} = W^{(k+N)n} = W^{k(n+N)} \tag{6-18}$$

例如，对于 $N=4$，有 $W^2 = W^6$，$W^1 = W^9$。

快速傅里叶变换的算法形式可以分成两大类，即按时间抽取法（DIT–FFT）和按频率抽取法（DIF–FFT）。本书主要介绍 FFT 基本思想以及基 2FFT 算法，其他方法读者可参阅其他书籍。一般 FFT 算法要求采样点数 N 为 2 的幂，例如 256（2^8）、512（2^9）、1 024（2^{10}）、2 048（2^{11}）等，即需要满足

$$N = 2^M, \quad M \text{ 为整数} \tag{6-19}$$

按 n 的奇偶，基 2FFT 算法把 $\{x(n)\}$ 分解为两个 $N/2$ 点的子序列

$$\begin{cases} x(2r) = x_1(r) & \left(r = 0, 1, \cdots, \dfrac{N}{2} - 1\right) \\ x(2r+1) = x_2(r) & \left(r = 0, 1, \cdots, \dfrac{N}{2} - 1\right) \end{cases} \tag{6-20}$$

从而将式 (6-15) 化为

$$X(k) = \mathrm{DFT}[x(n)] = \sum_{n=0}^{N-1} x(n) W_N^{nk} = \sum_{\substack{n=0 \\ n\text{为偶数}}}^{N-1} x(n) W_N^{nk} + \sum_{\substack{n=0 \\ n\text{为奇数}}}^{N-1} x(n) W_N^{nk}$$

$$= \sum_{r=0}^{\frac{N}{2}-1} x(2r) W_N^{2rk} + \sum_{r=0}^{\frac{N}{2}-1} x(2r+1) W_N^{(2r+1)k}$$

$$= \sum_{r=0}^{\frac{N}{2}-1} x_1(r) (W_N^2)^{rk} + W_N^k \sum_{r=0}^{\frac{N}{2}-1} x_2(r) (W_N^2)^{rk} \tag{6-21}$$

由于 $W_N^2 = \mathrm{e}^{-\mathrm{j}2\pi2/N} = \mathrm{e}^{-\mathrm{j}2\pi/(N/2)} = W_{N/2}$

故有

$$X(k) = \sum_{r=0}^{\frac{N}{2}-1} x_1(r) W_{N/2}^{rk} + W_N^k \sum_{r=0}^{\frac{N}{2}-1} x_2(r) W_{N/2}^{rk} = X_1(k) + W_N^k X_2(k) \tag{6-22}$$

式中，$X_1(k)$ 与 $X_2(k)$ 分别是 $x_1(r)$ 及 $x_2(r)$ 的 $N/2$ 点 DFT。

综上所述，一个 N 点 DFT 已分解成两个 $N/2$ 点的 DFT。这两个 $N/2$ 点的 DFT 再按照式 (6-22) 组合成一个 N 点 DFT。不难看出 $X_1(k)$ 和 $X_2(k)$ 只有 $N/2$ 个点，即 $k = 0$，1，$\cdots$，$N/2 - 1$。而 $X(k)$ 却有 N 个点，即 $k = 0$，1，$\cdots$，$N - 1$，故用式 (6-22) 计算得到的只是 $X(k)$ 的前一半结果，要用 $X_1(k)$，$X_2(k)$ 来表达全部的 $X(k)$ 值，还必须应用系数的周期性，这样可得到

$$X_1\left(\frac{N}{2} + k\right) = \sum_{r=0}^{\frac{N}{2}-1} x_1(r) W_{N/2}^{r\left(\frac{N}{2}+k\right)} = \sum_{r=0}^{\frac{N}{2}-1} x_1(r) W_{N/2}^{rk} = X_1(k) \tag{6-23}$$

同理可得

$$X_2\left(\frac{N}{2} + k\right) = X_2(k) \tag{6-24}$$

式 (6-24) 表明，后半部分 k 值（$N/2 \leqslant k \leqslant N-1$）所对应的 $X_1(k)$，$X_2(k)$ 分别等于前半部分 k 值（$0 \leqslant k \leqslant N/2 - 1$）所对应的 $X_1(k)$，$X_2(k)$。

这样，就可将 $X(k)$ 表达为前后两部分：

$$X(k) = X_1(k) + W_N^k X_2(k), \qquad k = 0, 1, \cdots, \frac{N}{2} - 1 \tag{6-25}$$

$$X\left(k+\frac{N}{2}\right) = X_1\left(k+\frac{N}{2}\right) + W_N^{\left(k+\frac{N}{2}\right)}X_2\left(k+\frac{N}{2}\right),k=0,1,\cdots,\frac{N}{2}-1 \quad (6-26)$$

$$= X_1(k) - W_N^k X_2(k)$$

式（6-25）和式（6-26）的运算可以用图 6-16 所示的运算流图符号表示，称为蝶形运算符号。采用这种图示表示方法，经过一次奇偶抽取分解后，N 点 DFT 运算可以用图 6-17 表示。图中 $N = 2^3 = 8$，$X(0) \sim X(3)$ 由式（6-25）给出，而 $X(4) \sim X(7)$ 由式（6-26）给出。

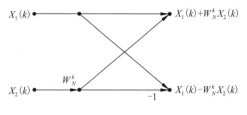

图 6-16　时间抽取法蝶形运算流图

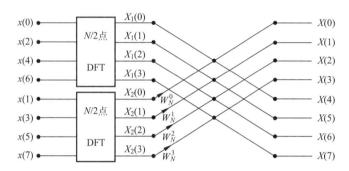

图 6-17　按时间抽取将一个 N 点 DFT 分解为两个 $N/2$ 点 DFT（$N = 8$）

一个 N 点 DFT 分解为两个 $\frac{N}{2}$ 点 DFT，每一个 $\frac{N}{2}$ 点 DFT 只需 $\left(\frac{N}{2}\right)^2 = \frac{N^2}{4}$ 次复数乘法，$\frac{N}{2}\left(\frac{N}{2}-1\right)$ 次复数加法。两个 $\frac{N}{2}$ 点 DFT 共需 $2\times\left(\frac{N}{2}\right)^2 = \frac{N^2}{2}$ 次复数乘法和 $N\left(\frac{N}{2}-1\right)$ 次复数加法。此外，把两个 $\frac{N}{2}$ 点 DFT 合成为 N 点 DFT 时，有 $\frac{N}{2}$ 个蝶形运算，还需要 $\frac{N}{2}$ 次复数乘法及 $2\times\frac{N}{2} = N$ 次复数加法。因此，通过第一步分解后，共需要 $\left(\frac{N^2}{2}\right) + \frac{N}{2} = N(N+1)/2 \approx \frac{N^2}{2}$ 次复数乘法和 $N\left(\frac{N}{2}+1\right) + N = \frac{N^2}{2}$ 次复数加法。由此可见，通过这样分解后运算工作量节省了接近一半。既然这样分解是有效的，由于 $N = 2^M$，因而 $\frac{N}{2}$ 仍是偶数，可以进一步把每个 $\frac{N}{2}$ 点子序列再按其奇偶性分解为两个 $\frac{N}{4}$ 点的子序列，依此类推，直到剩下的都是 2 点 DFT。这种方法的每一步分解，都是按输入序列在时间上的次序是属于偶数还是属于奇数来分解为两个更短的子序列，所以称为"按时间抽取法"。一个完整的 8 点 DIT-FFT 运算流图如图 6-18 所示。图中用到关系式 $W_{N/m}^k = W_N^{km}$，而且图中输入序列并不是顺序排列，但其排列是有规律的。

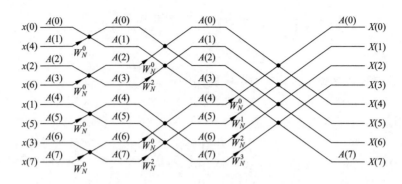

图 6-18 N 点 DIT—FFT 运算流图（$N=8$）

6.4.3 泄漏及窗函数

数字信号分析需要选取合理的采样长度 T，也就是对信号进行截断。截断后得到的频谱是一种近似谱，与理论值有一定的差异。所谓截断，实质上是在时域内对分布为无限长（$-\infty$，∞）的信号 $x(t)$ 加上窗函数 $w(t)$，从而将被分析信号 $x(t)$ 变为

$$x_w(t) = x(t)w(t) \tag{6-27}$$

对应的傅里叶变换为

$$X_w(f) = X(f) * W(f) \tag{6-28}$$

由式（6-28）可见，截断后所得的频谱 $X_w(f)$ 是原信号频谱 $X(f)$ 与窗函数频谱 $W(f)$ 的卷积。

例如，一个余弦信号 $x(t)$，用矩形窗函数 $w(t)$ 与其相乘，得到截断信号 $x(t)w(t)$。根据傅里叶变换关系，余弦信号的频谱 $X(f)$ 是位于 f_0 处的 δ 函数，而矩形窗函数 $w(t)$ 的谱为 $\sin c(\omega)$ 函数，将截断信号的谱 $X(f) * W(f)$ 与原始信号的谱 $X(f)$ 相比较可知，它已不是原来的两条谱线，而是两段振荡的连续谱，如图 6-19 所示。这表明原来的信号被截断后，其频谱发生了畸变，集中在 f_0 处的能量被分散到两个较宽的频带上，这种现象称为频谱的能量泄漏（Leakage）。泄漏是影响频谱分析精度的重要因素之一。

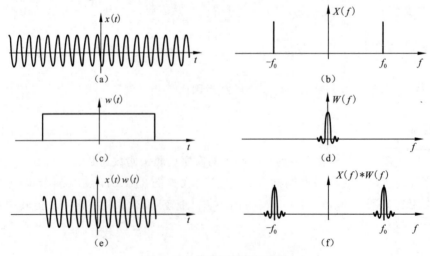

图 6-19 信号的截断与泄漏

信号截断后必然会产生能量泄漏现象。这是因为，窗函数 $w(t)$ 是一个无限带宽的函数，即使原信号 $x(t)$ 是有限带宽信号，而在截断以后也必然成为无限带宽的函数，即信号在频域的能量与分布被扩展了。此外，由采样定理可知，无论采样频率多高，只要信号一经截断，就不可避免地引起混叠，因此，信号截断必然导致一些误差，这是信号分析中不容忽视的问题。

如果增大截断长度 T，即将矩形窗口加宽，则窗函数的频谱 $W(f)$ 将被压缩变窄（π/T 减小）。虽然从理论上讲，其频谱范围仍为无限宽，但实际上中心频率以外的频率分量衰减较快，因而泄漏误差减小。当窗口宽度 T 趋于无穷大时，则窗函数的频谱 $W(f)$ 将变为 $\delta(f)$ 函数，而 $\delta(f)$ 与 $X(f)$ 的卷积仍为 $X(f)$，这说明，如果窗口无限宽，等价于不截断，就不存在泄漏误差。

为了减少频谱能量泄漏，可采用不同的截断函数对信号进行截断，截断函数称为窗函数，简称窗。泄漏与窗函数频谱的两侧旁瓣有关，如果两侧旁瓣的高度趋于零，而使能量相对集中在主瓣，就可以接近真实的频谱，为此，在时间域中可采用不同的窗函数来对信号进行截断。

工程中常用的窗函数主要包括以下三种类型：（1）幂窗函数，即采用时间变量的某种幂次的函数，如矩形、三角形、梯形或其他时间 t 的高次幂等；（2）三角窗函数，应用三角函数，即正弦或余弦函数的组合组成复合函数，如汉宁窗、汉明窗等；（3）指数窗函数，采用指数时间函数，即 e^{-at} 的形式，如高斯窗等。

下面介绍几种常用窗函数的性质和特点。

（1）矩形窗属于时间变量的零次幂窗，函数形式为

$$w(t) = \begin{cases} \dfrac{1}{T} & (0 \leqslant |t| \leqslant T) \\ 0 & (|t| > T) \end{cases} \tag{6-29}$$

相应的窗出数频谱为

$$W(\omega) = \frac{2\sin(\omega T)}{\omega T} \tag{6-30}$$

矩形窗使用最多，通常不指明加某种类型窗，就是使信号通过了矩形窗。这种窗的优点是主瓣比较集中，缺点是旁瓣较高，并有负旁瓣，如图 6-20 所示。这种特点导致变换中带进了高频干扰和泄漏，甚至出现负频谱。

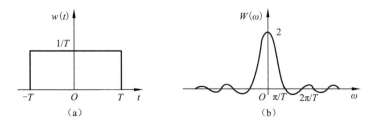

图 6-20　矩形窗函数

（2）三角窗亦称费杰（Fejer）窗，是幂窗的一次方形式，其定义为

$$w(t) = \begin{cases} \dfrac{1}{T}\left(1 - \dfrac{|t|}{T}\right) & (|t| \leqslant T) \\ 0 & (|t| > T) \end{cases} \tag{6-31}$$

相应的窗函数频谱为

$$W(\omega) = \left[\dfrac{\sin(\omega T/2)}{\omega T/2}\right]^2 \tag{6-32}$$

三角窗与矩形窗相比，主瓣宽约等于矩形窗的两倍，但旁瓣小，而且无负旁瓣，如图 6-21 所示。

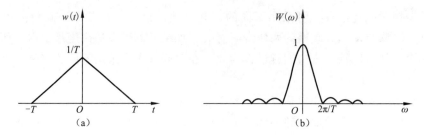

图 6-21　三角窗函数

（3）汉宁（Hanning）窗又称升余弦窗，如图 6-22 所示，其时域表达式为

$$w(t) = \begin{cases} \dfrac{1}{T}\left(\dfrac{1}{2} + \dfrac{1}{2}\cos\dfrac{\pi t}{T}\right) & (|t| \leqslant T) \\ 0 & (|t| > T) \end{cases} \tag{6-33}$$

相应的窗函数频谱为

$$W(\omega) = \dfrac{\sin \omega T}{\omega T} + \dfrac{1}{2}\left[\dfrac{\sin(\omega T + \pi)}{\omega T + \pi} + \dfrac{\sin(\omega T - \pi)}{\omega T - \pi}\right] \tag{6-34}$$

由式（6-34）可知，汉宁窗可以看作是 3 个矩形时间窗的频谱之和，或 3 个 $\sin c(t)$ 型函数之和，括号中的两项相对于第一个矩形窗的频谱向左、右各移动了 π/T，从而使旁瓣互相抵消，消去高频干扰和能量泄漏。可以看出，汉宁窗主瓣加宽并降低，旁瓣则显著减小。从减小泄漏的角度而言，汉宁窗优于矩形窗。但汉宁窗主瓣加宽，相当于分析带宽加宽，致使频率分辨力下降。

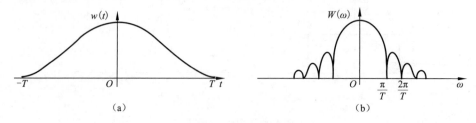

图 6-22　汉宁窗函数

（4）海明（Hamming）窗也是一种余弦窗，又称改进的升余弦窗，其时域表达式为

$$w(t) = \begin{cases} \dfrac{1}{T}\left(0.54 + 0.4\cos\dfrac{\pi t}{T}\right) & (\,|\,t\,| \leqslant T) \\ 0 & (\,|\,t\,| > T) \end{cases} \tag{6-35}$$

相应的频谱为

$$W(\omega) = 1.08\,\frac{\sin\omega T}{\omega T} + 0.46\left[\frac{\sin(\omega T + \pi)}{\omega T + \pi} + \frac{\sin(\omega T - \pi)}{\omega T - \pi}\right] \tag{6-36}$$

海明窗与汉宁窗都是余弦窗，只是加权系数不同。海明窗的加权系数能使旁瓣达到更小。分析表明，海明窗的第一旁瓣衰减为 42 dB。海明窗的频谱由 3 个矩形时窗的频谱合成，其旁瓣衰减速度为 20 dB/10 倍频，这比汉宁窗衰减速度慢。海明窗与汉宁窗都是实际工程中常用的窗函数。

（5）高斯窗是一种指数窗。其时域表达式为

$$w(t) = \begin{cases} \dfrac{1}{T}\mathrm{e}^{-at^2} & (\,|\,t\,| \leqslant T) \\ 0 & (\,|\,t\,| > T) \end{cases} \tag{6-37}$$

式中，a 为常数，决定了函数曲线衰减的快慢。如果 a 值选取适当，可以使截断点（T 为有限值）处的函数值比较小，则截断造成的影响就比较小。高斯窗没有负的旁瓣，第一旁瓣衰减达 55 dB。高斯窗的主瓣较宽，频率分辨力低。高斯窗函数常用来截断一些非周期信号，如指数衰减信号等。

由于不同的窗函数，产生泄漏的大小不同，其频率分辨力也不尽相同。因此，窗函数的选择对信号频谱分析有很大的影响。信号的截断产生了能量泄漏，利用 FFT 算法计算频谱又将产生栅栏效应，从原理上讲这两种误差都是不能消除的，但是可以通过选择不同的窗函数对它们的影响进行抑制。图 6-23 是几种常用的窗函数的时域和频域波形，其中矩形窗主瓣窄，旁瓣大，频率识别精度最高，幅值识别精度最低；布莱克曼窗主瓣宽，旁瓣小，频率识别精度最低，但幅值识别精度最高。

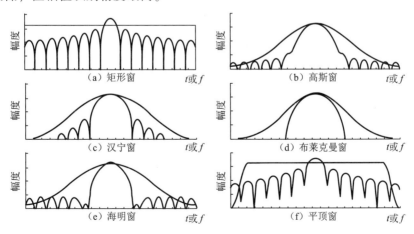

图 6-23　几种常用的窗函数的时域和频域波形

选择窗函数应考虑被分析信号的性质与处理要求。如果仅要求精确读出主瓣频率，而不考虑幅值精度，可选用主瓣宽度比较窄而便于分辨的矩形窗，例如测量物体的自振频率等；如果分析窄带信号，且具有较强的干扰噪声，可选用旁瓣幅度小的窗函数，如汉宁窗、三角窗等；对于随时间按指数衰减的函数，可选用指数窗来提高其信噪比。

例 6-1　对连续谐波信号 $f(t) = \cos 2\pi f_0 t$ 进行截断，其中 $f_0 = 20$ Hz。在采样间隔为 0.005 s 进行采样处理后，运用本节所讲的 FFT 知识，在 MATLAB 中进行 DFT 分析。若截断长度为 0.6 s，窗函数分别选择矩形窗函数、汉宁窗函数，绘制其截断后的信号时域波形及频谱图。

在 MATLAB 软件中新建脚本，编写程序如下。运行结果如图 6-24 所示。

```
clc;
clear all;
f0 = 20;
T = 0.005;                  % 采样间隔 T
fs = 1/T;                   % fs = 1/0.005 = 200
L = 0.6;
m = (L/T) + 1;             % 0.6s 的采样长度内有 0.6/0.005 + 1 个点
N = 1000;                   % 采样点数
t = (0:N-1)/fs;            % (0:N-1)* T
x = cos(2* pi* f0* t);     % 连续波信号
f = (0:N-1)* fs/N;        % 频率转换
% ------------矩形窗函数截断
window1 = rectwin(m)';
zero = zeros(1,N-m);
a1 = [window1 zero];
y1 = a1.* x;
subplot(2,2,1);
plot(t,y1);
axis([0 1 -1 1]);
title('矩形窗截断时域图');xlabel('t');ylabel('y1');
H1 = abs(fft(y1))/N* 2;
subplot(2,2,2);
plot(f(1:N/2),H1(1:N/2));
axis([10 30 0 0.13]);
title('矩形窗截断频谱图');xlabel('f1');ylabel('abs(H1)/N* 2');
% ----------汉宁窗函数截断
window3 = hanning(m)';
zero = zeros(1,N-m);
a3 = [window3 zero];
y3 = a3.* x;
subplot(2,2,3);
```

```
plot(t,y3);
axis([0 1 -1 1]);
title('汉宁窗截断时域图');xlabel('t');ylabel('y2');
H3 = abs(fft(y3))/N* 2;
subplot(2,2,4);
plot(f(1:N/2),H3(1:N/2));
axis([10 30 0 0.13]);
title('汉宁窗截断频谱图');xlabel('f2');ylabel('abs(H3)/N* 2');
```

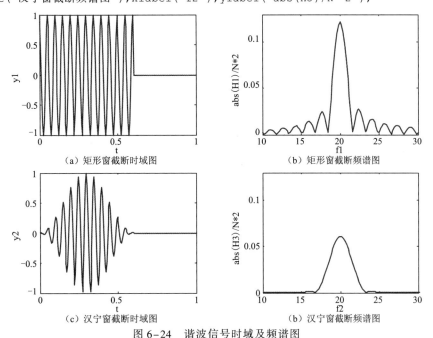

（a）矩形窗截断时域图　　　　（b）矩形窗截断频谱图

（c）汉宁窗截断时域图　　　　（b）汉宁窗截断频谱图

图 6-24　谐波信号时域及频谱图

6.5　数字滤波器

数字滤波器可分为两大类，一类为经典滤波器，其特点是：输入信号中有用的频率成分与需要滤除的频率成分分布在不同的频带内，可通过一个选频滤波器达到滤波的目的；另一类为现代滤波器，例如维纳滤波器、卡尔曼滤波器、自适应滤波器等。这些滤波器可按照随机信号内部的一些统计分布规律，从干扰中最佳地提取信号。

6.5.1　数字滤波器的基本原理

数字滤波器是一个离散系统，其系统函数一般可表示为 z^{-1} 的有理多项式形式，即

$$H(z) = \frac{\sum_{j=0}^{M} b_j z^{-j}}{1 + \sum_{i=0}^{M} b_i z^{-i}} \tag{6-38}$$

当 $\{b_i;\ i=1,\ 2,\ N\}$ 均为 0 时，由式（6-38）描述的系统称为有限脉冲数字响应滤波器，简称 FIR（finite-impulse response）数字滤波器。当系数 $\{b_i;\ i=1,\ 2\cdots N\}$ 中至少有一个是非 0 时，式（6-38）描述的系统称为无限脉冲响应数字滤波器，简称 IIR（infinite-impulse response）。

数字滤波器的幅频特性 $|H(e^{j\omega})|$ 是以 2π 为周期的周期函数，因此，数字低通、高通、带通、带阻等幅频特性都是在数字角频率 $\omega=0\sim\pi$ 的频率范围内。

数字滤波器设计一般包括三个基本步骤：

① 给出技术指标；

② 由技术指标确定数字滤波器的系统函数 $H(z)$，并实现频率特性的要求；

③ 通过算法实现 $H(z)$。

实际数字低通滤波器的幅频响应如图 6-25 所示，其通带和阻带并非分段常数和锐截止，而是在通带范围内逼近于 1，在通带和阻带之间有一个过渡带。图 6-25 中 Ω_p 是数字滤波器的通带截止频率，Ω_s 是阻带截止频率。在工程中，数字滤波器的幅频响应还常以衰减响应和增益响应的形式给出，数字滤波器的衰减响应定义为

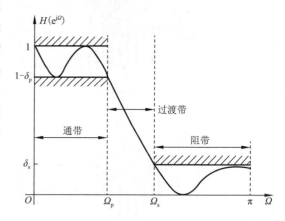

$$A(\Omega) = -10\lg\ |H(e^{j\omega})|^2$$
$$= -20\lg|H(e^{j\omega})| \qquad (6-39)$$

图 6-25　数字低通滤波器的幅频响应

数字滤波器的增益响应定义为

$$G(\Omega) = -A(\Omega) = -10\lg\ |H(e^{j\omega})|^2 \qquad (6-40)$$

根据衰减响应的定义，图 6-25 所示低通滤波器的通带最大衰减 A_p 为

$$A_p = -20\lg(1-\delta_p) \qquad (6-41)$$

阻带最大衰减 A_s 为

$$A_s = -20\lg\delta_s \qquad (6-42)$$

因此，数字滤波器的特性指标主要包括：通带截止频率 Ω_p，通带最大衰减 A_p，阻带截止频率 Ω_s，阻带最大衰减 A_s 等。

6.5.2　IIR 数字滤波器的设计

设计 IIR 数字滤波器首先是将数字滤波器的设计指标转换为模拟滤波器的设计指标，然后设计模拟滤波器 $H(s)$，再将模拟滤波器 $H(s)$ 变换为数字滤波器 $H(z)$。在将 $H(s)$ 变换为 $H(z)$ 时，要求模拟域到数字域的映射满足以下两个条件：

① 两者的频率特性不变，即 s 平面的虚轴 $j\omega$ 必须映射到 z 平面的单位圆上。

② 变换后的滤波器仍是稳定的，即 s 左半平面必须映射到 z 平面的单位圆内。

满足上述条件后，才能保证变换后的数字滤波器的频率响应与模拟滤波器的频率响应基本一致。将模拟滤波器变换为数字滤波器常用的方法有脉冲响应不变法（impulse invariance method）和双线性变换法（bilinear transform method）。

1. 脉冲响应不变法

脉冲响应不变法是通过对模拟滤波器的单位冲激响应 $h(t)$ 等间隔抽样来获得对应的数字滤波器的单位脉冲响应 $h(n)$，即

$$h(n) = h(t)\big|_{t=nT} = h(nT) \tag{6-43}$$

式中，T 为抽样间隔。若已知模拟滤波器的系统函数为 $H(s)$，则利用脉冲响应不变法将 $H(s)$ 变换为数字滤波器的系统函数 $H(z)$ 的步骤如图 6-26 所示。

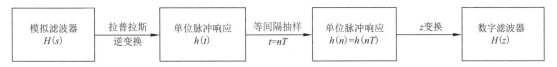

图 6-26　利用脉冲响应不变法将 $H(s)$ 变换为 $H(z)$

例如，某系统模拟滤波器的系统函数 $H(s)$ 为

$$H(s) = \sum_{l=1}^{M} \frac{A_l}{s + p_l} \tag{6-44}$$

对式(6-44)进行拉普拉斯逆变换，得到该系统的单位冲激响应 $h(t)$ 为

$$h(t) = \sum_{l=1}^{M} A_l e^{-p_l t} u(t)$$

对 $h(t)$ 进行等间隔抽样得到数字滤波器的单位脉冲响应为

$$h(n) = h(nT) = \sum_{l=1}^{M} A_l e^{-p_l nT} u(t)$$

对 $h(n)$ 进行 z 变换得

$$H(z) = \sum_{l=1}^{M} \frac{A_l}{1 - e^{-p_l T} z^{-1}} \tag{6-45}$$

比较式(6-44)与式(6-45)可知，模拟滤波器的极点 $-p_l$ 被映射为数字滤波器的极点 $e^{-p_l T}$。因此，模拟滤波器的极点与数字滤波器极点的映射关系为

$$z = e^{sT} \tag{6-46}$$

令 $s = \sigma + j\omega$，则有

$$z = e^{\sigma T} e^{j\omega T}$$

因此

$$|z| = e^{\sigma T} \begin{cases} < 1 & (\sigma < 0) \\ = 1 & (\sigma = 0) \\ > 1 & (\sigma > 0) \end{cases}$$

故模拟滤波器的左半平面的极点被映射为数字滤波器单位圆内的极点，模拟滤波器的右半平面内的极点被映射为数字滤波器单位圆外的极点。因此，脉冲响应不变法能够将一个因果稳定的模拟滤波器变换成一个因果稳定的数字滤波器。

2. 双线性变换法

双线性变换法的基本思想是，在将模拟滤波器 $H(s)$ 转换为数字滤波器 $H(z)$ 时，不是

直接从 s 域到 z 域，而是先将非带限的 $H(s)$ 映射为带限的 $H(s')$，再通过脉冲响应不变法将 s' 域映射到 z 域，即 $H(s) \to H(s') \to H(z)$。从频域来看，模拟频率 ω 与数字频率 Ω 的关系需要通过 ω' 建立，即 $\omega \to \omega' \to \Omega$。先将无限范围内取值的 ω 映射为在 $[-\pi/T, \ \pi/T]$ 范围取值的 ω'，再由 $\Omega = \omega' T$，建立模拟频率与数字频率之间的关系。将 ω 映射为 ω'，可以采用反正切函数来实现，即

$$\omega' = \frac{2}{T}\arctan\left(\frac{T}{2}\omega\right) \tag{6-47}$$

模拟频率 ω 和 ω' 的关系曲线如图 6-27 所示。当 ω 极小时，由于 $\arctan(T\omega/2) \approx T\omega/2$，因此在 ω 极小时 $\omega = \omega'$。

由于 $\Omega = \omega' T$，根据式（6-47）可得由模拟频率 ω 计算出与数字频率 Ω 的关系式为

$$\Omega = 2\arctan\left(\frac{T\omega}{2}\right) \tag{6-48}$$

由式（6-48）可得由数字频率 Ω 到相应的模拟频率 ω 的关系式为

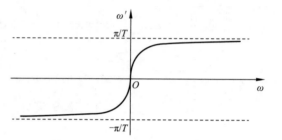

图 6-27　模拟频率 ω 和 ω' 的关系

$$\omega = \frac{2}{T}\arctan\left(\frac{\Omega}{2}\right) \tag{6-49}$$

根据式（6-49）可建立 s 域到 z 域的映射关系。将式（6-48）改写为

$$j\omega = j\frac{2}{T}\tan\left(\frac{\Omega}{2}\right) = j\frac{2}{T}\frac{\sin\left(\frac{\Omega}{2}\right)}{\cos\left(\frac{\Omega}{2}\right)} = \frac{2}{T}\frac{e^{j\frac{\Omega}{2}} - e^{-j\frac{\Omega}{2}}}{e^{j\frac{\Omega}{2}} + e^{-j\frac{\Omega}{2}}} = \frac{2}{T}\frac{1 - e^{-j\Omega}}{1 + e^{-j\Omega}}$$

令 $s = j\omega$，$z = e^{j\omega}$ 可得 s 平面和 z 平面的映射关系为

$$s = \frac{2}{T}\frac{1 - z^{-1}}{1 + z^{-1}} \tag{6-50}$$

由式（6-50）求解 z 可得

$$z = \frac{2/T + s}{2/T - s} \tag{6-51}$$

式（6-50）和式（6-51）称为双线性变换。

6.5.3　FIR 数字滤波器的设计

IIR 数字滤波器可以用较少的阶数获得较好的幅度响应，但由于其结构存在反馈，在实现时可能会造成系统不稳定。此外，IIR 数字滤波器的相位是非线性的。若需要线性相位，则需用全通系统来补偿，使其在通带范围内具有近似的线性相位。由于线性相位特性在数据通信、图像处理、语音信号处理等领域中十分重要，要求系统具有线性相位特性，因此，常设计成线性相位的 FIR 数字滤波器。

N 阶 FIR 数字滤波器的系统函数 $H(z)$ 可表示为

$$H(z) = \sum_{n=0}^{N} h(n) z^{-n} \qquad (6\text{-}52)$$

在有限的 z 平面内，$H(z)$ 有 N 个零点，而它的 N 个极点都位于 z 平面的原点 $z = 0$。由于 FIR 数字滤波器的单位脉冲响应是有限长的，因而系统总是稳定的。任何非因果的 FIR 系统只需经过一定延时，都可以变成因果 FIR 系统，因而 FIR 系统总能用因果系统实现。此外，FIR 数字滤波器很容易设计成线性相位，这是 FIR 数字滤波器最显著的特点。

由于 IIR 和 FIR 数字滤波器的系统函数 $H(z)$ 的形式不同，因此，两种类型数字滤波器的设计方法也不同。FIR 数字滤波器的设计通常是根据理想滤波器的频率响应 $H_d(e^{j\Omega})$，采用窗函数法、频率抽样法或优化设计方法使所设计的滤波器的频率响应 $H(e^{j\Omega})$ 逼近 $H_d(e^{j\Omega})$。本书主要介绍窗函数法。

1. 线性相位 FIR 数字滤波器的特性

线性相位 FIR 滤波器是指相位响应 $\varphi(\Omega)$ 满足

$$\varphi(\Omega) = -\alpha\Omega \qquad (6\text{-}53)$$

即系统的延时是一个与 Ω 无关的常数 α。式 (6-53) 称为严格线性相位条件，由于该条件在数学上处理较困难。因此，在 FIR 滤波器设计中，一般使用广义线性相位，即 $\phi(\Omega) = -\alpha\Omega + \beta$。$M$ 阶 FIR 滤波器的频率响应 $H(e^{j\Omega})$ 可表示为

$$H(e^{j\Omega}) = A(\Omega) e^{j(-\alpha\Omega + \beta)} \qquad (6\text{-}54)$$

式中，α 和 β 为与 Ω 无关的常数；$A(\Omega)$ 为一个可正可负的实函数，则该滤波器称为广义线性相位系统，$A(\Omega)$ 为系统的幅频响应函数。后文中所述的线性相位都是指广义线性相位。

如果 M 阶 FIR 滤波器的单位脉冲响应 $h(n)$ 是实数，则可证明系统是线性相位的充要条件为

$$h(n) = \pm h(N-n) \qquad (6\text{-}55)$$

当 $h(n)$ 满足 $h(n) = h(N-n)$ 时，称 $h(n)$ 为偶对称；当 $h(n)$ 满足 $h(n) = -h(N-n)$ 时，称 $h(n)$ 为奇对称。按对称性，$h(n)$ 可分为偶对称和奇对称；按阶数，$h(n)$ 又可分为 N 阶奇数和 N 阶偶数，线性相位的 FIR 数字滤波器有四种类型。图 6-28 给出四种类型的线性相位 FIR 系统，其特性见表 6-1。

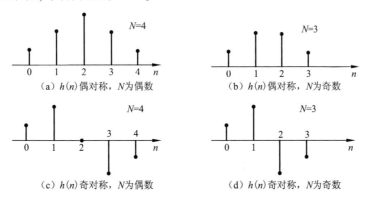

图 6-28　线性相位 FIR 数字滤波器的四种类型

表 6-1　四种线性相位 FIR 滤波器的特性

类型	I	II	III	IV
阶数 N	偶数	奇数	偶数	奇数
$h(n)$ 的对称性	偶对称	偶对称	奇对称	奇对称
α	$0.5N$	$0.5N$	$0.5N$	$0.5N$
β	0	0	0.5π	0.5π
$A(\Omega)$ 关于 $\Omega=0$ 的对称性	偶对称	偶对称	奇对称	奇对称
$A(\Omega)$ 关于 $\Omega=\pi$ 的对称性	偶对称	奇对称	奇对称	偶对称
$A(\Omega)$ 的周期	2π	4π	2π	4π
$A(0)$	任意	任意	0	0
$A(\pi)$	任意	0	0	任意
可适用的滤波器类型	低通、高通、带通、带阻	LP，BP	微分器，希尔伯特变换器	微分器，希尔伯特变换器，高通

2. 利用窗函数法设计 FIR 滤波器

设拟逼近的滤波器的频率响应函数为 $H(\mathrm{e}^{\mathrm{j}\omega})$，其单位脉冲响应为 $h_\mathrm{d}(n)$。

$$H_\mathrm{d}(\mathrm{e}^{\mathrm{j}\omega}) = \sum_{n\to-\infty}^{\infty} h_\mathrm{d}(n)\mathrm{e}^{-\mathrm{j}\omega n}$$

$$h_\mathrm{d}(n) = \frac{1}{2\pi}\int_{-\omega_\mathrm{c}}^{\omega_\mathrm{c}} H_\mathrm{d}(\mathrm{e}^{\mathrm{j}\omega})\mathrm{e}^{\mathrm{j}\omega n}\mathrm{d}\omega$$

由已知的 $H_\mathrm{d}(\mathrm{e}^{\mathrm{j}\omega})$ 求出 $h_\mathrm{d}(n)$，经过 Z 变换可得滤波器的系统函数。通常以理想滤波器作为 $H_\mathrm{d}(\mathrm{e}^{\mathrm{j}\omega})$，其幅频特性逐段恒定，在截止频率处有不连续，因此，$h_\mathrm{d}(n)$ 持续时间无限长，且是非因果序列的。例如，线性相位理想低通滤波器的频率响应函数 $H_\mathrm{d}(\mathrm{e}^{\mathrm{j}\omega})$ 为

$$H_\mathrm{d}(\mathrm{e}^{\mathrm{j}\omega}) = \begin{cases} \mathrm{e}^{-\mathrm{j}\omega\alpha} & |\omega| \leqslant \omega_\mathrm{c} \\ 0 & \omega_\mathrm{c} < |\omega| \leqslant \omega_\mathrm{c} \end{cases} \tag{6-56}$$

其脉冲响应 $h_\mathrm{d}(n)$ 为

$$h_\mathrm{d}(n) = \frac{1}{2\pi}\int_{-\omega_\mathrm{c}}^{\omega_\mathrm{c}} \mathrm{e}^{-\mathrm{j}\omega\alpha}\mathrm{e}^{\mathrm{j}\omega n}\mathrm{d}\omega = \frac{\sin[\omega_\mathrm{c}(n-\alpha)]}{\pi(n-\alpha)} \tag{6-57}$$

由式（6-57）可知，理想低通滤波器的单位脉冲响应 $h_\mathrm{d}(n)$ 无限长，且是非因果序列的，$h_\mathrm{d}(n)$ 的波形如图 6-29（a）所示。

为了构造一个长度为 N 的第一类线性相位 FIR 滤波器，需要对 $h_\mathrm{d}(n)$ 进行截取，并保证截取部分与 $n=(N-1)/2$ 偶对称。设截取的部分用 $h(n)$ 表示

$$h(n) = h_\mathrm{d}(n)R_N(n) \tag{6-58}$$

式中，$R_N(n)$ 是一个矩形序列，长度为 N，波形如图 6-29（b）所示。由图可知，当 α 取值为 $(N-1)/2$ 时，截取的部分 $h(n)$ 与 $n=(N-1)/2$ 偶对称，保证所设计的滤波器具有线性相位。

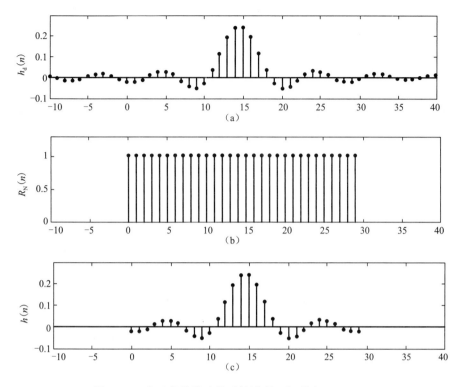

图 6-29 窗函数设计法的时域波形（矩形窗，$N=30$）

所设计滤波器的单位脉冲响应为 $h(n)$，长度为 N，其系统函数为 $H(z)$，

$$H(Z) = \sum_{n=0}^{N-1} h(n)z^{-n}$$

用一个有限长的序列 $h(n)$ 去代替 $h_d(n)$，必然会引起误差，在频域上引起吉布斯（Gibbs）效应。该效应将导致过渡带加宽以及通带和阻带内的波动，而且会使阻带的衰减较少，从而无法满足技术上的要求，如图 6-30 所示。这种吉布斯效应是因 $h_d(n)$ 被截断引起的，因此，也称为截断效应。通过选择不同的窗函数（见 6.4）可以减少这种截断效应。

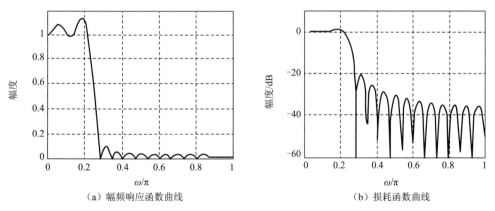

图 6-30 吉布斯效应

例 6-2 用窗函数设计线性相位高通 FIR 数字滤波器，要求通带截止频率 $\omega_p = (\pi/2\text{rad}$，阻带截止频率 $\omega_s = (\pi/4)\text{rad}$，通带最大衰减 $\alpha_p = 1\text{dB}$，阻带最小衰减 $\alpha_s = 40\text{dB}$。

解：（1）选择窗函数 $\omega(n)$，计算窗函数长度 N。已知阻带最小衰减 $\alpha_s = 40\text{dB}$，选择汉宁窗函数。本例中过渡带宽度 $B_t \leqslant \omega_p - \omega_s = \pi/4$，汉宁窗函数的精确过渡带宽度 $B_t = 6.2\pi/N$，所以要求 $B_t = 6.2\pi/N \leqslant \pi/4$，解得 $N = 24.8$。对高通滤波器 N 必须取奇数，$N = 25$。由已知条件有

$$\omega(n) = 0.5\left[1 - \cos\left(\frac{\pi n}{12}\right)\right]R_{25}(n)$$

（2）构造 $H_d(e^{j\omega})$

$$H_d(e^{j\omega}) = \begin{cases} e^{j\omega\tau} & \omega_c \leqslant |\omega| \leqslant \pi \\ 0 & 0 \leqslant |\omega| < \omega_c \end{cases}$$

式中
$$\tau = \frac{N-1}{2} = 12, \qquad \omega_c = \frac{\omega_s + \omega_p}{2} = \frac{3\pi}{8}$$

（3）求出 $h_d(n)$

$$h_d(n) = \frac{1}{2\pi}\int_{-\pi}^{\pi} H_d(e^{j\omega})e^{j\omega n}d\omega$$

$$= \frac{1}{2\pi}\left(\int_{-\pi}^{-\omega_c} e^{-j\omega\tau}e^{j\omega n}d\omega + \int_{\omega_c}^{\pi} e^{-j\omega\tau}e^{j\omega n}d\omega\right)$$

$$= \frac{\sin\pi(n-\tau)}{\pi(n-\tau)} - \frac{\sin\omega_c(n-\tau)}{\pi(n-\tau)}$$

将 $\tau = 12$ 代入得

$$h_d(n) = \delta(n-12) - \frac{\sin[3\pi(n-12)/8]}{\pi(n-12)}$$

$\delta(n-12)$ 对应全通滤波器，$\dfrac{\sin[3\pi(n-12)/8]}{\pi(n-12)}$ 是截止频率为 $3\pi/8$ 的理想低通滤波器的单位脉冲响应，二者之差就是理想高通滤波器的单位脉冲响应。这就是求理想高通滤波器的单位脉冲响应的另一个公式。

（4）加窗

$$h(n) = h_d(n)\omega(n)$$

$$= \left\{\delta(n-12) - \frac{\sin[3\pi(n-12)/8]}{\pi(n-12)}\right\}\left[0.5 - 0.5\cos\left(\frac{\pi n}{12}\right)\right]R_{25}(n)$$

实际设计时一般用 MATLAB 工具箱函数。可调用工具箱函数 fir1 实现窗函数法设计步骤（2）～（4）的解题过程。

设计程序如下：

```
wp = pi/2;
ws = pi/4;
Bt = wp - ws;
N0 = ceil(6.2* pi/Bt);
N = N0 + mod(N0 +1,2);
wc = (wp + ws)/2/pi;
hn = fir1(N - 1,wc,'high',hanning(N));
n = 1:1:N;
stem(n,hn);
```

运行程序得到 $h(n)$ 的 25 个值：

$$
\begin{aligned}
h(n) = [&-0.0004 \quad -0.0006 \quad 0.0028 \quad 0.0071 \quad -0.0000 \quad -0.0185 \quad -0.0210 \\
&0.0165 \quad 0.0624 \quad 0.0355 \quad 0.1061 \quad -0.2898 \quad 0.6249 \quad -0.2898 \quad -0.1061 \\
&-0.0355 \quad 0.0624 \quad 0.0165 \quad -0.0212 \quad 0.0185 \quad -0.0000 \quad 0.0071 \quad 0.028 \\
&-0.0006 \quad -0.0004]
\end{aligned}
$$

高通 FIR 数字滤波器的 $h(n)$ 如图 6-28 所示。

思考题与习题

6-1　位数为 12 位、模拟电压为 ±10 V 的 A/D 转换器的最大量化误差为多少？

6-2　模拟信号数字化过程为何要满足采样定理？

6-3　模拟信号与数字信号的区别是什么？如何获得数字信号？

6-4　在数字信号处理过程中，产生混叠的原因是什么？如何克服混叠现象？

6-5　试用图形和文字说明为何信号截断后会引起泄漏误差？

6-6　叙述信号的离散傅里叶变换（DFT）的基本步骤？试用图解法来描述一个连续信号的离散傅里叶变换过程？

6-7　FFT 算法的基本思想是什么？

6-8　试求下列长度为 N 的有限长序列 $x(n)$ 的 DFT。

（1）$x(n) = \delta(n)$；

（2）$x(n) = \delta(n - n_0)$，$0 < n_0 < N$；

（3）$x(n) = \mathrm{e}^{j\omega_0 n}$，$\omega_0 = \dfrac{2\pi}{N}$，$0 \leqslant n \leqslant N - 1$；

（4）$x(n) = \cos \omega_0 n$，$\omega_0 = \dfrac{2\pi}{N}$，$0 \leqslant n \leqslant N - 1$；

（5）$x(n) = \sin \omega_0 n$，$\omega_0 = \dfrac{2\pi}{N}$，$0 \leqslant n \leqslant N - 1$。

6-9　已知有限长序列 $x(n)$，$\mathrm{DFT}[x(n)] = X(k)$，试求：

（1）$\mathrm{DFT}\left[x(n)\cos\left(\dfrac{2\pi mn}{N}\right)\right]$；

（2）$\mathrm{DFT}\left[x(n)\sin\left(\dfrac{2\pi mn}{N}\right)\right]$。

6-10 用窗函数法设计一个线性相位低通 FIR 数字滤波器，要求通带截止频率为 $\pi/4$ rad，过渡带宽带为 $8\pi/51$ rad，阻带最小衰减为 45 dB。

（1）选择合适的窗函数及长度，求出 $h(n)$ 的表达式；

（2）用 MATLAB 画出幅频特性曲线和相频特性曲线。

第7章 数据处理及误差分析

【本章基本要求】

1. 了解数据回归分析方法。

2. 熟悉误差分类及处理方法。

3. 掌握最小二乘法及其应用。

【本章重点】 误差的分析及处理方法。

【本章难点】 最小二乘法。

7.1 认识数据处理

测试的目的是，利用测试系统获得一系列原始数据或波形，并对获得的数据或波形进行处理，去粗取精，去伪存真，并从中提取出能反映事物本质和运动规律的有用信息。本章将重点介绍测试数据的表示方法、回归分析方法和误差分析方法。

7.1.1 测试数据的表示方法

测试数据必须要以人们易于接受的方式表述出来，常用的表述方法有表格法、图解法和方程法三种。对测试数据表述方法的基本要求包括：

① 准确地反映被测量的变化规律。

② 便于分析和应用。对于同一组测试数据，应根据需要选用合适的表述方法，有时采用一种方法，有时需要同时采用多种方法。

注意：数据处理结果以数字形式表达时，要有合理的有效位数。

1. 表格法

表格法是对被测试数据进行精选，按一定的规律归纳整理后，列于一个或几个表格中。该方法简便、具体、紧凑、便于对比。常用的函数式表是按自变量测量值增加或减少的顺序列出，该表能同时表示几个变量的变化而不混乱。一个完整的函数式表应包括：表的序号、名称、项目、测量数据和函数计算值，并辅加必要说明。

列表时应注意以下几个问题：

① 数据的写法要整齐规范，数值为零时要记 "0"，不可遗漏；测试数据空缺时，应记为 " - "。

② 表达力求简明统一。同一竖行的数值、小数点应上下对齐。当数值过大或过小时，应以 10^n 表示，n 为正、负整数。

③ 根据测试精度的要求，表中所有数据的有效位数应取舍适当。

2. 图解法

图解法是把相互关联的测试数据按照自变量和因变量的关系，在适当的坐标系中绘制成几何图形，用以表示被测量的变化规律和相关变量间的关系。该方法的最大优点是直观性强。在预先不知道变量之间解析关系的情况下，利用图解法易于观察到数据的变化规律和数据中的极值点、转折点、周期性和变化率等。

曲线描绘时应注意如下几个问题：

① 合理布图：常采用直角坐标系。通常从零开始，也可用稍低于最小值的某一整数为起点，用稍高于最大值的某一整数作终点，使所作图形能占满直角坐标系的大部分为宜。

② 正确选择坐标分度：坐标分度的粗细应与实验数据的精度相适应，即坐标的最小分度以不超过数据的实测精度为宜，过细或过粗都不恰当。若分度过粗，将影响图形的读数精度；若分度过细，则图形不能清晰表现数据变化规律，甚至会严重歪曲测试过程的规律性。

③ 灵活采用特殊坐标形式：有时根据自变量和因变量的关系，为使图形成为直线或要求更清楚的显示曲线某一区段的特性时，可采用非均匀分度或将变量加以变换。如描述幅频特性的伯德（Bode）图，横坐标采用对数坐标，纵坐标采用分贝数。

④ 正确绘制图形：常用的图形绘制方法有两种：若数据较少且不能确定变量间的对应关系时，可将各点用直线连接成折线图，如图 7-1（a）所示，或画成离散谱线，如图 7-1（b）所示；当实验数据足够多且变化规律明显时，可用光滑曲线（包括直线）表示，如图 7-1（c）所示。曲线应光滑匀整，不能有不连续点，并应尽可能与实验点接近，但不必强求通过所有的点，特别是实验范围两端的那些点。曲线两侧的实验点分布应尽量相等，以便使其分布尽可能符合最小二乘法原则。

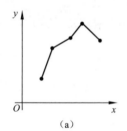 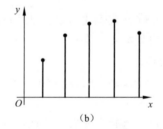 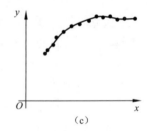

（a）　　　　　　　　　（b）　　　　　　　　　（c）

图 7-1　曲线示例图

⑤ 图的标注方式要规范：规范标注方式，并标注单位。

3. 经验公式

通过试验获得一系列数据，这些数据不仅可用图表法表示出函数间的关系，而且可用与图形相对应的数学公式来描述函数之间的关系，从而进一步用数学分析的方法来研究这些变量间的关系。该数学表达式称为经验公式，又称为回归方程。常用的建立回归方程方法为回归分析。根据变量个数及变量间的关系，所建立的回归方程也不同，有一元线性回归方程（直线拟合）、一元非线性回归方程（曲线拟合）、多元线性回归和多元非线性回归等。

4. 有效数字及数据修整

试验获得的数据，经数据处理得到最终的结果。在数据处理过程中，必须注意有效数字的运算，它应以不影响测量结果的最后一位有效数字为原则，计量规则中对单一运算、复合运算以及有效位数的保留都有相应的运算规则。

此外，在数据处理中，往往会遇到多位数的数值，而实际需要的是限定较少位数，这时应对数值进行修整。数值修整规则有"偶舍奇入"规则和"四舍五入"规则。不同情况下，这两种规则的效果不同。对二进制而言，"四舍五入"规则往往效果明显。

7.1.2　回归分析及其应用

1. 一元线性回归

一元线性回归是最基本的回归方法，也是最常用的回归方法之一。

（1）线性相关　在测试结果分析中，"相关"概念非常重要。所谓相关是指变量间具有某种内在的物理联系。对于确定性信号，两个变量的关系可用函数关系来描述，两者一一对应。而两个随机变量之间不一定具有这样的确定性关系，可通过大量统计分析来发现它们之间是否存在某种相互关联或内在的物理联系。下面讨论两个随机变量 x、y 的相关性。分析中每一对值在 xy 坐标中用点来表示。在图 7-2（a）中，x 和 y 值之间没有明显的关系，两个变量是不相关的。图 7-2（b）中，x 和 y 具有确定的关系，大的 x 值对应大的 y 值，小的 x 值对应小的 y 值，因此，这两个变量是相关的。如希望用直线形式来表示 x 和 y 的近似函数关系，则可使 y 的实际值与拟合直线的估计值之差的平方和最小，来获得 x 和 y 的线性表示，如图 7-3 所示，这就是相关数据的回归分析。

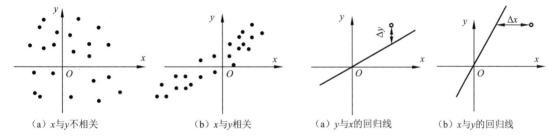

| （a）x 与 y 不相关 | （b）x 与 y 相关 | （a）y 与 x 的回归线 | （b）x 与 y 的回归线 |

图 7-2　x、y 变量的相关性　　　　图 7-3　相关数据的回归计算

若坐标轴的选取使 $E[x]=E[y]=0$，则近似直线通过原点，得到

$$\hat{y} = kx \tag{7-1}$$

任意一个 y 值和预计值 kx 的偏差为

$$v = y - \hat{y} = y - kx$$

偏差的均方值为

$$E[v^2] = E[(y-kx)^2] = E[y^2] + k^2 E[x^2] - 2kE[xy] \tag{7-2}$$

为求最小值，将式（7-2）对 k 求导，并令其为零，则

$$0 = 2kE[x^2] - 2E[xy]$$

有

$$x = \frac{E[xy]}{E[x^2]}$$

将上式代入式（7-1）得

$$\hat{y} = \frac{E[xy]}{E[x^2]} x \qquad (7-3)$$

或根据方差得

$$\sigma_x^2 = E[x^2] - (E[x])^2$$

当均值为零时

$$\sigma_x^2 = E[x^2] \quad 及 \quad \sigma_y^2 = E[y^2]$$

则式（7-3）可写为

$$\frac{y}{\sigma_y} = \left\{ \frac{E[xy]}{\sigma_x \sigma_y} \right\} \frac{x}{\sigma_x} \qquad (7-4)$$

式（7-4）是 y 与 x 的回归方程，同理根据求出的 x 和其预计的偏差，可得 x 与 y 的回归线方程为

$$\frac{y}{\sigma_x} = \left\{ \frac{E[xy]}{\sigma_x \sigma_y} \right\} \frac{x}{\sigma_y} \qquad (7-5)$$

当 x 和 y 不为零均值时，对应的方程为

$$\frac{y - \mu_y}{\sigma_y} = \left\{ \frac{E[(x - \mu_x)(y - \mu_y)]}{\sigma_x \sigma_y} \right\} \frac{x - \mu_x}{\sigma_x}$$

$$\frac{y - E[y]}{\sigma_y} = \left\{ \frac{E[(x - E[x])(y - E[y])]}{\sigma_x \sigma_y} \right\} \frac{x - E[x]}{\sigma_x} \qquad (7-6)$$

$$\frac{x - \mu_x}{\sigma_x} = \left\{ \frac{E[(x - \mu_x)(y - \mu_y)]}{\sigma_x \sigma_y} \right\} \frac{y - \mu_y}{\sigma_y}$$

$$\frac{x - E[x]}{\sigma_x} = \left\{ \frac{E[(x - E[x])(y - E[y])]}{\sigma_x \sigma_y} \right\} \frac{y - E[y]}{\sigma_y} \qquad (7-7)$$

参数

$$\rho_{xy} = \frac{E[(x - \mu_x)(y - \mu_y)]}{\sigma_x \sigma_y} \qquad (7-8)$$

称为相关系数或标准化协方差。显然，若 $\rho_{xy} = \pm 1$，则式（7-6）、式（7-7）表示同一条直线，这种情况为完全相关（线性相关），如图 7-4（a）、（b）所示。通常，若直线为正斜率，则 $1 \geqslant \rho_{xy} \geqslant 0$，表示 x 和 y 为正相关；若直线为负斜率，则 $-1 \leqslant \rho_{xy} \leqslant 0$，表示 x 和 y 为负相关；如 $\rho_{xy} = 0$，则表示 x 和 y 不相关，两根回归线分别平行于 x 轴和 y 轴。因此，可以利用相关系数来表示 x 和 y 的相关程度。

（2）线性回归方程的确定　若所获取的一组 x_i、y_i 数据可用线性回归方程来描述，有多种方法可以确定数据的回归方程，常用的方法包括"最小二乘法"和"绝对差法"。

① 最小二乘法：最小二乘法是数据处理和误差分析中应用最广泛的数学方法之一。

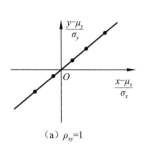

（a）$\rho_{xy}=1$

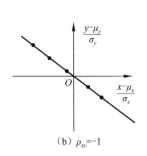

（b）$\rho_{xy}=-1$

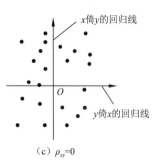

（c）$\rho_{xy}=0$

图 7-4 对应不同相关系数的回归线

假设有一组测试数据，含有 N 对 x_i、y_i 值，用回归方程来描述，即

$$\hat{y} = kx + b \tag{7-9}$$

由上式可计算出与自变量 x_i 对应的回归值 $\hat{y}$，即

$$\hat{y} = kx_i + b \qquad (i = 1,\ 2,\ \cdots,\ N)$$

由于数据的误差和公式的近似性，回归值 $\hat{y}$ 与对应测量值 y_i 间会有一定的偏差，偏差的计算公式为

$$v_i = y_i - \hat{y} \tag{7-10}$$

该差值通常称为残差，表征了测量值与回归值的偏离程度。残差越小，测量值与回归值越接近。根据最小二乘法理论，若残差的平方和为最小，即

$$\sum_{i=1}^{N} v_i^2 = \sum_{i=1}^{N} (y_i - kx_i - b)^2 = \min \tag{7-11}$$

则意味着回归值的平均偏差程度最小，回归直线可以很好地表征测试数据的内在关系。根据求极值的原理有

$$\begin{cases} \dfrac{\partial \sum\limits_{i=1}^{N} v_i^2}{\partial k} = -2 \sum\limits_{i=1}^{N} (y_i - kx_i - b) x_i = 0 \\[4mm] \dfrac{\partial \sum\limits_{i=1}^{N} v_i^2}{\partial b} = -2 \sum\limits_{i=1}^{N} (y_i - kx_i - b) = 0 \end{cases} \tag{7-12}$$

解此方程组。设

$$L_{xy} = \sum_{i=1}^{N} (x_i - \overline{x})(y_i - \overline{y}) \tag{7-13}$$

$$\overline{y} = \frac{1}{N} \sum_{i=1}^{N} y_i \tag{7-14}$$

$$L_{xx} = \sum_{i=1}^{N} (x_i - \overline{x})^2 \tag{7-15}$$

$$\overline{x} = \frac{1}{N}\sum_{i=1}^{N} x_i \tag{7-16}$$

则得

$$k = \frac{L_{xy}}{L_{xx}} \tag{7-17}$$

$$b = \overline{y} - k\overline{x} \tag{7-18}$$

求出 k 和 b 后带入式（7-9），即可得到回归方程。将式（7-18）带入回归方程（7-9），可得回归方程的另一种形式为

$$k = \frac{\hat{y} - \overline{y}}{x - \overline{x}}$$

$$\hat{y} - \overline{y} = k\ (x - \overline{x}) \tag{7-19}$$

② 绝对差法：用绝对差法求回归方程，首先是求出数据的"重心"，可用式（7-16）、式（7-14）计算重心的坐标（$\overline{x}$，$\overline{y}$）。回归方程为 $\hat{y} = kx + b$，由下式可计算出斜率 k 和截距 b：

$$\begin{cases} k = \dfrac{\displaystyle\sum_{i=1}^{N} |\,y_i - \overline{y}\,|}{\displaystyle\sum_{i=1}^{N} |\,x_i - \overline{x}\,|} \\[4pt] b = \overline{y} - k\overline{x} \end{cases} \tag{7-20}$$

（3）线性回归方程的精度　测试数据中 y_i 和回归值 $\hat{y}_i$ 的差异性，一般用回归方程的剩余标准偏差 σ_γ 来表征

$$\sigma_\gamma = \sqrt{\frac{Q}{N-q}} = \sqrt{\frac{\displaystyle\sum_{i=1}^{N}(y_i - \hat{y}_i)^2}{N-q}} = \sqrt{\frac{\displaystyle\sum_{i=1}^{N} v_i^2}{N-q}} \tag{7-21}$$

式中，N 为测量次数或成对测量数据的对数；q 为回归方程中待定常数的个数。

σ_γ 越小，表示回归方程对测试数据的拟合程度越好。

2. 多元线性回归

若因变量 y 随若干变量 x_j（$j = 1$，2，$\cdots$，m）的变化而变化，按照间接测量原理，对上述变量进行测量，可获得 $\{x_1,\ x_2,\ \cdots,\ x_m,\ y\}$ 数据对，此时回归方程可表示为

$$\hat{y} = k_0 + k_1 x_1 + k_2 x_2 + \cdots + k_m x_m \tag{7-22}$$

y_i 在某点上与上述回归方程的差值为

$$\Delta y_i = y_i - \hat{y} = y_i - (k_0 + k_1 x_{1i} + k_2 x_{2i} + \cdots + k_m x_{mi}) \tag{7-23}$$

利用最小二乘原理，可求出系数 k_0，k_1，k_2，$\cdots$，k_m

$$\frac{\partial(\sum \Delta y_i^2)}{\partial k_0} = \frac{\partial(\sum \Delta y_i^2)}{\partial k_1} = \cdots = \frac{\partial(\sum \Delta y_i^2)}{\partial k_m} = 0 \tag{7-24}$$

得到正规方程组

$$\begin{bmatrix} n & \sum x_{1i} & \sum x_{2i} & \cdots & \sum x_{mi} \\ \sum x_{1i} & \sum x_{1i}x_{1i} & \sum x_{1i}x_{2i} & \cdots & \sum x_{1i}x_{mi} \\ \sum x_{2i} & \sum x_{2i}x_{1i} & \sum x_{2i}x_{2i} & \cdots & \sum x_{2i}x_{mi} \\ \vdots & \vdots & \vdots & & \vdots \\ \sum x_{mi} & \sum x_{mi}x_{1i} & \sum x_{mi}x_{2i} & \sum x_{mi}x_{mi} & \sum x_{mi}x_{mi} \end{bmatrix} \begin{bmatrix} k_0 \\ k_1 \\ k_2 \\ \vdots \\ k_m \end{bmatrix} = \begin{bmatrix} \sum y_i \\ \sum y_i x_{1i} \\ \sum y_i x_{2i} \\ \vdots \\ \sum y_i x_{mi} \end{bmatrix} \tag{7-25}$$

由上式可解出回归系数 k_0，k_1，k_2，$\cdots$，k_m。为简便起见，利用 $\sum y_i$ 代替 $\sum\limits_{i=1}^{n} y_i$，其余与之类似。得到

$$\sum_{j=1}^{m} k_j \left[\sum_{i=1}^{n} y_i x_{ji} - \frac{\left(\sum\limits_{i=1}^{n} x_{ji} \sum\limits_{i=1}^{n} y_i \right)}{n} \right] = S \tag{7-26}$$

$$\sum_{i=1}^{m} y_i^2 - \frac{\left(\sum\limits_{i=1}^{n} y_i \right)^2}{n} = L \tag{7-27}$$

相关系数为

$$\rho^2 = \frac{S}{L} \tag{7-28}$$

标准差为

$$\sigma = \sqrt{\frac{L-S}{n-m-1}} \tag{7-29}$$

式中，m 为自变量的个数；n 为测量次数。

对于常用的二元线性回归方程有

$$y = k_0 + k_1 x_1 + k_2 x_2 \tag{7-30}$$

得

$$\begin{bmatrix} n & \sum x_{1i} & \sum x_{2i} \\ \sum x_{1i} & \sum x_{1i}^2 & \sum x_{1i}x_{2i} \\ \sum x_{2i} & \sum x_{2i}x_{1i} & \sum x_{2i}^2 \end{bmatrix} \begin{bmatrix} k_0 \\ k_1 \\ k_2 \end{bmatrix} = \begin{bmatrix} \sum y_i \\ \sum y_i x_{1i} \\ \sum y_i x_{2i} \end{bmatrix} \tag{7-31}$$

从上式可解出回归系数 k_0、k_1、k_2，令

$$L = \sum y_i^2 - \frac{\left(\sum y_i\right)^2}{n} \tag{7-32}$$

$$S = k_1\left[\sum y_i \sum x_{1i} - \frac{\sum y_i \sum x_{1i}}{n}\right] + k_2\left[\sum y_i \sum x_{2i} - \frac{\sum y_i \sum x_{2i}}{n}\right] \tag{7-33}$$

同样有

$$\rho^2 = \frac{S}{L} \tag{7-34}$$

$$\sigma = \sqrt{\frac{(L-S)}{(n-3)}} \tag{7-35}$$

3. 非线性回归

在测试过程中，被测量之间并非都是线性关系。很多情况下，它们遵循一定的非线性关系。求解非线性模型的方法通常有：

① 利用变量变换把非线性模型转化为线性模型。

② 利用最小二乘法推导出非线性回归模型的正规方程，然后求解。

③ 采用最优化方法，以残差平方和为目标函数，寻找最优化回归函数。

本节重点介绍第 1 种方法，即把非线性模型转化为线性模型及常用的多项式回归法。

对于一些常用的非线性模型，可用变量变换的方法将其转化为线性模型，如指数函数

$$y = A\mathrm{e}^{Bx} \tag{7-36}$$

两边取对数得

$$\ln y = \ln A + Bx$$
$$t = Bx + C \tag{7-37}$$

对幂函数

$$y = Ax^B \tag{7-38}$$

同样有

$$\ln y = \ln A + B\ln x$$

令 $t_1 = \ln y$，$t_2 = \ln x$，$C = \ln A$，则有

$$t_1 = Bt_2 + C \tag{7-39}$$

即可转化为线性关系，实际应用时可根据具体情况确定变量变换方法。

4. 线性回归分析应用举例

例 7-1 已知 x 及 y 为近似直线关系的一组数据，列于表 7-1。使用最小二乘法建立这些测试数据的直线回归方程。

表 7-1　x、y 关系表

x	1	3	8	10	13	15	17	20
y	3.0	4.0	6.0	7.0	8.0	9.0	10.0	11.0

解：（1）列出一元回归计算表 7-2。

表 7-2　一元回归计算表

序　号	x_i	y_i	x_i^2	y_i^2	x_iy_i
1	1	3.0	1	9	3.0
2	3	4.0	9	16	12.0
3	8	6.0	64	36	48.0
4	10	7.0	100	49	70.0
5	13	8.0	169	64	104.0
6	15	9.0	225	81	135.0
7	17	10.0	289	100	170.0
8	20	11.0	400	121	220.0
Σ	87	58.0	1257	476	762.0

（2）由表中数据可知

$$\sum x_i = 87 , \qquad \sum y_i = 58$$

$$\sum x_i^2 = 1257 , \qquad \sum y_i^2 = 476$$

$$\bar{x} = \frac{87}{8} = 10.875 , \qquad \bar{y} = \frac{58}{5} = 7.25(n = 8)$$

$$\frac{(\sum x_i)^2}{n} = 946.125 , \qquad \frac{(\sum y_i)^2}{n} = 420.5 , \qquad \frac{(\sum x_i)(\sum y_i)}{n} = 630.75$$

（3）$L_{xx} = \sum x_i^2 - \frac{(\sum x_i)^2}{n} = 1257 - 947.125 = 310.875$

$$L_{xy} = \sum x_iy_i - \frac{(\sum x_i)(\sum y_i)}{n} = 762 - 630.75 = 131.25$$

$$k = \frac{L_{xy}}{L_{xx}} = \frac{131.25}{310.875} = 0.422$$

$$b = \bar{y} - k\bar{x} = 7.25 - 0.422 \times 10.875 = 2.66$$

（4）由上可得回归方程为

$$\hat{y} = 0.422x + 2.66$$

例 7-2　某位移测量系统，经大量实验表明，其输出 y 与被测位移变化及环境温度的变化线性相关，某次试验数据如表 7-3 所示。试用多元线性回归法，建立系统输出与位移及温度的经验公式。

表 7-3　试验数据表

x_1/mm	10	20	30	10	15	25	20	30	30	25	15	20
x_2/℃	11	15	16	20	26	30	25	29	12	14	12	30
y/mV	36	68	98	37	69	92	71	102	96	82	54	76

解： 按题意，可设位移测量系统输出与位移及温度的回归方程为 $y = k_0 + k_1 x_1 + k_2 x_2$，由多元线性回归法可得式

$$\begin{bmatrix} 12 & 250 & 240 \\ 250 & 5\ 800 & 5\ 090 \\ 240 & 5\ 090 & 5\ 428 \end{bmatrix} \begin{bmatrix} k_0 \\ k_1 \\ k_2 \end{bmatrix} = \begin{bmatrix} 881 \\ 20\ 105 \\ 18\ 239 \end{bmatrix}$$

及

$$\sum y^2 = 70\ 195$$

由此求得 $k_1 = 2.872\ 8$，$k_2 = 0.574\ 1$，$k_0 = 2.104\ 9$。得回归方程为

$$y = 2.104\ 9 + 2.871\ 8x_1 + 0.574\ 1x_2$$

其相关系数为 $\rho = 0.988$，标准偏差为 $\sigma = 3.824$。

7.2　误差分析

7.2.1　误差的概念

1. 真值

真值即真实值，在一定条件下，被测量客观存在的实际值。真值是一个未知量，通常真值分为规定真值、理论真值和相对真值。

规定真值也称约定真值，是一个接近真值的值，它与真值之差可忽略不计。实际测量中，在没有系统误差的情况下，足够多次测量值的平均值可作为规定真值，如国际温标 ITS-90 中所给出的固定点。

一个物理量具有严格定义的理论值通常称为理论真值，也称绝对真值，如相互垂直的两条直线夹角为 90°。

相对真值是指在所研究的领域内，用标准设备测量被测量所得的量值。一般常称为实际值。

2. 误差

用某种设备（仪器）在一定的条件下对某参数进行测量时，由于各种因素的影响，测量不可能无限精确，测量值与客观存在的真实值之间总会存在着一定的差异，这种差异就是测量误差，即

$$\Delta = X - X_0 \tag{7-40}$$

式中，Δ 为测量误差；X_0 为真值；X 为测量值。

一般情况下，由于式（7-40）中的真值及误差均为未知量，因此，它只能表示一种理

论上的概念。但测试的目的是要找出被测量的数值，而且希望它能精确地表示其真值。

通常，误差有绝对误差、相对误差和引用误差三种表示方法。

（1）绝对误差 Δ　绝对误差为测量值与真值之差，即式（7-40）。

例 7-3　某工厂加工一批阻值为 $50\ \Omega$ 的电阻，抽检两个电阻阻值，测量结果分别为 $50.2\ \Omega$ 和 $49.7\ \Omega$，则两个电阻绝对误差分别为

$$\Delta_1 = X_1 - X_0 = 50.2 - 50 = +0.2\ \Omega$$

$$\Delta_2 = X_2 - X_0 = 49.7 - 50 = -0.3\ \Omega$$

显然第一个电阻比第二个电阻绝对误差小，即第一个精度更高。

实际工作中，常常使用修正值。即将修正值与测量结果相加，以消除系统误差。即

$$真值 \approx 测量值 + 修正值 \tag{7-41}$$

（2）相对误差 ε　相对误差为绝对误差 Δ 与被测量的真值之比，即

$$\varepsilon = \frac{\Delta}{X_0} \times 100\% \tag{7-42}$$

相对误差只有大小和符号，无量纲，通常用百分数来表示。相对误差常用来衡量测量的相对准确程度，相对误差越小，测量精确度越高。对于不同的测量值，用测量的绝对误差往往很难评定其测量精度的高低，通常用相对误差来评定。

例 7-4　测量一个铝块质量 $M_1 = 2\,000\ \text{g}$，绝对误差 $\Delta_1 = 2\ \text{g}$；另一个质量 $M_2 = 20\ \text{g}$，绝对误差 $\Delta_2 = 0.2\ \text{g}$。

解：尽管 $\Delta_1 > \Delta_2$，不能说 M_1 比 M_2 的测量准确。

其相对误差为

$$\varepsilon_1 = \frac{\Delta_1}{X_{01}} = \frac{\Delta_1}{M_1} = \frac{2}{2\,000} \times 100\% = 0.1\%$$

$$\varepsilon_2 = \frac{\Delta_2}{X_{02}} = \frac{\Delta_2}{M_2} = \frac{0.2}{20} \times 100\% = 1\%$$

显然，前者比后者精确程度高。在整个测量范围内，相对误差不是一个常数，它随测量的大小而改变。

（3）引用误差 e　由于测量仪器或仪表有一定测量范围，而绝对误差和相对误差都会随测量点的改变而改变。因此，往往需要用测量范围内的最大误差来表示该仪器/仪表的误差，这就是引用误差的概念。引用误差用绝对误差 Δ 与仪表满量程 X_F 示值的百分比来表示，即

$$e = \frac{\Delta}{X_F} \times 100\% \tag{7-43}$$

仪器仪表的精度常用"最大引用误差"来标定

$$e_{\max} = \frac{\Delta_{\max}}{X_F} \times 100\% \leqslant M\% \tag{7-44}$$

式中，M 为用百分数表示的精度等级。

例如，电压表和电流表的等级分为 0.05、0.1、0.2、0.3、0.5、1.0、1.5、2.0、2.5、3.0、5.0 共 11 个等级，分别表示它们的引用误差不超过的百分数值。

例 7-5　一块 1.0 级测量范围为 0 ~ 300 A 的电流表，经高等级电流表校准，在示值为 250.0 A 时，测得实际电流为 248.5 A，问该电流表是否合格？

解：示值为 250.0 A 时的绝对误差为

$$\Delta = 250.0 - 248.5 = 1.5\ A$$

该电流表引用误差为

$$e = \frac{1.5}{250.0} \times 100\% = 0.6\%$$

1.0 级电流表允许的引用误差为 1.0%，因为 0.6% < 1.0%，所以该电流表合格。

7.2.2　误差的分类

误差来源不同，测量结果就不同。因此，需要对误差分类处理。误差按其特点和性质可分为随机误差、系统误差和粗大误差。

1. 随机误差

随机误差又叫偶然误差。在相同条件下，多次重复测量同一被测量对象，会由于各种偶然的、无法预测的不确定因素干扰而产生的测量误差，称为随机误差。

产生随机误差的原因很多，常见的因素包括：温度波动、噪声干扰、电磁场扰动、电压起伏和外界振动等。这些因素之间很难找到确定的关系，而且每个因素是否出现，以及这些因素对测量结果的影响，都难以预测和控制。

2. 系统误差

由特定原因引起，具有一定因果关系并按确定规律变化的误差。即在相同条件下，多次测量同一量值时，误差的绝对值和符号保持不变；或者在条件改变时，按某一确定规律变化的误差称为系统误差。系统误差往往是由不可避免的因素造成。按照掌握程度，系统误差分为已定系统误差和未定系统误差；按照变化规律，可分为恒定系统误差和变值系统误差，其中变值系统误差又可分为线性系统误差、周期性系统误差和复杂规律系统误差。

系统误差可以通过实验或分析的方法，查明其变化规律和产生原因，通过对测量值的修正，或者采取某些预防措施，来达到消除或减少其对测量结果影响的目的。

系统误差的大小表明测量结果的正确度。它说明测量结果相对真值有一恒定误差，或者存在着按确定规律变化的误差。系统误差愈小，则测量结果的正确度愈高。

3. 粗大误差

偶尔产生的某种不正常原因所造成的数值特别大的误差，称为粗大误差。对于粗大误差，由于其对测量结果有所歪曲，大多数情况下可以通过剔除的方法来消除其对测量结果的影响。产生粗大误差的原因可能是某些突发性的因素或疏忽、测量方法不当、操作程序失误、读错读数或单位、记录或计算错误等。

7.2.3　误差的来源

测量工作是在一定条件下进行的，外界环境、观测者的技术水平和仪器本身构造不完善等原因，都可能导致测量误差的产生。通常把测量仪器、观测者的技术水平和外界环境三方面综合起来，称为观测条件。观测条件不理想和不断变化，是产生测量误差的根本原因。通常把观测条件相同的各次观测，称为等精度观测；观测条件不同的各次观测，称为不等精度观测。

具体来说，测量误差主要来源于以下四个方面：

① 外界因素：主要指观测环境中气温、气压、空气湿度、风力及大气折光等因素的变化，导致测量结果产生误差。如环境温度的变化会引起传感器的零点漂移和灵敏度的漂移。微小振动或电信号干扰会对电压毫伏表和光线示波器的振动产生扰动。

② 仪器因素：仪器在加工和装配过程中，不能保证仪器的结构满足各种几何精度，这样的仪器必然会带来测量误差。

③ 测试方法：由于测试方法本身不完善、使用近似的经验公式或试验条件不完全满足理论公式所规定的条件、基体或其它共存组分的干扰等引起的误差。如对于规定应垂直安放的压力表，因压力表水平安装读数引起的误差。

④ 观测者的自身条件：由于观测者感官鉴别能力所限及技术熟练程度不同，会在仪器对中、整平和瞄准等方面产生误差。

7.2.4 随机误差的处理

1. 随机误差的特征和分布规律

通常，无法预测单个随机误差的大小及正负，但随机误差的总体分布具有统计规律，服从某种概率分布。以正态分布为例，随机误差服从以下统计特征：

① 单峰性：测量值与真值相差越小，其可能性越大；与真值相差很大，其可能性较小。

② 对称性：测量值与真值相比，大于或小于某量的可能性是相等的。

③ 有界性：在一定的测量条件下，误差的绝对值不会超过一定的限度。

④ 补偿性：随机误差的算术平均值随测量次数的增加而减小。补偿性是随机误差的一个重要特性，凡是具有补偿性的误差，原则上都可以按照随机误差来处理。

正态分布的概率密度函数如图 7-5 所示。其表达式为

$$y = \frac{1}{\sigma\sqrt{2\pi}}e^{-\frac{(X-X_0)^2}{2\sigma^2}} \tag{7-45}$$

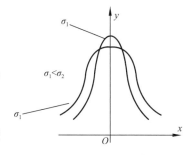

式中，y 为正态分布概率密度函数；X 为被测量的测量值；X_0 为被测量的真值；σ 为标准差。

从图 7-5 可以看出，σ 越大，则测量的数据越分散。

正态分布规律指出了随机误差的规律性，是进行误差分析的依据。

图 7-5 正态分布曲线

2. 算术平均值和残余误差

（1）算术平均值 对某物理量进行一系列等精度测量，由于存在随机误差，其测得值皆不同，应以全部测得值的算术平均值作为最后测量结果。

在等精度测量条件下，被测量的 n 个测得值的代数和除以 n 得到的值称为算术平均值。其表达式为

$$\overline{x} = \frac{1}{n}\sum_{i=1}^{n} x_i \tag{7-46}$$

式中，n 为测量次数；$x_i(i=1, 2, \cdots, n)$，n 个测量结果。

由于算术平均值与被测量的真值最为接近，由概率论的大数定律可知，若测量次数无限增加，则必然趋近于真值。因此，将其作为测量结果的最佳估计。

根据误差定义有

$$\Delta_i = x_i - x_0 \tag{7-47}$$

式中，Δ_i 为某次测量的误差；x_i 为某次测量的测量值；x_0 为被测量的真值。

式（7-47）还可写成

$$\Delta_i = x_i - x_0 = \left[x_i - E(X) \right] + \left[E(X) - x_0 \right] \tag{7-48}$$

式中，$E(X)$ 为测量结果的期望，又称为数学期望。

测量误差由两个分量组成：$\left[x_i - E(X) \right]$ 为测量结果与期望的偏差，一般称为随机误差。其特点是：当测量次数趋于无限大时，随机误差的期望趋于零；$\left[E(X) - x_o \right]$ 为期望与真值的偏差，通常称为系统误差。

如果能够对某一被测量进行无限次测量，就可以得到不受随机误差影响的测量结果，或者影响极小，可以忽略不计。但由于实际测量都是有限次测量，处理时只能把算术平均值作为被测量真值的最佳近似值。

（2）残余误差　残余误差（又称剩余误差）的表达式为

$$\beta_i = x_i - \overline{x}(i=1, 2, 3, \cdots, n) \tag{7-49}$$

残余误差的性质

$$\sum_{i=1}^{n} \beta_i = \sum_{i=1}^{n} x_i - \sum_{i=1}^{n} \overline{x} = n\overline{x} - n\overline{x} = 0 \tag{7-50}$$

利用残余误差的这一性质，可以检验计算的残余误差和算术平均值是否正确。

残余误差的平方和为最小，即

$$\sum_{i=1}^{n} \beta_i^2 = \min \tag{7-51}$$

由于残余误差容易求得，因此，在测试数据处理中被广泛应用。

3. 测量的方差和标准差

标准偏差可用于随机误差的表征，其又可以简称为标准差。标准差表示测量值相对于其中心位置数学期望的离散程度，因此，标准差的大小可用于表征等精度条件下随机误差的概率分布情况。在该条件下，任一单次测量值的随机误差都不等于标准差，但可以认为一系列测量中所有测量值都属于同一个标准差的概率分布。在不同条件下，对同一个被测量进行两个系列的等精度测量，其标准差也不同。

（1）单次测量值的标准差　由于存在随机误差，等精度测量中所测得的各值一般都不相同，测量值围绕着其算术平均值有一定的分散性，说明了测量中单次测量值的不可靠性，需要用一个量化标准来评定。对于等精度无限测量，标准差 σ 和方差 σ^2 可分别表示为

$$\sigma = \sqrt{\frac{\Delta_1^2 + \Delta_2^2 + \cdots + \Delta_n^2}{n}} = \sqrt{\frac{\sum\limits_{i=1}^{n} \Delta_i^2}{n}} \qquad (7-52)$$

$$\sigma^2 = \frac{\sum\limits_{i=1}^{n} \Delta_i^2}{n} \qquad (7-53)$$

若测量次数 n 充分大，按上式计算标准差需要知道被测量的真值。根据标准差的定义，是无法求得 σ 的。根据实际测量得到的数据，能够求到残余误差去代替无法测量的 Δ，从而得到标准偏差和方差的近似值为

$$\bar{\sigma} = \sqrt{\frac{\sum\limits_{i=1}^{n} (x_i - \bar{x})^2}{n-1}} = \sqrt{\frac{\sum\limits_{i=1}^{n} \beta_i}{n-1}} \qquad (7-54)$$

$$\bar{\sigma}^2 = \frac{\sum\limits_{i=1}^{n} (x_i - \bar{x})^2}{n-1} = \frac{\sum\limits_{i=1}^{n} \beta_i}{n-1} \qquad (7-55)$$

式 (7-55) 称为样本标准差，也称为贝赛尔公式，其证明过程如下。

根据测量值与算术平均值之差 $\beta_i = x_i - \bar{x}$ 和测量值与真值之差 $\Delta_i = x_i - x_0$，若令

$$\varphi = \bar{x} - x$$

则

$$\Delta_i = \beta_i + \varphi\phi$$

因此

$$\sum_{i=1}^{n} \Delta_i^2 = \sum_{i=1}^{n} (\beta_i + \varphi)^2 = \sum_{i=1}^{n} \beta_i^2 + 2\sum_{i=1}^{n} \beta_i + n^2\varphi$$

由于随机误差的补偿性，当 $n \to \infty$ 时，有 $\sum\limits_{i=1}^{n} \beta_i = 0$，则

$$\sum_{i=1}^{n} \Delta_i^2 = \sum_{i=1}^{n} \beta_i^2 + n^2 \qquad (7-56)$$

$$\phi^2 = (\Delta_i - \beta_i)^2 = (\bar{x} - x_0)2 = \left(\frac{1}{n}\sum_{i=1}^{n} x_i - x_0\right)^2 = \frac{1}{n^2}\left(\sum_{i=1}^{n} x_i - nx_0\right)^2$$

$$= \frac{1}{n^2}\left(\sum_{i=1}^{n} x_i - x_0\right)^2 = \frac{1}{n^2}\sum_{i=1}^{n} \Delta_i^2 = \frac{1}{n}\sigma^2 \qquad (7-57)$$

将式 (7-57) 代入式 (7-53) 和式 (7-56)，得

$$n\sigma^2 = \sum_{i=1}^{n} \beta_i^2 + \sigma^2$$

则

$$\bar{\sigma} = \sqrt{\frac{\sum\limits_{i=1}^{n} \beta_i}{n-1}} = \sqrt{\frac{\sum\limits_{i=1}^{n} (x_i - \bar{x})^2}{n-1}} \qquad (7-58)$$

式（7-58）称为贝赛尔公式，根据该式可由残差求得一系列测得值中任意一次测量的标准偏差。

（2）算术平均值的标准差　在相同条件下，对同一量值进行多次重复测量，以算术平均值为测量结果。由于随机误差的存在，各个测量值的算术平均值也不相同，这些值围绕着真值有一定的分散性，这说明算术平均值的不可靠性，而算术平均值的标准差 $\sigma_{\bar{x}}$ 则是表征算术平均值分散性的参数。在确认随机误差服从正态分布的前提下，每组取 n 次等精度测量。

由式（7-7），得到算术平均值为

$$\bar{x} = \frac{1}{n} \sum_{i=1}^{n} x_i$$

取其方差

$$D(\bar{x}) = \frac{1}{n^2} \left[D(l_1) + D(l_2) + \cdots + D(l_n) \right]$$

由于

$$D(l_1) = D(l_2) = \cdots = D(l_n) = D(l)$$

因此

$$D(\bar{x}) = \frac{1}{n^2} n D(l) = \frac{1}{n} D(l)$$

$$\bar{\sigma}_{\bar{x}}^2 = \frac{\bar{\sigma}^2}{n}$$

得

$$\bar{\sigma}_{\bar{x}} = \frac{\bar{\sigma}}{\sqrt{n}} \tag{7-59}$$

统计结果表明，测量次数 n 越多，算术平均值越趋近真值。由式（7-59）可知，测量精度与测量次数 $\sqrt{n}$ 成反比。当 n 较大时，$\sigma_{\bar{x}}$ 的减小程度越来越小。因此，通常情况下取 n 大于 10 较为适宜。总之，要提高测量精度，应采用更准确的测量仪器，采用合理的测量方法，选取适当的测量次数。

例 7-6　对一钢丝进行长度测量，共测量 8 次，测的数据分别为 25.702，25.706，25.705，25.742，25.735，25.712，25.731，25.728（单位略），试求算数平均值及标准差。

解：（1）求算数平均值

$$\bar{x} = \frac{1}{n} \sum_{i=1}^{n} x_i = \frac{\sum_{i=1}^{8} x_i}{8} = 25.720$$

求标准差及算术平均值的标准差

$$\bar{\sigma} = \sqrt{\frac{\sum_{i=1}^{n} \beta_i}{n-1}} = \sqrt{\frac{\sum_{i=1}^{8} (x_i - \bar{x})^2}{8-1}} = 0.0156$$

$$\bar{\sigma}_{\bar{x}} = \frac{\bar{\sigma}}{\sqrt{n}} = \frac{0.0156}{\sqrt{8}} = 0.0055$$

4. 测量的极限误差

所谓极限误差（又称最大误差）是指根据国家有关技术标准、在检定过程中对计量器具所规定的最大允许误差值。

令

$$P(\mu - t\sigma \leqslant x \leqslant \mu + t\sigma) = P = 1 - \alpha \qquad (7-60)$$

式（7-60）表示随机变量 x 取值在 $(\mu - t\sigma, \mu + t\sigma)$ 范围内的概率为 $P = 1 - \alpha$，通常称 P 为置信概率；α 表示随机变量 x 取值在 $(\mu - t\sigma, \mu + t\sigma)$ 范围内时所具有的不可靠度，通常称 α 为显著水平；$(\mu - t\sigma, \mu + t\sigma)$ 则称为置信区间；$t\sigma$ 称为置信极限，t 称为置信系数。

由置信概率表征随机误差在置信区间范围内取值的概率为

$$P = \frac{2}{\sqrt{2\pi}} \int_{0}^{t} e^{\frac{-t^2}{2}} \mathrm{d}_t = 2\varphi(t) \qquad (7-61)$$

表 7-4 给出了几个经典 t 值及其相应的超出或不超出 $|t\sigma|$ 的概率，如图 7-6 所示。

表 7-4　正态分布下置信概率表

t	$t\sigma$	不超出 $|t\sigma|$ 的概率	超出 $|t\sigma|$ 的概率	测量次数 n	超出 $|t\sigma|$ 的测量次数
0	0	0	0	0	0
0.67	0.67σ	0.497 2	0.502 8	2	1
1	1σ	0.682 4	0.317 4	3	1
2	2σ	0.954 4	0.045 6	22	1
3	3σ	0.997 3	0.002 7	370	1
4	4σ	0.999 9	0.000 1	15 626	1

例如，$P(\mu - 3\sigma \leqslant x \leqslant \mu + 3\sigma) = 99.73\%$ 表示随机变量 x 取值置信区间 $(\mu - 3\sigma, \mu + 3\sigma)$ 范围内的概率为 99.73%，而在 $(\mu - 3\sigma, \mu + 3\sigma)$ 范围外的概率为 $1 - 99.73\% = 0.27\%$。因此，其置信系数为 3。由此可见，取值出现在 $\mu + 3\sigma$ 范围之外的概率仅 0.27%，因此将 $\pm 3\sigma$ 作为极限随机误差。

同理，置信概率为 95.44% 的极限随机误差为 $\pm 2\sigma$，置信概率为 95% 的极限随机误差为 $\pm 1.96\sigma$。

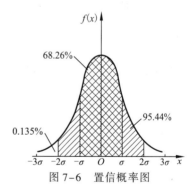

图 7-6　置信概率图

7.2.5　系统误差的分析与处理

由一定规律变化的因素所造成的误差称为系统误差，对同一被测量进行多次测量时，不具有补偿性。因此，系统误差不能像随机误差那样用概率统计的方法处理，只能针对不同情况，采取不同的方法。

系统误差可分为恒值系统误差和变值系统误差。恒值系统误差是在重复测量中误差的大小和符号都固定不变的系统误差。变值系统误差是指测量过程中误差的大小或符号按一定规律变化的误差，变化规律可分为三种：

周期性变化的系统误差：在测量过程中，误差的大小和符号按照周期性变化。

非线性变化的系统误差：在测量过程中，误差按照复杂规律变化。

线性变化的系统误差：在整个测量过程中，随着时间和测量次数的增加，按一定比例不断增大或减小。

1. 系统误差发现的主要方法

（1）实验对比法　实验对比法是通过改变产生系统误差的条件，进行不同条件的测量，以发现系统误差。这种方法适用于发现不变的系统误差。例如，使用同一砝码称重时，测量结果由于砝码的质量偏差而产生不变的系统误差，即使重复多次测量也不能发现这一误差。如果用高一级精度的量块进行同样的实验，通过对比就能发现其系统误差。

（2）残余误差观察法　变值系统误差不但影响测量数据的算术平均值，还会影响各测量值的残差及分布规律。因此，可以通过分析观察残差的变化情况，或者检验其是否服从预知的分布规律（一般为正态分布），来发现变值系统误差。

通常将测量结果的残余误差绘制成散点图，如图7-7所示。如果残余误差整体上呈正负相间，且无显著变化规律，则可认为不存在系统误差，如图7-7（a）所示；如果残余误差的数值有规律地递增或递减，且在测量开始和测量结束时误差符号相反，则存在线性系统误差，如图7-7（b）所示；如果残余误差符号有规律的由负变正、再由正变负，且循环交替重复变化，则存在周期性系统误差，如图7-7（c）所示；如果残余误差如图7-7（d）所示的变化规律，可能同时存在周期性系统误差和线性系统误差。

（3）阿贝—赫梅特准则　把残余误差 β_i 按测量先后顺序排列，并依次两两相乘，然后取和的绝对值。若测量结果满足下式，则认为该测量结果存在周期性系统误差。

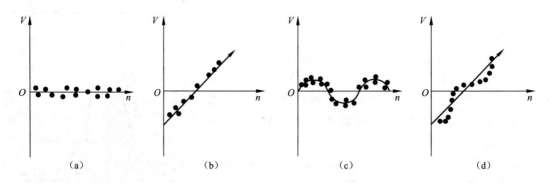

图 7-7　系统误差判别图

$$\left| \sum_{i=1}^{n-1} \beta_i \beta_{i+1} \right| > \sqrt{n-1}\, \sigma^2 \tag{7-62}$$

以上误差处理规则通常称为阿贝—赫梅特准则。

（4）马利克夫准则　当测量次数较多时，将测量结果的前 k 个残余误差之和，减去测量结果后 $n-k$ 个残余误差之和，若所得值趋近于零，说明不存在变化的系统误差；若所得值不为零，则认为测量结果存在变化的系统误差。变化的系统误差 Δ 为

$$\Delta = \sum_{i=1}^{k} \beta_i - \sum_{j=k+1}^{n} \beta_j \qquad (7-63)$$

以上误差处理规则通常称为马利克夫准则。这种方法适用于发现线性系统误差。但需要指出的是，有时 $\Delta = 0$，仍有可能存在系统误差。

2. 系统误差的消减

在测量中，普遍存在系统误差，必须对系统误差进行分析，找出可能产生系统误差的原因，并提出减小和消除系统误差的措施。但是，由于测量结果与测量对象、测量方法以及测量人员的经验有关，因此，难以找到普遍有效的方法。下面介绍几种消减系统误差的方法。

① 代替法：其实质是在测量装置上对标准被测量进行测量。在相同条件下，把标准量放到测量装置上再次测量，从而求出被测量。该方法广泛应用于阻抗、频率、增益等电量的测量。

② 低消法：低消法用于消除随测量条件而改变的不变系统误差。

③ 交换法：根据误差产生的原因，将某些条件交换，使能引起恒定系统误差的因素以相反的效果影响测量结果，以消除系统误差。

④ 修正值法：预先鉴定或计算出测试仪器的系统误差，按不同对象做出相应的误差修正值表、修正曲线或实验公式（修正值与误差大小相同，符号相反）。实测值加上对应的修正值，即为不含系统误差的测量值。

7.2.6 粗大误差

粗大误差是由于测量者在测量或计算时的粗心大意所造成的测量误差，粗大误差明显超出规定条件下预期的误差，也称为疏忽误差或粗差。引起粗大误差的原因有：错误读取示值，使用有缺陷的测量器具，测量仪器受外界振动和电磁干扰等而发生的指示突跳等。是否存在粗大误差是衡量该测量结果合格与否的标志。含有粗大误差的测量值是不能使用的。由于粗大误差会明显地歪曲测量结果，从而导致错误的结论，这种测量值也称为异常值（坏值）。因此，在进行误差分析时，要采用不包含粗大误差的测量结果，即所有的异常值都应当剔除。计量工作人员必须以严格的科学态度，严肃认真地对待测量工作，杜绝粗大误差的产生。

1. 3σ 准则

对于某一被测量，若各测量值只含有随机误差，根据随机误差的正态分布规律，随机误差落在 3σ 外的概率约为 0.3%，可以认为不大可能出现。因此，在测量中发现 $|\beta_i| = |x_i - \bar{x}| > 3\sigma$ 的残余误差，就认为是粗大误差。需要注意，在舍去粗大误差之后，剩下的测量值应重新计算算术平均值和标准差，再按莱特准则进行计算，判断是否具有粗大误差。直到无新的粗大误差为止，这就是 3σ 准则。它适用于测量次数较多的场合。

2. 格拉布斯（Grubbs）准则

格拉布斯准则是根据随机变量正态分布理论建立的，这种方法把测量次数和标准差本身的误差加以考虑。因此，更为严谨，且使用方便。

格拉布斯准则规定为：若测量结果服从正态分布，当残余误差满足以下关系

$$|\beta_i| = |x_i - \bar{x}| > g(n, a)\sigma \qquad (7-64)$$

则可判断该测量值含有粗大误差，应予剔除。其中，$g(n, a)$ 为格拉布斯准则判别系数，

它取决于测量次数 n 和危险率 a，可从表 7-5 中查出。

表 7-5　$g(n, a)$ 值表

n \ a	5.0%	2.5%	1.0%	n \ a	5.0%	2.5%	1.0%
3	1.15	1.15	1.15	19	2.53	2.68	2.85
4	1.46	1.48	1.49	20	2.56	2.71	2.88
5	1.67	1.71	1.75	21	2.58	2.75	2.91
6	1.82	1.89	1.94	22	2.60	2.76	2.94
7	1.94	2.02	2.10	23	2.62	2.78	2.96
8	2.03	2.13	2.22	24	2.64	2.80	2.99
9	2.11	2.21	2.32	25	2.66	2.82	3.01
10	1.18	2.29	2.41	30	2.75	2.91	3.10
11	2.23	2.36	2.48	35	2.82	2.98	3.18
12	2.29	2.41	2.55	40	2.87	3.04	3.24
13	2.33	2.46	2.61	50	2.96	3.13	3.34
14	2.37	2.51	2.66	60	3.03	3.20	3.41
15	2.41	2.55	2.71	70	3.09	3.26	3.47
16	2.44	2.59	2.75	80	3.14	3.31	3.52
17	2.47	2.62	2.79	90	3.18	3.35	3.56
18	2.50	2.65	2.85	100	3.21	3.38	3.59

7.3　测量精度

　　测量精度指测量的结果相对于被测量真值的偏离程度。在测量中，任何测量的精密程度都只能是相对的，都不可能达到绝对精确，总会存在测量误差。

　　精度在数量上有时可以用相对误差来表示，如相对误差为 0.01%，可以认为其精度为 10^{-4}；对于具体的测量，精密度高的准确度不一定高，准确度高的精密度也不一定高；但精确度高，则精密度和准确度都高。准确度和精确度分别描述系统误差、随机误差以及两者的综合。

　　① 精密度：表示测得值分布的密集程度，它反映了测量结果中随机误差的影响程度。常指用同一测量工具与方法在同一条件下多次测量时，所得测量值之间的符合程度。

　　② 准确度：又称正确度，为随机误差趋于零时而获得的测量结果与真值偏离的程度，取决于系统误差的大小。所以，系统误差大小反映了测量可能达到的准确程度。

　　③ 精确度：测量的准确度与精密度的总称。反映测量结果中系统误差和随机误差综合影响程度，其定量特征可用测量的不确定度表示。

　　图 7-8 给出了四种不同的测量数据分布图。其中，图 7-8（a）表明数据相对 x_0 密集，系统误差小，随机误差也小；图 7-8（b）表明数据均值偏离 x_0 较远，系统误差大，而数据相对密集，随机误差小，说明重复性好；图 7-8（c）表明数据的算术平均值偏离真值 x_0 近，系统误差小，而随机误差与图 7-8（d）差不多；图 7-8（d）表明数据均值偏离真值

x_0 远，且数据对 $\bar{x}$ 的离散性大；前者说明测量的系统误差大，后者说明随机误差大。

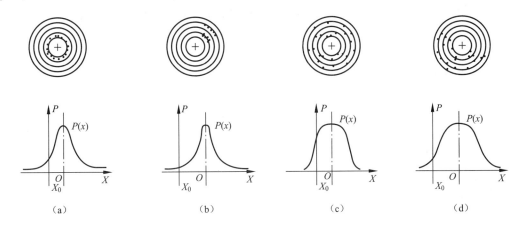

图 7-8　测量数据分布图

由于两类误差的性质不同，大小不一，很难通过相互比较做出精度评价。因此，为便于反映不同误差对测量结果的影响，对精密度、精确度和准确度进行了归纳，见表 7-6。

表 7-6　精度评定方法

名　　称	精　密　度	精　确　度	准　确　度
实用概念	重复性精度	精度	正确度
评定方法	用随机误差的极限值或标准差来评定	用系统误差来评定	用综合极限误差来评定

7.4　线性参数的最小二乘法

7.4.1　最小二乘法原理

最小二乘法是一种广泛应用的数据处理方法，它可用于参数估计、数据处理、回归分析和经验公式拟合等一系列数据处理问题中。

在等精度多次测量中，以其残余误差平方和为最小值的条件来确定估计值的方法，称为最小二乘法（又称最小平方法）。利用此方法可以简便地求得未知参数，并可以使得所求得的数据与实际数据之间误差的平方和最小。

为了确定 n 个被测量 X_1，X_2，$\cdots$，X_t 的估计值 x_1，x_2，$\cdots$，x_t，对被测量 Y 分别进行 n 次测量，得到 n 个测量数据 m_1，m_2，$\cdots$，m_t。设被测量与直接测量的函数关系为

$$Y_1 = f_1(X_1, X_2, \cdots, X_t)$$
$$Y_2 = f_2(X_1, X_2, \cdots, X_t)$$
$$\vdots$$
$$Y_n = f_n(X_1, X_2, \cdots, X_t)$$

(7-65)

若 n 与 t 相等，则可直接求得被测量。由于测量数据会包含一定的测量误差，因此，求

得的结果（估计量）也必然包含一定的误差。通常，为了提高测量结果的准确度，同时减小随机误差的影响，可以适当的增加测量的次数。然而在实际检测过程中 $n > t$，显然不能直接通过式（7-65）求解 x_1，x_2，$\cdots$，x_t。根据测量数据 m_1，m_2，$\cdots$，m_t 获得最可信赖的结果，采用最小二乘法原理时，最可信赖值应在残差平方和为最小的条件下求出。

设直接测量 Y 的估计量分别为 y_1，y_2，$\cdots$，y_n，则存在如下关系：

$$
\begin{aligned}
y_1 &= f_1(x_1, x_2, \cdots, x_t) \\
y_2 &= f_2(x_1, x_2, \cdots, x_t) \\
&\vdots \\
y_n &= f_n(x_1, x_2, \cdots, x_t)
\end{aligned}
\tag{7-66}
$$

测量数据 m_1，m_2，$\cdots$，m_n 的残余误差为

$$
\begin{aligned}
v_1 &= m_1 - y_1 \\
v_2 &= m_2 - y_2 \\
&\vdots \\
v_n &= m_n - y_n
\end{aligned}
\tag{7-67}
$$

即

$$
\begin{aligned}
v_1 &= m_1 - f_1(x_1, x_2, \cdots, x_t) \\
v_2 &= m_2 - f_2(x_1, x_2, \cdots, x_t) \\
&\vdots \\
v_n &= m_n - f_n(x_1, x_2, \cdots, x_t)
\end{aligned}
\tag{7-68}
$$

式（7-67）和式（7-68）称为误差方程式，也称为残余误差方程式（或简称残差方程式）。

如果测量数据 m_1，m_2，$\cdots$，m_n 的误差相互独立，且服从正态分布，设其标准差分别为 δ_1，δ_2，$\cdots$，δ_n，则直接测量数据出现在相应真值附近 $\mathrm{d}\delta_1$，$\mathrm{d}\delta_2$，$\cdots$，$\mathrm{d}\delta_n$ 区域内的概率可表示为

$$
p_1 = \frac{1}{\sigma_1 \sqrt{2\pi}} \mathrm{e}^{-\frac{\delta_1^2}{2\sigma_1^2}} \mathrm{d}\delta_1
$$

$$
p_2 = \frac{1}{\sigma_2 \sqrt{2\pi}} \mathrm{e}^{-\frac{\delta_2^2}{2\sigma_2^2}} \mathrm{d}\delta_2
\tag{7-69}
$$

$$
\vdots
$$

$$
p_n = \frac{1}{\sigma_n \sqrt{2\pi}} \mathrm{e}^{-\frac{\delta_n^2}{2\sigma_n^2}} \mathrm{d}\delta_n
$$

由概率乘法定理可知，各测量数据同时出现在相应区间（$\mathrm{d}\delta_1$，$\mathrm{d}\delta_2$，$\cdots$，$\mathrm{d}\delta_n$）内的概率为

$$
p = p_1 p_2 \cdots p_n = \frac{1}{\sigma_1 \sigma_2 \cdots \sigma_n} (\sqrt{2\pi})^n \mathrm{e}^{-\left(\frac{\delta_1^2}{2\sigma_1^2} + \frac{\delta_2^2}{2\sigma_2^2} + \cdots + \frac{\delta_n^2}{2\sigma_n^2}\right)} \mathrm{d}\delta_1 \mathrm{d}\delta_2 \cdots \mathrm{d}\delta_n
\tag{7-70}
$$

根据最大似然原理，由于测量值 m_1，m_2，$\cdots$，m_n 已经出现，有理由认为 n 个测量值同

时出现于 $d\delta_1$，$d\delta_2$，$\cdots$，$d\delta_n$ 的概率 p 为最大，即待求量最可信赖值的确定应以 m_1，m_2，$\cdots$，m_n 同时出现的概率 p 最大为条件。

从式 (7-70) 可以看出，使 p 最大的条件为

$$\frac{\delta_1^2}{2\sigma_1^2} + \frac{\delta_2^2}{2\sigma_2^2} + \cdots + \frac{\delta_n^2}{2\sigma_n^2} = \min \tag{7-71}$$

式 (7-71) 的结果只是估计量，它以最大的可能性接近真值而非真值。因此，上述条件可以用残余误差的形式表示，即

$$\frac{v_1^2}{2\sigma_1^2} + \frac{v_2^2}{2\sigma_2^2} + \cdots + \frac{v_n^2}{2\sigma_n^2} = \min \tag{7-72}$$

在等精度测量中，由于 $\sigma_1 = \sigma_2 = \cdots = \sigma_n$，因此可将式 (7-72) 简化为

$$v_1^2 + v_2^2 + \cdots + v_n^2 = \sum_{i=1}^{n} v_i^2 = \min \tag{7-73}$$

由以上公式可知，最小二乘法的基本原理可表述为，测量结果的最可信赖值应在残余误差的平方和为最小的条件下求出。最小二乘法原理是在测量误差为无偏、正态分布和相互独立的条件下推导出的，但在不严格服从正态分布的情况下也可近似使用。按最小二乘法求解能够充分地利用误差的抵偿作用，可以有效地降低随机误差的影响。因此，从理论上讲其结果是可信赖的。

通常，最小二乘法可用于线性参数的处理，也可用于非线性参数的处理。由于实际测量中多数是属于线性的，而非线性参数的求解可以借助于级数展开的方法，在某一区域内近似地简化成线性问题进行处理。

7.4.2　最小二乘法的代数算法

已知两个量 x，y 有线性关系 $y = a + bx$，且已知测量数据 (x_1, y_1)，(x_2, y_2)，$\cdots$，(x_i, y_i)，$n > 2$，求 x、y 的关系。若这些点可以近似拟合成一条直线

$$Y = a + bX \tag{7-74}$$

用最小二乘法原理求 a 和 b，便可得到这条直线方程。

设 $y = a + bx$，则残差方程为

$$v_1 = y_1 - (a + bx_1)$$
$$v_2 = y_2 - (a + bx_2)$$
$$\vdots \tag{7-75}$$
$$v_n = y_n - (a + bx_n)$$

残差平方和为

$$\sum v_i^2 = \sum \left[y - (a + bx) \right]^2 \tag{7-76}$$

由最小二乘条件，即

$$\sum v_i^2 = \min , \qquad \frac{\partial \sum v_i^2}{\partial x_i} = 0 \qquad (7-77)$$

整理可得到 a, b

$$b = \frac{S_{xy}}{S_{xx}} \qquad (7-78)$$

$$a = \overline{y} - b\overline{x}$$

其中

$$S_{xy} = \sum (x_i - \overline{x})(y_i - \overline{y}) \qquad (7-79)$$

$$S_{xx} = \sum (x_i - \overline{x})(x_i - \overline{x})$$

再将 a, b 代回方程 (7-73)，可得 v_i，则标准差的估计量

$$S = \sqrt{\frac{\sum v_i^2}{n-t}} \qquad (7-80)$$

式中，n 为未知量的数量，t 为待估计量的数目。

参数 a, b 的标准差的估计量为

$$S(a) = S \sqrt{\frac{\sum x_i^2}{nS_{xx}}} \qquad (7-81)$$

$$S(b) = S \sqrt{\frac{1}{S_{xx}}} \qquad (7-82)$$

例 7-7 已知测力计示值 y 和测量时的温度 x 的值。若 x 无误差，y 值随 x 的变化成线性关系 $y = a + bx$

$$x/℃: 10, 15, 13, 15, 23, 18$$
$$y/N: 65, 67, 63, 66, 79, 71$$

求 a, b 及其标准差的估计量。

解：

$$S_{xy} = \sum (x_i - \overline{x})(y_i - \overline{y}) = 120.00$$

$$S_{xx} = \sum (x_i - \overline{x})(x_i - \overline{x}) = 99.333$$

$$b = \frac{S_{xy}}{S_{xx}} = 1.208$$

$$a = \overline{y} - b\overline{x} = 50.00$$

测量数据的标准差

$$S = \sqrt{\frac{\sum v_i^2}{n-t}} = \sqrt{\frac{22.534}{6-2}} = 2.373 \quad (t = 2)$$

待定量的标准差的估计量

$$S(a) = S\sqrt{\frac{\sum x_i^2}{nS_{xx}}} = 2.373 \times \sqrt{\frac{1572}{6 \times 99.333}} = 3.855$$

$$S(b) = S\sqrt{\frac{1}{S_{xx}}} = 2.373 \times \sqrt{\frac{1}{99.333}} = 0.283$$

思考题与习题

7-1 简述误差的分类，各类误差的性质、特点及对测量结果的影响。

7-2 什么是标准偏差？它对概率分布有何影响？

7-3 简述系统误差、随机误差、粗大误差产生的原因？这些误差对测量结果有何影响？从提高测量精度来看，应如何处理这些误差？

7-4 对某量进行 7 次测量，测得值为：802.40、802.50、802.38、802.48、802.42、802.45、802.43，求其测量结果。

7-5 圆柱体的直径及高的相对标准偏差均为 0.5%，求其体积的相对标准差为多少？

7-6 为求长方体的体积 V，对其边长 a、b、c 进行测量，测量值分别为 $a = 18.5\,\text{mm}$，$b = 32.5\,\text{mm}$，$c = 22.3\,\text{mm}$。它们的系统误差分别为：$\Delta a = 0.9\,\text{mm}$，$\Delta b = 1.1\,\text{mm}$，$\Delta c = 0.6\,\text{mm}$。求体积 V 和其系统误差。

7-7 已知某电路电阻 $R = (1 \pm 0.001)\,\Omega$，用电压表测得 R 上电压为 $u = (0.53 \pm 0.01)\,\text{mV}$，求电路电流 I 为多少？误差有多大？在什么情况下可以使电流误差最小？

7-8 设两只电阻 $R_1 = (150 \pm 0.6)\,\Omega$，$R_2 = 62(1 \pm 2\%)\,\Omega$，试求此二电阻分别在串联和并联时的总阻值及误差？分析串、并联对各电阻的精度各有何要求？

7-9 对某棱镜的折射系数进行测定，测量数据见表 7-7，试计算测量结果，其中 $\rho = 0.99$。

表 7-7 题 7-9 表

序号	1	2	3	4	5	6	7	8	9	10
x_i	1.53	1.57	1.54	1.54	1.50	1.51	1.55	1.54	1.56	1.53
权	1	2	3	3	1	1	3	3	2	1

7-10 已知某一热敏电容的温度和电容值的实测数据见表 7-8，试用最小二乘法原理求其数学表达式，并利用最小二乘法求其线性度和电容对温度的灵敏系数。

表 7-8 题 7-10 表

$T_i/{}^\circ\text{C}$	50	60	70	80	90	100	109	119
C_i/pF	842	725	657	561	491	433	352	333

7-11 已知铜导线电阻随温度变化的规律为 $R = R_{20}[1 + \alpha(t - 20)]$，为确定电阻温度系

数 α，实测 6 组数据见表 7–9，请由此用拟合确定 α 和 R_{20} 值。

表 7–9　题 7–11 表

$t/℃$	25.0	30.0	35.0	40.0	45.0	50.0
R/Ω	24.8	25.4	26.0	26.5	27.1	27.5

7–12　炼焦炉的焦化时间 y 与炉宽 x_1 及烟道管相对湿度 x_2 的数据见表 7–10，求回归方程。

表 7–10　题 7–12 表

$y/\min$	6.40	15.05	18.75	30.25	44.85	48.94	51.55	61.50	100.44	111.42
x_1/m	1.32	2.69	3.65	4.41	5.35	6.20	7.12	8.87	9.80	10.65
x_2	1.15	3.40	4.10	8.75	14.82	15.15	15.32	18.18	35.19	40.40

7–13　用 A、B 两只电压表分别对 A、B 两只用电设备进行电压测量，测量结果如下：

A 表对用电设备的测量结果为 $V_A = 10.000\,V$，绝对误差为 $\Delta V_A = 1\,mV$；

B 表对用电设备的测量结果为 $V_B = 10\,mV$，绝对误差为 $\Delta V_B = 0.1\,mV$；

试比较两测量结果的精度高低。

第 8 章　显示与记录仪器

【本章基本要求】

 1. 熟悉常用显示及记录仪器的原理、分类、组成及特性。

 2. 了解虚拟仪器的工作原理。

 3. 掌握根据不同的工作条件，合理选用显示与记录仪器。

【本章重点】 根据不同的工作条件，合理选用显示与记录仪器。

【本章难点】 虚拟仪器的原理及实际应用。

8.1　认识信号的显示与记录

  在前面几章对信号分析、获取、变换和调理等内容学习的基础上，本章将介绍信号的显示与记录。

8.1.1　显示与记录仪的功能

  信号显示和记录装置是测试系统不可或缺的重要环节。显示与记录仪是检测人员和测试系统联系的纽带，可以帮助人们了解被测参数的变化过程，如图 8-1 所示。在实际工程测量中，人们总是通过显示及记录仪提供的数值、记录的数据或各种波形来了解、分析和研究测量结果。在现场测试时，需要及时将被测信号记录或存储起来，以便在后续分析、处理时随时重放。此外，利用记录仪可以对记录曲线的时间轴线进行放大，为研究短暂的瞬态过程提供了很大方便。因此，信号显示和记录装置在测试中具有重要的作用。

图 8-1　显示与记录仪

8.1.2　显示与记录仪的分类

  显示与记录仪包括指示和显示仪表以及记录仪。根据记录信号的性质，显示与记录仪可分为模拟型和数字型两大类，其显示方式有模拟显示、数字显示和图像显示三种。

  模拟显示是利用指针相对标尺的位置来表示被测量的数值大小。如各种指针式电器测量仪表，其特点是读数方便、直观，结构简单，价格低廉，在检测系统中被大量使用。但这种显示方式的精度受标尺分度限制，读数时易引起主观误差。

当被测量处于动态变化时，用显示仪读数将十分困难，这时可以将输出信号送至记录仪，描绘出被测量随时间变化的曲线，供分析使用。笔式记录仪、光线示波器等可以实现图像显示。

应该指出，有的记录装置，如磁带记录仪，只具有信号存储的功能，不能直接观察到记录下来的信号，属于隐形记录仪。笔式记录仪、光线示波器属于显性记录仪。图 8-2 给出了一些典型的显示与记录仪。

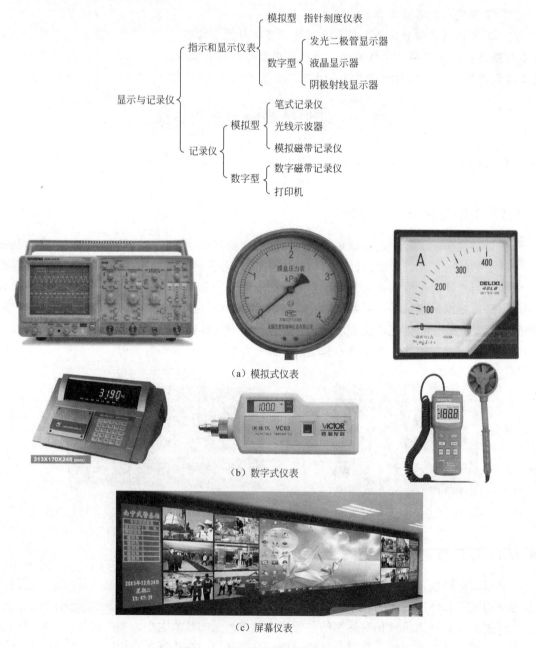

（a）模拟式仪表

（b）数字式仪表

（c）屏幕仪表

图 8-2　典型显示与记录仪器举例

记录仪是将一个或多个变量随时间或某一变量变化的过程转换为可识别和读取信号的仪器，它能保存所记录信号的变化以便于后续分析处理。记录仪的最大特点是能自动记录周期性或非周期性多路信号的缓慢变化和瞬态变化过程。

根据输入/输出信号的种类，记录仪可分为模-数、数-模、模-模、数-数等形式，它们的主体电路根据输出形式的不同而不同。当输出为数字信号时，其主要电路为存储数字信息的存储器电路，它能随时将数字信号输送给磁带机、穿孔机或其它设备，或经适当变换用示波器观察模拟波形，如数字存储器和波形存储器。当输出为模拟信号时，记录仪主体电路没有存储功能的模拟放大驱动电路，必须用适当的记录装置和方法将信号记录到纸、感光胶带或磁带上，才能保存信息，便于进一步分析处理，如各种笔式记录仪、光线示波器、绘图仪及磁带记录仪等。记录仪的主要技术指标为工作频率、动态范围、线性度、分辨率、失真度、响应时间、准确度和稳定度等。

显示与记录仪是测试系统的最后环节，其性能直接影响测试结果的可信度。因此，必须了解其工作原理及特性，以便正确选用。显示与记录仪类型繁多，下面介绍几种常用的显示和记录仪器：如笔式记录仪、光线示波器、磁带记录仪和新型记录仪等。

8.2 笔式记录仪

笔式记录仪（简称笔录仪）是一种使用笔尖（墨水笔、电笔等）在记录纸上描绘被测量相对于时间或某一参考量之间函数关系的记录仪器，它是在指针式电表的基础上，把指针换成记录笔或在指针的尖端装笔而成。按照记录笔的驱动方式不同，可分为检流计式笔录仪与函数记录仪。

8.2.1 检流计式笔录仪

检流计式笔录仪的原理和结构如图 8-3 所示。将待记录的电流信号输入线圈，受电磁力矩的作用，线圈将产生偏转。此时，游丝产生与转角成正比的弹性恢复力矩，并与电磁力矩相平衡。转角与输入信号的电流幅值成正比，从而使安装在线圈轴上的记录笔在记录纸上作放大幅度的偏斜。当记录纸匀速移动时，记录信号的波形就被记录笔绘制在纸上。

检流计式笔录仪主要用于电流信号的记录。当将它用于电压信号记录时，必须保持电路中电阻值的恒定。使用时应注意：当记录仪在工作中温度发生变化时，线圈电阻、游丝刚度及磁场强度都会发生变化，使得记录结果产生偏差。可以在电路中串联一个锰铜合金制成的温度补偿电阻，来补偿温度变化引起的误差。此外，在使用中应对笔录仪进行预热，以减少工作中较大的温度变化。

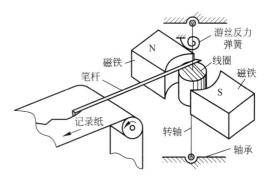

图 8-3 检测计式笔录仪

笔式记录仪结构简单，指示与记录能同时进行。由于转动部分具有一定的转动惯量，因此其工作频率不高。笔尖幅值在 10 mm 范围内时，其最高工作频率可达 125 Hz。另外，由于笔尖与纸接触的摩擦力矩较大，可动部分质量大，驱动力矩相对较大，需要配置抑制笔急速运动时跳动的强力阻尼装置，因此灵敏度较低。这种记录仪只适合于长时间慢变信号，且要求指示与记录同时进行的场合。

8.2.2 函数记录仪

函数记录仪属于自动平衡式仪表，它能高精度地自动显示和记录转化成电压的信号，最常用的是闭环零位平衡系统伺服记录仪，如图 8-4 所示。

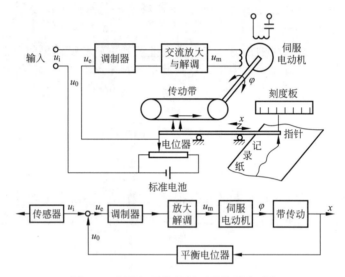

图 8-4 伺服记录仪的闭环零位平衡系统

下面简要介绍伺服记录仪的闭环零位平衡系统的工作原理。当待记录的直流电压信号 u_i 与电位计的比较电压 u_0 不相等时，会有电压 u_e 输出。电压 u_e 经调制、放大、解调后驱动伺服电动机，电动机轴的转速通过传送带（或钢丝）等传送机构带动记录笔作直线运动，实现信号的记录。同时，与记录笔相连的电位器的电刷也随着移动，从而改变着 u_0 的数值。当 $u_0 = u_r$ 时，$u_e = 0$，后续电路没有输出，伺服电动机停转，记录笔不动。信号电压 u_r 不断变化，记录笔会产生跟踪运动。由于电位器为线性变化关系，使得记录笔的运动幅值与 u_r 的幅值成正比。由于采用零位平衡原理，伺服记录仪记录的幅值准确性高，一般误差小于全量程的 ±0.2%。但由于传动机构的机械惯性大，频率响应通常在 10 Hz 以下，因此只能用于缓变信号的记录。

如果将记录纸固定不动，使用两个互相垂直的记录笔，它们分别由两套零位平衡伺服系统驱动，则在记录纸上可以描绘出两个被测量的关系曲线，这就是 $x-y$ 函数记录仪的工作原理，其结构框图如图 8-5 所示。

$x-y$ 函数记录仪是一种常用的笔式记录仪，它可将传感器（如：压力传感器、电流传感器、位移传感器等）测得的信号用函数的形式绘制在记录纸上，并将函数可视化供人们参考。函数记录仪在机械、石油、化工、冶金、医疗、电工与电子技术等方面都有着广泛的应用。例如，在加载速率较缓慢的力学性能试验中，笔式记录仪是测量和记录负荷-变形曲线的理想设备。

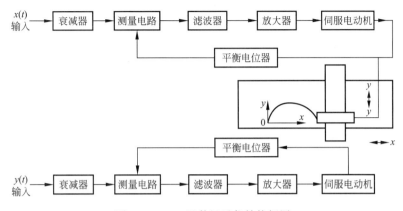

图 8-5　$x-y$ 函数记录仪结构框图

数字式 $x-y$ 记录仪也常用作计算机的外围设备（数字式绘图仪）。如果配置多路通道，可组成多笔函数记录仪，能够同时描绘几个因变量与自变量之间的关系，即 $y_1 = f(x_1)$，$y_2 = f(x_2)$，$y_3 = f(x_3)$，…，以便进行分析对比。因此，$x-y$ 记录仪的用途广泛，常用来记录磁性材料的 **B-H** 曲线、电子器件的频率特性曲线等。若配上相应传感器，可用来显示和记录温度、压力、流量、液位、力矩、速度、应变、位移、振动等的两个变量间的函数关系曲线或变量的时间历程曲线。

8.3　光线示波器

光线示波器是一种常用的模拟式记录仪，主要用于模拟量的记录，它将输入的信号转换为光信号并记录在感光纸或胶片上，从而得到被测量与时间的关系曲线。

光线示波器的优点有：

① 由于光线示波器采用光学放大系统，并使用高质量磁系统及高灵敏度的振动子，因此，可获得很高的灵敏度。

② 动圈式振动子的自振频率可高达上万赫兹，因此，记录信号的频率可达数千赫兹，是笔式记录仪的几十倍。

③ 能同时记录多个信号，光线笔不会相互干扰、碰撞，可实现交叉记录，能最大限度地利用记录纸。

④ 能够得到曲线形式的信息，且直观性好。

光线示波器的缺点有：

① 工作频率不够宽。

② 记录曲线不能利用数字分析仪器或计算机进行处理。

③ 感光记录纸价格较贵，且不能重复使用。

8.3.1 光线示波器的组成和原理

光线示波器主要由振动子、光学系统、磁系统、机械传动装置、记录材料和时标装置等组成。其中，振动子是其核心部件，它主要由线圈、张丝构成。

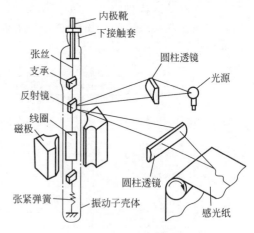

图 8-6 给出光线示波器的主要组成。当被测电流信号输入到振动子线圈时，在固定磁场内的振动子线圈会发生偏转，与线圈连接的小镜片反射出的光线也随之产生偏转，其偏转角度和方向与输入的电流信号有关，光线射在匀速前进的感光记录纸上，会留下所测信号的波形。与此同时，在感光记录纸上用频闪灯打上时间标记。

图 8-6 光线示波器的组成

对光线示波器记录的波形，可以直接在曲线上量取数值，并可根据标定值按比例换算出试验结果；对于时间数值，可用记录纸上的时间标记与仪器时标的选定档位（如 0.01 s，0.1 s，1 s）确定。

8.3.2 振动子特性

振动子是光线示波器的核心器件，它是把电信号转变成光信号的关键部件。由于振动子是典型的二阶系统，其动态特性会直接影响测量记录结果。因此，需要掌握振动子的动态特性，并正确地选择和使用振动子，把记录误差控制在允许的限度内。下面以 SCI6 型光线示波器（图 8-7）为例，讨论振动子的动态特性。

图 8-7 SC16 型光线示波器

SCI6 型光线示波器使用 FC6 系列振动子，它包含一套灵敏度和频率响应各不相同的振动子，可供选用。SCI6 型光线示波器的磁系统可供 16 个振动子同时工作，即可同时记录 16 路信号。磁系统保证磁极间具有稳定的磁场，并具有恒温装置，以使振动子在 (45 ± 5)℃条件下工作。

1. 振动子的力学模型

在测试过程中，当电流信号通过振动子的线圈时，振动子转动部分受到下列几个力矩的作用。

（1）电磁转矩 M_i　其大小与电流信号 $i(t)$ 成正比，方向取决于电流方向。

$$M_i = WBAi = k_i i \tag{8-1}$$

式中，k_i 为比系数；W 为线圈匝数；A 为线圈面积；B 为磁场强度；i 为电流信号。

（2）张丝弹性反力矩 M_G　其大小与张丝转角 θ 成正比，方向与张丝转角方向相反。

$$M_G = G_\theta \tag{8-2}$$

式中，G——张丝的扭转刚度。

（3）阻尼转矩 M_C　其大小与振动子角速度成正比，方向与振动子角速度方向相反。

$$M_C = C \frac{\mathrm{d}\theta}{\mathrm{d}t} \tag{8-3}$$

（4）惯性力矩 M_a　其大小与振动子角加速度成正比，方向与振动子角加速度方向相反。

$$M_a = J \frac{\mathrm{d}^2\theta}{\mathrm{d}t} \tag{8-4}$$

式中，J 为振动子转动部分（线圈）的转动惯量。

根据牛顿第二定理可以得到：

$$M_a + M_G + M_C = M_i \tag{8-5}$$

振动子转动部分的动力学微分方程为

$$J \frac{\mathrm{d}^2\theta}{\mathrm{d}t^2} + C \frac{\mathrm{d}\theta}{\mathrm{d}t} + G\theta = k_i i \tag{8-6}$$

显然，这是一个单自由度二阶扭振系统。

2. 振动子的静态特性

振动子的静态特性是描述振动子在输入恒定电流 I 时，输入与输出间的关系。由于此时振动子的角速度、角加速度都为零，则反光镜输出的转角为

$$\theta_0 = \frac{k_i}{G}I = SI \tag{8-7}$$

式中，S 为振动子的电流灵敏度，表示单位电流流过振动子时，光点在记录纸上移动的距离（即振动子直流电流灵敏度）。

流过单位电流时光点移动距离越大，灵敏度越高。当偏转角相同，由振动子镜片到记录纸面的光路长度不同时，光点移动的距离也不同。因此，振动子技术参数中给出的灵敏度，均会指明其光路长度。为便于比较，通常将灵敏度折算成光路长为 1 m、电流为 1 mA 时，光点在记录纸上移动的距离。式（8-7）表明，当反光镜偏转角较小时，光点位移与电流 I 成正比。即可根据光点位移的大小确定电流的大小。

3. 振动子的动态特性

振动子的动态特性直接反映了光线示波器的动态特性。当光线示波器用于动态测试过程记录时，要使记录下来的信号真实反映原信号，要求记录不产生失真，需要认真研究光线示波器的动态特性，即振动子的动态特性。由振动子的运动方程式（8-6）可得，振动子的频率响应函数为

$$H(\mathrm{j}\omega) = \frac{k_i}{-\omega^2 J + \mathrm{j}C\omega + G} = \frac{k_i}{1 - \left(\frac{\omega}{\omega_n}\right)^2 + 2\mathrm{j}\xi\left(\frac{\omega}{\omega_n}\right)} \tag{8-8a}$$

而幅频特性 $A(\omega)$ 和相频特性 $\psi(\omega)$ 分别为

$$
\begin{cases}
A(\omega) = \dfrac{k_i/G}{\sqrt{\left[1 - \left(\dfrac{\omega}{\omega_n}\right)^2\right]^2 + 4\xi^2\left(\dfrac{\omega}{\omega_n}\right)^2}} \\[6mm]
\psi(\omega) = -\arctan\dfrac{2\xi\left(\dfrac{\omega}{\omega_n}\right)}{1 - \left(\dfrac{\omega}{\omega_n}\right)^2}
\end{cases}
\tag{8-8b}
$$

式中，ω 为电流信号的角频率；ω_n 为振动子扭转系统的固有频率，$\omega_n = \sqrt{G/J}$；ξ 为振动子扭转系统的阻尼比，$\xi = C/2\sqrt{GJ}$。

根据二阶系统动态测试不失真的条件，应采用阻尼比 $\xi = 0.6 \sim 0.8$，$\omega/\omega_n < (0.2 \sim 0.3)$ 的振动子，以确保其测量精度。

4. 振动子的阻尼

振动子的阻尼是影响其动态特性的一个重要参数。理论上最佳阻尼比为 $\xi = 0.707$，一般阻尼比在 $0.6 \sim 0.8$ 范围内选用。振动子的阻尼常采用油阻尼和磁阻尼两种方式。对于固有频率大于 400 Hz 的较高频率的振动子，一般采用油阻尼方式；而对于固有频率 ≤400 Hz 的较低频的振动子，常采用电磁阻尼方式。

5. 振动子的选用原则

正确使用光线示波器的一个重要问题就是选择振动子。如果振动子选择不当，会增大测量误差。选择振动子的原则是根据对被测信号的频率、电流值估计振动子的各项性能参数，使记录的波形尽可能真实反映被测信号，并且有足够大的记录幅度，以利于分辨。振动子选用一般考虑以下几个原则。

① 振动子固有频率的选择：为了使所测信号记录不失真，振动子固有频率至少应为记录信号最高频率的 1.7 倍，以将幅值误差控制在 5% 之内。

② 灵敏度的选择：振动子的灵敏度与其固有频率相互制约，高灵敏度的振动子常具有较低的固有频率。在满足固有频率的前提下，尽量选取高灵敏度的振动子。

③ 振动子最大允许电流值的选定：要注意防止因输入信号电流过大而损坏振动子。当信号电流较大时，可以利用光线示波器内提供的并联分流电阻进行分流，或者在回路中串联或并联电阻。

除满足以上条件外，还应有适当的光点偏移。对于通过放大器输出的电流信号，选用振动子时要做到阻抗匹配。使用振动子时，还要注意振动子的正确安装，使圆弧误差最小。

8.3.3　光线示波器的种类和选用

按供电方式不同，光线示波器可分为交流供电示波器、直流供电示波器和交直流两用光线示波器。交流供电示波器（如国产 SC-16、SC-18、SC-60 等机型）一般用于有交流电的实验室或工作场合；直流供电示波器（如国产 SC-9、SC-17、SC-19 和 SC-22 等机型）体积小、质量小，用于没有交流电源的场合；交直流两用光线示波器（如国产 SC-10、

SC-11 等机型）兼有以上两类示波器的特点，既能用紫外光直接记录，又能用白炽灯进行暗记录。

按记录方式的不同，光线示波器可分为直接记录和暗记录两种。直接记录可在普通光线下直接观察到记录的图像；暗记录则需在暗室中显影和定影。因此，在实验过程中不能直接观察到记录图像，这类光线示波器主要有 SC-17、SC-19 和 SC-22 等机型。

按磁系统的不同，光线示波器可分为单磁式和共磁式两种。单磁式示波器的每个振动子本身有一个磁钢，如 SC-1 型光线示波器。共磁式示波器的全部振动子共用一个磁钢，振动子插入磁钢的各个孔中，目前多数示波器采用共磁式。

使用时，需要根据测试要求和条件，合理选择光线示波器的类型。

8.4　磁带记录仪

磁带记录仪是利用铁磁性材料的磁化特性进行信号记录的仪器。磁记录属于隐式记录，须通过其它显示记录仪器才能观察波形，但它能多次反复重放、复现信号，也便于复制。存贮的信息稳定性高，对环境（温度、湿度）不敏感，抗干扰能力强。磁带记录仪结构简单，便于携带，广泛用于测试信号的记录。

8.4.1　磁带记录仪的特点

磁带记录仪具有以下特点：

① 记录信号频率范围宽（从直流到兆赫），可记录 $0 \sim 2\,MHz$ 的信号，适用于高频交变信号的记录。

② 磁记录的存贮信息密度大，易于多线记录。能同时进行 $1 \sim 42$ 路信息及更多信息的记录，并能保证这些信息间的时间和相位关系。

③ 可用与记录时不同的速度进行重放，具有改变时基的能力，从而实现信号的时间压缩与扩展。例如，可对高频信息采用快速记录，慢速重放。对低频信号可慢速记录，快速重放。便于信息的分析。

④ 适用于长时间连续记录，并可将信息长时间保存在磁带中，在需要时播放。磁带记录仪适用于需要反复研究信号的记录，当不需要研究这些信号时，又可将其抹去，用于新信号的记录，因此该记录方式具有经济、方便的特点。

⑤ 记录的信息精度高、失真小、线性好。

⑥ 磁带记录器前面可加放大器，后面可直接与数据处理设备连接，可实现整个测试系统的自动化，大大节约测试时间。

8.4.2　磁带记录仪的构成

磁带记录仪主要由放大器、磁头和磁带传动机构三部分组成，如图 8-8 所示。放大器主要包括记录放大器和重放放大器。前者是将输入信号放大，并变换为适于记录的形式供给记录磁头；后者是将重放磁头检测到的信号进行放大和变换，然后输出。磁头包括记录磁头与重放磁头。前者是将电信号转换为磁带的磁化状态，实现电-磁转换；而后者是将磁带的磁化状态变换为电信号，实现磁－电转换。磁带传动机构用于磁带运动的驱动与传递，它保证磁带以一定的运动速度进行记录或重放。

磁带是一种坚韧的塑料薄带，厚度约 $50~\mu m$，一面涂有硬磁性粉末（如 $\gamma\text{-Fe}_2\text{O}_3$），涂层厚约 $10~\mu m$。

磁头是一个环形铁心，其上绕有线圈。在与磁带贴近的前端有一条很窄的缝隙，一般为几个微米，称为工作间隙，如图 8-9 所示。

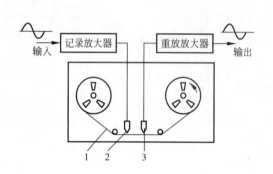

图 8-8　磁带记录器的基本构成
1—磁带；2—记录磁头；3—重放磁头

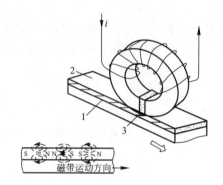

图 8-9　磁带和磁头
1—塑料带基；2—塑料涂层；3—工作间隙

8.4.3　磁带记录仪的工作原理

1. 记录过程

当信号电流通过记录磁头的线圈时，铁心中产生随信号电流而变化的磁通。由于工作间隙的磁阻较高，大部分磁力线经磁带上的磁性涂层回到另一磁极而构成闭合回路。磁极下面的磁带上所通过的磁通的大小和方向随瞬间电流而变化。当磁带以一定的速度离开磁极时，磁带上剩余磁场就能反映出输入信号的情况。

2. 重放过程

重放过程是记录的相反过程。重放磁头与记录磁头结构相同，当被磁化的磁带经过重放磁头时，由于磁头铁心的磁阻很小，磁带中的磁感应线将经过铁心形成回路，与磁头线圈交链耦合。由于磁带相对于磁头等速移动，使得磁化区域与磁头的相对位置随时间而变化，造成通过磁头铁心内的磁通也不断发生变化，在线圈绕组中产生感应电势。

根据电磁感应定律，当闭合回路与线圈交链的磁通 Φ 发生变化时，线圈内产生感应电势 e，其大小与磁通 Φ 的变化率成正比，即

$$e = -W\frac{\mathrm{d}\Phi}{\mathrm{d}t} \tag{8-9}$$

式中，W 为线圈匝数。

重放磁头磁通量 Φ 取决于磁带剩余磁感应强度，而磁带剩余磁感应强度与磁头记录时输入的信号电流 i 有关，即

$$\Phi = Ki \tag{8-10}$$

式中，K 为比例系数；i 为信号电流。

　　若输入电流信号为一正弦信号 $i = I\sin \omega t$，则

$$\Phi = KI\sin \omega t \tag{8-11}$$

重放磁头产生的感应电势为

$$e = -W\frac{\mathrm{d}\Phi}{\mathrm{d}t} = -WKI\cos \omega t$$

$$= WKI\omega\sin\left(\omega t - \frac{\pi}{2}\right) \tag{8-12}$$

式（8-12）表明，与记录磁头的输入电流 i 相比，重放磁头的输出感应电势 e 存在 90° 相位滞后，如图 8-10 所示，但输出电势与输入电流的角频率 ω 成正比。

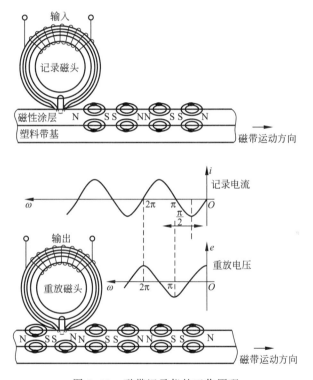

图 8-10　磁带记录仪的工作原理

　　由式（8-9）可知，与记录磁头不同，重放磁头的线圈匝数 W 较多，主要用于提高其灵敏度。由式（8-12）可知，重放磁头的输出电压与信号频率 ω 有关，且产生固定的相移（90°）。对于一个有多种频率成分的信号，重放时将引起幅度畸变和相位畸变，即发生失真。为减少重放磁头的失真，重放放大电路应具有积分放大的特性。

　　为改善重放放大器的输出特性，往往采用等化电路，即重放放大器的幅频特性设计成随频率增加而成正比减少，从而使其幅频特性趋于平坦。

3. 抹磁

　　磁带存储的信息可以消除，消除的方法是将高频大电流（100 mA 以上）通入磁头。该

电流产生的磁场使磁带向某一方向磁化，并达到饱和，然后又向相反方向磁化达到饱和，正、反方向多次反复磁化，使得磁带上的剩磁逐渐减弱。最后，磁带上所有磁畴磁化方向变成完全无规则状态，即宏观上不再呈磁性。

8.4.4 磁带记录仪的记录方式

按照信息记录方式的不同，磁带记录仪有模拟式与数字式两类。

1. 模拟记录方式

模拟式磁带记录仪的输入阻抗较高，一般在几十千欧以上，可用于电压信号，或者记录力、应力、应变、位移、振幅、速度、加速度、转速、心电波、脑电波、声等随时间变化过程的记录。在模拟记录方式中最常用的是直接记录式和频率调制式两种。

2. 数字记录方式

数字式磁带记录仪是因计算机的广泛应用而发展起来的一种新型磁带记录仪，其结构与模拟式记录仪相同，但采用的记录方式是数字式。数字式记录又称为脉冲码调制（PCM）式，它是把待记录信号放大后，经 A/D 转换变换成二进制代码脉冲，并经记录磁头记录在磁带上。重放时，该信号经 D/A 转换还原为模拟信号，从而恢复被记录的波形，或将该代码脉冲直接输入数字处理装置，进行处理和分析。

数字式记录方式的特点是被记录的信息只是二进制"0"和"1"，不仅便于记录，而且便于运算。用磁带记录"0"和"1"，分别利用磁带磁层的正或负方向的饱和磁化。因此，在磁带上作记录时，记录磁头将一连串脉冲转换成饱和磁化存储在磁带上。

数字记录方式的优点是准确可靠，记录带速不稳定对记录精度几乎无影响，记录、重放的电子线路简单，存储的信息重放后可直接送入数字计算机或专用数字信号处理器进行处理与分析。因此，数字式磁带记录仪可作为计算机的外部设备。它的缺点是在进行模拟信号记录时需作 A/D 转换，当需模拟信号输出时，重放后还需作 D/A 转换，造成记录系统复杂。另外，数字记录的记录密度低，只有 FM 方式。

8.5 新型记录仪

8.5.1 数字存储示波器

示波器是广泛应用的显示与记录仪。目前已很少使用感光纸来记录信号的光线示波器，用得较多的是以阴极射线管（CRT）来显示信号的电子示波器，它有模拟式和数字式两类，后者多为数字存储示波器。数字存储示波器的原理框图如图 8-11 （a）所示，其外观如图 8-11 （b）所示。它以数字形式存储信号波形，再作显示，因此，波形可稳定地保留在显示屏上，供使用者分析。数字存储示波器中的微处理器可对记录波形作自动计算，在显示屏上同时显示波形的峰值、上升时间、频率、均方根值等。通过计算机接口可将波形传送至打印机打印或供计算机作进一步处理。

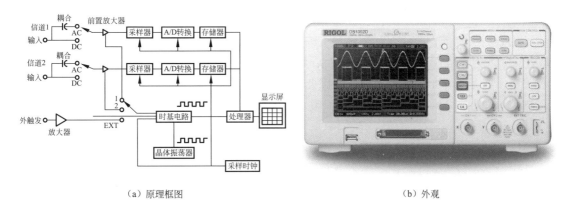

（a）原理框图　　　　　　　　　　　　　　　　（b）外观

图 8-11　数字存储示波器

8.5.2　无纸记录仪

无纸记录仪（见图 8-12）是一种无纸、无笔、无墨水、无一切机械传动机构的全新记录仪器，它以微处理器为核心，将模拟信号转换为数字信号，存储在大容量芯片上，并利用液晶来显示。它具有以下特点：

① 可实现高性能、多回路的检测、报警和记录。

② 能够直接输入热电偶、热电阻等信号，并对输入信号进行智能化处理。

③ 可高精度地显示输入信号的数值大小（除显示测量值外，还可以显示通道、标记号、单位及报警状态）、变化曲线及柱状图（可以选择纵向、横向的柱状图），并可追忆显示历史数据（显示过的报警信息及报表数据）。

④ 具有与微型计算机通信的标准接口，可与计算机进行数据传输，也可实现记录仪的集中管理。

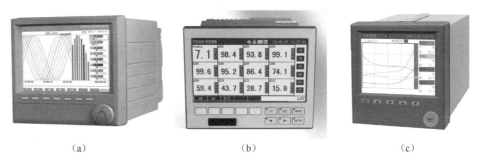

（a）　　　　　　　　　　（b）　　　　　　　　　　（c）

图 8-12　无纸记录仪

无纸记录仪多用于生产过程中多路缓变信号的长时间记录。因此，采样频率较低，对于多路信号一般在 1 秒内仅采集几个数据点。但其可供选择的数据处理和显示方式比数字存储示波器多。

8.5.3　光盘刻录机

光盘刻录机有 CD-R、CD-RW、DVD-R、DVD-RW 和 DVD-RAM 等类型，其中目前

常用的是 CD-R 和 CD-RW 两种，存储容量约为 720 MB。CD-R 光盘刻录机是一种只可写入一次的光盘刻录机。它的结构如图 8-13 所示，金属反射层的主要原料是 24 K 金，染色层（即记录层）为有机色素。当数据写入时，CD-R 光盘刻录机发出的高能量激光可将染色层熔化。由于这种熔化是永久性的破坏，因此 CD-R 光盘只能写入一次。

CD-RW 光盘刻录机使用的盘片是 CD-RW（可重写）光盘，这种光盘没有染色层，而是代之以银-铟-锑-碲的结晶层（即记录层），其表面是一种非结晶无固定形状的外层，如图 8-14 所示。当盘片被写入时，经激光"改变"其结构成为结晶状。在读取 CD-RW 盘片时，非结晶状部分不会反射激光，只有被改变成结晶状的部分才会反射激光，因此，可以实现 0 和 1 的分辨。

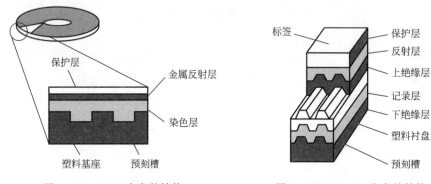

图 8-13　CD-R 光盘的结构　　　　图 8-14　CD-RW 光盘的结构

CD-RW 光盘刻录机的激光功率分成 pbias、perase、pwrite 三种。其中，pwrite 的输出功率最强，为 14 mW，这个功率可以在 CD-RW 的记录层刻入非结晶状、低反射率的坑，瞬间温度可在 600 ℃，当然要刻录出高反射率结晶状的岛，或者是擦写 CD-RW 上的数据，需要用不同的激光功率。

DVD 被誉为"新世纪的记录媒体"，其主要特色是超大的记录容量，两层式双面记录的容量可达 17 GB。DVD 光盘可分为：DVD-ROM（即通常所说的 DVD 盘片），DVD-R（可一次写入）。DVD-RAM（可多次写入），DVD-RW（可重写）四种，其中 DVD-RAM 是今后的发展趋势。

8.6　虚拟仪器

虚拟仪器（Virtual Instrument，VI）是计算机技术与仪器技术深层次相结合而产生的全新概念的仪器，是对传统仪器概念的重大突破，是仪器领域内的一次革命。虚拟仪器是继第一代仪器（模拟式仪表）、第二代仪器（分立元件式仪表）、第三代仪器（数字式仪表）、第四代仪器（智能仪器）后的新一代仪器。

8.6.1　虚拟仪器的含义及特点

虚拟仪器的起源可以追溯到 20 世纪 70 年代，那时计算机测控系统在国防、航天等领域已经有了较大的发展。PC 出现后，仪器的计算机化成为可能，甚至在 Microsoft 公司的 Windows 诞生以前，National Intrument 公司已经在 Macintosh 计算机上推出了 LabVIEW2.0 版本。对虚拟仪器和 LabVIEW 长期、系统、有效的研究开发使得该公司成为业界公认的权威。

虚拟仪器在计算机的显示屏上模拟传统仪器面板，并尽可能多地将原来由硬件电路完成的信号调理和信号处理功能，用计算机程序完成。这种硬件功能的软件化，是虚拟仪器的一大特征。操作人员在计算机显示屏上用鼠标、键盘控制虚拟仪器程序的运行，就如同操作真实的仪器一样，从而完成测量和分析任务。

与传统仪器相比，虚拟仪器最大的特点是其功能由软件定义，用户可以根据需要进行调整，选择不同的应用软件就可以形成不同的虚拟仪器。需要改变仪器功能或需要构造新的仪器时，可以由用户自己改变应用软件来实现，不必重新购买新的仪器。而传统仪器的功能是由厂家预先定义好的，用户无法变更其功能。

虚拟仪器是计算机化仪器，由计算机、信号测量硬件模块和应用软件三大部分组成。虚拟仪器可以分为以下几种形式。

（1）DAQ 系统　以数据采集卡（图 8-15，DAQ 卡）、计算机和虚拟仪器软件构成的测试系统，是构成虚拟仪器系统最常用的形式。目前针对不同的应用目的和环境，已设计了多种性能和用途的数据采集卡，包括低速采集板卡、高速采集板卡、高速同步采集板卡、图像采集卡和运动控制卡等。

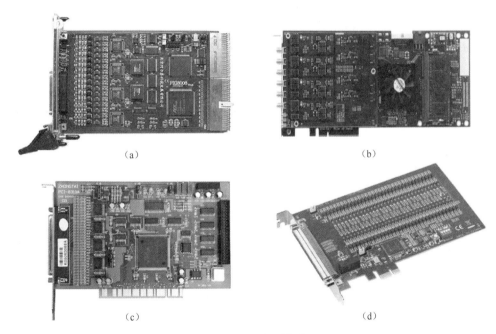

（a）　　　　　　　　　　　　　　　（b）

（c）　　　　　　　　　　　　　　　（d）

图 8-15　数据采集卡

（2）GPIB 系统　以 GPIB 标准总线仪器、计算机和虚拟仪器软件构成的测试系统。

（3）VXI 系统　以 VXI 标准总线仪器、计算机和虚拟仪器软件构成的测试系统。

（4）串口系统　以 RS-232 标准串行总线仪器、计算机和虚拟仪器软件构成的测试系统。

（5）现场总线系统　以现场总线仪器、计算机和虚拟仪器软件构成的测试系统。

用普通的 PC 构建的虚拟仪器或计算机测试系统的性能不可能太高。目前作为计算机化仪器的一个重要发展方向是制定了 VXI 标准，这是一种插卡式的仪器。每一种仪器是一个插卡，为了保证仪器的性能，又采用了较多的硬件，但这些卡式仪器本身没有面板，其面板仍然用虚拟的方式在计算机屏幕上显示。将这些卡插入标准的 VXI 机箱，再与计算机相连，就组成了一个测试系统。VXI 仪器价格昂贵，目前又推出了一种较为便宜的 PXI 标准仪器。

虚拟仪器研究的另一个问题是各种标准仪器的互连及与计算机的连接，目前使用较多的是 IEEE488 或 GPIB 协议，未来的仪器应向网络化方向发展。

8.6.2　虚拟仪器的组成

虚拟仪器主要由传感器、信号采集与控制板卡、信号分析和显示软件几部分组成，如图 8-16 所示。

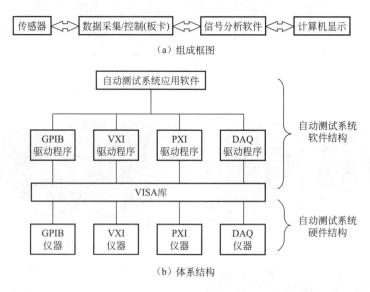

图 8-16　虚拟仪器的组成

1. 硬件功能模块

根据虚拟仪器所采用的测量硬件模块的不同，虚拟仪器可以分为以下几类：

（1）DAQ 数据采集卡　将信号测量硬件（板卡）直接插在计算机扩展槽和外部接口上，再配上应用软件，组成的虚拟仪器测试系统，是目前用的最多的虚拟仪器形式。按计算机总线的类型和接口形式，这类卡可分为 ISA 卡、EISA 卡、VESA 卡、PCI 卡、PCMCIA 卡、并口卡、串口卡、USB 口卡等。按板卡的功能则可分为 A/D 卡、D/A 卡、数字 I/O 卡、信号调理卡、图像采集卡、运动控制卡等。

（2）GPIB 总线仪器　GPIB（General Purpose Interface Bus）是测量仪器与计算机通讯的一个标准。通过 GPIB 接口总线，可以把具备 GPIB 总线接口的测量仪器与计算机连接起来，组成虚拟仪器测试系统。GPIB 总线接口有 24 线（IEEE488 标准）、25 线（IEC625 标准）两种形式，其中以 IEEE488 的 24 线 GPIB 总线接口应用最多。在我国的国家标准中采用 24

线的电缆及相应的插头插槽，其接口的总线定义如图 8-17 所示。

GPIB 总线测试仪器通过 GPIB 接口和 GPIB 电缆与计算机相连，形成计算机测试仪器。与 DAQ 卡不同，GPIB 仪器是独立的设备，能单独使用。GPIB 设备可以串接在一起，组成一个自动测试系统，但系统中用一条总线互连的设备数最多不超过 15 台，GPIB 电缆的总长度不应超过 20 m，过长的传输距离会使信噪比下降，对数据的传输质量产生影响。

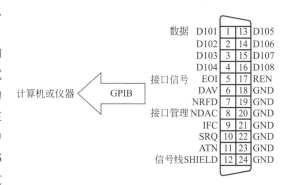

图 8-17　24 线电缆接口的定义和机电特性

（3）VXI 总线模块　VXI 总线模块（见图 8-18）是另一种新型的基于板卡式、相对独立的模块化仪器。从物理结构看，一个 VXI 总线系统由一个能为嵌入模块提供安装环境、背板连接的主机箱和插接的 VXI 板卡组成。与 GPIB 仪器一样，该总线模块需要通过 VXI 总线的硬件接口才能与计算机相连。

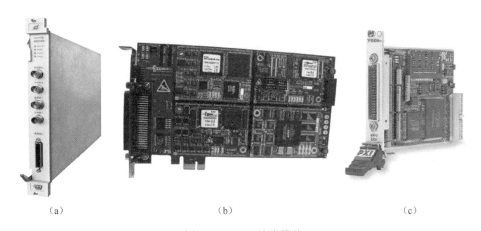

（a）　　　　　　　　　　（b）　　　　　　　　　　（c）

图 8-18　VXI 总线模块

（4）RS-232 串行接口仪器　很多仪器带有 RS-232 串行接口（见图 8-19），通过连接电缆将仪器与计算机相连，构成虚拟仪器测试系统，实现计算机对仪器的控制。

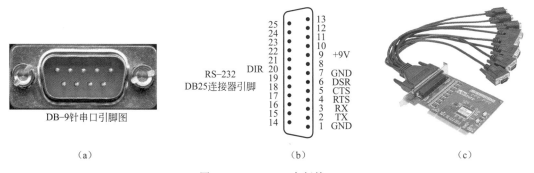

（a）　　　　　　　　　　（b）　　　　　　　　　　（c）

图 8-19　RS-232 串行接口

（5）**现场总线模块** 现场总线仪器是一种用于恶劣环境条件下、抗干扰能力很强的总线仪器模块。与上述其它硬件功能模块类似，在计算机中安装了现场总线接口卡后，通过现场总线专用连接电缆，构成虚拟仪器测试系统，用计算机对现场总线仪器进行控制。

ASI（Actuator Sensor Interface 执行器–传感器接口）是一种用在控制器（主站）和传感器/执行器（从站）之间双向交换信息的总线网络，属于现场总线（Fieldbus）下面底层的监控网络系统，是分散控制概念中理想的接线技术，这种技术可代替连接大量不同传感器和执行器的复合并行接线技术，具有简单、快速和低成本的特点。

一个 ASI 总线系统通过其主站中的网关可以和多种现场总线（如 FF、Profibus、CAN-bus）相连接。ASI 主站可以作为上层现场总线的一个节点服务器，在它的下面又可以挂接一批 ASI 从站。ASI 总线易于被集成到高水平控制单元，例如一个 PLC 或计算机。多达 31 个从动装置可连接到双线电缆中、每个从动装置可连接多达 4 个二进制站、一个单一总线可连接 124 个传感器。

ASI 总线主要用于具有开关量特征的传感器和执行器系统，传感器可以是温度、压力、流量、液位等各种原理的位置接近开关。执行器可以是各种开关阀门、电/气转换器及声、光报警器，也可以是继电器、接触器、按钮等低压开关电器，ASI 总线也可以连接模拟量设备，只是模拟信号的传输要占据多个传输周期。图 8-20 为现场总线结构图。

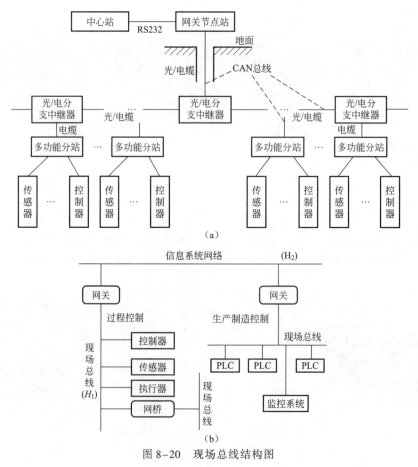

图 8-20 现场总线结构图

2. 硬件驱动程序

仪器硬件功能模块要与计算机进行通信，必须在计算机中安装该硬件模块的驱动程序，装上仪器硬件驱动程序后，用户不必了解详细的硬件控制原理，也无需知道 GPIB、VXI、DAQ、RS-232 等通信协议，即可实现对特定仪器硬件的使用、控制与通信。驱动程序通常由硬件功能模块的生产商随硬件功能模块一起提供给用户。

硬件板卡驱动模块通常由硬件板卡制造商提供，用户直接在其提供的 DLL 或 ActiveX 基础上进行二次开发即可。目前，DAQ 数据采集卡、GPIB 总线仪器卡、RS-232 串行接口仪器卡、FieldBus 现场总线模块卡等许多板卡的驱动程序接口均已标准化。为减少因硬件设备驱动程序不兼容而带来的问题，国际上成立了可互换虚拟仪器驱动程序设计协会（Interchangeable Virtual Instrument），并制订了相应软件接口标准。

3. 应用软件

应用软件是虚拟仪器的核心。虚拟仪器的应用软件包括信号分析和显示软件。信号分析软件主要用以完成各种数学运算，在工程测试中常用的信号分析软件包括：

① 信号的时域波形分析和参数计算。

② 信号的相关分析。

③ 信号的概率密度分析。

④ 信号的频谱分析。

⑤ 传递函数分析。

⑥ 信号滤波分析。

⑦ 三维谱阵分析。

目前，LabVIEW、Matlab 等软件包中都提供了上述信号处理软件模块，另外，在互联网上也能找到 Basic 语言和 C 语言的源代码，编程也很容易实现。LabVIEW、HP VEE 等虚拟仪器开发平台提供了大量的这类软件模块，设计虚拟仪器程序时直接选用即可。但这些开发平台价格昂贵，一般只在科学研究等场合中使用。

一般虚拟仪器生产商会提供虚拟示波器（见图 8-21）、数字万用表、逻辑分析仪等常用虚拟仪器的应用程序。对用户的特殊应用需求，则可以利用 LabVIEW、Agilent VEE 等虚拟仪器开发软件平台来开发。

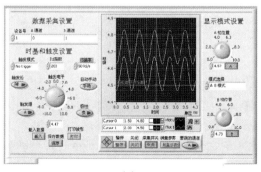
(a)

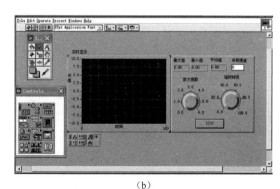
(b)

图 8-21 虚拟示波器

8.6.3 虚拟仪器开发平台（LabVIEW）

目前，市面上虚拟仪器的应用软件开发平台有很多种，常用的有 LabVIEW、Labwindows/CVI、Agilent VEE 等，用得最多的开发软件为 LabVIEW。

LabVIEW（Laboratory Virtual instrument Engineering）是一种图形化的编程语言，已被工业、农业、教学、科研等部门广泛使用，被视为标准化的数据采集和仪器控制软件。LabVIEW 集成并满足了 GPIB、VXI、RS-232 和 RS-485 协议的硬件及数据采集卡通信的全部功能，还内置了便于应用 TCP/IP、ActiveX 等软件标准的库函数，是一个功能强大且灵活的软件，用户可以方便地建立自己的虚拟仪器，其图形化的界面使编程及使用过程简便快捷。借助该软件可以进行研究、设计、测试，也可以搭建仪器测试系统，大大提高了工作效率。

LabVIEW 是为不熟悉 C、C++、Visual Basic、Delhi 等编程语言的测试领域工作者开发的，它采用可视化的编程方式，设计者只要将虚拟仪器所需的显示窗口、按钮、数学运算方法等控件从 LabVIEW 工具箱中用鼠标拖到面板上，安排好布局，然后在 Diagram 窗口将这些控件、工具按虚拟仪器所需要的逻辑关系，用连线工具连接起来即可。图 8-22 给出用 LabVIEW 开发的液体表面张力系数测定的前面板。

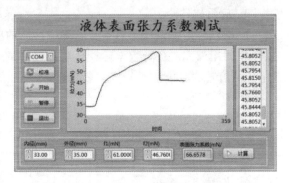

图 8-22　液体表面张力系数测定的前面板

利用 LabVIEW 可产生独立运行的可执行文件，它是一个真正的 32 位编译器。与其它重要的软件一样，LabVIEW 提供了基于 Windows、UNIX、Linux、Macintosh 等的多种平台上的版本。LabVIEW 应用程序，包括前面板（Front Panel）、流程图（Block Diagram）以及图标/连接器（Lcon/Connector）三部分

1. 前面板

前面板是图形用户界面，亦即虚拟仪器面板。在该界面上有用户输入、显示输出两类对象，具体包括开关、旋钮、图形及其它控制（Control）和显示对象（Indicator）。图 8-23 为一个随机信号产生和显示的前面板，上面有一个显示对象，可以用曲线的方式显示所产生的随机数。还有一个控制对象（开关），用于启动和停止工作。当然，并非简单地添加两个控件就可以运行，在前面板后方还有一个与之配套的流程图。

2. 流程图

流程图提供了图形化源程序。在流程图中编程，可以控制、操纵定义在前面板上的输入和输出功能。流程图中包括前面板上控件的连线端，还有一些前面板上没有、但编程必须有的函数、结构和连线等。流程图中还包括前面板上的开关和随机数显示器的连线端子，以及一个随机数发生器的函数及程序的循环结构。随机数发生器通过连线将产生的随机信号传送到显示控件，为使它持续工作下去，设置了一个 While Loop 循环，由开关控制这一循环的结束。

屏幕上前面板的内容类似于传统仪器正面上的开关、按钮等，而流程图上包括的内容相当于传统仪器箱内的物件，其功能与传统仪器类似。

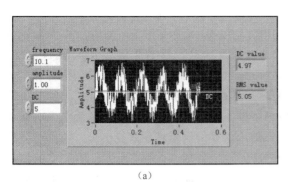
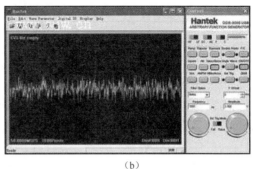

(a)　　　　　　　　　　　　　　　　　(b)

图 8-23　随机信号发生器的前面板

3. 图标/连接器

LabVIEW 具有层次化和结构化的特征。一个 LabVIEW 可作为子程序被其它 LabVIEW 调用。若要了解 LabVIEW 更详细的设计信息，可以访问 www. ni. com 网站。

针对测控技术领域的虚拟仪器软件还有 Dasylab Windows、DIRECTVIEW for Windows 和 Process Control Software for Windows 等。华中科技大学机械学院与深圳蓝津信息技术股份有限公司合作，采用软件总线和软件芯片技术开发了一个积木拼装式的虚拟仪器开发平台，详细的设计信息可游览 www. Landims. com 网站，图 8-24 所示为该公司开发的快速可重组虚拟仪器实验平台。

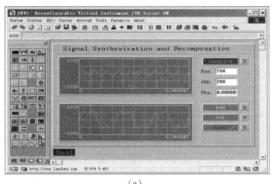
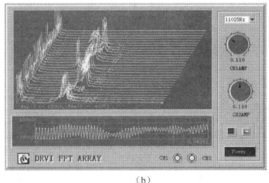

(a)　　　　　　　　　　　　　　　　　(b)

图 8-24　DRVI 快速可重组虚拟仪器实验平台

8.6.4　虚拟仪器的应用

虚拟仪器技术的优势在于可由用户定义自己的专用仪器系统，功能灵活，容易构建，因此应用领域极为广泛。虚拟仪器技术先进，符合国际上流行的"硬件软件化"的发展趋势，因而被称作"软件仪器"。虚拟仪器功能强大，可实现示波器、逻辑分析仪、频谱仪、信号发生器等多种普通仪器的功能，配以专用探头和软件还可检测特定系统的参数；操作灵活，图形化界面风格简约，符合传统设备的使用习惯，用户不经培训即可迅速掌握操作规程；集成方便，不但可以和高速数据采集设备构成自动测量系统，而且还可以与控制装置构成自动控制系统。

在仪器计量系统方面，示波器、频谱仪、信号发生器、逻辑分析仪、电压电流表是科研机构、企业研发中心、大专院校的必备测量设备。随着计算机技术在测试系统中的广泛应用，传统的测量仪器设备由于缺乏相应的计算机接口，造成数据采集及数据处理困难。而且，传统仪器体积相对庞大，进行多种数据测量时极为不便。经常会见到硬件工程师的工作台上堆砌着纷乱的仪器，交错的线缆和繁多待测器件。而在集成的虚拟测量系统中，所见到的却是整洁的桌面、规范的操作，不但使测量人员从繁复的仪器堆中解脱出来，而且还可实现自动测量、自动记录、自动数据处理，十分方便，且设备成本大幅降低。一套完整的测量设备少则几万元，多则几十万元，在同等的性能条件下，相应的虚拟仪器价格要低1/2甚至更多。虚拟仪器强大的功能和价格优势，使得它在仪器计量领域中具有强大的生命力和十分广阔的应用前景。

在专业测量领域里，虚拟仪器的发展空间更为广阔。环顾当今社会，信息技术的迅猛发展，各行各业无不向智能化、自动化、集成化方向发展。无所不在的计算机应用为虚拟仪器的推广打下了良好的基础。虚拟仪器的概念就是用专用的软硬件配合计算机实现专有设备的功能，并使其自动化、智能化。因此，虚拟仪器适用于任何需要计算机辅助进行数据存储、数据处理及数据传输的计量场合。因此，目前常见的计量系统，只要技术上可行，都可用虚拟仪器代替，可见虚拟仪器的应用空间非常宽广。

思考题与习题

8-1 显示与记录仪器有几种类型？哪些属于显示记录仪？哪些属于隐形记录仪？

8-2 显示与记录仪的功用是什么？

8-3 简述常用记录仪器的记录原理及其频响范围。

8-4 光线示波器振子的动态特性与哪些参数有关？

8-5 何为虚拟仪器？与传统仪器相比，虚拟仪器有何特点？

8-6 举出一个虚拟仪器测试系统的实例。

8-7 简单阐述 LabVIEW 的三大组成部分内容，并说明它们之间的关系。

8-8 现用 FC6-30 型振动子去记录 10 Hz 的正弦信号，信号的幅值为 2 V，要求在记录纸上偏转 ±50 mm。试求所需串联、并联的电阻值（设信号源的内阻为 200 Ω）。

8-9 用一个固有频率为 1 200 Hz 的振动子，去记录基频为 600 Hz 的方波信号，试分析记录结果，并绘出记录波形。

8-10 利用光线示波器记录 $f = 500$ Hz 的方波信号（考虑前 5 次谐波，记录误差 <5%），则要选用固有频率为多少赫兹的振动子？

第9章　典型传感及测试系统设计的工程应用

【本章基本要求】

1. 了解常见传感器数值仿真方法。
2. 掌握典型传感及测试系统设计方法。

【本章重点】 典型传感及测试系统设计方法。

本章在测试技术基础知识学习的基础上，介绍如何针对具体的工程问题，进行测试系统的设计及应用。具体内容包括：边缘电容检测技术、低频漏磁检测技术、兰姆波检测技术和视觉检测技术等。

9.1　边缘电容检测技术

由电工学知识可知，对于无限长平行极板，极板间的电场线与极板面垂直，且均匀分布。但对于实际平行板电容器，其长度为有限长，电场线在极板边缘附近会产生弯曲，且在板边缘处其弯曲曲率最大，这种效应称为电容的边缘效应，如图 9-1 所示。对于平行板电容传感器，电容边缘效应的存在会对检测造成干扰，降低传感器检测信号的信噪比。自 20 世纪 60 年代起，国内外学者对电容的边缘效应进行了测量、检测的相关研究。例如，英国学者提出了基于电容边缘效应的高精度测量系统。该系统设计了一对相邻的电容极板，通过测量电容值变化进行微距测量，电容传感器本身具有高灵敏度特点，加之电场线的边缘弯曲效应使其传感器结构可以很好地适应复杂的检测工况。

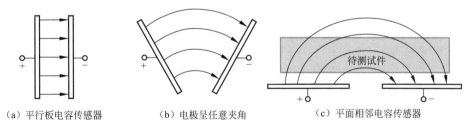

（a）平行板电容传感器　　　　（b）电极呈任意夹角　　　　（c）平面相邻电容传感器

图 9-1　不同结构形式传感器电场线分布示意图

相邻电容传感技术是基于电场边缘效应的一种新型测量方法。该方法通过电容值来表征低电导率材料的介电性能变化，可实现对介电结构性能检测及评价。与传统的平行板电容器相比，相邻电容传感器具有灵敏度高、非侵入、无辐射、可用于空间受限场合的检测等特点，已广泛用于工业生产中多种参数的测量，如材料特性、损伤、厚度、含水量等。下面针对电力系统绝缘子老化检测问题，进行相邻电容传感技术研究。

复合绝缘子在高压输电系统中起着悬挂导线、隔离杆塔与高压导线的作用，其绝缘部分由高分子材料高温硫化硅橡胶制成。为保证绝缘子的自清污能力，其外绝缘部分的伞裙设计为具有一定倾角的斜面结构，厚度从靠近芯棒处至伞裙边缘逐渐减薄，如图 9-2 所示。在高电压冲击及光照、酸雾等环境因素的综合作用下，会出现绝缘材料老化及芯棒与护套界面脱粘等损伤，致使绝缘子的绝缘性能下降，严重威胁电力系统的安全稳定运行。

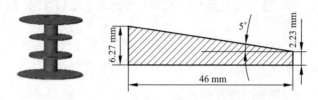

图 9-2　绝缘子伞群及几何结构

相邻电容传感器的几何结构和尺寸对其性能（如：信号强度、穿透深度、测量灵敏度、信噪比等）有很大的影响。针对厚度渐变高分子结构介电性能检测问题，设计一种变间距叉指型相邻电容传感器。

首先，通过数值仿真，研究叉指个数和极板覆盖率对等间距叉指相邻电容传感器信号强度和穿透深度的影响，以确定单对叉指单元的宽度范围，仿真模型和典型结果如图 9-3 和图 9-4 所示。

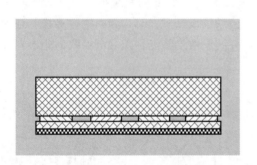

图 9-3　等间距叉指型相邻电容传感器二维仿真模型

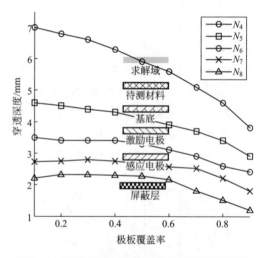

图 9-4　不同叉指个数等间距传感器穿透深度

在此基础上，研究单对叉指单元参数对相邻电容传感器性能的影响，得到单对叉指单元传感器的穿透深度，典型结果如图 9-5 所示。根据待测结构厚度变化规律，对组成叉指传感器电极的单个叉指单元的宽度和间距进行了优化设计，从而设计出变间距叉指型相邻电容传感器，传感器结构及电极结构如图 9-6 和图 9-7 所示。

根据待测试件长度为 38 mm，厚度变化范围为 2 ～ 5.89 mm，由图 9-5 给出的不同宽度单对叉指单元传感器在不同极板覆盖率下的穿透深度可知，当极板覆盖率为 0.5、0.6、0.7，单元宽度 C 为 10 mm 时，传感器的穿透深度满足大于 5.89 mm 厚度的要求。定义组合 1、组合 2 和组合 3 分别对应极板覆盖率为 0.5、0.6、0.7 的变间距传感器。按照上述思路，得到三种不同组合的变间距叉指传感器，各单元的长度见表 9-1。

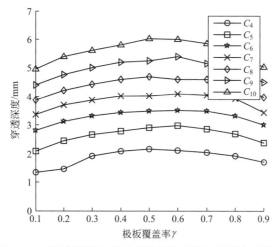

图 9-5　不同参数组合单叉指单元传感器电场线穿透深度

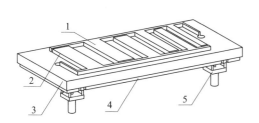

1—感应电极；2—激励电极；3—基底；
4—屏蔽层；5—引线

图 9-6　变间距叉描电容传感器结构图

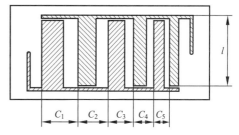

图 9-7　变间距叉指型相邻电容
传感器电极结构示意图

表 9-1　三种不同组合的变间距叉指传感器参数

极板覆盖率	单元宽度（mm）				
	C_1	C_2	C_3	C_4	C_5
$\gamma = 0.5$	10	8	6	5	4
$\gamma = 0.6$	10	8	6	5	4
$\gamma = 0.7$	10	8	7	6	5

　　在变间距叉指相邻电容传感器数值仿真及结构参数优化设计基础上，搭建相邻电容传感器测试系统，如图 9-8 所示，对研制的变间距叉指电容传感器进行测试。该系统主要由相邻电容传感器、夹具、阻抗分析仪及待测试件等组成，如图 9-8 所示。其中，阻抗分析仪采用 Agilent4294A 精密阻抗分析仪；传感器主要由激励电极、感应电极、基底以及背部屏蔽等组成。传感器采用印刷电路板制作，4 款环形叉指相邻电容传感器如

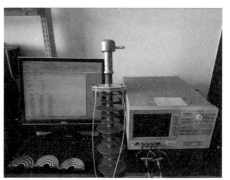

图 9-8　电容测量实验系统

图 9-9 所示。图（a）为等间距叉指传感器，其余 3 款为极板覆盖率不同的变间距叉指型相邻电容传感器。

（a）1 号传感器　　　　　　　　　　　　（b）2 号传感器

（c）3 号传感器　　　　　　　　　　　　（c）4 号传感器

图 9-9　变间距环形叉指型相邻电容传感器

根据表 9-1 中的结构参数，制作出了三种变间距和一种等间距叉指电容传感器。利用这些传感器对图 9-3 所示的厚度渐变高温硫化硅橡胶结构进行测试，结果如表 9-2 和图 9-10 所示。

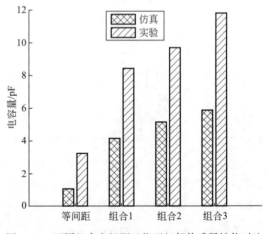

图 9-10　不同组合变间距叉指型相邻传感器性能对比

表 9-2　不同组合传感器信号强度对比

电容值 （pF）	不同组合传感器			
	等间距	组合 1	组合 2	组合 3
仿真	1.05	4.15	5.12	5.87
试验	3.22	8.41	9.69	11.77

对表 9-2 和图 9-10 分析可知，三种组合的变间距叉指相邻电容传感器的信号强度依次增加，且均大于等间距叉指型相邻电容传感器信号强度。第一种组合的非等间距传感器的电容值是等间距传感器电容值的 2.61 倍；第三种组合的非等间距传感器的电容值是等间距叉指传感器电容值的 3.7 倍。因此，该传感器信号强度最大，更适合于变厚度材料的介电性能测试。

9.2 低频漏磁检测技术

作为一种快速、高效的低频电磁检测新技术，低频漏磁技术是一种基于铁磁材料内外电磁能量交互作用来实现缺陷检测的方法，其电磁能量交互作用的定量关系可用麦克斯韦方程表示，激励频率为较低频率（小于 100 Hz）。当铁磁试件被外加磁场磁化时，若试件是连续均匀的，则大部分磁力线将被束缚在试件内；当试件表面或内部存在损伤缺陷时，由于缺陷周围的磁导率较低，磁阻较大，使得局部磁力线发生畸变，部分磁力线从试件的缺陷部分泄漏，在空气中形成漏磁场。利用传感器拾取该漏磁场的变化（如图 9-11 所示），可实现缺陷位置、形状以及尺寸的检测。

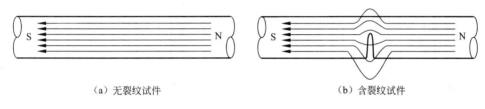

(a) 无裂纹试件   (b) 含裂纹试件

图 9-11 磁场分布示意图

随着低频漏磁检测技术的发展，低频漏磁传感器的检测灵敏度、空间分辨率等性能已有了较大的改善。例如，在常规漏磁敏感元件，如霍尔元件和感应线圈的基础上，研制了多种高灵敏度漏磁检测元件，如巨磁阻元件、隧道磁阻元件和磁电元件等，大幅提高了传感器的检测能力。在实际工况下，由于存在电磁干扰、振动噪声和磁芯泄漏等问题，仅提高磁敏感元件的灵敏度很难有效改进传感器的检测性能。

为进一步解决低频漏磁传感器检测灵敏度低、受噪声影响大等问题，对低频漏磁传感器进行了性能影响因素分析和参数优化设计。通过参数化有限元分析，研究漏磁传感器磁芯形状、尺寸，绕线长度、位置和磁屏蔽层厚度及层数对检测信号的影响，并利用遗传优化方法对励磁结构的三个尺寸参数进行优化设计。

基于 COMSOL 有限元仿真软件中的 AC/DC 电磁场模块，建立漏磁检测二维模型，如图 9-12 所示。模型主要包括被测钢板、磁芯、励磁线圈和磁屏蔽层结构等。

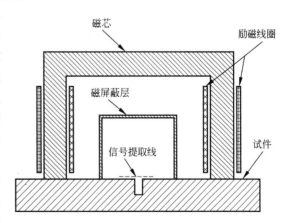

图 9-12 漏磁检测二维仿真模型

在模型中，被测试件表面存在一个宽度为 5 mm，深度为 3 mm 的槽型缺陷。励磁线圈是由截面直径为 0.7 mm 的铜线绕制而成的，线圈中通入幅值为 2 A，频率为 50 Hz 的交变电流。模型的外边界均为磁绝缘边界条件。该模型被剖分为 44 278 个自由四面体网格，并在缺陷周围区域使用局部细化网格。表9-3给出了模型的主要参数，在后续参数化有限元模型中，未被参数化的参量将使用该表中赋予的数值。

表9-3　仿真模型参数表

参 数 名 称	参 数 设 置
仿真模块	AC/DC
物理场	磁场（mf）
	线圈数量：2
激励线圈	线圈匝数：140匝
	线径：0.7 mm
	电导率：10 S/m
磁芯	相对磁导率：3 000
	电导率：8.4×10^6 S/m
被测试件	相对磁导率：129
	长度：100 mm，宽度：10 mm
缺陷	宽度：5 mm，深度：3 mm
边界条件假设	磁绝缘
最小网格尺寸	0.5 mm
网格单元数量	44 278
自由度数量	887 856
求解方式	时域求解
求解耗时	1.5 min
信号提取方式	二维截线
观测信号	切向磁感应强度 Bx（T）

在图9-12缺陷上方的虚线为检测信号提取区域，检测位置距试件上表面的距离为1 mm。在该位置提取切向磁感应强度漏磁信号进行分析，典型结果如图9-13所示。根据该信号的分布特点，定义信号基值、峰值和基线斜率三个特征参数。其中，信号基值为信号曲线底部最小值，峰值为缺陷处信号振幅最大值，基线斜率为基值处基线切向的斜率。由于较大的峰值，较小的基值和较小的基线斜率更有利于漏磁检测中缺陷的识别，因此，在后续的影响因素分析中，这些参数将用于漏磁传感器检测性能的评价。

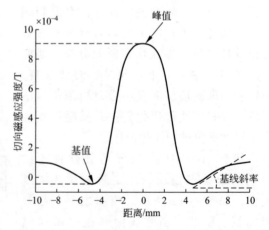

图9-13　典型切向磁感应强度的空间分布曲线

用参数化有限元分析方法对漏磁传感器性能影响参数进行分析。参数化建模方法是利用MATLAB软件编写参数可控的COMSOL有限元仿真模型，并在COMSOL仿真模拟过程中实现结构参数的调控，从而实现仿真参数的优化。图9-14给出了参数化有限元建模的过程。

　　首先，在 COMSOL 中构建一个漏磁检测有限元模型，利用 java 命令语言将该模型转化为 MATLAB 可读文件；接着，在 MATLAB 中将模型参数定为变量，变量在有限元仿真中可在一定范围内变化。同时，将随变量变化发生改变的参数定义为从属变量；通过参数化有限元模型，实现 MATLAB 调控与 COMSOL 仿真间的数据交换。

　　结合参数化有限元模型与遗传优化算法，提出一种用于漏磁传感器磁芯结构参数（如磁芯尺寸等）优化的方法。该方法利用 MATLAB 调控传感器结构设计变量（即自变量）在一定范围内变化，同时通过动态链接调用 COMSOL，实现该数值下漏磁检测的仿真，最后利用仿真获得的漏磁信号在 MATLAB 中调用遗传算法对结构参数下漏磁结果进行评价，若符合收敛准则，则优化结束；反之，进行遗传搜索，并在搜索出的结构参数值下调用 COMSOL 进行数值计算。重复以上过程，直到数值计算得到的检测结果满足收敛准则，从而得到设计变量的最优数值。

　　图 9-15 给出了漏磁传感器磁芯结构优化设计的流程。首先，根据设计变量的初始值，在仿真软件中计算该参数条件下的漏磁检测信号；接着，利用该信号计算目标函数，并判断其是否满足收敛条件；若满足条件，认为设计变量当前被赋予的值为最优参数，否则，遗传算法将继续在可行域范围内进行全局搜索，并将搜索结果赋值给设计变量。重复上述仿真计算过程，直到目标函数满足收敛条件为止。

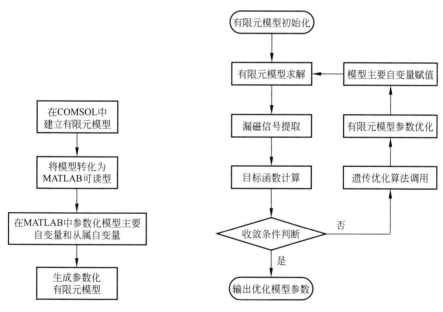

图 9-14　参数化有限元建模流程图　　　　图 9-15　仿真模型参数优化流程图

　　优化的目的是提高缺陷周围的漏磁场强度，根据该目的，传感器磁芯结构参数优化的目标函数定义为

$$C_v = \frac{\sigma}{\bar{x}} \times 100\% \tag{9-1}$$

式中，C_v 为磁芯结构优化的目标函数；σ 为检测区域内切向磁感应强度的标准差；$\bar{x}$ 为检测

区域内切向磁感应强度的均值。

由式（9-1）可以看出，检测区域内的漏磁场强度越大，其目标函数越小，当满足收敛阈值条件或在遗传迭代过程中两代间的相对容差满足停止阈值时，优化结束，此时传感器的磁芯结构参数为最优参数。

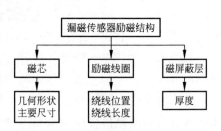

图 9-16　影响漏磁检测性能的
传感器结构参数

基于参数化有限元仿真模型和遗传优化方法，本节在研究磁芯结构参数对漏磁传感器检测性能影响的基础上，对磁芯结构及尺寸进行了优化。图 9-16 给出了影响漏磁检测性能的主要结构参数，包括磁芯形状和尺寸，绕线位置与长度，屏蔽层厚度。

典型仿真结果如图 9-17 ～ 图 9-20 所示。

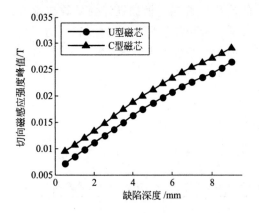

图 9-17　信号峰值随缺陷深度变化曲线

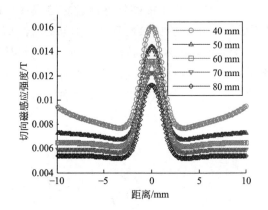

图 9-18　磁感应强度随磁极间距变化分布曲线

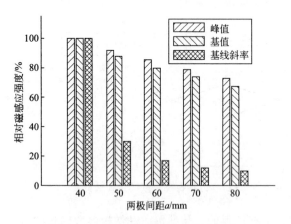

图 9-19　特征参数随磁极间距变化图

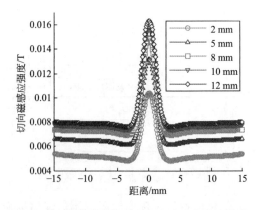

图 9-20　磁感应强度随磁极宽度变化分布曲线

通过数值仿真研究发现，传感器磁芯形状和尺寸，绕线位置和长度，磁屏蔽层厚度对检测信号的影响程度是不同的。当励磁结构中磁芯的形状为 C 型，磁极间距为 90 mm，磁极宽度为 15 mm，进行顶梁绕线，绕线长度为 30 mm，同时磁屏蔽层厚度小于 1 mm 时，有利于提高漏磁传感器的检测能力。

在以上研究基础上，进行低频漏磁检测实验（实验系统如图 9-21 所示），以验证各参数对传感器性能的影响规律及参数优选结果的正确性，典型结果如图 9-22、图 9-23 所示。

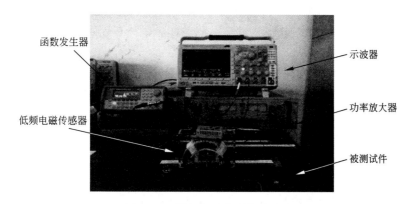

图 9-21　低频电磁检测实验系统

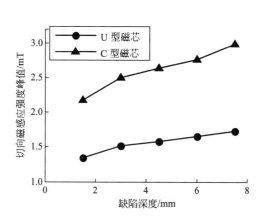

图 9-22　信号峰值随缺陷深度变化曲线

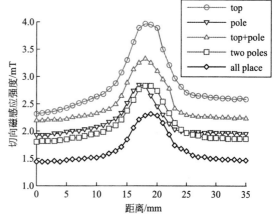

图 9-23　磁感应强度随绕线方式变化分布曲线

对优化后的传感器进行了性能测试。图 9-24 给出了相同励磁信号（信号幅值为 3 V，激励频率为 50 Hz）下，优化前后两传感器的漏磁检测结果，其中，待检测缺陷为宽度 5 mm，深度 3 mm 的槽状缺陷。可以看出优化后的传感器检测到的漏磁信号幅值更大，更有利于缺陷的检测。

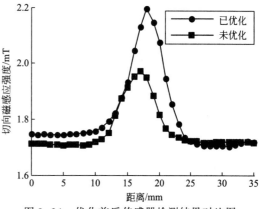

图 9-24　优化前后传感器检测结果对比图

9.3 超声导波检测技术

作为一种快速、高效的无损检测方法，超声导波广泛应用于板、管、杆等结构的无损检测。板结构中传播的超声导波称为兰姆波（Lamb Wave）。兰姆波在板中传播时声场遍及整个壁厚，传播距离较长且衰减较小，因此，兰姆波作为一种有效手段在固体板结构无损检测方面得到广泛应用。

应用超声导波技术进行检测时，波导中超声导波存在的多模态现象，给信号分析带来一定的困难，影响了超声导波的检测效果，因此，激励适合的单一模态超声导波是推广应用超声导波技术的前提。对压电传感器而言，激励单一模态兰姆波的方式主要有激励角度调控、激励位置设计，激励频率选择以及结构参数优化等。通过激励频率和波数（叉指间距）选择，叉指传感器可以实现单一模态超声导波的激励接收。

叉指传感器的结构参数，如指数、指长、指间距和激励频率等，对传感器产生声场有重要的影响。因此，首先通过数值计算，研究叉指传感器结构参数对其声场的影响。首先，基于 Huygens 原理，建立板结构中叉指传感器声场计算模型，如图 9-25 所示。

$$w(r,f,t) = \frac{\pi\sigma_0}{2\mu}\sum_m \frac{aJ_1(ka)}{k}G(k)H_0^{(1)}(kr)e^{-i2\pi\cdot f\cdot t} \tag{9-2}$$

式中，t 为传播时间；f 为激励信号的频率；k 为波数；μ 为构件材料的 Lame 常数；m 为兰姆波模态数量；$H_0^{(1)}(kr)$ 为 Hankle 函数；$G(k)$ 为不同模态对总位移的影响因子；$\frac{aJ_1(ka)}{k}$ 为点源的几何形状对模态分布的影响因子。

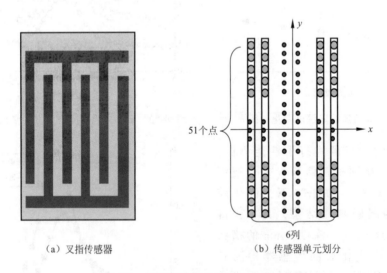

(a) 叉指传感器　　　　　(b) 传感器单元划分

图 9-25 叉指传感器及其单元划分示意图

叉指传感器和单点源典型数值计算结果如图 9-26 所示。根据板结构频散曲线可知，该叉指传感器激励出 A0 模态导波，其计算传播速度的误差为 0.82%。而单点源能激励出两个模态 A0 和 S0。因此，在该激励频率下，叉指传感器抑制了 S0 模态，激励出了单一的 A0 模态。

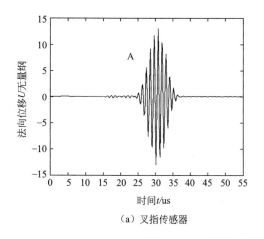
（a）叉指传感器

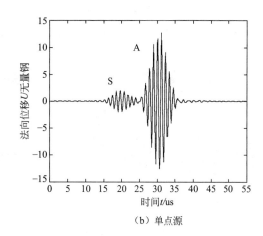
（b）单点源

图 9-26 叉指传感器和单点源产生导波的比较

　　叉指传感器的电极是叉指传感器中相当重要的部分，电极结构决定激励导波的模态，并影响激励导波的能量。因此在设计叉指传感器时，需要对电极的结构参数进行合理的选取。电极参数主要有指间距、指长、指宽和指数。指间距由欲激励导波模态决定，指宽等于指间距时激发信号能量最大，故在此只讨论指长和指数对声场的影响，典型结果如图 9-27 和图 9-28 所示。

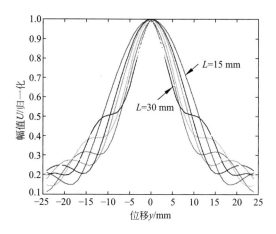
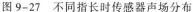

图 9-27 不同指长时传感器声场分布

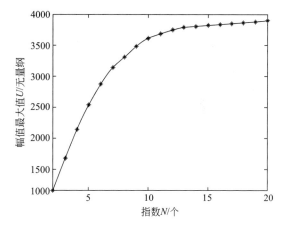

图 9-28 信号最大幅值与指数关系

　　数值计算结果表明，叉指传感器的指长对声场分布趋势影响较大。指长越小，声场越集中在中间，指长越长，声场集中范围也越大；叉指传感器的指数对声场分布趋势影响很小，对声场能量有一定的影响。随着指数的增多，声场能量在增加，但当传感器的指数增加到某一值时，传感器的指数对信号幅值的影响已很小。

　　根据上述叉指传感器数值计算结果，对叉指传感器的结构参数进行优化选择，设计叉指传感器指数为 10，指长为 25 mm。制作出的 PVDF 传感器实物如图 9-29 所示。为验证设计的叉指传感器的单模态导波激励接收特性，利用设计的叉指传感器在薄钢板中进行超声导波检测实验，实验装置如图 9-30 所示。其主要由试件（钢板）、任意函数发生器、功率放大

器、阻抗匹配器、PVDF 叉指传感器、数字示波器和计算机组成。其中，薄钢板厚度为
1.5 mm，尺寸为 250 mm × 100 mm。激励与接收传感器的中心距离为 245 mm。

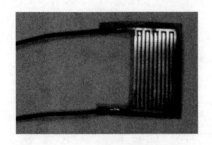

图 9-29　叉指电极实物图

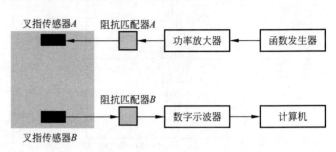

图 9-30　1.5 mm 薄钢板中叉指传感器超声导波检测实验装置

图 9-31 ～ 图 9-33 分别为在
0.9 MHz、1.58 MHz 和 2.14 MHz 激励
频率下，超声导波检测的波形。根据
波包所在的时间位置，两个波包 A 和
B 是某种模态的两次端面回波信号，
根据波包在时域中位置和传播距离以
及不同模态的传播速度，可确定此接
收到的信号为 A0 模态。同理，可以
证明，在 1.58 MHz 和 2.14 MHz 下可
以激励出单一的 S0 模态和 A1 模态导
波。因此，超声导波检测试验表明，
在特定激励频率下，设计的叉指传感
器能够很好实现单模态超声导波激励
接收。

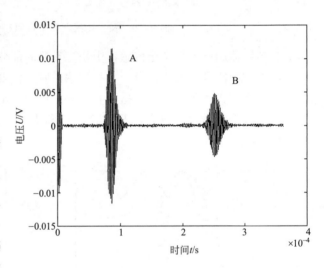

图 9-31　0.9 MHz 下超声导波检测波形

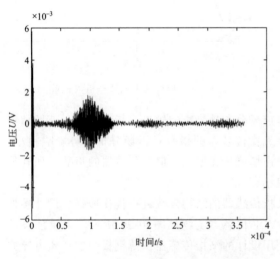

图 9-32　1.58 MHz 下超声导波检测波形

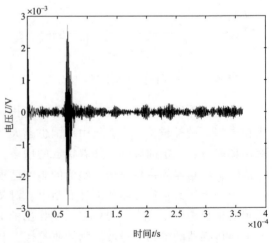

图 9-33　2.14 MHz 下超声导波检测波形

9.4　视觉检测技术

计算机视觉检测技术是以光学为基础，融合电子学、计算机图像学和计算机视觉等技术为一体的现代检测技术。计算机视觉系统与控制系统、信息系统相结合，可以快速获取图像信息。基于计算机视觉检测技术的设备能够实现数字化、智能化和多功能化，同时具备在线检测、实时分析和实时控制的能力。该技术广泛应用于工业生产、航空航天、军事以及医学等诸多领域。

例如，针对集箱管接头内焊缝表面检测的需求（如图 9-34 和图 9-35 所示），设计基于工业内窥镜和 CCD 相机的集箱管接头内焊缝表面质量检测系统。该系统由光学成像模块、图像采集模块、智能图像处理模块和控制模块等构成，利用工业相机和自动控制技术完成图像识别、检测和定位功能，如图 9-36 所示。

图 9-34　集箱管　　　　　　　　　　　图 9-35　人工检测

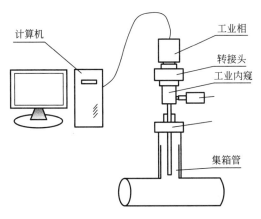

图 9-36　视觉检测硬件系统示意图

光学图像采集模块主要由光学成像设备和图像采集设备组成，光学成像设备形成焊缝表面图像并进行传输，图像采集设备用于对传输的图像进行采集和保存。机械运动控制模块用于固定成像装置和控制成像装置的运动。识别分类模块用于焊缝缺陷类型识别，属于识别算法开发。视觉检测系统框图如图 9-37 所示。

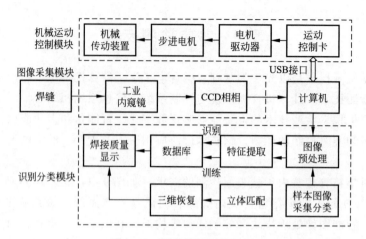

图 9-37　视觉检测系统框图

　　针对集箱管接头内径 30 ± 0.05 mm，焊缝中心距管口 93 ± 2 mm 的结构尺寸，图像采集模块采用可实现狭小空间探入式检测的工业内窥镜完成焊缝内表面图像的产生和传输。常用的工业内窥镜有刚性内窥镜、挠性内窥镜和电子视频内窥镜三种。刚性内窥镜又称硬杆内窥镜，利用转向透镜光学技术传输影像，因此，刚性内窥镜较其他类型的内窥镜成像质量好。本设计选用 KARL STORZ 型刚性内窥镜，参数如表 9-4 所示。其外径为 8 mm，小于集箱管接头的内径；工作距离为 560 mm，满足管长 100 mm 的检测需要；视向为 70°，可以在一定程度上减少光源反射的影响。所述参数能够满足集箱管接头内焊缝表面的检测需要。

表 9-4　刚性内窥镜参数

规　　格	参　　数
内窥镜外径	8 mm
视场角	90°
视向	70°
工作距离	560 mm

　　CCD 工业相机（Charge-Coupled Devices）是用于采集焊缝图像的主要元件，通过将光学信号转换成电信号，可实现焊缝内表面图像的拍照。在刚性内窥镜上搭载 CCD 相机，可实现图像信息的采集和存储，其规格如表 9-5 所示。

表 9-5　CCD 工业相机参数

规　　格	参　　数
外观尺寸	29 mm × 29 mm × 57 mm
相机重量	65 g
分辨率	1 600 px × 1 200 px
像素尺寸	4.4 μm × 4.4 μm
最大帧速率	20 fps
操作温度	−5° ～ 45°

搭建的图像采集系统如图 9-38 所示，该系统包括工业内窥镜、CCD 相机、便携式移动光源和工业转接头等，利用该系统可以完成对集箱管接头内焊缝表面图像的采集。

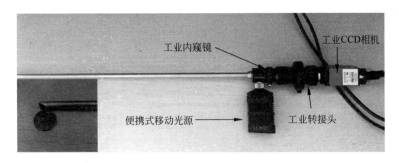

图 9-38　图像采集系统示意图

集箱管接头内焊缝视觉检测软件主要包括图像采集模块、运动控制模块、图像识别模块和结果显示模块等，用于实现硬件系统的运动路径规划、焊缝图像自动采集及自动辨识等功能，本软件基于美国 National Instrument 公司的 LabVIEW 软件平台进行开发。

根据集箱管接头焊缝内表面检测的实际操作需要，将软件前面板设置为 3 个功能区，分别为基本参数设置区、机械运动参数设置区和结果显示分析功能区如图 9-39 所示。

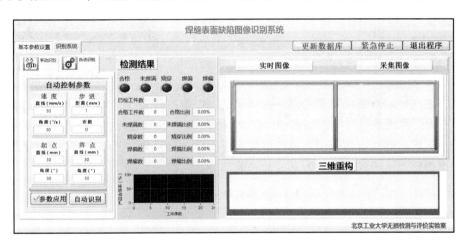

图 9-39　操作系统前面板示意图

软件设计框图如图 9-40 所示。该软件主要功能包括常规设置、数据存储、识别分类、结果显示和数据库更新等。常规设置用于相机参数设置和运动路径设置，可实现相机拍摄效果和相机拍摄位置的改变；数据存储可根据选择的路径和文件类型存储拍摄的图像；识别分类用于对采集到的焊缝图像进行检测，并对其焊接质量情况进行识别分类；数据库更新用于对数据库不定期的更新，以提高检测效果。

在以上软、硬件设计开发的基础上，集成开发了集箱管接头内焊缝视觉检测系统，如图 9-41 所示。计算机通过控制箱控制机械运动装置的位置，携带图像采集系统到达指定位置，计算机控制工业相机，对焊缝表面图像进行采集。每隔 60°采集一幅图像，每个管道共采集 6 幅图像，将采集后的图像输入识别功能模块，对识别的结果进行显示，完成管道的检测任务。

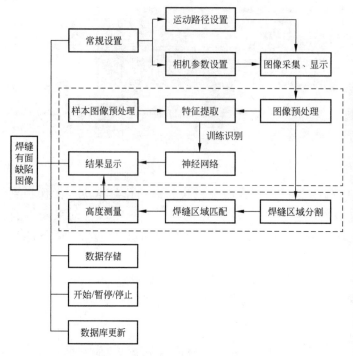

图 9-40　软件框图

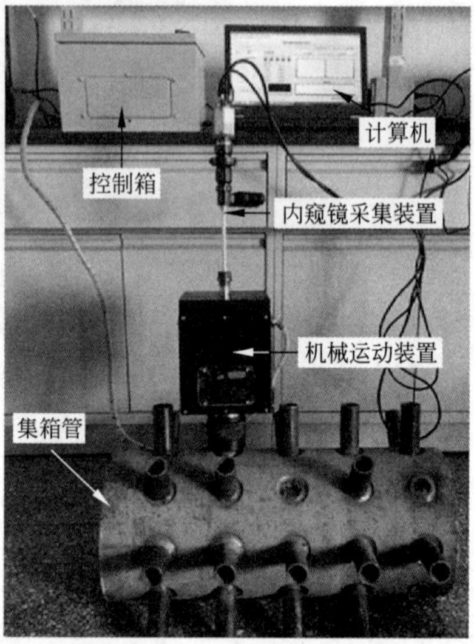

图 9-41　集箱管接头内焊
缝视觉检测系统

利用开发的检测系统对集箱管接头内焊缝表面图像进行采集，其中，相机的参数设置见表 9-6，不同焊接质量焊缝的采集图像如图 9-42 所示。可以发现，开发的集箱管接头内焊缝视觉检测系统能够对集箱管接头内焊缝的表面图像进行采集，所采集到的焊缝图像能够清晰地反映出焊缝表面的纹理，较为有效地消除部分光反射的影响。

表 9-6　相机部分参数设置

相机指标	参数	相机指标	参数
饱和度	64	清晰度	1
亮度	20	色相	1
对比度	1	曝光	1/20 s
增益	31.40 dB	—	—

利用搭建的视觉检测系统对管道进行检测，检测结果如图 9-43 所示。若在管道内采集的 6 幅图像识别结果都为焊接质量良好，则在检测结果中代表"合格"的绿灯变亮。若管道内焊缝存在缺陷，则代表相应缺陷的红灯变亮。与此同时，系统统计出已检测的管道数、合格的管道数和存在缺陷的管道数，并对每种焊接质量所占的比例进行统计，直观显示出集箱管接头内焊缝表面的焊接质量情况。

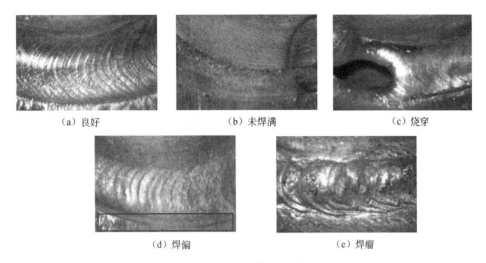

（a）良好　　　　　　　　（b）未焊满　　　　　　　　（c）烧穿

（d）焊偏　　　　　　　　（e）焊瘤

图 9-42　不同焊接质量效果图

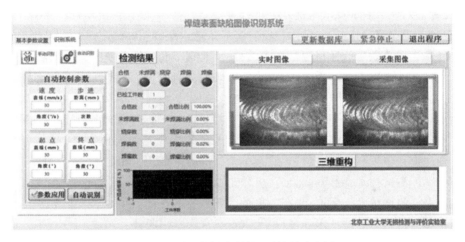

图 9-43　视觉检测系统识别结果示意图

思考题与习题

结合课程学习，总结传感与系统设计的一般流程，并结合具体的工程问题，查阅资料，写一篇关于传感与测试系统设计的简短报告。

参 考 文 献

[1] 孔德仁，朱蕴璞，狄长安.工程测试技术 ［M］.北京：科学出版社，2004.

[2] 王伯雄，王雷，陈非凡.工程测试技术 ［M］.北京：清华大学出版社，2006.

[3] 王昌明，孔德仁，何云峰.传感与测试技术.北京：北京航空航天大学出版社，2005.

[4] 祝海林.机械工程测试技术 ［M］.北京：机械工业出版社，2012.

[5] 熊诗波，黄长艺 ［M］.机械工程测试技术基础.北京：机械工业出版社，2012.

[6] 强锡富.传感器 ［M］.北京：科学出版社，2001.

[7] 秦树人，张明洪，罗德扬.机械工程测试原理与技术 ［M］.重庆：重庆大学出版社，2002.

[8] 范云霄，刘桦.测试技术与信号处理 ［M］.北京：中国计量出版社，2001.

[9] 康宜华.工程测试技术 ［M］.北京：机械工业出版社，2005.

[10] 樊尚春，周浩敏.信号与测试技术 ［M］.北京：北京航空航天大学出版社，2002.

[11] 卢文祥，杜润生，洪迈生.工程测试与信息处理 ［M］.武汉：华中科技大学出版社，2002.

[12] 周浩敏.测试信号处理技术 ［M］.北京：北京航空航天大学出版社，2009.

[13] 姜常珍.信号分析与处理 ［M］.天津：天津大学出版社，2007.

[14] 崔翔.信号分析与处理 ［M］.北京：中国电力出版社，2005.

[15] 陈光军.测试技术 ［M］.北京：机械工业出版社，2014.

[16] 甘晓晔.测试技术 ［M］.北京：机械工业大学出版社，2009.

[17] 卢艳军.传感与测试技术 ［M］.北京：清华大学出版社，2012.

[18] Yu Chang, Jingpin Jiao, Li Guanghai, et. Effects of excitation system on the performance of magnetic-fluxleakage-type non-destructive testing, Sensors & Actuators A：Physical，2017，253 （4）：265-274.

机械工程基础创新系列教材

丛书主编：吴鹿鸣　王大康

1.《机械设计》　　　　　主编：吴宗泽（清华大学）、吴鹿鸣（西南交通大学）

2.《机械设计基础》　　　主编：王大康（北京工业大学）

3.《机械设计课程设计》　主编：王大康（北京工业大学）

4.《机械制图》　　　　　主编：何玉林（重庆大学）、田怀文（西南交通大学）

5.《机械制图习题集》　　主编：何玉林（重庆大学）、田怀文（西南交通大学）

6.《材料力学》　　　　　主编：范钦珊（清华大学）

7.《传感与测试技术》　　主编：焦敬品、何存富（北京工业大学）